SAP S/4HANA® – Der Grundkurs für Einsteiger und Anwender

SAP PRESS

SAP PRESS ist eine gemeinschaftliche Initiative von SAP SE und der Rheinwerk Verlag GmbH. Unser Ziel ist es, Ihnen qualifiziertes SAP-Wissen zur Verfügung zu stellen. SAP PRESS vereint das Know-how der SAP und die verlegerische Kompetenz von Rheinwerk. Die Bücher bieten Ihnen Expertenwissen zu technischen wie auch zu betriebswirtschaftlichen SAP-Themen.

Damit Sie nach weiteren Titeln Ihres Interessengebiets nicht lange suchen müssen, haben wir eine kleine Auswahl zusammengestellt.

Tobias Then
Vertrieb mit SAP. Der Grundkurs für Anwender
383 Seiten, broschiert, 2., akt. und erw. Auflage 2017
ISBN 978-3-8362-4465-7
www.sap-press.de/4309

Ana Carla Psenner
Buchhaltung mit SAP. Der Grundkurs für Anwender
415 Seiten, broschiert, 3., akt. und erw. Auflage 2016
ISBN 978-3-8362-4206-6
www.sap-press.de/4158

Uwe Brück
Controlling mit SAP
403 Seiten, broschiert, 2., akt. und erw. Auflage 2016
ISBN 978-3-8362-4182-3
www.sap-press.de/4140

Tobias Then
Einkauf mit SAP. Der Grundkurs für Einsteiger und Anwender
363 Seiten, broschiert, 2., akt. und erw. Auflage 2014
ISBN 978-3-8362-2846-6
www.sap-press.de/3588

Aktuelle Angaben zum gesamten SAP PRESS-Programm finden Sie unter *www.sap-press.de*.

Wolfgang Fitznar, Dennis Fitznar

SAP S/4HANA®

Der Grundkurs für Einsteiger und Anwender

Rheinwerk
Publishing

Liebe Leser*innen,

SAP S/4HANA als Nachfolger von SAP ERP gehört zu den am häufigsten eingesetzten Unternehmenssoftwares, und seine Funktionen werden in sämtlichen Geschäftsbereichen gebraucht. Dabei sind Neuheiten wie die Apps in SAP Fiori zwar eine deutliche Verbesserung, hineinfinden muss man sich als Ein- oder Umsteiger*in aber allemal. Und es gibt viele Veränderungen gegenüber dem »alten« System, die selbst erfahrene SAP-Anwender*innen manchmal vor Rätsel stellen.

Ich freue mich deshalb, dass Sie zu diesem Buch gegriffen haben. Sie können es als wertvolle Unterstützung bei Ihren täglichen Aufgaben benutzen, egal ob Sie im Einkauf, im Vertrieb, in der Buchhaltung oder im Controlling, als Disponent*in oder als Personaler*in arbeiten. Sie können es von vorne bis hinten durcharbeiten, Sie können darin schmökern oder etwas nachschlagen, wenn sich eine Frage ergeben hat. Und Sie können es auch ergänzend zur Vorbereitung auf die SAP-S/4HANA-Anwenderzertifizierung »Grundlagen Systemanwendung« nutzen. Wolfgang und Dennis Fitznar liefern Ihnen eine kurzweilige, bestens strukturierte und vor allem sehr verständliche Einführung in genau die übergreifenden Themen, die für die Praxis relevant sind. Ich bin sicher, dass Sie dieses Buch bald nicht mehr missen möchten!

Wir freuen uns über Lob, aber auch über konstruktive Kritik, die uns hilft, unsere Bücher zu verbessern. Scheuen Sie sich nicht, uns zu kontaktieren: Ihre Fragen und Anmerkungen sind uns jederzeit willkommen.

Ihre Maike Lübbers
Lektorat SAP PRESS

Rheinwerk Verlag
Rheinwerkallee 4
53227 Bonn

maike.luebbers@rheinwerk-verlag.de
www.sap-press.de

Auf einen Blick

Wir hoffen, dass Sie Freude an diesem Buch haben und sich Ihre Erwartungen erfüllen. Falls Sie Anregungen, Wünsche und Kommentare haben, lassen Sie es uns wissen: **service@rheinwerk-verlag.de**.

Informationen zu unserem Verlag und Kontaktmöglichkeiten finden Sie auf unserer Verlagswebsite **www.rheinwerk-verlag.de**. Dort können Sie sich auch umfassend über unser aktuelles Programm informieren und unsere Bücher und E-Books bestellen.

An diesem Buch haben viele mitgewirkt, insbesondere:

Autoren Wolfgang Fitznar, Dennis Fitznar
Lektorat Maike Lübbers
Copy-Editing Monika Klarl, Köln
Typografie & Layout Vera Brauner
Satz SatzPro, Krefeld
Herstellung Melanie Zinsler
Covergestaltung Bastian Illerhaus
Coverbild shutterstock: 551691544 © Dean Drobot
Druck Beltz Grafische Betriebe, Bad Langensalza

FSC www.fsc.org MIX Papier | Fördert gute Waldnutzung FSC® C089473

Dieses Buch wurde mit mineralölfreien Farben auf FSC®-zertifiziertem Papier aus nachhaltiger Waldwirtschaft gedruckt. Der Umwelt zuliebe verzichten wir zusätzlich auf die Einschweißfolie. Hergestellt in Deutschland.

Bibliografische Information der Deutschen Nationalbibliothek:
Die Deutsche Nationalbibliothek verzeichnet diese Publikation in der Deutschen Nationalbibliografie; detaillierte bibliografische Daten sind im Internet über *http://dnb.dnb.de* abrufbar.

ISBN 978-3-8362-7389-3

1. Auflage 2021, 4., korrigierter Nachdruck 2026

Rheinwerk Verlag GmbH • Rheinwerkallee 4 • 53227 Bonn
service@rheinwerk-verlag.de

Inhalt

Video-Anleitungen zum Buch

Kapitel 2: Erste Schritte mit dem SAP GUI

- Erstanmeldung mit Benutzernamen
  http://s-prs.de/v7389aa
- Theme und Farben für die Anzeige auswählen
  http://s-prs.de/v7389ab
- Transaktionscodes im SAP-Menü anzeigen
  http://s-prs.de/v7389ac
- Favoriten anlegen
  http://s-prs.de/v7389ad
- Benutzerdaten einstellen
  http://s-prs.de/v7389ae

Kapitel 3: Und so begrüßt Sie SAP Fiori

- In SAP Fiori anmelden
  http://s-prs.de/v7389af
- Ein Theme einstellen
  http://s-prs.de/v7389ag
- Eine SAP-Fiori-App finden und ausführen
  http://s-prs.de/v7389ah
- Dem SAP Fiori Launchpad eine App hinzufügen
  http://s-prs.de/v7389ai
- Kacheln mit dem App Finder entfernen
  http://s-prs.de/v7389aj

Kapitel 4: Daten in SAP-GUI-Transaktionen anzeigen und pflegen

- Transaktionen mit Befehlen starten
  http://s-prs.de/v7389ak
- In einer Transaktion navigieren
  http://s-prs.de/v7389am
- Daten erfassen
  http://s-prs.de/v7389an

- Mit Wertehilfen Eingabemöglichkeiten zeigen
  http://s-prs.de/v7389ao
- Ein Konto mit einer Suchhilfe finden
  http://s-prs.de/v7389ap

Kapitel 5: SAP-Fiori-Apps für die Datenanzeige und -pflege nutzen

- Eine Legacy-App ausführen
  http://s-prs.de/v7389aq
- Eine SAP-Fiori-App schneller starten
  http://s-prs.de/v7389ar
- In einer transaktionalen SAP-Fiori-App navigieren
  http://s-prs.de/v7389as
- Eine Änderung durchführen
  http://s-prs.de/v7389at
- Mit Eingabehilfen Feldwerte finden
  http://s-prs.de/v7389au
- Nach Stammdaten suchen
  http://s-prs.de/v7389av
- Enterprise Search für die globale Suche nutzen
  http://s-prs.de/v7389aw

Kapitel 6: Reporting im SAP GUI

- Einen Report finden und aufrufen
  http://s-prs.de/v7389ax
- Per Selektion die richtigen Daten finden
  http://s-prs.de/v7389ay
- Daten in Listen suchen und filtern
  http://s-prs.de/v7389az
- Listen ausgeben
  http://s-prs.de/v7389ba
- Listen herunterladen
  http://s-prs.de/v7389bb

Kapitel 7: Auswertungen in SAP Fiori erstellen

- Eine SAP-Fiori-App mit Tabelle starten
  http://s-prs.de/v7389bc
- Im Header die Tabelle filtern
  http://s-prs.de/v7389bd
- Tabellen herunterladen
  http://s-prs.de/v7389be
- Mit einer analytischen App ein Diagramm erstellen
  http://s-prs.de/v7389bf

Kapitel 8: Das SAP GUI personalisieren und optimieren

- Das Favoritenmenü optimieren
  http://s-prs.de/v7389bg
- Vorschlagswerte definieren
  http://s-prs.de/v7389bh
- Eine persönliche Werteliste erstellen
  http://s-prs.de/v7389bi

Kapitel 9: SAP Fiori individuell einrichten

- Eine Kachelgruppe auf der Startseite anlegen
  http://s-prs.de/v7389bj
- Eine Kachel hinzufügen
  http://s-prs.de/v7389bk
- Eine Kachel löschen
  http://s-prs.de/v7389bm
- Standardwerte einstellen
  http://s-prs.de/v7389bn
- Das Befehlsfeld in SAP Fiori nutzen
  http://s-prs.de/v7389bo

Kapitel 10: SAP-GUI-Reports passend ändern

- Vorschlagswerte in einer Reportvariante speichern
  http://s-prs.de/v7389bp
- Das Layout gestalten
  http://s-prs.de/v7389bq

- Ein Layout speichern
  http://s-prs.de/v7389br
- Ein Layout aufrufen
  http://s-prs.de/v7389bs
- Das voreingestellte Layout ändern
  http://s-prs.de/v7389bt

Kapitel 11: SAP-Fiori-Reports an Ihre Bedürfnisse anpassen

- Filter als Ansicht speichern
  http://s-prs.de/v7389bu
- Tabellen in transaktionalen SAP-Fiori-Apps anpassen
  http://s-prs.de/v7389bv
- Tabelleneinstellungen als Ansicht speichern
  http://s-prs.de/v7389bx
- Tabellen in analytischen Apps anpassen
  http://s-prs.de/v7389by

Kapitel 12: Materialwirtschaft – Die Beschaffung koordinieren

- Standardwerte für den Prozess »Purchase-to-Pay« definieren
  http://s-prs.de/v7389bz
- Lieferantenstammdaten anzeigen und ändern
  http://s-prs.de/v7389ca
- Den Materialstamm mit einer Legacy-App anzeigen
  http://s-prs.de/v7389cb
- Den Materialstamm mit der SAP-Fiori-App »Produktstammdaten verwalten« anzeigen
  http://s-prs.de/v7389cc
- Den Materialbestand anzeigen
  http://s-prs.de/v7389cd
- Eine Bestellung anlegen
  http://s-prs.de/v7389ce
- Eine Bestellung anzeigen und als PDF ausgeben
  http://s-prs.de/v7389cf

- Den Wareneingang erfassen
  http://s-prs.de/v7389cg
- Eine Lieferantenrechnung erfassen
  http://s-prs.de/v7389ch
- Eine Lieferantenrechnung anzeigen
  http://s-prs.de/v7389ci

Kapitel 13: Vertrieb – Vom Auftrag bis zur Faktura

- Standardwerte für den Prozess »Order-to-Cash« definieren
  http://s-prs.de/v7389cj
- Kundenstammdaten anzeigen und ändern
  http://s-prs.de/v7389ck
- Den Materialstamm mit einer Legacy-App anzeigen
  http://s-prs.de/v7389cm
- Einen Kundenauftrag anlegen
  http://s-prs.de/v7389cn
- Auftragsliste und Auftragsbestätigung anzeigen
  http://s-prs.de/v7389co
- Eine Auslieferung anlegen
  http://s-prs.de/v7389cp
- Kommissionierung bestätigen und Warenausgang buchen
  http://s-prs.de/v7389cq
- Eine Ausgangsrechnung erfassen
  http://s-prs.de/v7389cr
- Die Ausgangsrechnung anzeigen und als PDF ausgeben
  http://s-prs.de/v7389cs

Kapitel 14: Finanzwesen – Geschäftsvorfälle buchen und auswerten

- Standardwerte für Finanzwesen und Controlling definieren
  http://s-prs.de/v7389ct
- Bilanz und GuV anzeigen
  http://s-prs.de/v7389cu
- Sachkonten im Kontenplan anzeigen
  http://s-prs.de/v7389cv

- Die Debitorenstammdaten des Finanzwesens anzeigen
  http://s-prs.de/v7389cw
- Eine Postenliste anzeigen
  http://s-prs.de/v7389cx
- Eine Ausgangsrechnung buchen
  http://s-prs.de/v7389cy
- Forderungen anzeigen
  http://s-prs.de/v7389cz
- Einen Zahlungseingang erfassen
  http://s-prs.de/v7389da
- Eine Eingangsrechnung buchen
  http://s-prs.de/v7389db

Geleitwort

Die Entwicklung von Software zur Abwicklung aller Geschäftsprozesse eines Unternehmens ist das Steckenpferd von SAP. Mit SAP ERP und seinem modernen Nachfolger SAP S/4HANA, das 2015 auf den Markt gebracht wurde, macht SAP Unternehmen fit für die Zukunft.

SAP S/4HANA bringt wesentliche Vorteile für Unternehmen mit, etwa Echtzeitreporting, vereinfachte Bedienbarkeit, Performanceverbesserungen und kürzere Innovationszyklen, um nur einige zu nennen. Damit werden Prozesse und Abläufe vereinfacht, was die Arbeit mit dem SAP-System effizienter macht und somit auch Ihnen Zeit spart.

Zentral hierfür ist auch die neue Benutzeroberfläche namens SAP Fiori. Sie bringt frischen Wind in das alte Systemdesign. Anwender*innen präsentiert sich das Programm in zeitgemäßen Kacheln, wie man sie heutzutage auch bei Tablets und Smartphones kennt. Das SAP Fiori Launchpad ist personalisierbar, somit sind die Vorteile von SAP S/4HANA noch sichtbarer für diejenigen, die täglich damit arbeiten. Dank der hohen Nutzerfreundlichkeit fallen sowohl der Neueinstieg als auch die Umstellung leicht.

Das vorliegende Buch bietet Ihnen einen sehr schön strukturierten Einstieg ins Thema. Egal wo Sie arbeiten, ob im Einkauf, im Lager, im Vertrieb oder in Buchhaltung und Controlling, hier lernen Sie Schritt für Schritt, was für die erste Benutzung wichtig ist und wie Sie am besten mit dem SAP-System arbeiten. Auch an etwas kniffligere Themen führen Wolfgang und Dennis Fitznar Sie unaufgeregt heran.

Dieses Buch hätte ich mir selbst auch für den Einstieg in SAP S/4HANA gewünscht! Beschwingt erzählt, ohne den komplizierten Fachjargon, von dem man sonst manchmal erschlagen ist, zeigt es, wie man sich schnell im Programm zurechtfindet. Damit werden Ihnen Ihre täglichen Aufgaben deutlich leichter von der Hand gehen, und Spaß macht es auch!

Jennifer Hauck
Training System Architect
SAP SE

Über dieses Buch

Herzlich willkommen zu SAP S/4HANA, der erfolgreichsten Standardsoftware für Unternehmen! Sie arbeiten bereits oder bald mit SAP S/4HANA oder stehen vor einer entsprechenden Ausbildung? Das ist super, denn dann arbeiten Sie mit dem neuesten SAP-Produkt, und zusammen mit seinem Vorgänger SAP ERP ist SAP S/4HANA die mit Abstand am häufigsten eingesetzte Software in größeren Unternehmen. Ein Programm, zwei Benutzeroberflächen: SAP S/4HANA bringt das klassische SAP GUI und das neue, hippe SAP Fiori mit. Derzeit befinden wir uns in einer Übergangsphase, und beide Benutzeroberflächen werden eingesetzt, daher beschreiben wir sie auch beide in diesem Buch.

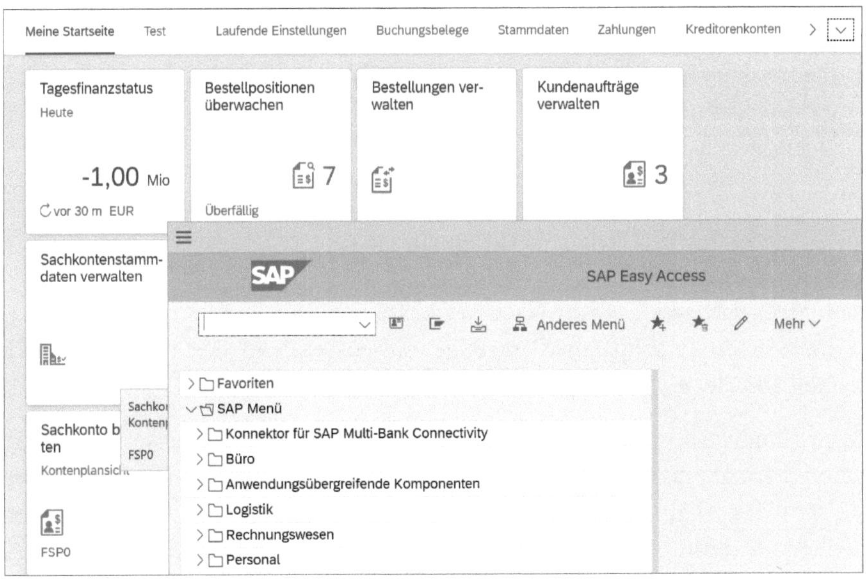

Fenster in SAP Fiori (hinten) und im SAP GUI (vorne)

Doch bevor wir Sie auf Ihrer Entdeckungsreise durch SAP S/4HANA begleiten, eine Frage: Wer sind Sie?

- **Sind Sie SAP-Neueinsteiger*in?**
  Prima! Dann ist dies genau das richtige Buch für Sie! Sie erhalten hier eine systematische und umfassende Grundausbildung für alle wichtigen über-

greifenden Werkzeuge, die Ihnen SAP S/4HANA bietet und die Sie als Anwender*in für die tägliche Praxis benötigen.

- **Hatten Sie bereits eine kurze SAP-S/4HANA-Schulung, oder hat Sie jemand »mal schnell angelernt«?**
  In beiden Fällen ist die Wahrscheinlichkeit groß, dass Sie viele wertvolle Werkzeuge und Grundeinstellungen dieser leistungsfähigen Software noch nicht kennen. Blättern Sie durch das Inhaltsverzeichnis dieses Buches, und überprüfen Sie für sich, welche Themen für Sie relevant sind. Es könnte sich lohnen!
- **Kennen Sie die ältere Benutzeroberfläche SAP GUI bereits und interessieren sich eher für die neue Benutzeroberfläche SAP Fiori?**
  Wir zeigen Ihnen, wo Sie die bekannten SAP-GUI-Funktionen in SAP Fiori finden und welche neuen spannenden Funktionen es dort darüber hinaus für Umsteiger*innen gibt.
- **Bereiten Sie sich auf die SAP-S/4HANA-Zertifizierung »Grundlagen Systemanwendung« vor?**
  Auch hierbei unterstützt Sie dieses Buch. Da die Zertifizierung sehr viele theoretische Fragen enthält, sollten Sie zur Vorbereitung noch zusätzlich die entsprechenden Kapitel aus den SAP-Trainings, »S4H00 – SAP S/4HANA Overview« und »UX100 – SAP Fiori Foundation«, durchackern.

Was ist SAP S/4HANA mit seinen beiden Oberflächen? Nichts anderes als Ihr Werkzeugkasten mit vielen Werkzeugen, mit denen Sie Daten erfassen, pflegen sowie auswerten und Ihren Job mehr oder weniger gut erledigen können. *Mehr oder weniger gut?* Nach der Lektüre dieses Buches gut, denn dann kennen Sie die wichtigsten Werkzeuge und wissen, wie Sie damit sicher und schnell ans Ziel gelangen.

Auch Handwerker*innen haben Werkzeugkästen, beispielsweise mit klassischen Schraubendrehern und einem hochmodernen Akkuschrauber. Wenn sie statt des Akkuschraubers nun nur die Schraubendreher einsetzen, was denken Sie dann über sie? Vermutlich, dass sie wesentlich effizienter arbeiten könnten, würden sie modernes Werkzeug nutzen.

Aber was hat das mit dem SAP-System zu tun? Tatsache ist: Viele SAP-Anwender*innen nutzen nur die Schraubendreher, weil sie die Akkuschrauber des SAP-Systems nicht kennen. Warum? Weil an Trainings gespart wird und weil viele Anwender*innen dann nur eine kurze Einweisung von einem Kollegen erhalten, der wiederum nur eine kurze Einweisung von einer Kollegin erhalten hat. Wir stellen Ihnen in diesem Buch also nicht nur die Grundfunktionen ausführlich vor, sondern geben Ihnen auch viele Tipps, die Ihnen bei Ihren täglichen Aufgaben helfen werden.

Zielgruppen

Ob Buchhalter*in, Controller*in, Einkäufer*in, Vertriebsmitarbeiter*in, Disponent*in oder Personaler*in: Wenn Sie regelmäßig mit SAP S/4HANA arbeiten, ist dieses Buch genau richtig für Sie. Wenn Sie SAP-Berater*in, SAP-Anwendungsbetreuer*in oder beim SAP-Support sind, gehören Sie eher nicht zu unserer Zielgruppe. Das Buch wurde für Anwender*innen geschrieben – jeder Klick und jede Eingabe wird hier ausführlich dokumentiert, für Sie wahrscheinlich zu ausführlich. Wenn Sie jedoch die neue Fiori-Oberfläche oder das SAP-GUI-Theme Belize noch nicht kennen, können Sie von diesem Buch profitieren. Als Berater*in oder Anwendungsbetreuer*in sollten Sie den gleichen Kenntnisstand haben wie Ihre Anwender*innen. Beachten Sie: Hier werden *keine* Themen aus dem Customizing, der Administration oder der Programmierung behandelt, da es in diesem Buch nur um die Anwendung von SAP S/4HANA geht.

Wir setzen keinerlei SAP-Kenntnisse voraus. Das Einzige, was Sie mitbringen sollten, sind grundlegende Kenntnisse von Windows und einem Internetbrowser.

Zielsetzungen und Buchteile

In der **Einleitung** vermitteln wir ein bisschen Theorie. Jedoch nur so viel, wie Sie für die praktische Handhabung des SAP-Systems brauchen. Denn wir wollen mit Ihnen schnellstmöglich zur Sache kommen, sprich zur Praxis übergehen.

Sie haben dieses Buch gekauft, um sich systematisch in das praktische Handling des SAP-Systems einzuarbeiten? Prima! **Teil I**, »SAP GUI und SAP Fiori – Grundlagen der Bedienung«, ist Praxis pur. Dies ist das kleine Einmaleins. Hier geht es darum, wie Sie sich anmelden, elegant durch das SAP-System surfen, Ihre Daten schnell finden und pflegen sowie Standardauswertungen nutzen. Mit diesem kleinen Einmaleins der Benutzeroberfläche können Sie in der Praxis durchstarten, wenn in Ihrem SAP-System alles optimal voreingestellt ist.

Leider, leider gibt es sehr, sehr selten in der Praxis optimale Voreinstellungen. Und deshalb gibt es **Teil II**, »Die Benutzeroberflächen personalisieren«. Wenn Sie dieses Buch gekauft haben, um zeitsparend und effizient mit dem SAP-System zu arbeiten, sollten Sie Buchteil II auf jeden Fall lesen. Hier zeigen wir Ihnen praktische Voreinstellungen, die Ihnen helfen, Zeit zu sparen. Personalisieren Sie Ihr SAP-System nach Ihren individuellen Wünschen, und richten Sie es für sich persönlich ein, genauso wie Sie in einem neuen Auto im eingebauten Navigationssystem Ihre Heimatadresse definieren oder Ihre Lieblingssender auf speziellen Abruftasten speichern. Es gibt hier viel zu entdecken!

Sie haben dieses Buch gekauft, um ein Verständnis für die Prozesse und deren Handling im System zu erlangen? In **Teil III**, »Fallbeispiele aus der Praxis«, finden Sie wichtige Funktionen, die in der Praxis zur Anwendung kommen, beginnend bei Bestellungen und Verkaufsaufträgen bis hin zur Verbuchung und Zahlung im Finanzwesen. Auch wenn Sie in der Praxis diese Vorgänge nicht alle selbst erledigen: SAP ist Teamarbeit! Sie sollten deshalb über Ihren Tellerrand hinausschauen und ein Grundverständnis dafür entwickeln, was Ihre Kolleg*innen tun und wohin die von Ihnen erfassten Daten wandern.

Nun wissen Sie, was Sie von diesem Buch erwarten dürfen. Aber noch nicht, was Sie *nicht* erwarten dürfen! Erwarten Sie eine komplette Anleitung für alle Themen Ihres Fachbereichs? Dieser Erwartung müssen wir hier gleich einen Dämpfer verpassen. Ein Buch mit einer kompletten Bedienungsanleitung für alle Themen aller Fachbereiche hätte viele Tausend Seiten. Deshalb gibt es bei SAP PRESS weitere Fachbücher speziell für Anwender*innen, beispielsweise zu den Themen Buchhaltung, Controlling, Einkauf oder Vertrieb.

Auch für Key- und Power-User*innen gibt es noch eine Vielzahl von Tipps und Tricks, die nicht in dieses Buch gepasst haben. Und auch hierfür gibt es bei SAP PRESS weitere Fachbücher, darunter auch unser Buch *SAP für Anwender – Tipps & Tricks* für Nutzer*innen des SAP GUI.

So arbeiten Sie mit diesem Buch

Einige Tipps zur optimalen Vorgehensweise haben Sie bereits in den letzten Absätzen erhalten. Hier nochmals systematisch:

- Teil I und Teil II dieses Buches sowie die darin enthaltenen Kapitel bauen größtenteils aufeinander auf. Halten Sie hier als SAP-Einsteiger*in die Reihenfolge möglichst ein. Danach sind Sie fit für die allgemeine Bedienung mit den Benutzeroberflächen SAP GUI und SAP Fiori.
- In Teil III finden Sie optionale Themen für die Praxis. Picken Sie sich hier einfach die Rosinen bzw. Abschnitte heraus, die Sie interessieren, und studieren Sie wahlweise die Kapitel zu Materialwirtschaft, Vertrieb oder Finanzwesen.

Trainingsdaten

Ab Teil I, »SAP GUI und SAP Fiori – Grundlagen der Bedienung«, steigen Sie in die praktische Handhabung ein; So finden Sie sich am schnellsten im System zurecht. Learning by doing!

Unsere Screenshots stammen aus einem Standardsystem, größtenteils aus dem SAP-Schulungssystem »Live Access«, das realistische Daten enthält und bei den Bildungspartnern von SAP SE eingesetzt wird. Wenn Sie die Abläufe dieses Buches in einem SAP-System in Ihrem Unternehmen durchspielen, kann es passieren, dass unsere Abbildungen und die Funktionen nicht zu 100 % identisch mit denen Ihres Systems sind.

Unternehmen passen die Software an: Sie verändern auch SAP-Bildschirmdarstellungen. Dieser Vorgang wird als *Customizing* bezeichnet und durch SAP-Spezialist*innen durchgeführt. Wenn bei Ihrem Arbeitgeber das SAP-S/4HANA-System nicht komplett »verbogen« wurde, deckt sich der größte Teil der SAP-Bildschirme jedoch weitgehend mit den Abbildungen in unserem Buch.

ACHTUNG

Nichts kaputt machen!

Ein wichtiger Hinweis: Üben Sie niemals in einem produktiven SAP-System! Wenn Sie unsicher sind, fragen Sie Ihre*n Admin oder eine*n Key-User*in.

Darüber hinaus gibt es SAP S/4HANA mit den Benutzeroberflächen in unterschiedlichen Versionen. Für das Buch haben wir die Versionen SAP Fiori 3.0, SAP GUI 7.60 und SAP S/4HANA 1909 verwendet. Andere Versionsstände können ebenfalls dazu führen, dass Sie teilweise andere Bildschirmdarstellungen und auch andere Funktionen vorfinden.

Videos zum Buch

Sie haben derzeit kein SAP-System im Zugriff? Oder es fehlen Berechtigungen im Testsystem für die hier dargestellten Abläufe? Kein Problem, wir haben eine Alternative: Sehen Sie sich einfach unsere Videos an, die auf der Website des Rheinwerk Verlags bereitgestellt werden. Hinweiskästen an den entsprechenden Stellen im Buch leiten Sie mithilfe eines Links bzw. eines QR-Codes direkt auf die Website zum Buch.

Nutzen Sie die Videos auch dann, wenn in Ihrem System etwas nicht so klappt, wie Sie es erwartet hätten. Eventuell liegt es an einer speziellen Voreinstellung, und manchmal sitzt das Problem auch *vor* dem Bildschirm. :-) Dann können die Videos Ihnen helfen, denn Sie zeigen Ihnen wirklich jeden Klick und jede Eingabe im System.

Testzugang für SAP Fiori

Haben Sie kein System im Zugriff? Zum Zeitpunkt der Drucklegung gibt es bei SAP ein Gratisangebot für einen zweiwöchigen Testzugang unter dem folgenden Link: *https://www.sap.com/germany/products/try-sap.html*. Allerdings ist dies ein System mit eingeschränkten Möglichkeiten. Beachten Sie, dass sich dieses von SAP bereitgestellte Angebot sowie der Link ändern können.

Danksagung

Ein herzliches Dankeschön für die prima Zusammenarbeit geht an Maike Lübbers, Lektorin bei SAP PRESS. Die Personen, denen wir darüber hinaus zu besonderem Dank verpflichtet sind, weil sie uns bei diesem Projekt unterstützt haben, finden Sie im Anhang des Buches.

1 Einleitung

Versprochen ist versprochen: Den nun folgenden Theorieteil halten wir so kurz wie nötig. Zunächst erhalten Sie hier einen Überblick über Aufbau und Einsatzgebiete von SAP S/4HANA. Vielleicht sind Sie schon neugierig, wie die SAP-Software aussieht? Nach dem ersten Überblick stellen wir Ihnen die beiden zugehörigen Benutzeroberflächen vor: SAP GUI und SAP Fiori.

Danach zeigen wir Ihnen den Aufbau eines Unternehmens mit seinen verschiedenen Bereichen und Abteilungen im SAP-System. Dieses Wissen hilft Ihnen später zu verstehen, was geschieht, sobald Sie die SAP-Software am Bildschirm nutzen. Gleichzeitig erlernen Sie in diesem Buchteil die ersten Grundbegriffe der Sprache »SAPpisch«, also die speziellen Fachbegriffe des SAP-Systems.

Nach diesem Kapitel wissen Sie,

- für welche Aufgaben SAP S/4HANA in Unternehmen eingesetzt wird,
- wie sich die Benutzeroberflächen SAP GUI und SAP Fiori unterscheiden,
- wie der Aufbau eines Unternehmens im SAP-System dargestellt wird,
- welche Daten im SAP-System gespeichert werden.

1.1 Welche Möglichkeiten bietet SAP S/4HANA?

Sie erfahren nun, was man mit der SAP-Software machen kann und welche Unternehmen diese Software einsetzen. Sie erhalten hier erst einmal einen groben Überblick. Um die Details kümmern wir uns später.

Über 90 der 100 größten deutschen Unternehmen setzen SAP-Software ein – wow! Dazu gehören Konzerne wie Allianz, BASF, BMW, Daimler, Deutsche Telekom, Siemens oder Volkswagen. Aber auch in der öffentlichen Verwaltung wird SAP-Software zunehmend eingesetzt, um die Abläufe zu automatisieren, zu vereinfachen und zu beschleunigen.

INFO

Das Unternehmen SAP

SAP wurde 1972 gegründet und hat sich zum mit Abstand weltweit erfolgreichsten Hersteller von Unternehmenssoftware und zum erfolgreichsten Softwareunternehmen in Europa entwickelt. Gleichzeitig ist SAP gemäß Börsenbewertung das wertvollste deutsche Unternehmen. Der Hauptsitz befindet sich im badischen Städtchen Walldorf. Einer der Gründer ist Dietmar Hopp. (Nicht nur Fußballfans kennen diesen Namen.)

Die drei Buchstaben SAP

Lassen Sie uns mit den drei Buchstaben SAP beginnen. So nennt sich das Unternehmen, das die Software SAP S/4HANA entwickelt hat.

Die Abkürzung *SAP* steht für »**S**ysteme, **A**nwendungen, **P**rodukte in der Datenverarbeitung«. (Solche Abkürzungen verleiten natürlich dazu, andere Bezeichnungen zu finden. Unsere Favoriten sind »**S**ympathisches **A**nwenderprogramm« und »**S**uper **A**dvanced **P**laystation«.)

Woher kommt die Bezeichnung *S/4HANA*? Der Anfangsbuchstabe S steht für »**S**uite« und gleichzeitig für »**S**imple«. Ob das Programm wirklich simpel zu bedienen ist? Darüber dürfen Sie sich ab Teil II, »Die Benutzeroberflächen personalisieren«, eine Meinung bilden. **4** steht für die vierte Generation der Software. Und *HANA*? Das ist kein Mädchenname, sondern die Bezeichnung für die Datenbanktechnologie dieser Software. SAP S/4HANA ist seit 2015 auf dem Markt.

INFO

ERP-Software

SAP S/4HANA gehört zur Gattung der ERP-Programme, genauso wie Microsoft Word zur Gattung der Textverarbeitungsprogramme gehört. *ERP* ist die Abkürzung für *Enterprise Resource Planning*, zu Deutsch *Ressourcenplanung für Unternehmen*.

Was sind Ressourcen eines Unternehmens? Alles, was das Unternehmen zum Geldverdienen braucht: Personal, Maschinen, Materialien oder Aufträge. Und mit ERP-Software können diese Ressourcen eben geplant und verwaltet werden. ERP-Software ist also eine Software für Unternehmen, die damit alle wichtigen Grundfunktionen und Geschäftsprozesse verwalten und optimieren.

Warum wurde und ist die SAP-Software so erfolgreich? Einer von vielen Gründen ist, dass die SAP-Software als »eierlegende Wollmilchsau« nahezu alle Bereiche eines Unternehmens abdeckt. Hierzu zählen z. B. die Logistik mit Einkauf, Produktion, Vertrieb sowie das komplette interne und externe Rechnungswesen und die Personalwirtschaft.

Mithilfe von SAP S/4HANA können Unternehmen fast alle *Geschäftsprozesse* organisieren und optimieren. Geschäftsprozesse sind nichts anderes als Abläufe im Betrieb. Dazu eine Definition aus einer SAP-Dokumentation (zu finden in der digitalen Hilfe *help.sap.com*):

> *»Ein Geschäftsprozess beschreibt einen betriebswirtschaftlichen Ablauf innerhalb eines Unternehmens. Dieser verbraucht Ressourcen und kann abteilungsübergreifend sein.«*

Ist Ihnen diese Beschreibung zu abstrakt? Uns auch! Deshalb lesen Sie gleich weiter, denn es folgen als Beispiele aus der Praxis zwei grundlegende Geschäftsprozesse, die mit SAP S/4HANA bestens realisiert werden können.

Geschäftsprozess »Purchase-to-Pay«

Unser erstes Beispiel: der Geschäftsprozess *Purchase-to-Pay* (Abkürzungen: P2P oder PTP, zu Deutsch: vom Einkauf bis zur Bezahlung).

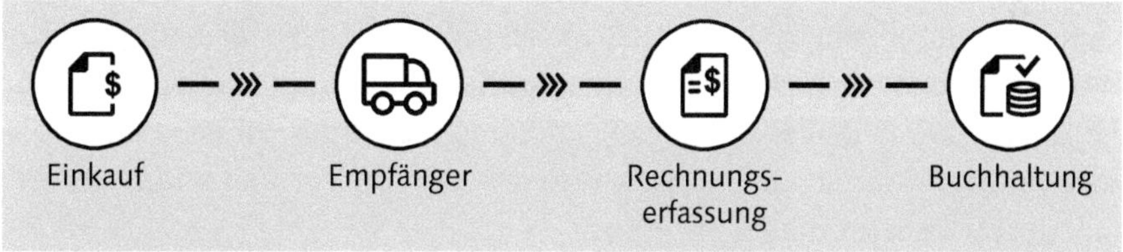

SAP-Fiori-App »Prozessablauf – Kreditorenbuchhaltung«: Geschäftsprozess »Purchase-to-Pay«

Dieser Geschäftsprozess beginnt in unserem Beispiel in der Einkaufsabteilung, hier wird eine Bestellung in SAP S/4HANA eingegeben und an den Lieferanten weitergeleitet. Danach ist unser Unternehmen der Empfänger einer Anlieferung, und dabei erfolgt der Wareneingang üblicherweise im Lager. Im nächsten Schritt entsteht beim Lieferanten eine Rechnung, die in unserem Unternehmen als Eingangsrechnung erfasst und später durch unsere Buchhaltung bezahlt wird.

Natürlich gibt es viele Varianten eines so grundlegenden Prozesses. Zum Beispiel könnten in Varianten der Bestellung eine Bestellanforderung oder ein Genehmigungsverfahren vorgeschaltet oder eine Bestätigung des Lieferanten nachgeschaltet sein.

Geschäftsprozess »Order-to-Cash«

Der Geschäftsprozess *Order-to-Cash* (Abkürzungen: O2C, OTC), frei übersetzt: vom Auftrag bis zum Geldeingang), beginnt in unserem Beispiel im Verkauf mit der Erstellung eines Kundenauftrags.

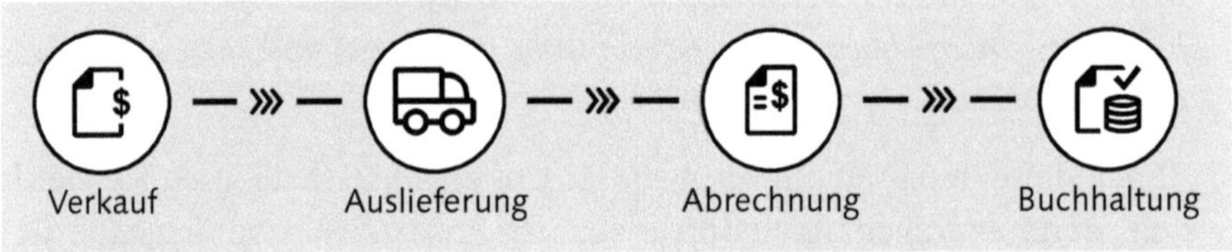

SAP-Fiori-App »Prozessablauf – Debitorenbuchhaltung«: Geschäftsprozess »Order-to-Cash«

Danach folgen im Versand die Auslieferung und die Abrechnung (andere Begriffe: Rechnungsstellung, Fakturierung). Dieser Prozess endet schließlich in der Buchhaltung mit dem Zahlungseingang.

Nutzt man durchgängig SAP S/4HANA, werden alle Daten aller Abteilungen in einer Datenbank nur einmal gespeichert. Eine einheitliche Software für die Mitarbeitenden aller beteiligten Abteilungen! Und nicht etwa eine Software für den Vertrieb, eine andere Software für den Versand und noch eine andere Software für die Buchhaltung.

Damit ist gewährleistet, dass jede*r Mitarbeitende mit den gleichen und mit stets aktuellen Daten arbeitet. Dies wird auch als *Echtzeitverarbeitung* oder in Neudeutsch als *Realtime-Verarbeitung* bezeichnet. Sobald beispielsweise eine Kollegin aus der Vertriebsabteilung die Adressdaten eines Kunden ändert und speichert, stehen diese Adressdaten in der Versandabteilung und in der Buchhaltung sofort topaktuell zur Verfügung.

Bestandteile von SAP S/4HANA

SAP S/4HANA ist ein riesiges Programmpaket. Es wird in die folgenden drei großen Anwendungsbereiche unterteilt:

- *Rechnungswesen* mit Finanzwesen (u. a. Buchhaltung) und Controlling
- *Logistik* mit Materialwirtschaft (u. a. Einkauf), Produktion, Instandhaltung, Qualitätsmanagement und Vertrieb
- *Personal* (ein anderer Begriff ist *Human Resources*, Abkürzung HR) mit Personalverwaltung, Gehaltsabrechnung und Personalentwicklung

Jeder Anwendungsbereich besteht aus einzelnen *Komponenten*, die in der Praxis auch oft als *Module* bezeichnet werden. Für jedes dieser Module gibt es eine Abkürzung, die jeweils aus zwei oder drei Buchstaben besteht. Die wichtigsten Module haben wir in der folgenden Tabelle aufgeführt.

Anwendungsbereich	Modul (in Klammern die englische Bezeichnung)	Abkürzung	Funktionsbeispiele
Logistik	Materialwirtschaft (Materials Management)	MM	Bestandsführung, Einkauf, Rechnungsprüfung
	Produktion (Production Planning and Control)	PP	Produktionsplanung, Produktionssteuerung
	Qualitätsmanagement (Quality Management)	QM	Prüfplanung, Qualitätsmeldungen
	Instandhaltung (Enterprise Asset Management)	EAM	Instandhaltung mit Störungsbeseitigung und Wartung
	Vertrieb (Sales and Distribution)	SD	Vertriebsunterstützung, Verkauf, Versand, Fakturierung
Rechnungswesen	Finanzwesen (Financials)	FI	Haupt-, Debitoren-, Kreditoren- und Anlagenbuchhaltung
	Controlling (Controlling)	CO	Kostenstellenrechnung, Produktkostencontrolling

Anwendungsbereiche und Module von SAP S/4HANA

Anwendungsbereich	Modul (in Klammern die englische Bezeichnung)	Abkürzung	Funktionsbeispiele
Personal	Personaladministration (Personnel Administration)	PA	Stammdatenverwaltung
	Personalzeitwirtschaft (Personnel Time Management)	PT	Zeitdatenerfassung, Zeitauswertung
	Personalabrechnung (Payroll Accounting)	PY	Personalabrechnung und Folgeaktivitäten

Anwendungsbereiche und Module von SAP S/4HANA (Forts.)

Diese Einteilung stammt noch aus dem Vorgänger SAP ERP und wird am häufigsten verwendet. Auch in SAP S/4HANA finden Sie diese Module, z. B. im SAP GUI im SAP-Menü oder in der SAP-S/4HANA-Hilfe.

Seitens SAP gibt es für SAP S/4HANA gemäß der Tabelle »Komponenten von SAP S/4HANA« eine weitere Einteilung, die zusätzliche neue Funktionalitäten berücksichtigt. Diese Einteilung hat sich jedoch in der Praxis noch nicht durchgesetzt. Dennoch wollen wir sie Ihnen nicht vorenthalten. Hier gibt es nur noch englische Bezeichnungen.

Komponente	Funktionsbeispiele
Research & Development	Product Lifecyle Management mit der Verwaltung von Produktdaten, Produktsicherheit, Projektmanagement
Sourcing & Procurement	verbrauchsgesteuerte Disposition, Einkauf, Rechnungsprüfung
Supply Chain	Materialstamm, Bestandsführung und Inventur, Lagerverwaltung, Transportmanagement mit Frachtmanagement

Komponenten von SAP S/4HANA

Komponente	Funktionsbeispiele
Manufacturing	Produktionsplanung, Produktionssteuerung, Qualitätsmanagement
Asset Management	Instandhaltung, Einsatzplanung, Arbeitsschutz, Umweltschutz
Sales	Vertriebsunterstützung, Verkauf, Fakturierung
Service	Serviceverträge, Serviceaufträge
Finance	Financial Operations: Debitoren-, Kreditorenbuchhaltung; Accounting and Financial Close: Haupt-, Anlagenbuchhaltung; Financial Planning: Controlling
Human Resources	Personaladministration, Zeitwirtschaft, Abrechnung

Komponenten von SAP S/4HANA (Forts.)

1.2 Die Benutzeroberflächen SAP GUI und SAP Fiori

Es gibt zwei unterschiedliche Benutzeroberflächen für SAP S/4HANA: Das ältere *SAP GUI*, mit dem auch der Vorgänger SAP ERP genutzt wird, und *SAP Fiori*. In diesem Abschnitt erhalten Sie einen Überblick über die Unterschiede dieser Benutzeroberflächen.

In manchen Unternehmen wird nur das SAP GUI eingesetzt, in anderen Unternehmen hauptsächlich SAP Fiori und in wieder anderen Unternehmen beide Benutzeroberflächen. Warum? Sie haben jeweils Vor- und Nachteile.

Alt und bewährt: das SAP GUI

Wir beginnen mit dem SAP GUI. GUI steht für *Graphical User Interface*, zu Deutsch *grafische Benutzerschnittstelle*. Das SAP GUI wird auch als Präsentationssoftware bezeichnet, weil es Ihnen die Daten wie beispielsweise eine Kundenliste auf Ihrem PC »präsentiert«. Es ist also eine eigene SAP-Software, die normalerweise auf Ihrem PC installiert ist. Die folgende Abbildung zeigt Ihnen das Einstiegsbild des SAP GUI in der Version 7.60.

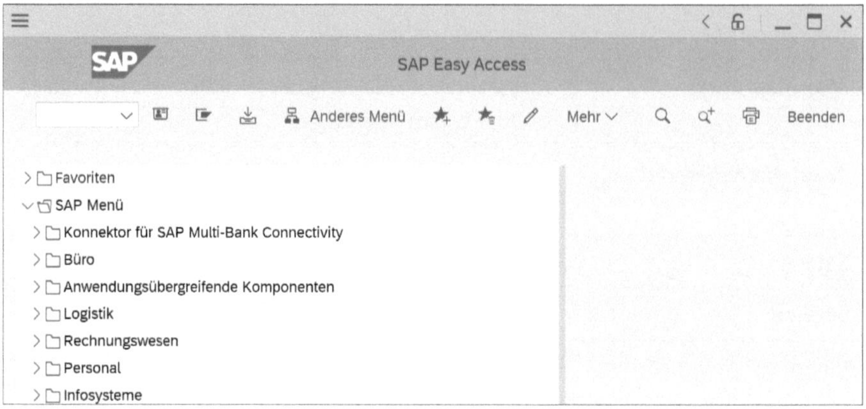

Einstiegsbild des SAP GUI

Das SAP GUI bietet Ihnen Menüstrukturen und Icons zur Programmbedienung, in der Abbildung am Beispiel des Themes Belize. Links oben im Einstiegsbild sehen Sie den Ordner **Favoriten**. Hier nehmen Sie die Funktionen auf, die Sie am häufigsten brauchen.

Unter den Favoriten sehen Sie das *SAP-Menü*, das einen Ordnerbaum enthält, ähnlich wie der Windows Explorer. Es umfasst neben allgemeinen Funktionen als Ordner die drei großen Anwendungsbereiche **Logistik**, **Rechnungswesen** und **Personal**. Über diese Ordner und weitere Unterordner oder aus den **Favoriten** springen Sie in Ihre Anwendungen, die hier auch als *Transaktionen* bezeichnet werden. Ein Beispiel für eine Transaktion in der Logistik ist **Kundenauftrag anlegen**, ein Beispiel aus dem Rechnungswesen ist **Beleg buchen**.

Neu und modern: SAP Fiori

In der nächsten Abbildung sehen Sie ebenfalls ein Startbild, nämlich das sogenannte *SAP Fiori Launchpad*. Wow! Dieses Design ist auf dem neuesten Stand und mit den Kacheln und Kennzahlen im Startbild wesentlich übersichtlicher. Es zeigt bei entsprechender Konfiguration sofort beim Öffnen einen bunten Blumenstrauß topaktueller Infos: für Einkäufer*innen z. B. die Anzahl der offenen Bestellpositionen oder für Verkäufer*innen die Anzahl der offenen Kundenanfragen. Das Wort *Fiori* kommt aus dem Italienischen und bedeutet *Blumen*.

SAP Fiori ist eine neue Welt. Es sieht aus wie für ein Tablet oder ein Smartphone gemacht. Ist es auch! Anders als das SAP GUI kann SAP Fiori auch mit mobilen Endgeräten wie einem Smartphone verwendet werden. Es läuft über einen Internetbrowser wie Microsoft Edge oder Mozilla Firefox. Folglich wird im Gegensatz zum SAP GUI keine eigene Softwareinstallation auf Ihrem PC benötigt. Es genügt ein Link, um über den Browser auf SAP Fiori zugreifen zu können.

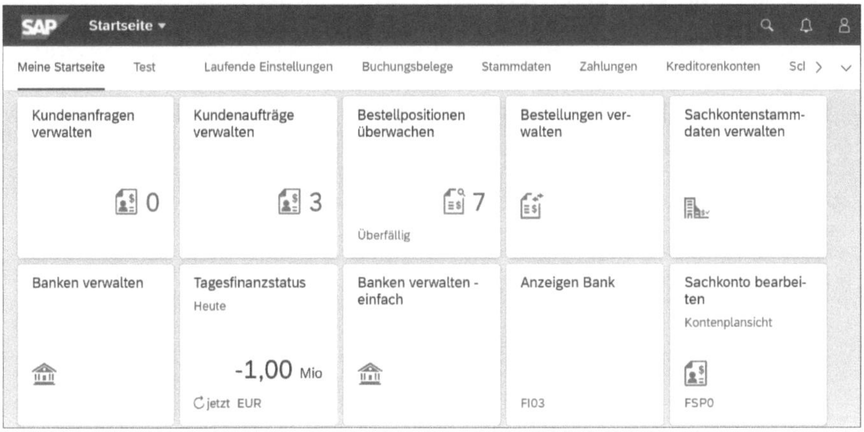

Das SAP Fiori Launchpad

Das SAP Fiori Launchpad gemäß der obigen Abbildung ist in SAP Fiori das Gegenstück zum SAP-Menü im SAP GUI. Darüber gelangen Sie zu Ihren Anwendungen, die in SAP Fiori als *Apps* bezeichnet werden.

Anstelle des SAP-Menüs mit den Transaktionen im SAP GUI sehen Sie in SAP Fiori *Kacheln*, die Sie beliebig anordnen dürfen. Über die Kacheln starten Sie jeweils dazugehörige Apps. Der Begriff *App* ist die Abkürzung für *Applikation*, also eine Softwareanwendung.

Die Bedienung der beiden Oberflächen ist sehr unterschiedlich. Wir haben deshalb ab Teil I, »SAP GUI und SAP Fiori – Grundlagen der Bedienung«, die Kapitel streng nach SAP GUI und SAP Fiori getrennt. Worum es jeweils geht, erkennen Sie an den Kapitelüberschriften.

Der Trend geht zu SAP Fiori. Jedoch wird zumindest mittelfristig auch weiterhin das SAP GUI intensiv genutzt. Dafür gibt es mehrere Gründe:

- Für viele Funktionen des SAP GUI gibt es noch keine Apps. Es gibt Stand März 2021 weit über 100.000 SAP-GUI-Transaktionen, jedoch nur ca. 12.000 Apps. Also benötigen Sie für manche Funktionen zwingend das SAP GUI.

- Das SAP GUI ist für Power-User*innen oft die bessere Wahl. Als erfahrene Anwender*innen können sie diese Oberfläche besser den eigenen Bedürfnissen anpassen.
- Es gibt es momentan noch Funktionen, die im SAP GUI effizienter mit Transaktionen genutzt werden können als in SAP-Fiori-Apps. Dies gilt insbesondere für die Datenerfassung.

Auf der anderen Seite ist SAP Fiori für Gelegenheitsnutzer*innen wesentlich einfacher in der Handhabung und ermöglicht deutlich bessere grafische Auswertungen mit Diagrammen.

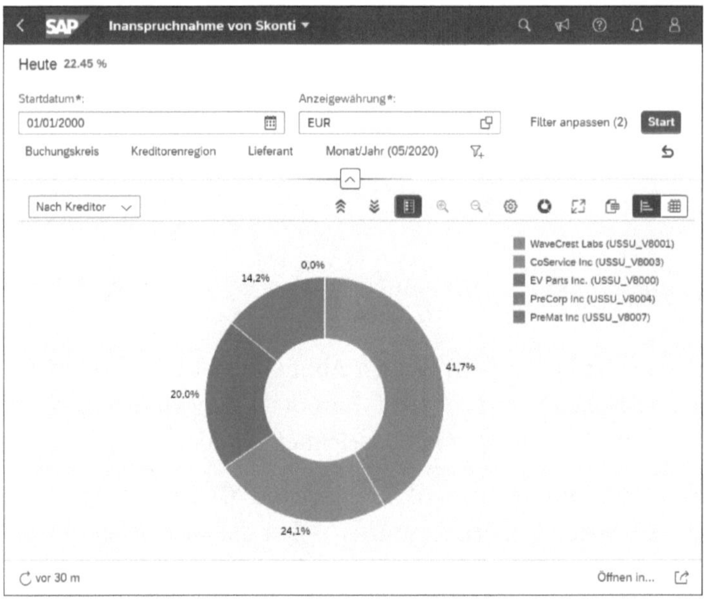

Diagramm in SAP Fiori

Stehen Ihnen im Unternehmen beide Oberflächen zur Verfügung? Dann können Sie, je nach Funktion, die eine oder die andere oder auch beide Oberflächen nutzen. Wir unterstützen Sie bei der Entscheidungsfindung.

1.3 Aufbau eines Unternehmens im SAP-System

Um die Erläuterungen in diesem Buch möglichst praxisnah zu gestalten, stellen wir uns vor, Sie arbeiten in der deutschen Niederlassung einer Musterfirma. Bevor Sie im ersten großen Teil des Buches, nämlich Teil I, »SAP GUI und SAP Fiori – Grundlagen der Bedienung«, damit beginnen, die Daten dieses Unternehmens zu nutzen, erhalten Sie hier einige grundlegende Vorabinfos zu unseren Trainingsdaten, die weitgehend denen des SAP-Trainingssystems Live Access entsprechen.

Organisationsstruktur und Organisationseinheiten

In diesem Abschnitt geht es um den Aufbau eines Unternehmens mit seinen einzelnen Bestandteilen. Dieses wird im SAP-System als *Organisationsstruktur* bezeichnet.

Die Organisationsstruktur setzt sich aus einzelnen Tochterfirmen (Buchungskreisen) und Werken zusammen. Diese werden im SAP-System als *Organisationseinheiten* (anderer Begriff: Organisationselemente) bezeichnet. Sie brauchen Organisationseinheiten, sobald Sie neue Kunden, Lieferanten, Materialien, Verkaufsaufträge und Bestellungen erfassen oder anzeigen. Und genau das werden Sie in den nächsten Buchteilen tun. Deshalb besprechen wir nun vorab einige grundlegende Organisationseinheiten. Jede Organisationseinheit hat jeweils eine Nummer.

BEISPIEL

Materialbestellung

Dazu ein Beispiel aus der Praxis. Bei der *Materialbestellung* finden Sie gemäß der nächsten Abbildung rechts unten folgende Organisationseinheiten:

- den Buchungskreis (Welches Unternehmen hat bestellt?)
- die Einkaufsorganisation (Welche Einkaufsabteilung hat bestellt?)

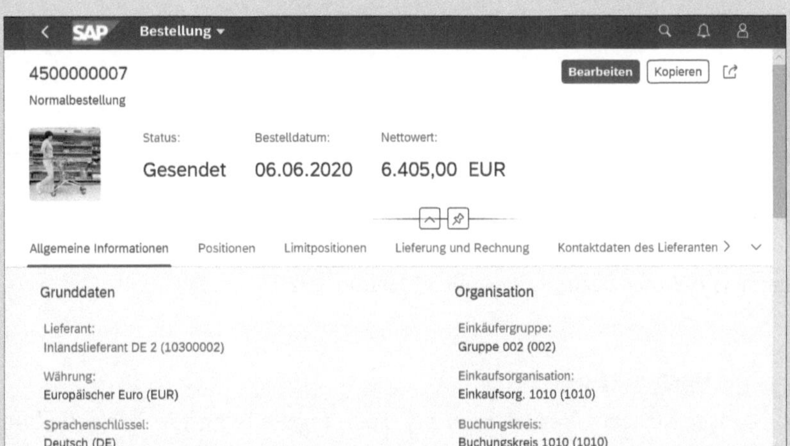

Bestellung in der SAP-Fiori-App »Bestellung verwalten«

Mandant und Buchungskreis

Der *Mandant* ist als oberste Organisationseinheit die höchste Hierarchiestufe im SAP-System und wird auch als *Organisationseinheit der höchsten Ebene* bezeichnet. Ein Mandant kann ein Konzern oder ein Teilkonzern sein. Der Mandant entspricht einem Datentopf, der beispielsweise alle Konzerndaten enthält. Diesen geben Sie nur einmal bei Ihrer Anmeldung an und brauchen ihn während der SAP-Sitzung nicht mehr.

In einem SAP-System können mehrere Mandanten, also mehrere Teilkonzerne, parallel verwaltet werden. Wir beschränken uns in unseren Beispielen auf einen Mandanten.

> INFO
>
> **Ihr Mandant**
>
> Jeder Mandant hat eine eigene dreistellige Nummer, beispielsweise 800. Diese erhalten Sie von Ihren SAP-Betreuer*innen oder im SAP-Training von Ihren Trainer*innen.

In der nächsten Abbildung sehen Sie, dass unserem Mandanten mehrere *Buchungskreise* untergeordnet sind. Das bedeutet, dass unser Mandant mehrere Tochtergesellschaften hat. Ein Buchungskreis ist nichts anderes als ein Unternehmen, z. B. eine Tochtergesellschaft mit einer eigenen Bilanz innerhalb eines Konzerns. Jedes Unternehmen, das eine Bilanz bei einem Finanzamt abgibt, muss in SAP S/4HANA als eigener Buchungskreis geführt werden.

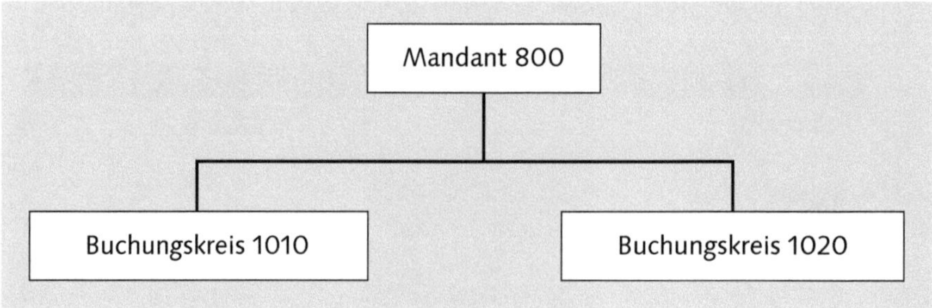

Mandant mit den Buchungskreisen 1010 und 1020

> INFO
>
> **Ihr Buchungskreis**
>
> Unser Konzern besitzt mehrere Tochtergesellschaften bzw. Buchungskreise. Die deutsche Tochtergesellschaft hat das Kurzzeichen 1010 und ist in Live Access Ihr Buchungskreis.

Werk

Ein *Werk* kann eine Produktionsstätte sein. Es gibt darüber hinaus auch Auslieferungswerke, in denen die Materialien nicht produziert, sondern nur gelagert und ausgeliefert werden. Ein Buchungskreis kann mehrere Werke enthalten. Umgekehrt gehört ein Werk immer genau zu einem Buchungskreis.

> INFO
>
> **Ihr Werk**
>
> Ihre Heimat ist das Werk 1010, das zum Buchungskreis mit dem Kurzzeichen 1010 gehört.

Einkaufsorganisation

Sie werden an späterer Stelle (in Teil III, »Fallbeispiele aus der Praxis«) lernen, eine Bestellung zu erfassen. Hierzu tragen Sie die verantwortliche Einkaufsabteilung in die Bestellung ein. Diese wird in SAP S/4HANA als *Einkaufsorganisation* bezeichnet. Es kann verschiedene Einkaufsorganisationen geben, die entweder nur für ein Werk, nur für einen Buchungskreis oder als zentraler Einkauf bzw. Konzerneinkauf übergreifend für alle Buchungskreise zuständig sind.

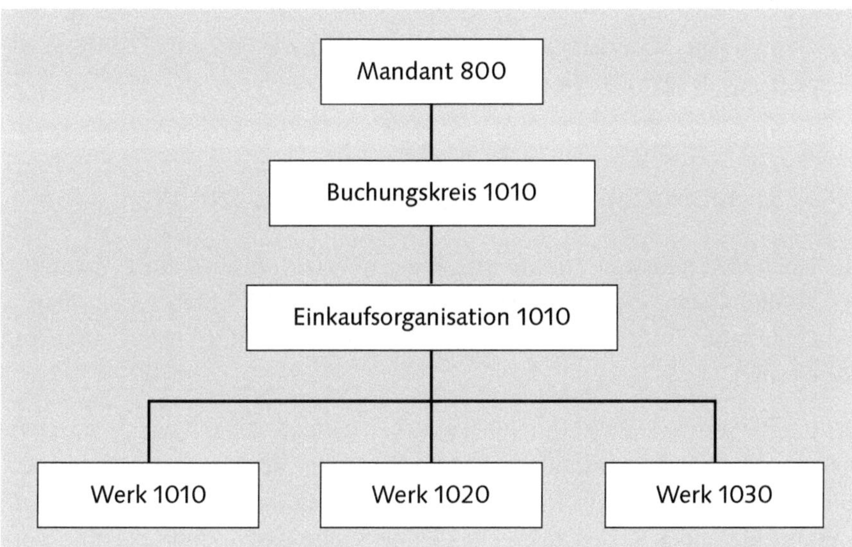

Im Buchungskreis 1010 erledigt die Einkaufsorganisation 1010 den Einkauf für alle Werke des Buchungskreises 1010.

INFO

Ihre Einkaufsorganisation

Unserem Buchungskreis 1010 ist genau eine Einkaufsorganisation zugeordnet. Sie ist für den Einkauf für die komplette deutsche Tochterfirma zuständig.

Verkaufsorganisation

Jeder Kundenauftrag gehört zu einer *Verkaufsorganisation*, die einer Verkaufsabteilung entspricht. Eine Verkaufsorganisation gehört immer genau zu einem Buchungskreis. Umgekehrt kann ein Unternehmen, also ein Buchungskreis, natürlich mehrere Verkaufsorganisationen enthalten.

INFO

Ihre Verkaufsorganisation

Ihre Verkaufsorganisation hat die Kennung 1010, also die gleiche Kennung wie Ihre Einkaufsorganisation und Ihr Buchungskreis.

Dies sind erst einmal die Organisationseinheiten, die Sie in Teil I, »SAP GUI und SAP Fiori – Grundlagen der Bedienung«, und Teil II, »Die Benutzeroberflächen personalisieren«, brauchen. Es gibt noch viele weitere Organisationseinheiten, beispielsweise *Kostenrechnungskreise* für das Controlling und *Lagerorte* für die Materialwirtschaft. Diese stellen wir Ihnen in Teil III, »Fallbeispiele aus der Praxis«, vor.

1.4 Stammdaten und Belege im SAP-System

Sie haben die Theorie fast komplett geschafft! Jetzt nur noch einige Grundlagen zu den Daten, die wir ab Teil I, »SAP GUI und SAP Fiori – Grundlagen der Bedienung«, nutzen, und dann melden Sie sich an und surfen durch das SAP-System.

Der Begriff *Stammdaten* ist Ihnen bekannt? Es handelt sich um wichtige Daten, die sich selten ändern und über größere Zeiträume genutzt werden, wie beispielsweise Kunden-, Lieferanten- oder Materialdaten. Bestellungen, Verkaufsaufträge oder Rechnungen sind keine Stammdaten, denn sie sind vorgangsbezogen und nur für einen kurzen Zeitraum gültig. Dies sind *Belege*, die auch als *Bewegungsdaten* bezeichnet werden.

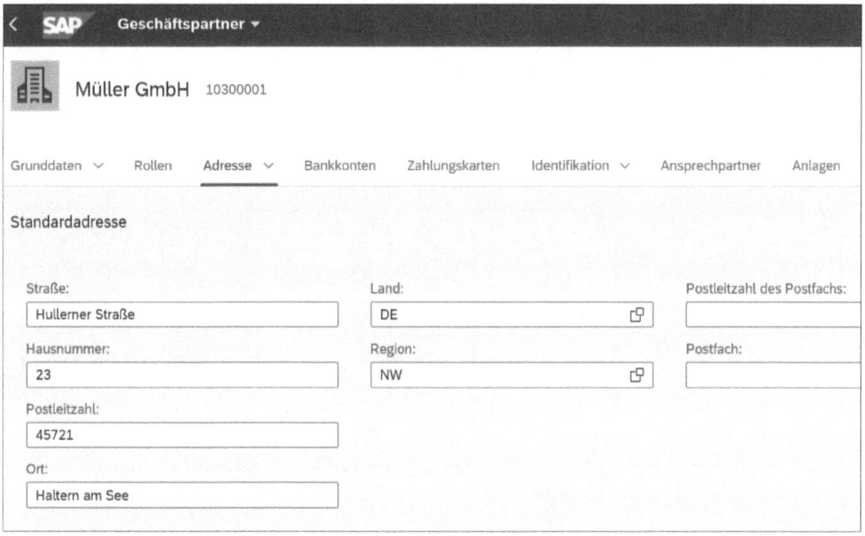

SAP-Fiori-App »Geschäftspartner verwalten« – Adresse in den Lieferantenstammdaten

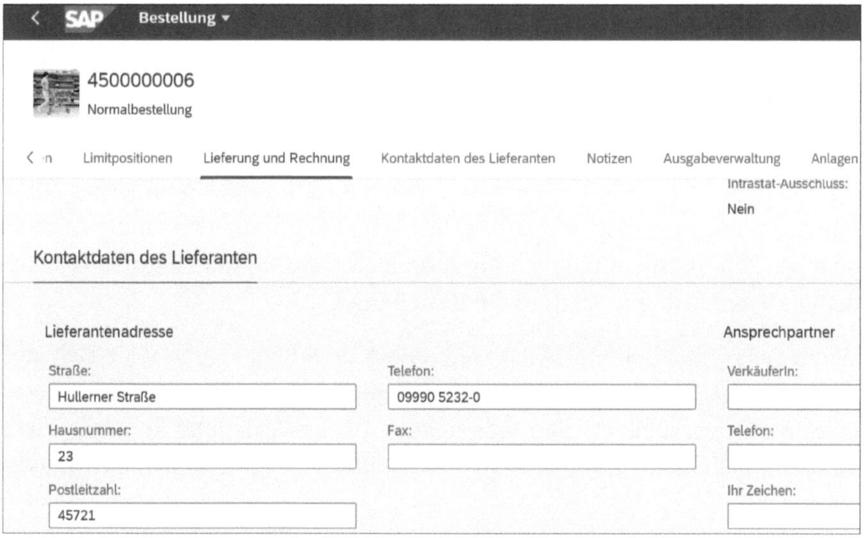

SAP-Fiori-App »Bestellungen verwalten« – Adresse im Bestellbeleg

Während eines Geschäftsprozesses entstehen unterschiedliche Belege. Bei jedem Teilschritt aus dem Geschäftsprozess P2P wird jeweils mindestens ein Beleg angelegt, wie Sie es in der nächsten Abbildung sehen.

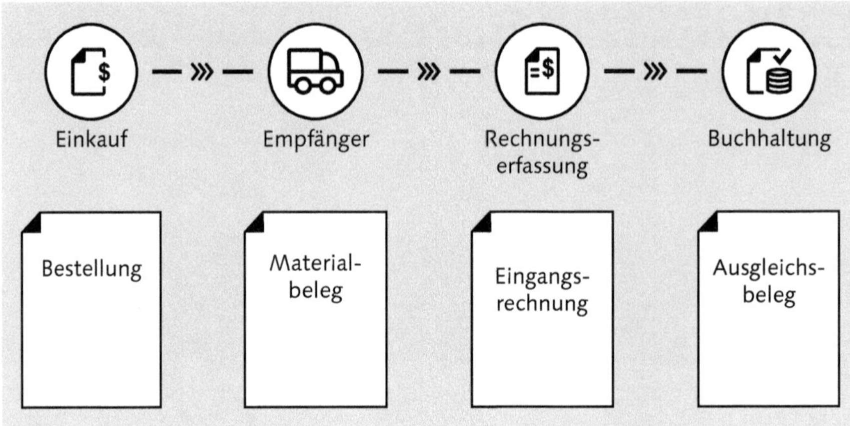

SAP-Fiori-App »Prozessablauf – Kreditorenbuchhaltung«: Bewegungsdaten des Prozesses »Purchase-to-Pay«

Der Einkauf erfasst eine Bestellung, der Wareneingang erfasst einen Materialbeleg und bei der Rechnungserfassung entsteht ein Beleg für eine Eingangsrechnung. Zum Finale des ganzen Prozesses gibt es in der Buchhaltung bei der Bezahlung einen Ausgleichsbeleg, der dokumentiert, dass die Rechnung ausgeglichen wurde. Jeder Beleg hat eine eigene Belegnummer und eine Belegart.

Geben Sie von Hand die Lieferantenadresse ein, wenn Sie eine Bestellung anlegen? Nein! Beim Anlegen einer Bestellung wird nur die Nummer des Lieferantenstammsatzes eingetragen. Die restlichen Stammdaten wie die Adresse oder die Zahlungsbedingungen übernimmt das SAP-System automatisch aus den Lieferantenstammdaten in die Bestellung.

Wenn Sie 10-mal beim gleichen Lieferanten bestellen, ersparen Sie sich also die 10-malige Eingabe der Lieferantenadresse, da SAP S/4HANA die Adresse jedes Mal topaktuell aus den Stammdaten in die Bestellung kopiert. Allein schon deshalb ist die Aufteilung in Stamm- und Bewegungsdaten eine praktische Sache.

Wir sind damit am Ende unserer Einleitung angelangt. Prima, Kaffeepause? Sie verfügen nun über genügend theoretische Grundkenntnisse zu SAP S/4HANA für die folgenden Buchteile, in denen Sie die praktische Handhabung des SAP-Systems kennenlernen. Sie werden damit den Sinn und die Auswirkungen der ganzen Klickerei und Tipperei besser verstehen.

Teil I

SAP GUI und SAP Fiori – Grundlagen der Bedienung

2 Erste Schritte mit dem SAP GUI

Sind Sie motiviert, diesen Buchteil sorgfältig zu studieren? Darf ich – als der ältere, schon angegraute der beiden Autoren – Ihnen zu Beginn dieses Buchteils kurz von meinem Einstieg in das SAP-System erzählen? Denn dadurch erhöht sich die Wahrscheinlichkeit, dass Sie dieses Buch mit maximaler Motivation lesen!

Leider musste ich die SAP-Software bei meinem Einstieg anno 1992 größtenteils mit der Methode »Trial & Error«, also durch Herumprobieren erlernen. Doch umso mehr Aha-Effekte gab es. Ich weiß nicht mehr, wie oft ich später gedacht habe: »Verdammt, warum habe ich das nicht früher gewusst!« Und wie viel wertvolle Zeit ich damit verbracht habe, Abläufe im SAP-System fürchterlich umständlich und mit viel zu viel nerviger Tipperei zu erledigen, anstatt mit nur wenigen Klicks.

Genau das möchten wir Ihnen mit diesem Buch ersparen. Für die Aha-Effekte wollen wir gleich zu Beginn Ihrer »SAP-Karriere« sorgen, und dazu sollten Sie das Buch systematisch durchgehen und auch genießen. Die einzelnen Kapitel bauen aufeinander auf.

In diesem Kapitel lernen Sie,

- wie Sie sich an- und abmelden,
- welche Kennwortregeln es gibt und wie Sie Ihr Kennwort ändern,
- wie Sie sich im Bildaufbau des SAP GUI zurechtfinden,
- wie Sie Transaktionscodes (technische Kurzbezeichnungen für Transaktionen) anzeigen,
- wie Sie ein Favoritenmenü anlegen,
- wie Sie Benutzerdaten, beispielsweise die Anmeldesprache oder die Dezimal- und Datumsdarstellung, passend einstellen.

Sie interessieren sich nur für SAP Fiori und fragen sich, ob Sie dieses Kapitel als Einsteiger*in dann auch auslassen können? Besser nicht! Viele Regeln aus dem SAP GUI gelten auch in SAP Fiori, und viele Begrifflichkeiten wurden aus dem SAP GUI übernommen. Daher unsere Empfehlung: Lesen Sie in diesem Buchteil Kapitel für Kapitel durch.

2.1 An- und abmelden am SAP GUI

Sind Sie bereit? Prima! In diesem Abschnitt erfahren Sie alles Wesentliche über den ersten und den letzten Schritt einer SAP-Sitzung: die An- und die Abmeldung.

Zur Anmeldung brauchen Sie folgende vier Informationen, die Sie in der Praxis von Ihren SAP-Ansprechpartner*innen oder in der Schulung von Ihren Trainer*innen erhalten:

- **System**
  Jedes SAP-S/4HANA-System hat jeweils eine eigene dreistellige Kennung.
- **Mandant**
  Innerhalb eines Systems kann es mehrere Mandanten geben. Einer dieser Mandanten ist Ihr Datentopf. Er besitzt ebenfalls eine Kennung aus drei Zeichen.
- **Benutzername**
  Ein*e Admin hat für Sie einen Benutzer mit einem Benutzernamen angelegt.
- **Initialkennwort**
  Dies ist das Kennwort, das sich Ihr*e Admin bei der Erstellung Ihres neuen Benutzers speziell für Ihre erste Anmeldung ausgedacht hat.

INFO

An- und abmelden am SAP GUI mit PKI-Karten

Zur Anmeldung werden in der Praxis oft PKI-Karten (*Public Key Infrastructure*, Infrastruktur für öffentliche Schlüssel) oder Smartcards verwendet. Am PC ist hierzu ein Kartenleser angeschlossen. Auf der Karte enthält ein Chip die Zugangsdaten zum SAP-System, sodass bei der Anmeldung die Angabe des Benutzernamens und des Kennworts nicht mehr notwendig sind. Auch der Mandant kann hinterlegt werden, sodass das Anmeldebild im dritten Schritt der folgenden Anleitung bei der Verwendung von PKI-Karten komplett übersprungen wird.

Anmeldung

Und jetzt geht's los! Ein Zeigefinger in das Buch, und die andere Hand an die Maus! Vorher noch eine letzte Anmerkung: Das Design Ihrer Fenster kann etwas anders aussehen als hier abgebildet, die Bedienung mit dem Aufruf der Funktionen und Befehle ist jedoch fast die gleiche. Wie Sie Ihr Design auf das im Buch umstellen, erfahren Sie sofort nach der An- und Abmeldung in Abschnitt 2.2, »Theme und Farben für die Anzeige auswählen«.

> VIDEO
>
> **Erstanmeldung mit Benutzernamen**
>
> In diesem Video sehen Sie, wie Sie sich mit einem Benutzernamen erstmalig am SAP-System anmelden.
>
> *http://s-prs.de/v7389aa*

1 Ausgehend von Windows gibt es mehrere Möglichkeiten zum Start mit dem SAP GUI in SAP S/4HANA:

- über einen Klick auf die entsprechende Kachel im Windows-Startmenü
- per Doppelklick auf das Icon (**SAP Logon**) auf dem Windows-Desktop
- über den Pfad **SAP Front End ▸ SAP Logon** im Startmenü von Windows

In allen drei Fällen gelangen Sie zum Fenster **SAP Logon**.

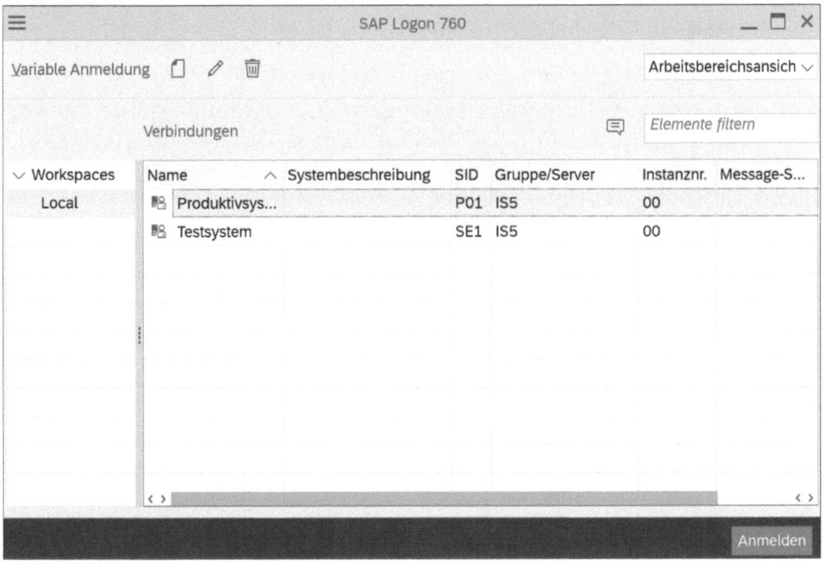

2 Im Fenster **SAP Logon** sehen Sie oben den Releasestand des SAP GUI, in unserem Fall 7.60. Doppelklicken Sie nun in der rechten Fensterhälfte auf das SAP-System, an dem Sie sich anmelden wollen. Damit kommen Sie in das Anmeldebild, dem »Sesam-Öffne-Dich« des SAP GUI.

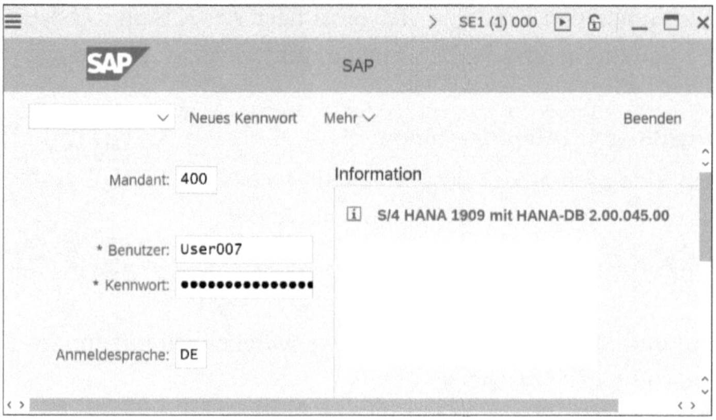

3 Im Anmeldebild tippen Sie folgende Informationen ein:

- Nummer des Mandanten (engl. Client), wenn nicht bereits voreingestellt
- Benutzername (engl. User)
- Kennwort in korrekter Groß- und Kleinschreibung (engl. Password). Diese Eingabe wird durch Sternchen maskiert; es könnte Ihnen ja jemand über die Schulter schauen.
- Anmeldesprache (engl. Logon Language): Geben Sie »DE« für Deutsch ein, sofern nicht bereits voreingestellt. Sie können gerne auch später einmal »ZH« für Chinesisch oder »AR« für Arabisch, »HE« für Hebräisch und »HI« für Hindi ausprobieren. :-)

INFO

Erstanmeldung

Premiere? Bei Ihrer ersten Anmeldung mit einem neuen User am SAP-S/4HANA-System gibt es zwei Unterschiede im Vergleich zu einer normalen Anmeldung: Das System fordert Sie nach der Bestätigung mit der [↵]-Taste auf, ein neues, eigenes Kennwort anzulegen. Darüber hinaus gibt es hier ein zusätzliches Begrüßungsfenster.

4 Fertig? Drücken Sie die [↵]-Taste. Nun überprüft SAP S/4HANA Ihre Daten.

Haben Sie die Prüfung bestanden, erscheint – nur bei der Erstanmeldung – das Fenster zur Kennwortänderung. (Durchgefallen? Kann passieren! Lesen Sie den Infokasten »Wenn die Anmeldung nicht klappt ...« auf der nächsten Seite.)

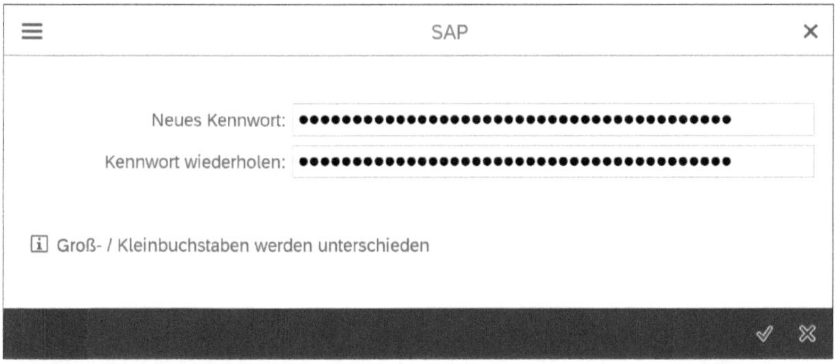

> INFO
>
> **Wenn die Anmeldung nicht klappt ...**
>
> In der letzten Fensterzeile des Anmeldebildes links unten nennt das SAP-System Ihnen den Grund, beispielsweise eine falsche Mandantennummer oder eine falsche Kombination von Benutzername und Kennwort.

5 Im Gegensatz zu einer späteren »normalen« Anmeldung müssen Sie bei der *Erstanmeldung* im Feld **Neues Kennwort** ein persönliches Kennwort vergeben. Dieses wiederholen Sie aus Sicherheitsgründen darunter noch einmal.

6 Drücken Sie die ↵-Taste, oder klicken Sie rechts unten auf das Icon ✓, und schon kommt das nächste Fenster.

Geht's nicht weiter? Auch hier nennt Ihnen SAP S/4HANA im linken unteren Fenstereck den Grund, warum es ein neues Kennwort nicht akzeptiert. Infos zu Kennwortregeln finden Sie auch im Anschluss an diese Anleitung.

Ebenfalls nur bei der Erstanmeldung erscheint ein Infofenster namens **Copyright**.

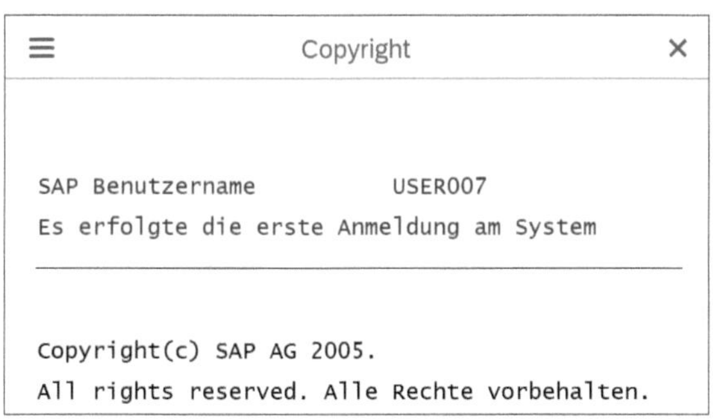

7. Im Fenster **Copyright** erfahren Sie, dass Sie sich zum ersten Mal anmelden. Nur für den Fall, dass Sie das schon vergessen hatten. Drücken Sie die [↵]-Taste, oder klicken Sie rechts unten auf das Icon [✓], um dieses Fenster zu überspringen.

   Und jetzt kommt der große Augenblick, denn es öffnet sich das Begrüßungsbild des SAP GUI: das Fenster **SAP Easy Access**. Herzlichen Glückwunsch, die Anmeldung war erfolgreich!

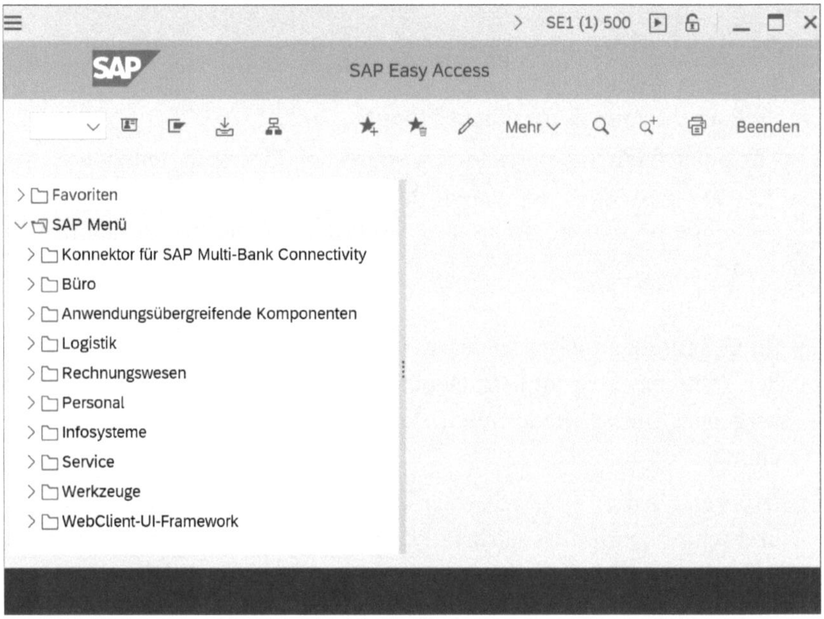

Sieben Schritte für eine Anmeldung? Gut, bei der nächsten Anmeldung sind es nur noch vier Schritte, da drei der sieben Schritte eben nur bei der Erstanmeldung anfallen.

INFO

Welche Kennwortregeln muss ich beachten?

Erst einmal keine, denn wenn ein Kennwort nicht den Regeln Ihres SAP-Systems entspricht, meldet sich das SAP-System mit einer Meldung links unten in der letzten Zeile. Und dann probieren Sie es einfach noch einmal unter Berücksichtigung dieser Meldung. Für interessierte Leser*innen haben wir dennoch hier die wichtigsten Regeln zusammengestellt, die immer und in jedem SAP-S/4HANA-System gelten:

- Zwischen Groß- und Kleinschreibung wird unterschieden.

- Das erste Zeichen darf kein Leerzeichen, kein Fragezeichen und kein Ausrufezeichen sein.
- Die ersten drei Zeichen dürfen nicht identisch sein wie etwa bei »uuups123«.

Darüber hinaus gibt es noch viele weitere Regeln, die individuell von Administrator*innen eingestellt werden und deshalb je Unternehmen unterschiedlich sein können. Dazu gehören beispielsweise:

- Mindestlänge des Kennworts
- Mindestanzahl der Zeichen, die bei einer Kennwortänderung von einem alten zu einem neuen Kennwort unterschiedlich sein müssen
- Gültigkeit, also der Zeitraum bis zur nächsten erzwungenen Kennwortänderung
- Anzahl der erfolglosen Anmeldeversuche, bevor der User automatisch gesperrt wird. Oft gilt folgende Regel: Wenn Sie sich dreimal vertippt haben, schließt sich das Anmeldebild. Sie dürfen erneut beim SAP Logon beginnen. Nach weiteren drei erfolglosen Anmeldeversuchen wird SAP S/4HANA ungemütlich: Es sperrt den Benutzer. Ein*e Administrator*in muss diesen Benutzer dann für die nächste Anmeldung wieder entsperren.
- Blacklist nicht erlaubter Kennwörter wie beispielsweise Produktnamen des Unternehmens

Kennwort ändern

Manchmal wurde als zusätzliche Sicherheitsmaßnahme im SAP-System definiert, wie lange Ihr Kennwort gültig sein kann, z. B. drei Monate. Sie müssen also nach Ablauf von drei Monaten Ihr Kennwort gezwungenermaßen ändern, um sich wieder anmelden zu können.

1. Freiwillig tun Sie dies im Anmeldebild in Schritt 3 der letzten Anleitung. Geben Sie im Anmeldebild zuerst Mandant, Benutzername und Ihr noch gültiges Kennwort ein.
2. Danach klicken Sie auf die Schaltfläche **Neues Kennwort**, und SAP S/4HANA erlaubt Ihnen die Eingabe des neuen Kennworts (inklusive Sicherheitswiederholung).
3. Bestätigen Sie die Kennworteingabe mit der [↵]-Taste.

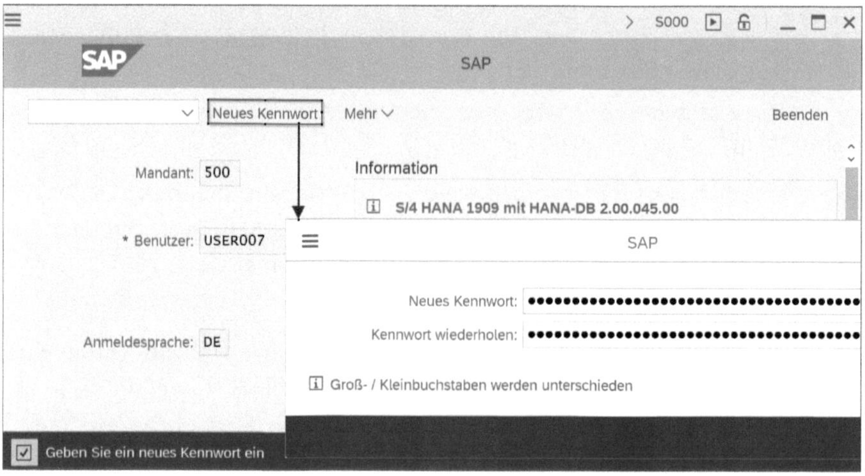

Sie wollen das gleich ausprobieren? Nur zu, doch es wird bei Ihnen gerade nicht klappen, weil Sie sich heute zum ersten Mal am SAP-System angemeldet und das Kennwort im Zuge dessen geändert haben. Das SAP-System erlaubt jedoch nur eine Kennwortänderung pro Tag. Sie müssen also mindestens bis Mitternacht warten, um das Kennwort nochmals ändern zu können. Bis dahin können Sie ja schon mal weiterlesen.

INFO

Kennwort vergessen?

Im Urlaub gewesen und das Kennwort vergessen? Das kommt in den besten Familien vor. Sie fragen Ihre*n SAP-Admin, doch selbst die findigsten Kolleg*innen können Ihr Kennwort nicht sichtbar machen. Das wäre ein enormes Sicherheitsrisiko.

Ein*e Administrator*in kann Ihrem Benutzer jedoch als Ersatz für Ihr vergessenes Kennwort ein neues *Initialkennwort* zuteilen. Dieses müssen Sie dann – wie bei einer Erstanmeldung – bei der nächsten Anmeldung sofort ändern.

Keine Mehrfachanmeldung möglich

Programme wie Microsoft Excel oder Word können Sie beliebig oft auf einem PC starten; das SAP GUI in der Regel nicht. Probieren Sie es einfach aus! Versuchen Sie sich gemäß der letzten Anleitung ein zweites Mal anzumelden. Dann erscheint nach der Bestätigung des Anmeldebildes ein Hinweisfenster zur Mehrfachanmeldung.

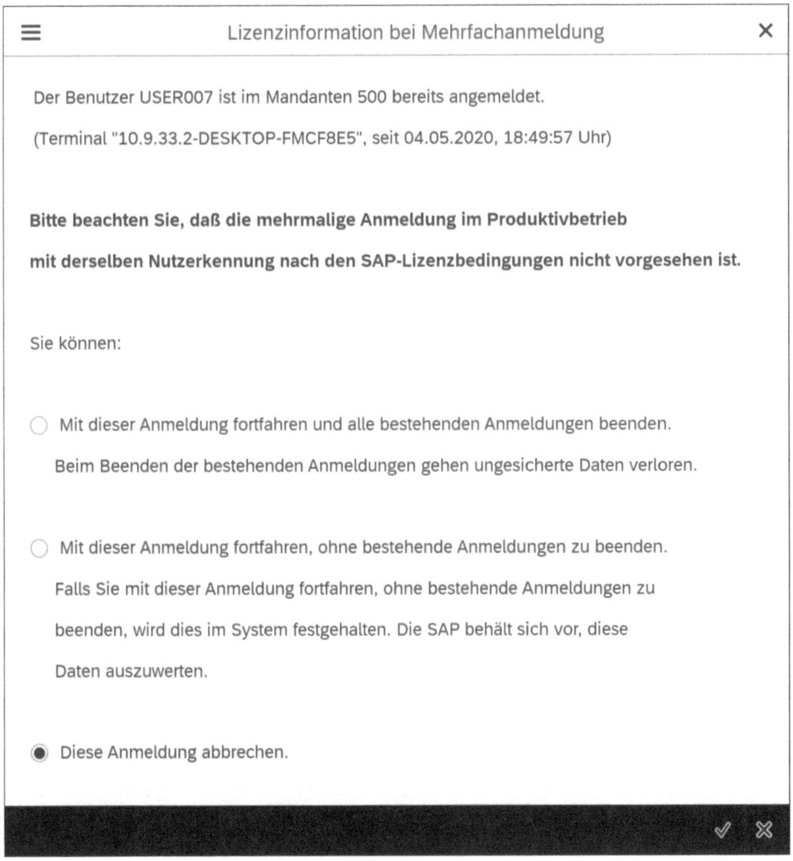

Fenster nach einer Mehrfachanmeldung

Sie haben im Fenster **Lizenzinformation bei Mehrfachanmeldung** folgende Optionen:

- Sie doppelklicken auf die oberste Option **Mit dieser Anmeldung fortfahren und alle bestehenden Anmeldungen beenden.** Vorsicht: Damit wird automatisch das Fenster der bestehenden Anmeldung geschlossen. Danach ist nur die neue Benutzeranmeldung aktiv. Nicht gesicherte Daten aus der ersten Anmeldung sind dann verloren!
- Sie wählen die zweite Option **Mit dieser Anmeldung fortfahren, ohne bestehende Anmeldungen zu beenden.** Das hört sich gut an, doch Achtung: Auf diese Weise melden Sie sich ein zweites Mal an, ohne die bestehende Anmeldung abzubrechen. Diese zweite Anmeldung kann kostspielig werden. Denn die S/4HANA-Lizenzen werden seitens SAP je aktivem User ab-

gerechnet. In vielen Systemen ist deshalb diese zweite Option grundsätzlich ausgeblendet. Wenn Sie das SAP-System in mehreren Fenstern gleichzeitig nutzen möchten, geht das – aber nicht über eine erneute Anmeldung. Wie, das erklären wir Ihnen in Teil II, »Die Benutzeroberflächen personalisieren«.

- Mit der dritten Möglichkeit **Diese Anmeldung abbrechen** brechen Sie die neue Anmeldung ab und belassen die alte Anmeldung. In diesem Fall wechseln Sie mithilfe des Taskmanagers von Microsoft Windows in das bestehende SAP-Fenster und machen dort weiter. Das wirkt sich natürlich nicht auf die Lizenzgebühren aus.

ACHTUNG

Datenverlust

Ein Beispiel zur ersten Option **Mit dieser Anmeldung fortfahren und alle bestehenden Anmeldungen beenden**: Sie sind an Ihrem Arbeitsplatz angemeldet, haben dort einen umfangreichen Auftrag halb erfasst und noch nicht gesichert. Nun gehen Sie in eine Besprechung. Dort wollen Sie einem Kollegen eine S/4HANA-Auswertung zeigen und melden sich zusätzlich mit Ihrem Benutzernamen mit dessen Laptop am SAP-System an. Wie beschrieben erscheint das Fenster zur Mehrfachanmeldung. Sie wählen dort die Option **Mit dieser Anmeldung fortfahren und alle bestehenden Anmeldungen beenden** – und Tschüss! Die an Ihrem Arbeitsplatz erfassten Daten sind futsch; das dortige SAP-Fenster wurde geschlossen.

Abmeldung

Eine der wichtigsten Funktionen ist selbstverständlich die Feierabendfunktion – die Abmeldung. Es gibt mehrere Ausschaltknöpfe, wenn nur ein SAP-GUI-Fenster geöffnet ist:

- das Icon ☒ (**Schließen**) in der oberen rechten Fensterecke
- die Schaltfläche **Beenden** rechts außen im Fenster **SAP Easy Access**
- die aus Windows bekannte Tastenkombination Alt + F4

Wie Sie in der nächsten Abbildung sehen, geht es auch umständlicher: Klicken Sie auf die Schaltfläche **Mehr**, und öffnen Sie das Untermenü **System**. Dort wählen Sie die unterste Menüoption **Abmelden**.

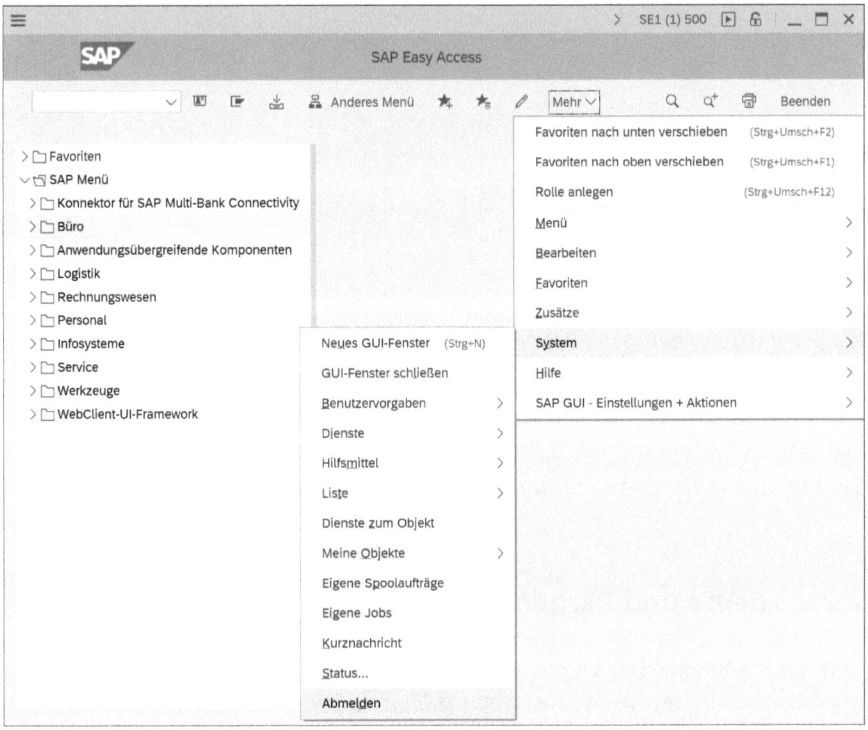

Untermenü »System« mit der Option »Abmelden«

INFO

Hilfe, wo sind die Schaltflächen »Mehr« und »Beenden«?

Sollten Sie aufgrund einer veralteten Theme-Einstellung diese Schaltflächen nicht finden, wählen Sie in der zweitobersten Zeile den Menübefehl **System** und die Menüoption **Abmelden**. Wie Sie das aktuelle Theme einstellen, erfahren Sie in Abschnitt 2.2, »Theme und Farben für die Anzeige auswählen«.

Egal, welchen Weg Sie nutzen, in jedem Fall fragt SAP S/4HANA noch einmal nach, ob Sie sich wirklich abmelden wollen, und zwar im Fenster **Abmelden** über die Meldung »Nicht gesicherte Daten werden verlorengehen. Möchten Sie sich abmelden?«.

Hier dürfen Sie mit **Ja** oder **Nein** antworten. Wundern Sie sich nicht über diese Frage, Sie haben ja in unserem Fall keine zu sichernden Daten. Im Gegensatz zu Word oder Excel stellt das SAP-System diese Frage *immer*, egal, ob Sie Daten geändert haben oder nicht.

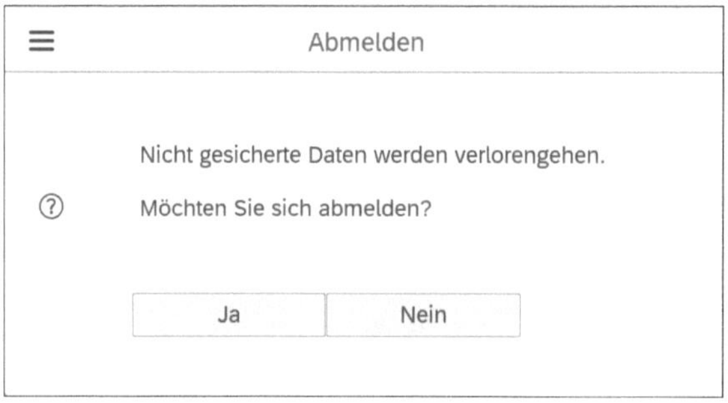

Frage vor der endgültigen Abmeldung

So, jetzt wissen Sie, wie Sie ins System hinein und wieder herauskommen. Der nächste Abschnitt wird Ihnen Spaß machen. Denn dort wählen Sie ein Theme und stellen Ihre Lieblingsfarbe ein.

2.2 Theme und Farben für die Anzeige auswählen

Kennen Sie Belize? Das ist ein kleines Land in Mittelamerika und gleichzeitig die Bezeichnung für ein *Theme* (oder *Bildlayout*) in SAP S/4HANA. Wollen Sie vor sich die gleichen Funktionen und den gleichen Bildaufbau der SAP-GUI-Benutzeroberfläche sehen wie in diesem Buch? Wäre nicht verkehrt. Dann stellen Sie jetzt das Theme Belize ein. Darüber hinaus erfahren Sie in diesem Abschnitt, wie Sie die Farbeinstellungen ändern.

Wir verwenden das Belize-Theme, weil es die Standardeinstellung des SAP GUI 7.60 ist. Von den verschiedenen Themes des SAP GUI ähnelt es am meisten der anderen Benutzeroberfläche SAP Fiori. Nutzen Sie sowohl das SAP GUI als auch SAP Fiori? Dann ist Belize oft die bessere Wahl.

VIDEO

Theme und Farben für die Anzeige auswählen
In diesem Video sehen Sie Klick für Klick, wie Sie ein Theme und Ihre Lieblingsfarbe einstellen.
http://s-prs.de/v7389ab

Wenn Sie sich gegen Ende des vorangehenden Abschnitts abgemeldet haben, melden Sie sich jetzt wieder an. Wir beginnen im Einstiegsbild **SAP Easy Access**.

1 Wählen Sie die Schaltfläche **Mehr**, danach die unterste Menüoption **SAP GUI – Einstellungen + Aktionen** und den Menübefehl **Optionen**.

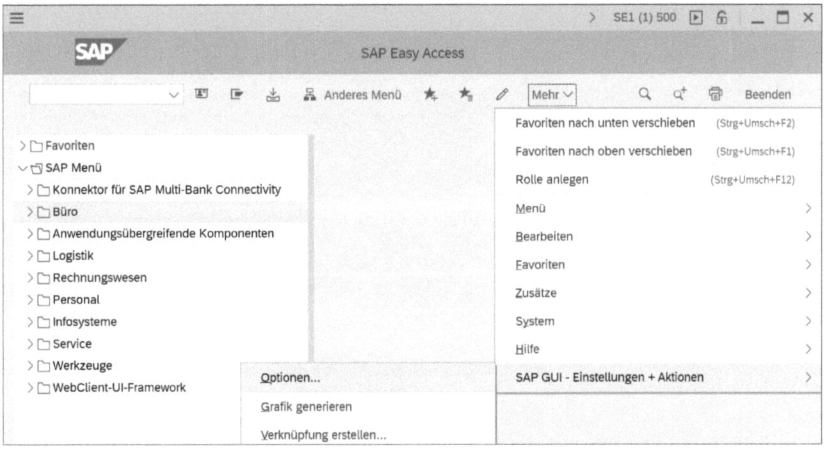

INFO

Hilfe, ich habe immer noch keine Schaltfläche »Mehr« ...

Sollten Sie aufgrund einer veralteten Theme-Einstellung diese Schaltfläche nicht haben, klicken Sie rechts oben auf das Icon (**Lokales Layout anpassen**). In dem damit geöffneten Menü wählen Sie den obersten Befehl **Optionen**. Danach befinden Sie sich genauso im Fenster **Optionen für SAP GUI**. Wir versprechen Ihnen: Nach dieser Prozedur gibt es auch bei Ihnen die Schaltfläche **Mehr**.

2 Öffnen Sie oben links den Ordner **Visuelles Design**, und klicken Sie auf den ersten Eintrag **Theme-Einstellungen**.

3 Öffnen Sie oben im Feld **Theme auswählen** mit einem Klick auf die Liste der Themes, und wählen Sie dort die Einstellung **Belize Theme**. Markieren Sie darunter die Ankreuzfelder **Drucktasten der Symbolleiste mit Symbolen anzeigen** und **SAP-Fiori-Funktionen aktivieren**.

INFO

Fehlt bei Ihnen das Theme Belize?

Wenn Sie das Theme Belize nicht finden, haben Sie eine veraltete SAP-GUI-Version. In der SAP-GUI-Version 7.50 wählen Sie in diesem Fall links oben im Feld **Theme** die Einstellung **SAP Signature Theme**, und in der rechten Fensterhälfte markieren Sie die letzte Einstellung **Belize Theme übernehmen**. Sie werden jedoch statt Icons nur Schaltflächen mit sprechenden Texten sehen. Die Icons für das Theme Belize gibt es erst ab der SAP-GUI-Version 7.60.

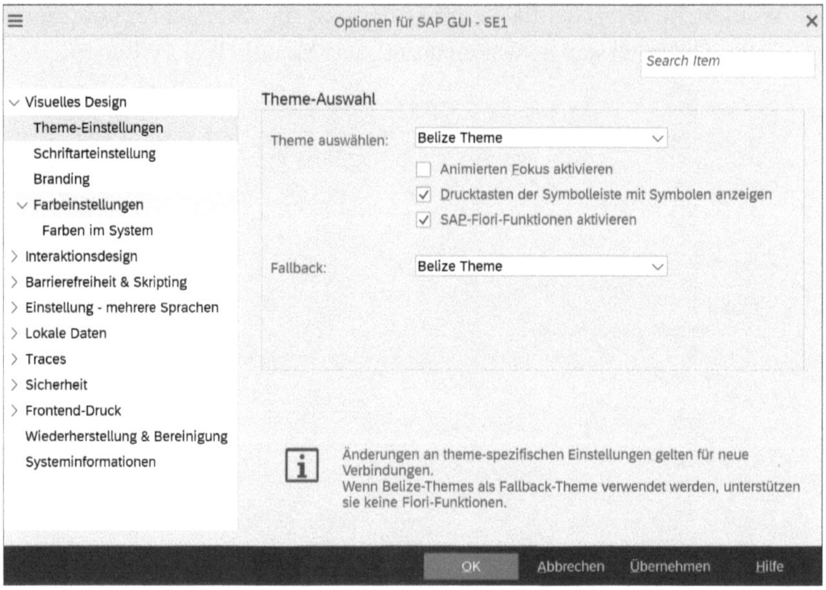

4 Und wenn Sie schon einmal hier sind, stellen Sie gleich Ihre Lieblingsfarbe ein. Verwenden Sie dazu im Fenster **Optionen für SAP GUI** im linken Bildteil den Pfad **Visuelles Design ▸ Farbeinstellungen ▸ Farben im System**. Nun sehen Sie im rechten Fensterteil das Angebot an Farben für das Theme Belize.

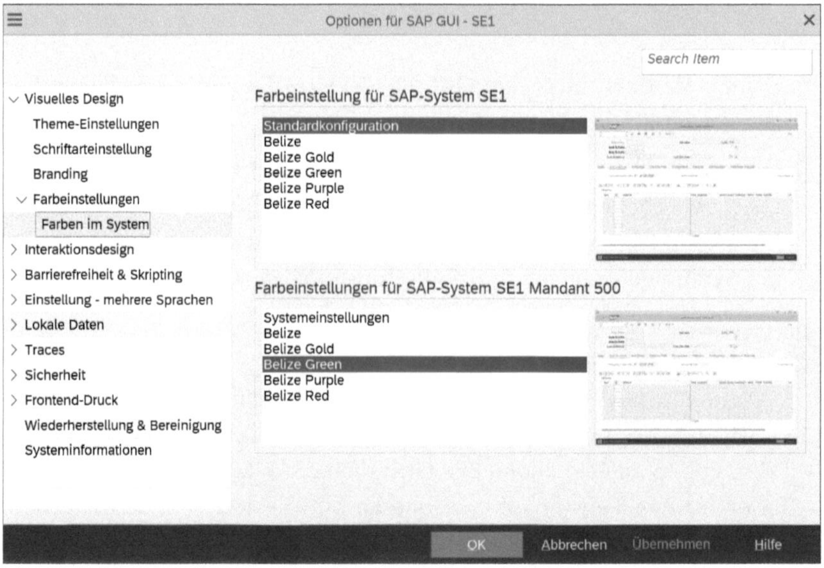

5 Wählen Sie im rechten unteren Teil des Fensters die Farbe für Ihren Mandanten. Nach jedem Klick auf eine Farbeinstellung sehen Sie rechts daneben eine Vorschau.

6 Klicken in der untersten Fensterzeile auf die Schaltfläche **OK**. Damit schließen Sie das Fenster **Optionen für SAP GUI**. Alles noch beim Alten? Bei uns auch! Deshalb ...

7 ... drücken Sie die Tastenkombination [Strg] + [+]. Damit öffnen Sie ein neues SAP-Fenster, und nur in einem neu geöffneten SAP-Fenster sehen Sie Ihre neue Farbeinstellung.

TIPP

Es muss nicht unbedingt Belize sein ...

Belize hat keine Menüleiste und weniger Icons als die anderen Themes. Deswegen ist es übersichtlicher und besser für den sanften Einstieg geeignet. Der Preis dafür: Die Wege sind manchmal länger als bei den anderen Themes.

Wenn Sie später feststellen, dass Sie sehr oft die Schaltfläche **Mehr** benötigen, sollten Sie folgende drei andere Themes ausprobieren: Blue Crystal, Corbu oder SAP Signature. Diese Themes haben einen anderen Bildaufbau und andere Bildelemente. Insbesondere SAP-GUI-Power-User*innen ersparen sich dadurch oft viele Klicks.

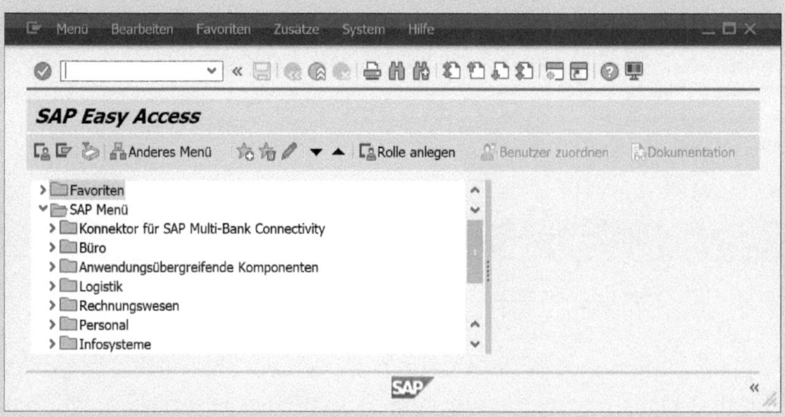

Fenster »SAP Easy Access« im Theme Corbu

Dort gelangen Sie auf direktem Weg aus einer Menüleiste schneller zu den Menübefehlen sowie mit zusätzlichen Icons schneller zu weiteren Funktionen. In Belize benötigen Sie dazu oft den Umweg über die Schaltfläche **Mehr**.

Nachdem Sie nun das Theme für das grundlegende Bildlayout und die Farben eingestellt haben, erforschen Sie im folgenden Abschnitt die Details des SAP-GUI-Fensters.

2.3 Die Elemente des SAP-GUI-Bildschirms kennenlernen

Voraussetzung für das zielgerichtete Navigieren mit dem SAP GUI ist die Kenntnis des Bildaufbaus. Diesen besprechen wir nun anhand des Fensters **SAP Easy Access**, das gleichzeitig das Begrüßungsbild nach der Anmeldung und Ihr zentrales Cockpit im SAP GUI ist. Von hier aus greifen Sie auf alle GUI-Anwendungen Ihres Aufgabengebiets zu.

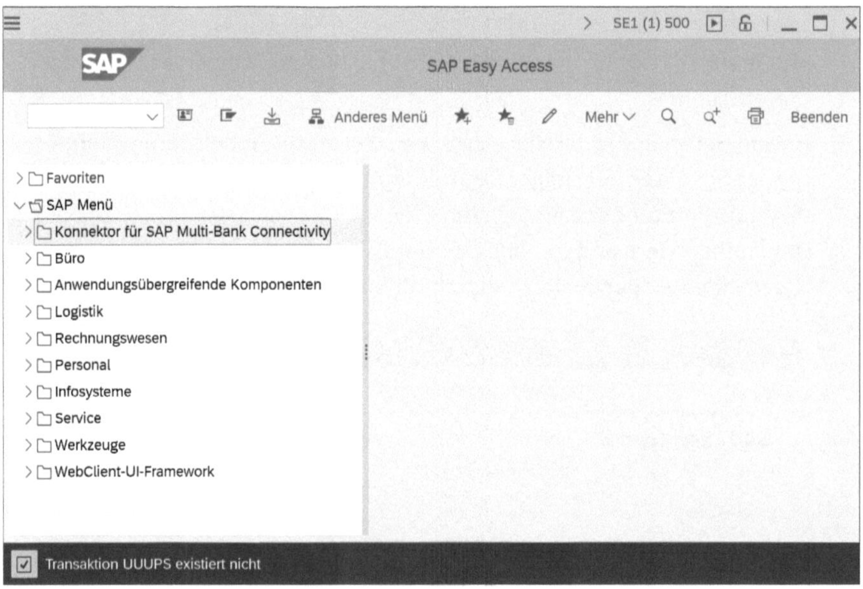

Das Fenster »SAP Easy Access« im Theme Belize

Wir geben Ihnen in diesem Abschnitt nur einen Überblick und wollen uns nicht in Details verlieren. Einzelne Funktionen besprechen wir ohnehin noch ausführlicher in späteren Abschnitten, genau dann, wenn wir sie brauchen. Jetzt aber zu unserem Überblick von oben nach unten.

Die oberste Leiste

In der obersten Leiste finden Sie die aus Windows bekannten Fenster-Icons 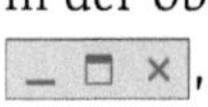, die im SAP-Fenster die gleiche Bedeutung haben. Links daneben befindet sich ein Systeminformationsbereich, den Sie mit dem Icon schließen und mit anzeigen. Diese beiden Funktionen brauchen Sie in der Praxis eher selten. Oben links gibt es außerdem ein Fenstermenü, das Sie mit einem Klick auf das Icon öffnen.

Systeminformationsbereich

Titelleiste

Als zweitoberste Leiste zeigt Ihnen die Titelleiste wie ein Navigationsgerät, an welcher Stelle und in welchem Fenster Sie sich gerade befinden. Jedes Fenster trägt einen eigenen Titel bzw. eine eigene Überschrift, die hier angezeigt wird.

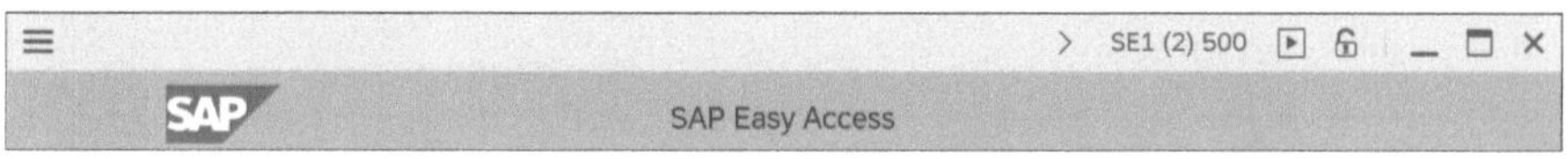

Titelleiste und die oberste Leiste im Fenster »SAP Easy Access«

Header-Zeile

Unter der Titelleiste sehen Sie die Header-Zeile. Dies ist die Zeile, die Sie in der Praxis am häufigsten brauchen. Links außen finden Sie das *Befehlsfeld* (oder auch *Kommandofeld*) zur Eingabe von Befehlen.

Header-Zeile im Fenster »SAP Easy Access«

Weiter rechts bis zur Schaltfläche **Mehr** finden Sie Icons und Schaltflächen, die Sie jeweils im aktuellen Fenster benötigen. Diese Icons und Schaltflächen ändern sich somit von Fenster zu Fenster. Ein Beispiel: Pflegen Sie Lieferantenstammdaten mit der Funktion **Geschäftspartner bearbeiten**, ist hier die Header-Zeile mit anderen Icons und Schaltflächen so bestückt, als befänden Sie sich gerade im Fenster **SAP Easy Access**.

Titelleiste und Header-Zeile im Fenster »Geschäftspartner bearbeiten«

Die Icons werden jedoch nur dann angezeigt, wenn Sie im Bereich **Theme und Farben für die Anzeige auswählen** beim Theme Belize die Voreinstellung **Drucktasten der Symbolleiste mit Symbolen anzeigen** aktiviert haben (siehe Abschnitt 2.2, »Theme und Farben für die Anzeige auswählen«). In der SAP-GUI-Version 7.50 gibt es noch keine Anzeige der Icons für das Theme Belize.

Weiter rechts sehen Sie in der Header-Zeile Schaltflächen und Icons, die hier im gesamten System ihren festen Platz haben und die in der folgenden Tabelle zusammengefasst sind.

Icon/Schaltfläche	Kurzbezeichnung	Bedeutung
Mehr ∨	Mehr	Spezielle Funktionen, die jeweils genau zu dem aktuellen Fenster gehören, und zusätzlich weitere allgemeine Funktionen
	Suchen	Suche, z. B. in einer Liste von Bestellungen nach einem Lieferanten
	Weitersuchen	Fortsetzung einer Suche, nachdem der erste Treffer gefunden worden ist
	Drucken	Ausdruck einer Liste oder eines Formulars
Beenden	Beenden, Abmelden	Beendigung der aktuellen Transaktion; im Fenster **SAP Easy Access**: Abmeldung

Schaltflächen und Icons aus der Header-Zeile

INFO

Warum sehe ich nicht alle Funktionen in der Header-Zeile?

Es gibt zwei mögliche Gründe dafür, dass Ihre Header-Zeile nicht alles anzeigt, was wir hier beschreiben. Erstens: Die Icons  (**Suchen**),  (**Weitersuchen**) und  (**Drucken**) werden nur in den Fenstern angezeigt, in denen es etwas zum Suchen oder Drucken gibt.

Zweitens: Das Fenster ist zu schmal. Probieren Sie es aus, und ziehen Sie das Fenster **SAP Easy Access** schmaler. Die Schaltflächen und Icons »verschwinden« in das sogenannte **Mehr**-Menü.

Das Mehr-Menü in der Header-Zeile

Die im **Mehr**-Menü angebotenen Funktionen ändern sich entsprechend der Fensterbreite bzw. der Bildauflösung und dem Fenster, in dem Sie sich gerade befinden. Zum Beispiel gibt es gemäß der folgenden Abbildung speziell im Fenster **SAP Easy Access** – und nur hier – Befehle im **Mehr**-Menü zum Bearbeiten Ihrer Favoriten.

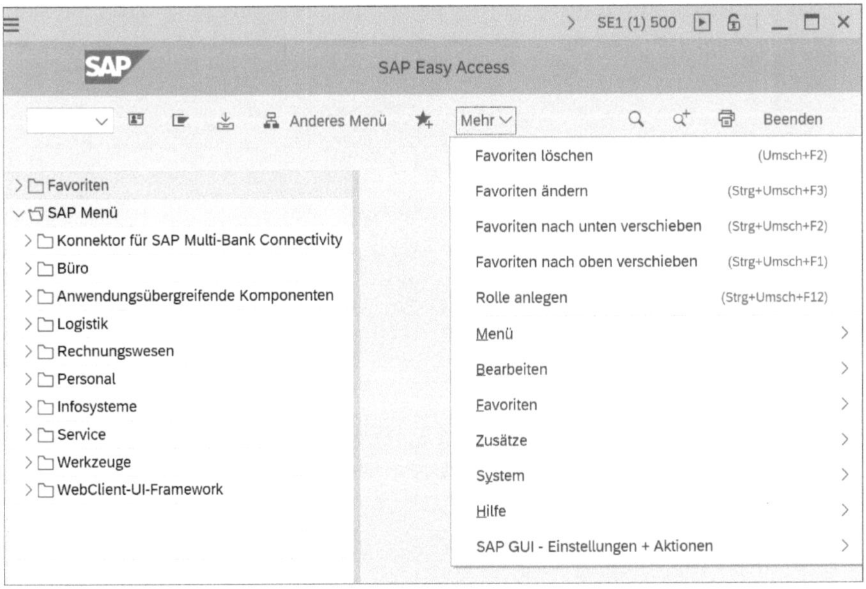

»Mehr«-Menü im rechten Teil des Fensters »SAP Easy Access«

Diese Regel wird durch *folgende drei Ausnahmen* bestätigt: Die drei letzten Menüeinträge, **System**, **Hilfe** und **SAP GUI – Einstellungen + Aktionen**, bleiben immer gleich, ganz egal, in welchem Fenster Sie sich befinden. Denn dort gibt es Menübefehle, die in jedem Fenster nützlich sein können:

- Im Untermenü **System** finden Sie verschiedene allgemeine Funktionen, z. B. zur Versendung von Kurznachrichten oder zur Abmeldung.
- Über das Untermenü **Hilfe** gelangen Sie zu unterschiedlichen Online-Hilfen.
- Das Untermenü **SAP GUI – Einstellungen + Aktionen** enthält eine bunte Mischung allgemeiner Befehle. Den Befehl **Optionen** hatten Sie bereits genutzt, um die richtigen Voreinstellungen für das Theme Belize vorzunehmen (Abschnitt 2.2, »Theme und Farben für die Anzeige auswählen«).

Bildbereich: Favoriten und SAP-Menü

Der Bildbereich ist der Bereich zwischen Header-Zeile und Footer-Zeile, der letzten Bildzeile. Im Fenster **SAP Easy Access** finden Sie hier die Einträge **SAP Menü** und **Favoriten**.

Das SAP-Menü mit seinen zigtausend Einträgen ist wahrscheinlich eines der größten Menüs überhaupt. Sie öffnen einen Unterordner mit einem Klick auf das vorangestellte Icon oder per Doppelklick auf seine Bezeichnung, z. B. **Büro**, **Logistik**, **Rechnungswesen** oder **Personal**.

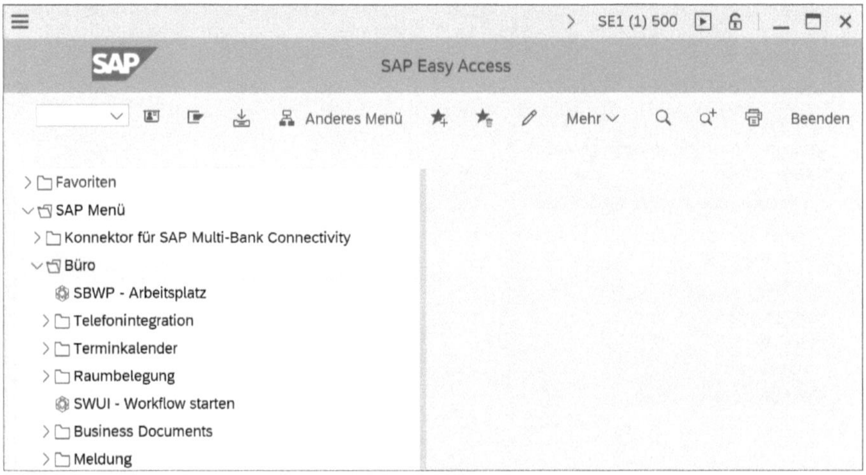

SAP-Menü mit geöffnetem Unterordner »Büro«

Gemäß unserer Abbildung öffnen Sie im SAP-Menü den Unterordner **Büro**. Hier gibt es neben weiteren Unterordnern auch Einträge, die mit dem Icon markiert sind. Das sind die Anwendungen, die in SAP S/4HANA als *Transaktionen* bezeichnet werden. Manchmal müssen Sie zehn oder mehr Ordner in dieser Baumstruktur öffnen, bis Sie endlich zur gewünschten Transaktion kommen.

TIPP

Ordner schneller öffnen und schließen

Es gibt neben dem SAP-Menü auch andere Stellen in SAP S/4HANA, an denen Sie viele Ordner öffnen und schließen. Mit der Tastatur klappt das oft schneller: »Klettern« Sie im Baum zum gewünschten Ordner, und zwar nach unten mit [↓] oder nach oben mit [↑]. Sie öffnen die Äste und Zweige (also die Ordner) mit [→] und schließen sie mit [←]. By the way: Dieser Trick klappt auch im Windows-Explorer. Einfach mal ausprobieren!

Mit einem Doppelklick auf die Bezeichnung starten Sie eine Transaktion. Doppelklicken Sie nun auf den Eintrag SBWP - Arbeitsplatz im Ordner **Büro**, um die Transaktion SBWP zu öffnen, mit der Sie beispielsweise externe Nachrichten an andere SAP-Benutzer verschicken können.

Was passiert? Der Bildbereich mit dem SAP-Menü verschwindet komplett und wird durch das erste Bild der Transaktion ersetzt. Die Header-Zeile und das **Mehr**-Menü enthalten andere Funktionen, und auch der Text der Titelleiste hat sich geändert.

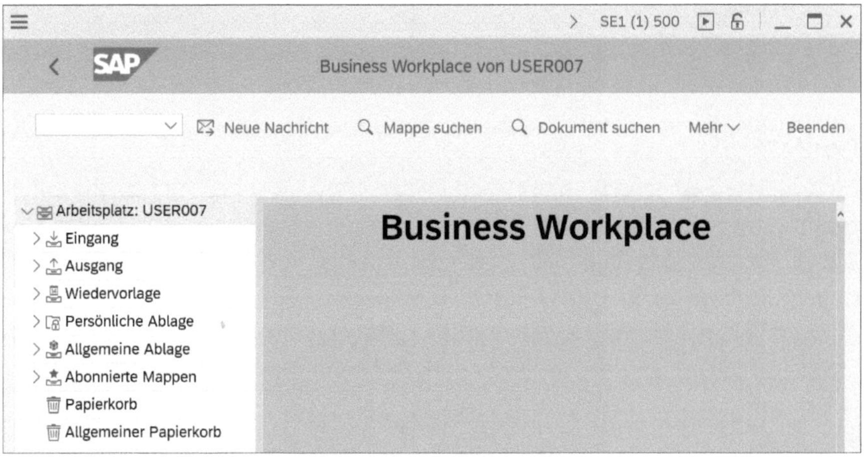

Einstiegsbild der Transaktion SBWP (Arbeitsplatz) aus dem Unterordner »Büro«

Aber Stopp! Wir sind ja noch beim Überblick. Deshalb verlassen Sie die Transaktion entweder mit dem Icon (**Zurück**) aus der Titelzeile links oben oder mit der Schaltfläche **Beenden** rechts oben.

Aber muss man echt alle Ordner einzeln öffnen, bis man zur gewünschten Transaktion kommt, soooo umständlich? Nein, das geht auch viel einfacher! Sehen Sie oberhalb des SAP-Menüs den Ordner **Favoriten**? Sammeln Sie dort die Transaktionen, die Sie brauchen. Wie das geht, zeigen wir Ihnen in Abschnitt 2.5, »Ein Favoritenmenü anlegen«.

Im Fenster **SAP Easy Access** ist die Menüstruktur vom rechten Fensterteil durch eine senkrechte Trennleiste abgegrenzt, die Sie mit der Maus »anfassen« und nach rechts oder links ziehen können. Besser nach rechts – dann sehen Sie mehr vom linksseitigen SAP-Menü. Die Trennleiste, ganz nach rechts gezogen, blendet den rechten Fensterteil komplett aus.

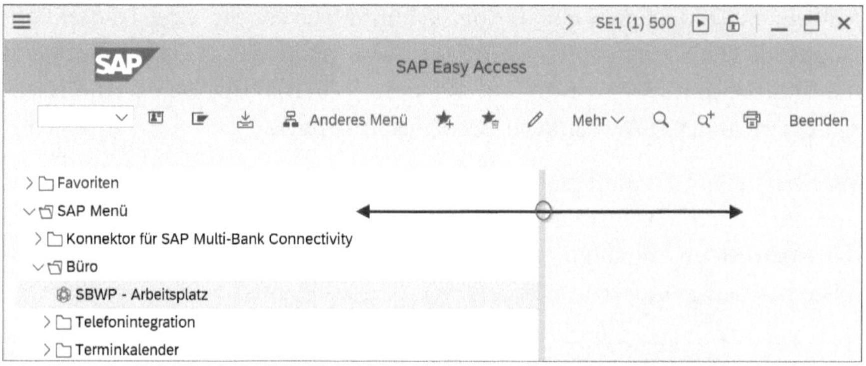

Das Fenster »SAP Easy Access« mit Trennleiste der beiden Bildhälften

Footer-Zeile

Die unterste Fensterzeile nennt sich *Footer-Zeile*. Sie sehen hier nichts außer einem schwarzen Balken und fragen sich, was es da zu besprechen gibt? Des Rätsels Lösung: Der linke Teil ist für die Anzeige von Meldungen reserviert. Geben Sie links oben in das Befehlsfeld »Hallo SAP« ein, wie in der Abbildung zu sehen, und bestätigen Sie diese Eingabe mit der [↵]-Taste. Daraufhin sehen Sie links unten in der Footer-Zeile eine Meldung.

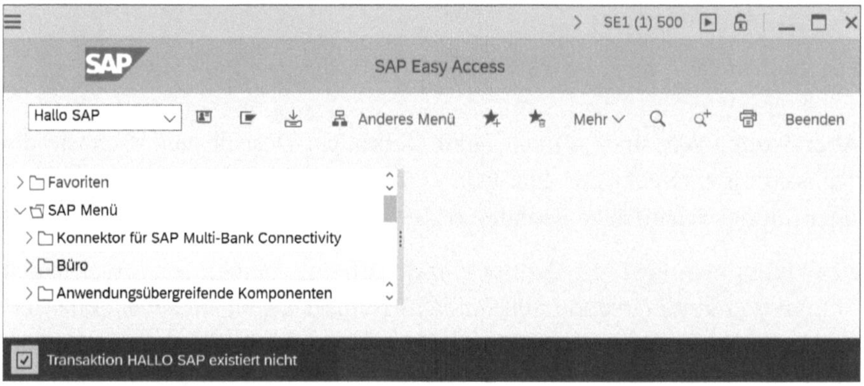

Das Fenster »SAP Easy Access« mit einer Meldung links unten in der Footer-Zeile

Darüber hinaus gibt es auf der rechten Seite der Footer-Zeile in vielen Fenstern Schaltflächen wie **Sichern** oder **Weiter**, jedoch nicht im Fenster **SAP Easy Access**.

Wenn das Belize-Theme für Sie neu ist und Sie vorher bereits mit einem SAP-System gearbeitet haben, sind Sie wahrscheinlich etwas irritiert, weil Sie die frühere Menüleiste sowie die Systemfunktionsleiste mit den übergreifenden

Icons vermissen. Mit dem Belize-Theme wurden die Funktionen der Menüleiste in das **Mehr**-Menü integriert. Die Icons aus der Systemfunktionsleiste wurden entweder ersatzlos gestrichen oder gemäß der folgenden Tabelle an verschiedenste Stellen verschoben.

Icon	Kurzbezeichnung	Wo in Belize?
	Enter	Schaltfläche **Weiter** in der Footer-Zeile, wird nur bei Bedarf angezeigt.
	Schließen des Befehlsfeldes	Wurde erfreulicherweise ersatzlos gestrichen.
	Sichern	Schaltfläche **Sichern** in der Footer-Zeile, wird nur bei Bedarf angezeigt.
	Zurück	Icon  in der Titelleiste, außer im Fenster **SAP Easy Access**.
	Beenden	Schaltfläche **Beenden** in der Header-Zeile.
	Abbrechen	Schaltfläche **Abbrechen** in der Footer-Zeile, wird nur bei Bedarf angezeigt.
	Drucken	Icon  in der Header-Zeile, wird nur bei Bedarf angezeigt.
	Suchen	Icon  in der Header-Zeile, wird nur bei Bedarf angezeigt.
	Weitersuchen	Icon  in der Header-Zeile, wird nur bei Bedarf angezeigt.
	Erste Seite	Ersatzlos gestrichen, nutzen Sie die Scroll-Leiste.
	Vorherige Seite	Ersatzlos gestrichen, nutzen Sie die Scroll-Leiste.
	Nächste Seite	Ersatzlos gestrichen, nutzen Sie die Scroll-Leiste.
	Letzte Seite	Ersatzlos gestrichen, nutzen Sie die Scroll-Leiste.

Speziell für den Umstieg: Icons aus der früheren Systemfunktionsleiste und entsprechende Funktionen im Theme Belize

Icon	Kurzbezeichnung	Wo in Belize?
	Neues GUI-Fenster	Ersatzlos gestrichen, ein neues Fenster kann jedoch weiterhin mit der Tastenkombination Strg + + oder mit dem Befehl **Neues GUI-Fenster** links oben im Fenstermenü geöffnet werden.
	Verknüpfung erstellen	Als Icon ersatzlos gestrichen, Verknüpfungen können jedoch mit dem Menübefehl **Mehr ▸ SAP GUI – Einstellungen + Aktionen ▸ Verknüpfung erstellen** angelegt werden.
	Hilfe	Als Icon ersatzlos gestrichen, die Feldhilfe kann jedoch weiterhin mit der Taste F1 aufgerufen werden.
	Layout-Menü	Als Icon ersatzlos gestrichen; zu den Befehlen des früheren Layout-Menüs gelangen Sie mit der Menüoption **SAP GUI – Einstellungen + Aktionen** im Mehr-Menü.

Speziell für den Umstieg: Icons aus der früheren Systemfunktionsleiste und entsprechende Funktionen im Theme Belize (Forts.)

Dies war unser erster Rundgang über den kompletten SAP-Bildschirm im Theme Belize. In den nächsten Abschnitten werden wir konkreter: Sie nehmen praxisnahe und sinnvolle Voreinstellungen vor, wie z. B. das Anzeigen von Transaktionscodes.

2.4 Transaktionscodes anzeigen

Mittagsgespräch in der Kantine: »Du glaubst es nicht! Jemand mit dem Benutzernamen HGW752 hat einen von meinen Kundenstammsätzen geändert. Weiß zufällig jemand, wie ich herausfinde, wer das war?« – »Ganz einfach, nimm die SU01D!« (Wir übersetzen die Antwort für Sie: »Starte die Transaktion ›Benutzeranzeige‹ mit dem Transaktionscode SU01D!«)

Jede Transaktion hat eine Kurzbezeichnung, einen sogenannten *Transaktionscode*. Beispiele für andere Transaktionen sind VA01 (Auftrag anlegen) oder FB03 (Buchhaltungsbeleg anzeigen). In diesem Abschnitt lernen Sie, wie Sie die Transaktionscodes im SAP-Menü und in der Header-Zeile anzeigen.

> **INFO**
>
> **Wofür brauche ich technische Transaktionscodes?**
>
> Diese Codes brauchen Sie, wenn Sie professionell arbeiten wollen, z. B. zum Schnellstart der Transaktionen oder zur Erstellung von Favoriten. Ja, und selbst im Bewerbungsgespräch kann es vorkommen, dass Sie zur Überprüfung Ihrer SAP-Erfahrungen nach Transaktionscodes gefragt werden.

Transaktionscodes im SAP-Menü anzeigen

Wir empfehlen Ihnen für die Praxis eine Voreinstellung gemäß dem folgenden Verfahren, damit im SAP-Menü und in den Favoriten diese Transaktionsodes vor den Transaktionsbezeichnungen angezeigt werden. Und so geht's:

1. Öffnen Sie im Fenster **SAP Easy Access** den Ordner **Büro**. Hier sehen Sie bereits am ersten Eintrag **Arbeitsplatz**, ob zusätzlich zu dieser Transaktionsbezeichnung der Transaktionscode SBWP angezeigt wird.

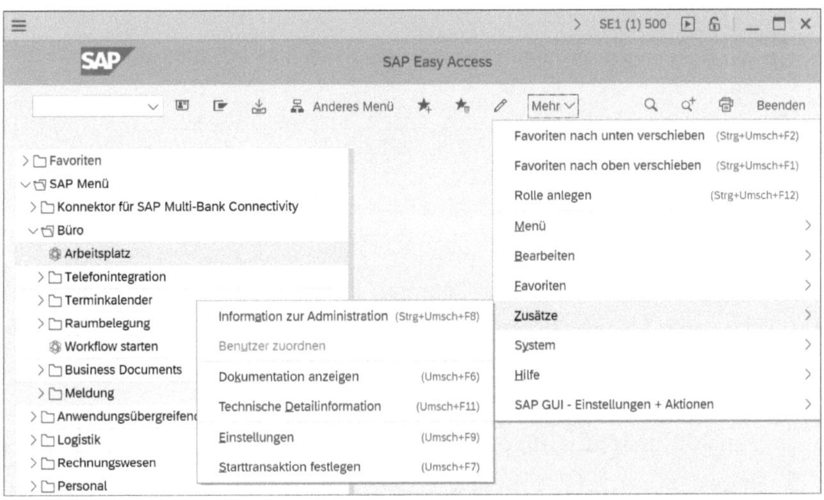

2. Wenn ja, ist alles gut. Wenn nein, machen Sie weiter: Wählen Sie im Fenster **SAP Easy Access** den Menüpfad **Mehr ▸ Zusätze ▸ Einstellungen**. Es erscheint das Fenster **Einstellungen**.

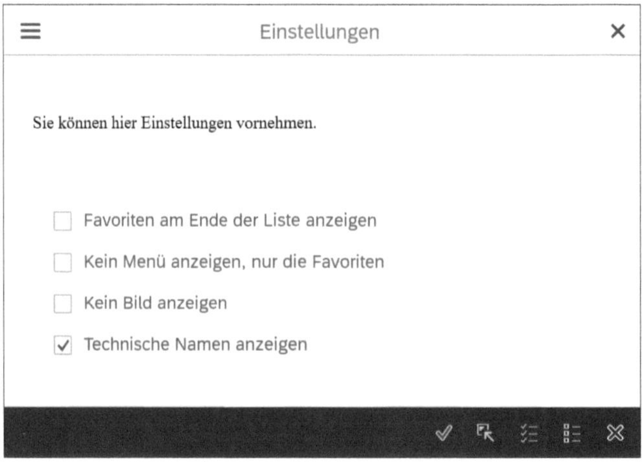

3 Kreuzen Sie **Technische Namen anzeigen** an. Transaktionscodes werden hier als technische Namen bezeichnet. Bestätigen Sie mit ↵ oder durch einen Klick auf das Icon ✔.

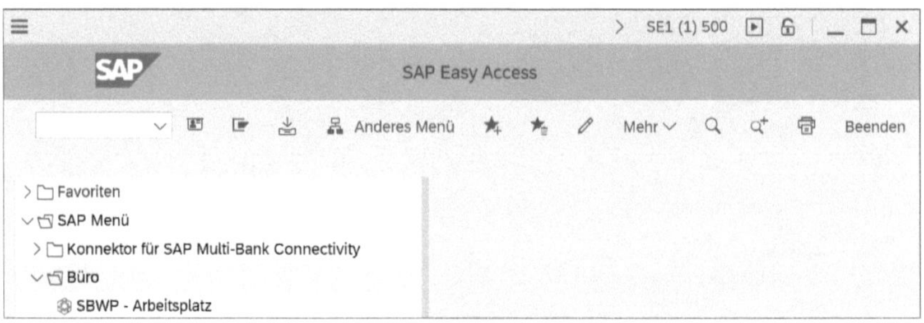

Nun zeigt das SAP GUI in der Baumstruktur des SAP-Menüs zusätzlich die Transaktionscodes wie SBWP an. Dies sehen Sie, wenn Sie den Ordner **Büro** nochmals öffnen.

VIDEO

Transaktionscodes im SAP-Menü anzeigen

Dieses Video zeigt Ihnen, wie Sie die Anzeige der Transaktionscodes im SAP-Menü einstellen.

http://s-prs.de/v7389ac

Den aktuellen Transaktionscode anzeigen

Oft ist es hilfreich, wenn man den Transaktionscode der aktuell aufgerufenen Transaktion sehen kann. Zum Beispiel, wenn Sie Hilfe bei einer Transaktion benötigen und mit dem Support telefonieren. Nutzen Sie in solchen Fällen einfach die Anzeige im *Systeminformationsbereich* in der obersten Fensterzeile:

1. Starten Sie im Fenster **SAP Easy Access** im Ordner **Büro** die Transaktion SBWP (Arbeitsplatz) mit einem Doppelklick.

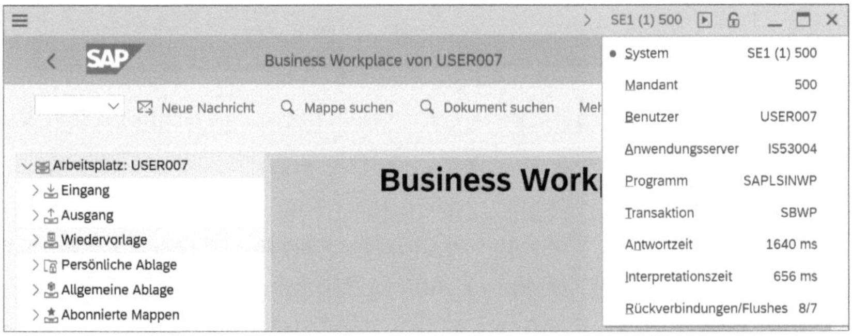

2. Klicken Sie oben im Systeminformationsbereich rechts neben dem Icon auf den Eintrag **SE1 (1) 500**, der je nach System (bei uns SE1), Fensternummer (bei Ihnen und bei uns (1)) und Mandant (bei uns 500) eine andere Bezeichnung haben kann. Es öffnet sich wie in obiger Abbildung eine Liste, in der Sie den Code der aktuell aufgerufenen Transaktion sehen, in unserem Beispiel SBWP.

> INFO
>
> **Fehlt das Icon?**
>
> Wenn bei Ihnen das Icon fehlt, ist der Systeminformationsbereich bei Ihnen ausgeblendet. Klicken Sie rechts oben auf das Icon, um diesen Bereich sichtbar zu machen.

3. Klicken Sie in der Liste auf den Transaktionscode.

Ab jetzt sehen Sie jederzeit rechts oben im Systeminformationsbereich den Code der aktuell aufgerufenen Transaktion: SBWP.

In der geöffneten Liste, die in der letzten Abbildung zu sehen ist, finden Sie als obersten Eintrag die Standardeinstellung **System**, die Ihnen die Systembezeichnung SE1 und zusätzlich die Fensternummer (1) sowie die Mandantennummer 500 zeigt. Nicht ganz so spannend!

Spannender für diejenigen, die sich mit einer PKI-Karte und damit ohne Benutzernamen anmelden, ist hier die Info zu Ihrem Benutzernamen in der dritten Zeile **Benutzer**, denn diesen sehen Sie nicht im Anmeldebild. Klicken Sie nun links oben auf das Icon ❮ (**Zurück**), um zum Fenster **SAP Easy Access** zurückzukehren.

2.5 Ein Favoritenmenü anlegen

Jetzt werden Sie kreativ: Sie basteln Ihr eigenes Menü. Wenn Sie mehrere Transaktionen nutzen, sammeln Sie diese in einem eigenen Favoritenmenü. Damit ersparen Sie sich die ganze »Kraxelei« durch die Ordner in der Baumstruktur des SAP-Menüs und damit viel Zeit.

Im Gegensatz zum SAP-Menü ist das Favoritenmenü Ihr persönliches Menü, also ein Menü, das Sie wie Ihr Wohnzimmer frei gestalten und einrichten können. Fast alle SAP-Anwender*innen tragen ihre Transaktionen im Fenster **SAP Easy Access** als Favoriten ein. Und das sollten Sie auch tun, um schneller darauf zugreifen zu können!

Sie können dort nicht nur Transaktionen, sondern auch Links auf Dateien, eigene Unterordner und Webadressen eintragen. Wenn Sie das SAP GUI und gleichzeitig SAP-Fiori-Apps nutzen, können Sie mit Webadressen auch Links auf Apps in die Favoriten aufnehmen.

TIPP

Fertiges Favoritenmenü importieren

Bevor Sie Ihr eigenes Favoritenmenü selbst erstellen, schon unser erster Tipp dazu: Sie brauchen das Rad nicht neu zu erfinden. Haben Sie vielleicht ein wunderbares Favoritenmenü bei einer Kollegin gesehen, das genauso aussieht, wie Sie es brauchen? Prima!

Ihre Kollegin kann im Fenster **SAP Easy Access** über den Menüpfad **Mehr ▸ Favoriten ▸ Download auf PC** das Favoritenmenü als Datei herunterladen und es Ihnen auf einen USB-Stick kopieren oder mailen. Sie wählen danach an Ihrem Arbeitsplatz den Menüpfad **Mehr ▸ Favoriten ▸ Upload von PC** – und schon haben Sie die gleichen Favoriten wie Ihr Kollege oder Ihre Kollegin.

Standardmäßig ist der Ordner **Favoriten** leer. Sie tragen nun beispielhaft einige allgemeine Transaktionen ein, die wir Ihnen nachfolgend kurz vorstellen möchten:

- **SU3 – Benutzer eigene Daten pflegen**
  »SAPpisch« ist schon eine komische Sprache. Aber so heißt diese Transaktion tatsächlich. Mit ihr bestimmen Sie Ihre persönlichen Angaben wie den Namen oder Vorschlagswerte. Die Abkürzung SU steht für *System* und *User*.
- **SU01D – Benutzeranzeige**
  An vielen Stellen zeigt SAP S/4HANA oft nur einen kryptischen Benutzernamen anstelle eines Klarnamens, beispielsweise wenn SAP S/4HANA die Bearbeitung von Daten für Sie sperrt, weil ein anderer Benutzer diese gerade bearbeitet. Sie fragen sich dann: Wer versteckt sich hinter dem Benutzernamen? Mit der Transaktion SU01D (Benutzeranzeige) finden Sie den passenden Klarnamen zum SAP-Benutzernamen, also den echten Namen der Person.
- **SBWP – Arbeitsplatz**
  Im SAP-System erhalten Sie eventuell Mails und weitere Nachrichten. Mit dieser Transaktion zeigen Sie Nachrichten an oder verfassen SAP-System-interne Nachrichten an andere SAP-Anwender*innen.

In dieser Aufzählung lesen Sie Transaktionscodes wie SU3 (Benutzer eigene Daten pflegen), SU01D (Benutzeranzeige) und SBWP (Arbeitsplatz). Dies sind die technischen Abkürzungen für Transaktionen, die Sie in der nächsten Anleitung verwenden werden.

Wenn Sie den Transaktionscode kennen

Die folgende schnelle Methode zur Erstellung von Favoriten funktioniert nur, wenn Sie den Transaktionscode kennen.

VIDEO

Favoriten anlegen

Lernen Sie in diesem Video, wie Sie Ihre wichtigen Transaktionen als Favoriten anlegen.

http://s-prs.de/v7389ad

1. Wechseln Sie, wenn notwendig, in das Fenster **SAP Easy Access**.
2. Jetzt kommt eine elegante Rechts-Links-Kombination: Klicken Sie mit der *rechten* Maustaste auf den obersten Ordner **Favoriten**. Es erscheint das sogenannte *Kontextmenü*.

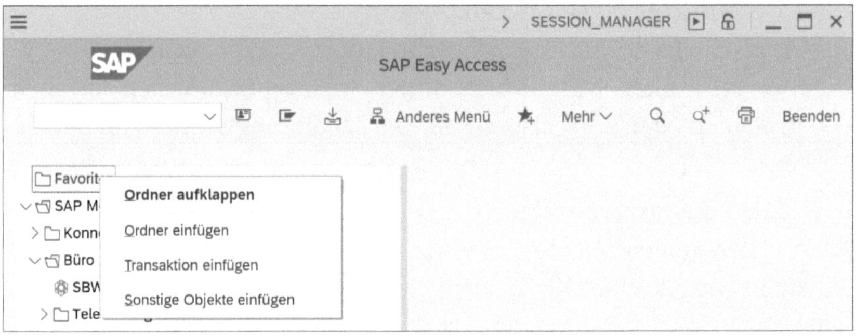

3 Wählen Sie mit der *linken* Maustaste aus dem Kontextmenü den Befehl **Transaktion einfügen**. Das SAP-System fragt in einem neuen Fenster nach dem Code der Transaktion.

4 Tippen Sie hier den Transaktionscode ein, z. B. »SU3«, und drücken Sie die [↵]-Taste. Das Fenster wird nun geschlossen, und der neue Eintrag erscheint sofort im Favoritenmenü.

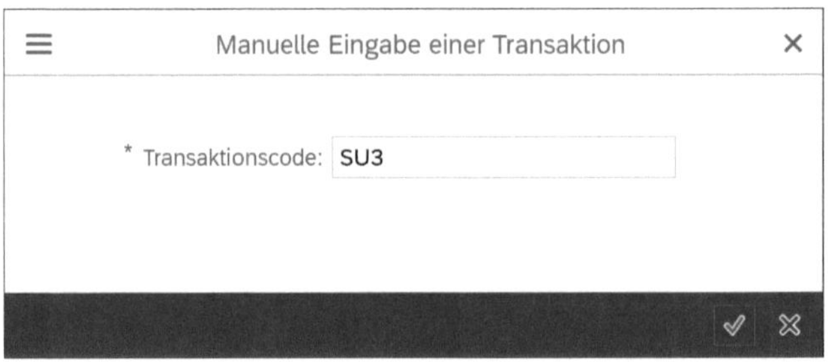

5 Wiederholen Sie die vorangehenden drei Schritte für die Transaktionen SU01D (Benutzeranzeige) und SBWP (Arbeitsplatz). Dann haben Sie den Stand gemäß der folgenden Abbildung erreicht.

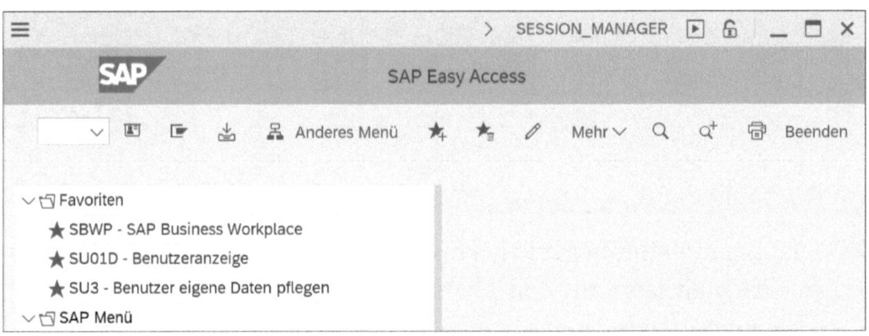

Wenn Sie den Transaktionscode nicht kennen

Ist Ihnen der Transaktionscode nicht bekannt? Dann klicken Sie sich im SAP-Menü durch die Ordner, bis die gewünschte Transaktion zu sehen ist. Diese Transaktion soll ins Favoritenmenü? Das klappt auch mit Drag & Drop:

1 Für unser Beispiel öffnen Sie im SAP-Menü die Ordner **Büro** und **Terminkalender**. Hier sehen Sie die Transaktion SSC1 (Eigener).

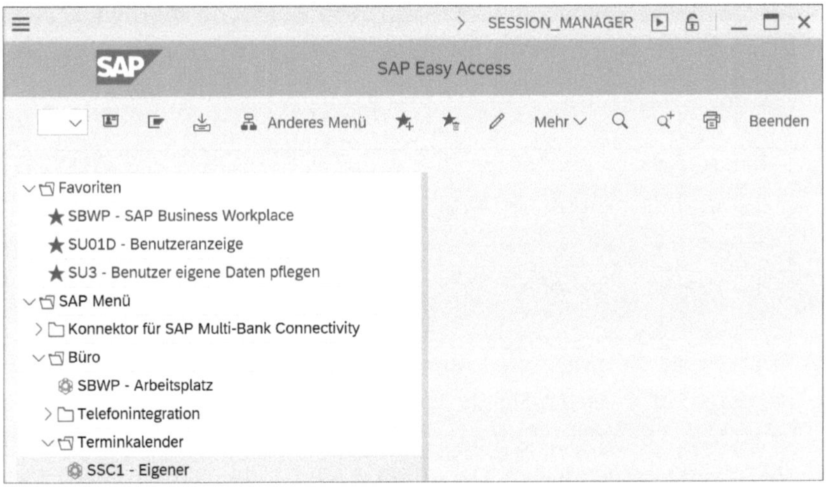

2 Klicken Sie (einfach, nicht doppelt!) auf **SSC1 – Eigener**, und halten Sie die linke Maustaste gedrückt.

3 Ziehen Sie mit gedrückter linker Maustaste den Eintrag **SSC1 – Eigener** ganz nach oben auf den Ordner **Favoriten**, und lassen Sie dort die Maustaste los.

TIPP

Noch mehr Möglichkeiten

In unserem Fall war der Weg für Drag & Drop sehr kurz. Ist er länger und umständlicher, gibt es folgende bessere Alternative: einen Rechtsklick auf den Transaktionseintrag im SAP-Menü und danach die Auswahl der Menüoption **Zu den Favoriten hinzufügen**.

In Teil II, »Die Benutzeroberflächen personalisieren«, lernen Sie, wie Sie ein optimales Favoritenmenü erstellen; da gibt's noch viel zu entdecken!

2.6 Benutzerdaten passend einstellen

Sie sind der Benutzer, und für Sie werden persönliche Benutzerdaten gespeichert. Dazu gehören neben Ihrem Namen auch weitere Angaben. Nachfolgend lernen Sie, wie Sie die Anmeldesprache, die Dezimal- und Datumsdarstellung sowie Ihr Ausgabegerät und weitere Einstellungen für den Ausdruck einstellen.

Bevor Sie die Änderungen mit der folgenden Anleitung angehen, sollten Sie wissen, dass je nach Systemeinstellung Felder gegen Eingaben oder Änderungen gesperrt sein können.

VIDEO

Benutzerdaten einstellen
Dieses Video zeigt Ihnen, wie Sie Ihre Benutzerdaten anpassen.
http://s-prs.de/v7389ae

1 Wählen Sie den Menüpfad **Mehr ▸ System ▸ Benutzervorgaben ▸ Benutzerdaten**, oder starten Sie die Transaktion per Doppelklick auf den Favoriten **SU3 – Benutzer eigene Daten pflegen**, den Sie im vorangegangenen Abschnitt angelegt haben. Daraufhin erscheint das Fenster **Pflege eigener Benutzervorgaben.**

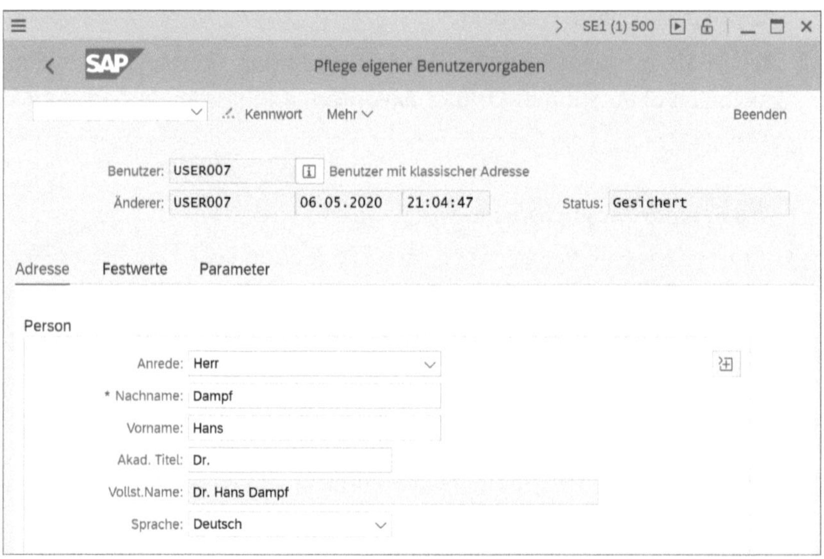

2 Je nach Systemkonfiguration können Sie in die entsprechenden Felder Ihren Vor- und Nachnamen sowie weitere persönliche Angaben eintragen. Diese Felder sind in vielen Systemen jedoch gesperrt, damit nur Administrator*innen diese Angaben ändern können.

SAP S/4HANA übernimmt den hier eingetragenen Namen auch in Formulare wie Bestellungen oder Kundenaufträge. Geben Sie – wenn anders eingestellt – im Feld **Sprache** mit einem Klick auf das Icon den Eintrag **Deutsch** vor, denn dieses Feld bestimmt, in welcher Sprache gewisse Texte angezeigt und gedruckt werden.

3 Klicken Sie auf den zweiten Reiter **Festwerte**, um dort einige grundlegende Voreinstellungen zu überprüfen.

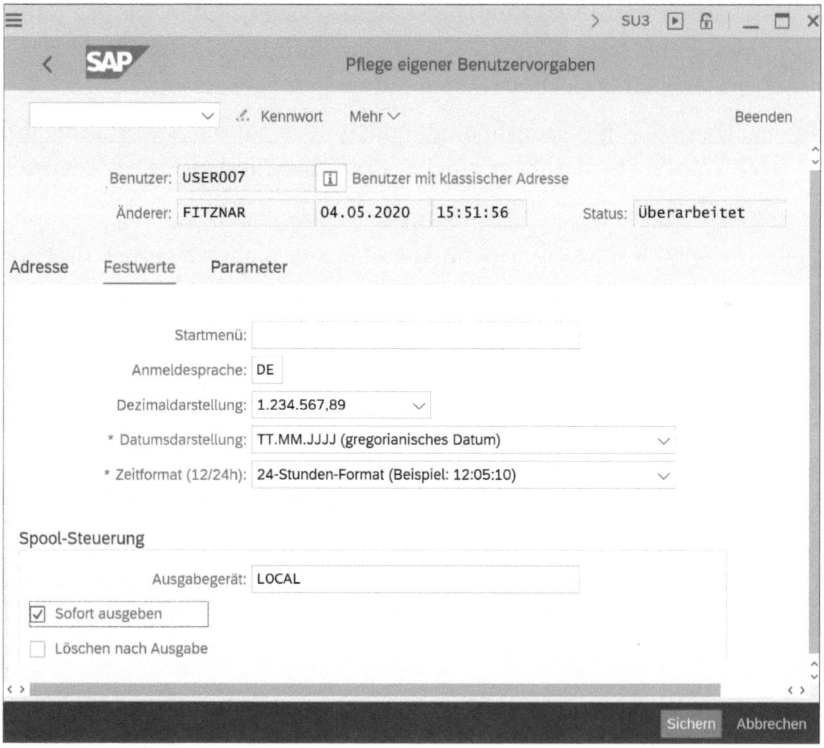

4 Für Ihren ersten Einstieg sind folgende Felder zu beachten:

- **Startmenü**: Dieses Feld sollte leer sein, wenn Sie nach dem Start – also direkt nach der Anmeldung – das komplette SAP-Menü und nicht irgendein spezielles Untermenü sehen wollen. Manchmal gibt es auch reduzierte firmen- und abteilungsspezifische Menüs.

- **Anmeldesprache**: »DE« für »Deutsch«, mit dieser Angabe ersparen Sie sich diese Eingabe im Anmeldebild.
- **Dezimaldarstellung**: Wählen Sie mit dem Icon ☐ aus der Liste die Darstellung **1.234.567,89**, damit Sie den Punkt als Tausendertrennzeichen und das Komma als Dezimaltrennzeichen erhalten.
- **Datumsdarstellung**: Wählen Sie mit dem Icon ☐ aus der Liste das deutsche Datumsformat **TT.MM.JJJJ (gregorianisches Datum)**.
- **Ausgabegerät**: geben Sie hier »LOCL« für den normalen Windows-Drucker ein, mit dem Buchstaben O, also keine Null.
- **Sofort ausgeben**: Dieses Kennzeichen müssen Sie ankreuzen, damit Sie nach einem Druckbefehl einen automatischen Ausdruck erhalten.
- **Löschen nach Ausgabe**: Dieses Kennzeichen sollten Sie nicht ankreuzen, denn sonst können Sie keinen Nachdruck machen, da der Ausdruck nicht im SAP-S/4HANA-System gespeichert wird.

5 Speichern Sie Ihre Eingaben mit einem Klick auf die Schaltfläche **Sichern** rechts unten in der Footer-Zeile. Danach befinden Sie sich wieder im Fenster **SAP Easy Access**.

Einige neue Einstellungen wie die Anmeldesprache, die Dezimal- und die Datumsdarstellung werden erst mit der nächsten Anmeldung am SAP-S/4HANA-System wirksam.

Sie sind damit am Ende des ersten Kapitels angelangt und wissen nun, wie Sie sich an- und abmelden, kennen den Bildaufbau des SAP GUI, können Transaktionscodes anzeigen und haben Ihre Benutzerdaten eingestellt. Prima!

3 Und so begrüßt Sie SAP Fiori

3

Wir begrüßen Sie zur Benutzeroberfläche von SAP im 21. Jahrhundert. Seien Sie gespannt, im Vergleich zum SAP GUI hat sich einiges geändert! Vielleicht haben Sie bereits durch Tür-und-Angel-Gespräche mit Kolleg*innen oder durch Fachartikel inklusive Screenshots erste kleine Einblicke erhaschen können. Während SAP-Neulinge sich wahrscheinlich denken: »Cooles Design – das gefällt mir«, werden erfahrene SAP-Anwender*innen bei ihrer ersten Begegnung mit dem neuen Design überrascht sein – immerhin sieht auf den ersten Blick alles anders aus! Doch keine Sorge, der Kern bleibt gleich! Wir nehmen Sie ab diesem Kapitel an die Hand und erkunden mit Ihnen strukturiert und Stück für Stück das neue SAP-System. Viel Spaß!

In diesem Kapitel lernen Sie,

- wie Sie sich an- und abmelden,
- wie Sie das Erscheinungsbild von SAP Fiori auf Ihrem Bildschirm optimieren,
- wie ein Fiori-Bildschirm aufgebaut ist,
- wie Sie Ihre Apps finden und starten.

Wir gehen davon aus, dass Sie Kapitel 2, »Erste Schritte mit dem SAP GUI«, durchgelesen und Ihre Erstanmeldung bereits im SAP GUI durchgeführt haben, denn darauf bauen wir jetzt auf.

3.1 An- und abmelden mit SAP Fiori

»Alle Wege führen nach Rom« – ja, und zwei führen zu SAP Fiori: einmal aus dem SAP GUI heraus und einmal über Ihren Windows-Desktop.

Sind Sie bereit? In diesem Abschnitt erfahren Sie alles chronologisch von der Anmeldung bis hin zur Abmeldung. Auf los geht's los!

Anmeldung aus dem SAP GUI heraus

Wenn das SAP-System entsprechend konfiguriert ist, können Sie aus dem SAP GUI mit der Transaktion /UI2/FLP (SAP Fiori Launchpad) direkt in das SAP Fiori Launchpad abspringen.

VIDEO

In SAP Fiori anmelden

In diesem Video sehen Sie, wie Sie sich aus dem SAP GUI heraus in SAP Fiori anmelden.

http://s-prs.de/v7389af

1 In Kapitel 2, »Erste Schritte mit dem SAP GUI«, haben Sie gelernt, wie Sie sich mittels des Icons (**SAP Logon**) auf Ihrem Windows-Desktop am System anmelden können. Wiederholen Sie das in Abschnitt 2.1, »An- und abmelden am SAP GUI«, beschriebene Vorgehen.

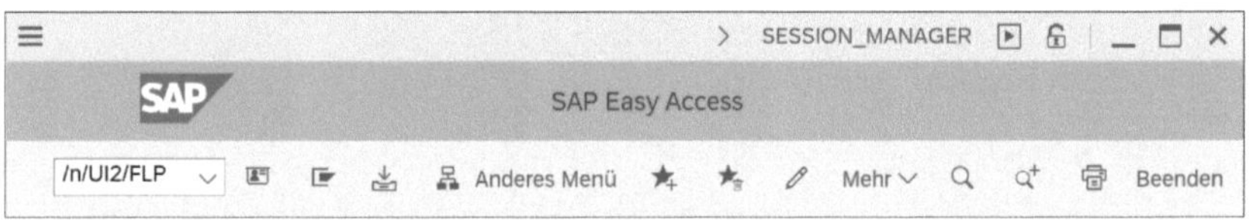

2 Im Fenster **SAP Easy Access** sehen Sie oben links das *Befehlsfeld*. Sie kennen es aus Abschnitt 2.3, »Die Elemente des SAP-GUI-Bildschirms kennenlernen«, als eine Startrampe zu allen Transaktionen innerhalb des SAP-Systems. Geben Sie »/n/UI2/FLP« in das Befehlsfeld ein, und bestätigen Sie Ihre Eingabe mit der [↵]-Taste. Nach einer kurzen Wartezeit öffnet sich Ihr Browser und zeigt Ihnen das SAP Fiori Launchpad (zum Launchpad siehe auch Abschnitt 3.3, »Ihre neue Heimat: das SAP Fiori Launchpad«).

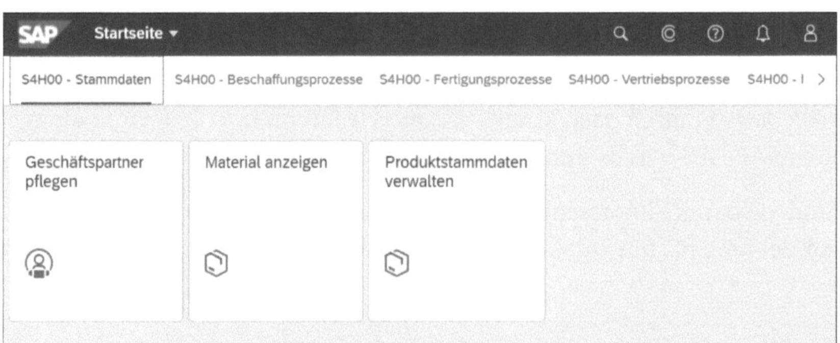

Anmeldung aus Microsoft Windows heraus

Bei Ihrer Anmeldung mit der Desktop-Verknüpfung werden Sie im Gegensatz zur GUI-Anmeldung nicht nach dem SAP-System gefragt, das Sie verwenden, denn dieses ist bereits im Link definiert.

1 Doppelklicken Sie auf die Fiori-Kachel im Startmenü von Windows oder auf die Fiori-Verknüpfung (e) auf Ihrem Desktop. Wenn alles geklappt hat, befinden Sie sich nun im Anmeldebild von SAP Fiori.

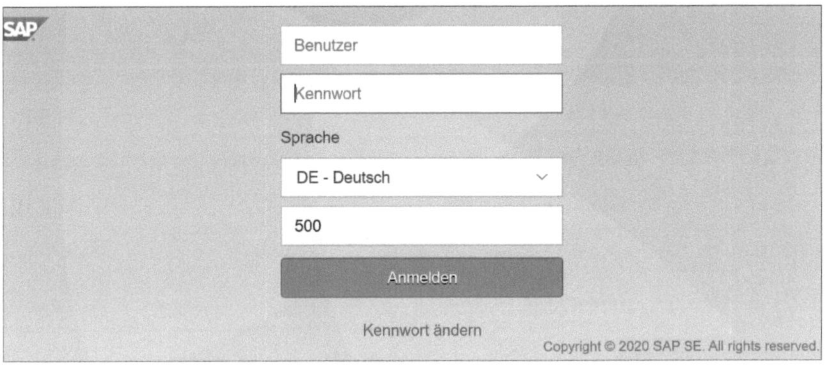

2 Sie sehen hier mehrere Felder. Tippen Sie darin Folgendes ein:

- **Benutzer**: Geben Sie Ihren Benutzernamen ein.
- **Kennwort**: Geben Sie Ihr Kennwort in korrekter Groß- und Kleinschreibung ein. Die Eingabe wird durch Sternchen maskiert.
- **Sprache**: Wählen Sie aus dem Listenfeld den Eintrag **DE – Deutsch**.
- **Mandant**: Im letzten Feld geben Sie die Nummer des Mandanten ein. Der Mandant ist in den meisten Fällen bereits vordefiniert.

3 Fertig? Dann drücken Sie entweder die [↵]-Taste, oder Sie klicken auf die Schaltfläche **Anmelden**. Nun überprüft SAP Fiori Ihre Daten, und wenn alles korrekt ist, gewährt es Ihnen Zutritt zum Launchpad.

> INFO
>
> **Welchen Browser kann ich verwenden?**
>
> Sie können alle gängigen Browser wie Microsoft Edge, Mozilla Firefox, Google Chrome oder Apple Safari (unter MacOS) verwenden. Auf mobilen Geräten funktionieren Apple Safari bei iOS oder Google Chrome bei Android. Beachten Sie, dass in Unternehmen oft die Verwendung eines spezifischen Browsers vorgeschrieben ist.

Das Kennwort ändern

Sie haben das Verlangen, Ihr bestehendes Kennwort zu ändern? Auch das geht ganz einfach! Klicken Sie hierfür im ausgefüllten Anmeldebild von SAP Fiori (siehe Schritt 2 der letzten Anleitung) diesmal *nicht* auf die Schaltfläche **Anmelden**, sondern darunter auf **Kennwort ändern**, und das Fenster zur Kennwortänderung erscheint.

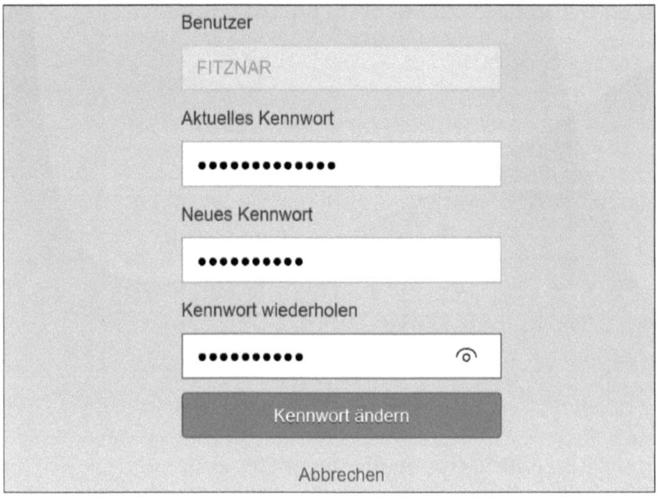

Fenster zur Kennwortänderung

Sie werden nun aufgefordert, ein neues Kennwort zu definieren. Mit dem Icon wechselt SAP Fiori von der maskierten Anzeige zur Anzeige in Klarschrift.

Fertig? Dann bestätigen Sie Ihre Eingabe mit der Schaltfläche **Kennwort ändern**. So landen Sie sofort im SAP Fiori Launchpad. Die Kennwortänderung gilt für Ihren Benutzer, also gleichzeitig auch für die Anmeldung im SAP GUI.

INFO

Mehrfachanmeldung

Im Gegensatz zum SAP GUI ist mit SAP Fiori die Anmeldung auf mehreren PCs möglich. Auf dem gleichen PC bewirkt eine weitere Anmeldung über den Browser, dass im Browser ein zusätzliches Register geöffnet wird.

3

Abmeldung

Die Abmeldung ist eine Funktion, die Sie spätestens zu Ihrer Mittagspause benötigen.

1 Klicken Sie in der oberen rechten Ecke auf das »Duplo-Männchen« (), um das *Benutzermenü* zu öffnen.

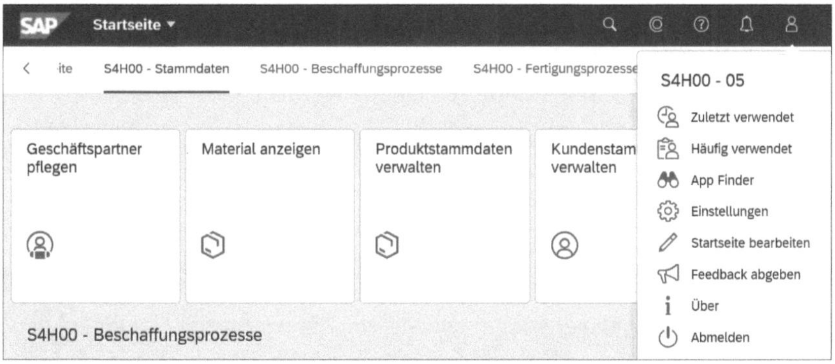

2 Klicken Sie auf den letzten Menüpunkt (**Abmelden**). Es erscheint ein Fenster mit der Frage: »Sind Sie sicher, dass Sie sich abmelden möchten?«

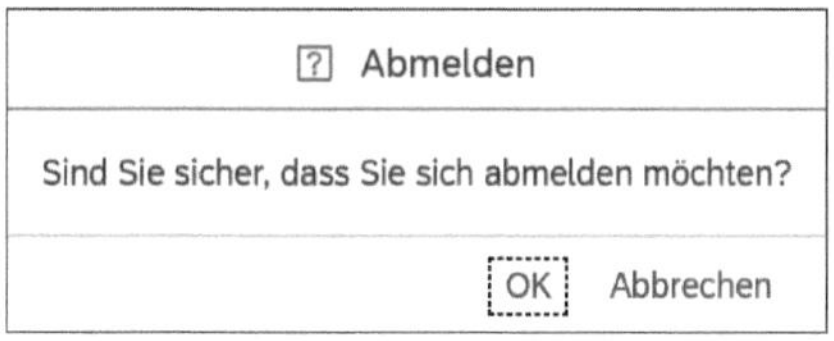

3 Wenn Sie sich sicher sind, dass Sie durch die Abmeldung am System keine noch nicht gesicherten Daten verlieren, können Sie sorglos mit **OK** bestätigen. Sie werden dann vom SAP-System abgemeldet. Sind Sie sich nicht sicher, klicken Sie auf **Abbrechen**.

TIPP

Vermeiden Sie beim Abmelden das Icon X (Fenster schließen)

Ja, das Abmelden durch das einfache Schließen des Browser-Fensters per Klick auf X (**Fenster schließen**) ist eine schnelle und komfortable Art der Abmeldung. Aber lassen Sie die Wohnungstür bei sich zu Hause einfach nur ins Schloss fallen, oder schließen Sie lieber richtig ab? Richtig abschließen ist sicherer, und das gilt auch für das Internet! Verwenden Sie deshalb immer den Menüpunkt (**Abmelden**) – nur so wird die Datenverbindung zuverlässig gekappt!

3.2 Das Erscheinungsbild anpassen

Das Erscheinungsbild ist definiert als ein auf die Betrachter*innen wirkendes äußeres Bild von jemandem oder von etwas. Im Grunde geht es also um das, was Sie sehen – und das, was Sie sehen, können Sie in SAP Fiori durch verschiedene Einstellungen anpassen.

Ein Theme auswählen

In SAP Fiori 3.0 stehen Ihnen verschiedene *Themes* zur Auswahl. Als Standard ist SAP Quartz Light eingestellt. Und genau dieses haben wir für die Screenshots in diesem Buch verwendet. Wie Sie das Theme in SAP Fiori ändern, lernen Sie in dieser Anleitung.

VIDEO

Ein Theme einstellen

In diesem Video sehen Sie, wie Sie ein Theme einstellen, um die Benutzeroberfläche nach Ihrem Geschmack zu gestalten.

http://s-prs.de/v7389ag

1. Starten Sie SAP Fiori mit dem Browser Ihres Vertrauens.
2. Klicken Sie in der oberen rechten Ecke auf das Benutzermenü-Icon ( ), um ebendieses zu öffnen.

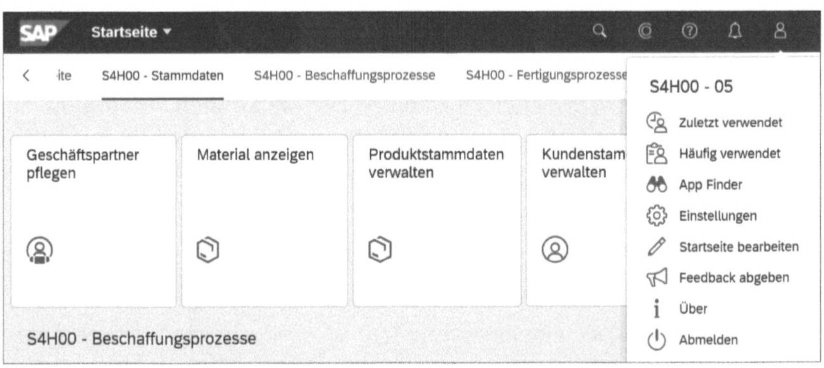

3. Klicken Sie auf den Menüpunkt (**Einstellungen**). Daraufhin öffnet sich das Fenster **Einstellungen**.
4. Klicken Sie in diesem Fenster auf (**Erscheinungsbild**).

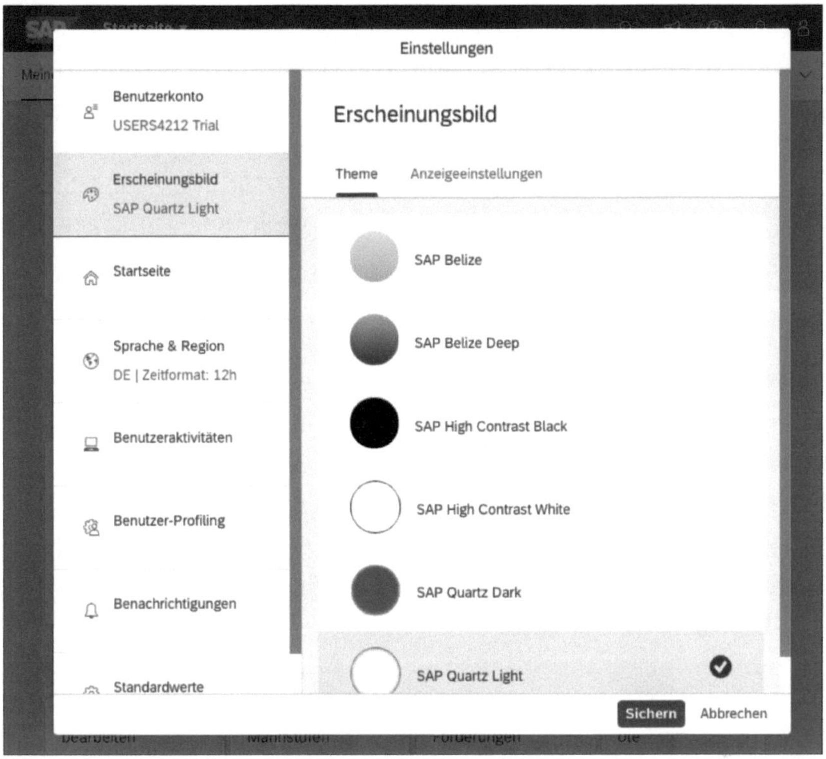

5 Die Einstellungen des Erscheinungsbildes werden im rechten Fensterteil in zwei Register unterteilt: **Theme** und **Anzeigeeinstellungen**.

Aktuell ist das Register **Theme** geöffnet. Darin werden alle zur Verfügung stehenden Themes aufgelistet. Das aktuell ausgewählte Theme erkennen Sie daran, dass es farblich hinterlegt ist und rechts außen ein Häkchen ✓ hat.

Mit einem Klick auf das Theme SAP Quartz Light wählen Sie dieses aus. Klicken Sie noch *nicht* auf **Sichern** oder **Abbrechen**, denn im nächsten Abschnitt geht es mit dem zweiten Register **Anzeigeeinstellungen** weiter.

TIPP

Passende Themes für jede Gelegenheit

Die Themes SAP High Contrast Black und SAP High Contrast White können bei Lichtempfindlichkeit oder extremen Lichtverhältnissen eine gute Wahl sein. Die dunklen Themes empfehlen sich in dunklen Umgebungen wie z. B. in einer Nachtbar oder in schlecht beleuchteten Fabrikhallen.

INFO

Nanu, ich sehe mehr Themes als in der Abbildung?

Es ist möglich, dass Ihnen neben den hier gezeigten Standard-Themes weitere Themes zur Auswahl stehen. Unternehmen haben in SAP Fiori die Möglichkeit, ein eigenes firmenspezifisches Theme zu erstellen. Um Ihnen das Arbeiten mit diesem Buch zu erleichtern, empfehlen wir Ihnen aber zumindest für den Anfang das in diesem Buch vorgeschlagene Theme SAP Quartz Light.

Anzeigeeinstellungen

Für das Erscheinungsbild können Sie noch zwei weitere Einstellungen vornehmen. Einerseits können Sie SAP Fiori für die *Touch-Eingabe* optimieren und andererseits den *Dark Mode* aktivieren. Und so gehen Sie dafür vor:

1. Sie befinden sich noch in den Einstellungen des Erscheinungsbildes? Super, dann wechseln Sie nun mit einem Klick zum Register **Anzeigeeinstellungen**.

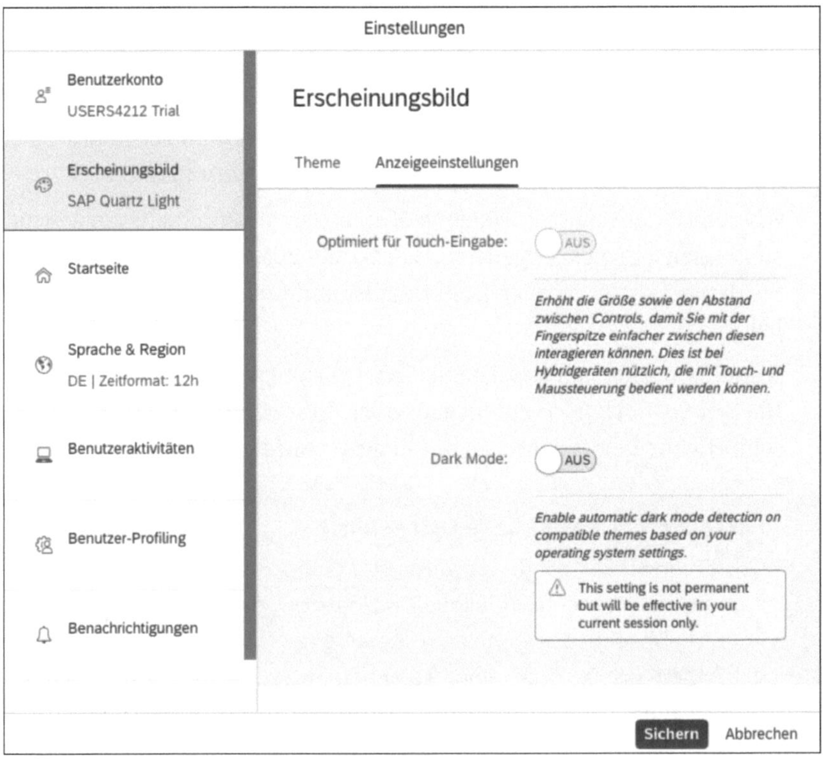

2. Falls die Option **Dark Mode** angeboten wird: Stellen Sie sicher, dass diese Option deaktiviert ist, damit Sie auf Ihrem Bildschirm das Gleiche sehen wie im Buch. Hierzu klicken Sie auf den kleinen Schieberegler 

. Damit bewegen sie ihn auf die Einstellung 

.
3. Sie dürfen nun Ihre Änderungen rechts unten mit einem Klick auf **Sichern** speichern. Das Fenster schließt sich, und SAP Fiori signalisiert Ihnen mit einer eigenen Meldung die erfolgreiche Speicherung.

Sollten Sie entgegen unserer Empfehlung den Dark Mode ausgewählt haben, wechselt SAP Fiori, abhängig von der aktuellen Uhrzeit, automatisch in ein dunkleres Theme – beispielsweise von SAP Quartz Light in SAP Quartz Dark.

Wenn Sie in SAP Fiori mit einem Endgerät wie einem Smartphone oder einem Tablet navigieren, das per Touch-Eingabe bedient wird, aktivieren Sie die Einstellung **Optimiert für Touch-Eingabe**. SAP Fiori vergrößert dann automatisch die Abstände zwischen den einzelnen Elementen. So können Sie mit Ihrer Fingerspitze einzelne Elemente besser ansteuern.

3.3 Ihre neue Heimat: das SAP Fiori Launchpad

Was Sie nach der erfolgreichen Anmeldung betrachten konnten, nennt sich *SAP Fiori Launchpad*. Wie jede Benutzeroberfläche eines Systems besteht auch das Launchpad aus mehreren Bestandteilen, die man für seine Verwendung kennen und verstehen sollte. Daher geben wir Ihnen in diesem Abschnitt eine kurze theoretische Einführung und einen Überblick. Später erforschen Sie die einzelnen Funktionen im Detail.

Das SAP Fiori Launchpad und die Apps sind gemäß SAP ...

- ... *rollenbasiert*. Das heißt, dass Ihnen nur die Anwendungen zur Verfügung stehen, für die Sie auch die notwendigen Benutzerrollen und Berechtigungen haben.
- ... *personalisierbar*. Mit ein paar Tricks und wenigen Klicks können Sie das SAP Fiori Launchpad an Ihre Wünsche und Bedürfnisse anpassen.
- ... *responsive*. Noch nie gehört? Das bedeutet, dass Sie geräte- und browserunabhängig auf das SAP Fiori Launchpad und auf echte Fiori-Apps zugreifen können, auch mit mobilen Geräten wie Smartphones oder Tablets.
- ... *kohärent*. Auch noch nie gehört? Eine kohärente Struktur der Anwendungen bedeutet, dass die Apps nach gleichen Regeln aufgebaut sind.

Begriffe wie responsive oder kohärent, die wir Ihnen hier nicht vorenthalten wollen, gehören zum »SAP-Slang« bzw. sind Fachbegriffe der Anwendungsentwicklung.

Die Startseite des SAP Fiori Launchpads

Bei der *Startseite* des Launchpads (anderer Begriff: *Homepage*) handelt es sich um das, was Sie direkt nach der erfolgreichen Anmeldung sehen. Man könnte diese Seite auch als das Herz des SAP Fiori Launchpads bezeichnen, vergleichbar mit dem Fenster **SAP Easy Access** im SAP GUI.

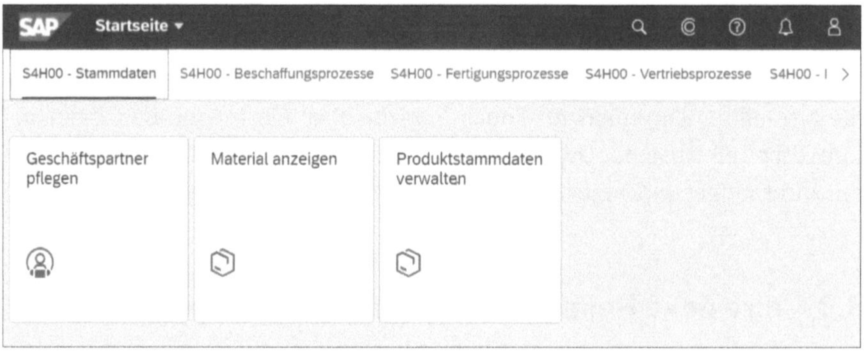

Startseite des SAP Fiori Launchpads

Die Startseite des Launchpads besteht aus folgenden Elementen:

- der *Shell Bar* mit verschiedenen Icons (ganz oben)
- der *Gruppenauswahlleiste* direkt unter der Shell Bar für die schnellere Navigation zur gewünschten Kachel, die jedoch nur dann angezeigt wird, wenn es mehrere Gruppen gibt
- den *Kachelgruppen* mit einem Titel, in der obigen Abbildung z. B. **S4H00 – Stammdaten**, die Kacheln und Links enthalten, mit denen Sie Ihre Apps starten

Diese Bildelemente stellen wir Ihnen in den folgenden Unterabschnitten genauer vor.

Kacheln

Wir beginnen, entgegen der Anordnung auf dem Bildschirm, mit den Kacheln, denn diese sind die für Sie spannendsten Bildelemente. Quadratisch, praktisch, gut: Jede Kachel repräsentiert in der Regel eine App. Darüber hinaus enthalten manche Kacheln Zusatzinformationen in Form einer kleinen Grafik (anderer Begriff: *MicroChart*) oder einer Kennzahl (anderer Begriff: *Key Performance Indicator*, KPI), die Ihnen interessante Informationen gleich auf der Launchpad-Startseite liefern. Zum Beispiel zeigt die Kachel **Klärungsfälle bearbeiten** gleich mit an, wie viele offene Klärungsfälle es gibt.

Kennzahl in der Kachel »Klärungsfälle bearbeiten«

Aus Anwendersicht entspricht eine Kachel in SAP Fiori einem Eintrag im Favoritenmenü des SAP GUI, und eine Fiori-App entspricht einer Transaktion.

Sie können es ja einfach mal ausprobieren: Klicken Sie auf der Launchpad-Startseite auf eine beliebige Kachel – ein anderes Bild erscheint; Sie befinden sich also sofort in der entsprechenden App, und in der Shell Bar sehen Sie nun die Bezeichnung der App. Bei entsprechender Voreinstellung öffnet sich gleichzeitig ein neuer Tab in Ihrem Internetbrowser.

Shell Bar nach dem Start der SAP-Fiori-App »Geschäftspartner bearbeiten«

Mit dem Icon [<] (**Zurück**) im linken oberen Bildeck kommen Sie wieder zur Startseite zurück. Dieses Icon sehen Sie nur, wenn Sie sich nicht auf der Launchpad-Startseite befinden.

> TIPP
>
> **Mehr Kacheln anzeigen**
>
> Sie wollen zwecks einer besseren Übersicht mehr Kacheln im Bild sehen? Im Gegensatz zum SAP GUI unter Windows klappt das in SAP Fiori sehr elegant und schnell, denn hier befinden Sie sich im Browser und können deshalb zoomen. Bewegen Sie das Mausrad bei gedrückter [Strg]-Taste zu sich: Mit dem verkleinerten Zoom sehen Sie sofort mehr Kacheln. Auch mit den Shortcuts [Strg] + [+] oder [Strg] + [-] oder mit einer Einstellung im Browser können Sie die Zoomstufe verändern.

Kachelgruppen und Gruppenauswahlleiste

In der Praxis haben Anwender*innen oft Dutzende von Kacheln auf der Startseite des SAP Fiori Launchpads. Für eine bessere Übersicht werden Kacheln in Kachelgruppen gebündelt. Die Namen der Gruppen werden einzeln horizontal in der sogenannten *Gruppenauswahlleiste* angezeigt. Diese befindet sich direkt unterhalb der Shell Bar.

Wenn Sie auf einen der Einträge in der Leiste klicken, gelangen Sie komfortabel zu den Kacheln der jeweiligen Gruppe. Alternativ dazu können Sie auch in der Bildanzeige nach unten scrollen.

Gruppenauswahlleiste unter der Shell Bar

Den Anfang und das Ende einer Gruppe erkennen Sie ganz deutlich an einer Überschriftenzeile oberhalb der zusammengehörigen Kacheln.

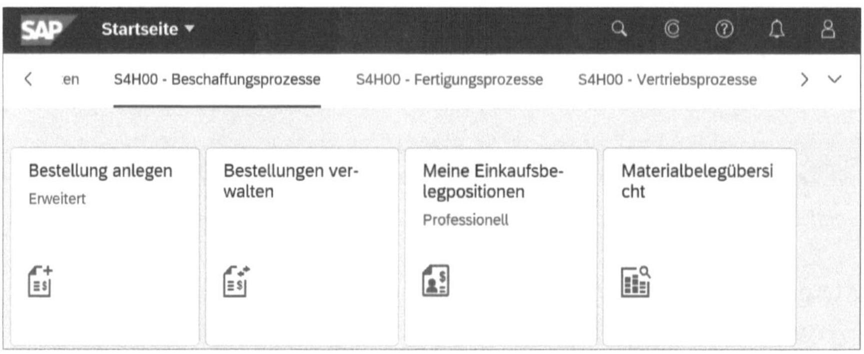

Kachelgruppe »S4H00 – Beschaffungsprozesse« in der Gruppenauswahlleiste, darunter einige zugehörige Kacheln

TIPP

Sie können keine Überschriftenzeilen für Kachelgruppen sehen?

Wenn Sie bei den Kachelgruppen keine Überschriften sehen, ist das kein Fehler! In Ihren Einstellungen ist auf dem Register **Startseite** lediglich die Option **Eine Gruppe auf einmal anzeigen** aktiviert. Diese sorgt dafür, dass Ihnen immer nur eine Kachelgruppe angezeigt wird. Um zu einer anderen Gruppe zu wechseln, klicken Sie bei dieser Einstellung in der Gruppenauswahlleiste auf die jeweilige Gruppe.

Links

Wie auf dem Smartphone gibt es auch in SAP Fiori Apps, die man viel seltener braucht als andere. In Fiori können die Kacheln dieser Apps in platzsparende Links umgewandelt werden, und damit passt mehr auf den Bildschirm. Jede Gruppe enthält unterhalb ihrer Kacheln einen eigenen optionalen Bereich für Links. Im Trainingssystem Live Access gibt es erst einmal keine Links. In Teil II, »Die Benutzeroberflächen personalisieren«, lernen Sie, wie Sie Links erstellen.

Oben eine Kachel, darunter die gleiche Kachel als Link

Die Shell Bar

Nun es geht weiter mit der obersten Leiste der schönen Fiori-Oberfläche! Sie trägt den Namen *Shell Bar* und ist Ihre treueste Begleiterin bei der Arbeit mit SAP Fiori. Denn egal in welcher App Sie sich befinden und wie weit nach unten Sie auch scrollen: Die Shell Bar bleibt immer oben in Ihrem Browser fixiert.

Shell Bar

In der obigen Abbildung sehen Sie die Shell Bar in weitgehender Vollausstattung. Vermutlich werden bei Ihnen nicht alle Icons angezeigt – dies ist abhängig von der jeweiligen Konfiguration des Systems. Wir beginnen rechts:

❶ [Benutzer-Icon] **(Benutzermenü)**: Benutzermenü mit verschiedenen Befehlen, z. B. zur Abmeldung

❷ **(Benachrichtigungen)**: beispielsweise über eine Bestellung, die auf Ihre Freigabe wartet

❸ **(Hilfe öffnen)**: um z. B. die Bedeutung von Feldern anzuzeigen

❹ **(Feedback abgeben)**: zur Versendung eines schriftlichen Feedbacks

❺ **(Suchen)**: zur Suche nach Daten oder Apps

❻ Bank bearbeiten ▾ **(Navigationsmenü)**: zur Anzeige des Navigationsverlaufs mit den zuletzt geöffneten Fenstern seit dem Start der letzten App. Wenn Sie sich in einer App befinden, werden die Stationen Ihrer Reise angezeigt.

❼ **(Logo)**: zur Rückkehr in die Startseite, wenn Sie sich außerhalb der Startseite befinden. Hat Ihr*e Administrator*in kein anderes Bild platziert, können Sie hier das SAP-Logo bestaunen. Mit einem Klick reisen Sie – egal wo Sie sich gerade befinden – direkt zur Launchpad-Startseite.

Nach dieser Übersicht über die Shell Bar erhalten Sie nun einen Überblick über das Benutzermenü. Die weiteren wichtigen Funktionen der Shell Bar besprechen wir später ausführlicher, genau dann, wenn wir sie brauchen.

Das Benutzermenü

Mit einem Klick auf das Icon **(Benutzermenü)** öffnet sich, wie zu erwarten, ein Menü. Es enthält eine bunte Mischung von Befehlen, die Sie häufiger benötigen. Im Folgenden erhalten Sie einen kurzen Überblick über die Funktionen der einzelnen Menüpunkte. Keine Sorge, auch dazu folgen im Verlauf des Buches noch detailliertere Informationen.

Benutzermenü

INFO

Sie können nicht alle Menüpunkte sehen?

Die Menüpunkte **Support kontaktieren** und **Feedback abgeben** werden nur dann gelistet, wenn diese von Ihrer Administration aktiviert wurden. Darüber hinaus sehen Sie den Menüpunkt **Startseite bearbeiten** nur, wenn Sie sich auf der Startseite des SAP Fiori Launchpads befinden.

- (**Letzte Aktivitäten** oder **Zuletzt verwendet**): Öffnet ein Fenster mit einer Auflistung von bis zu 30 Ihrer zuletzt aufgerufenen Apps in umgekehrter chronologischer Reihenfolge.
- (**Häufig verwendet**): Öffnet ein Fenster mit einer Auflistung der Apps, die Sie in den letzten 30 Arbeitstagen am häufigsten verwendet haben.
- (**App Finder**): Öffnet den App Finder. Dieser listet alle für Sie freigegebenen Apps auf.
- (**Einstellungen**): Öffnet ein Fenster, in dem Sie Einstellungen bezüglich Ihres Benutzers, der Startseite oder des Erscheinungsbildes vornehmen können.
- (**Startseite bearbeiten**): Wechselt in den Bearbeitungsmodus der Launchpad-Startseite. Dieser Modus ermöglicht Ihnen die Personalisierung der Startseite. Zum Beispiel können Sie damit eigene Kachelgruppen erstellen oder die Beschreibung der Kacheln verändern.
- (**Support kontaktieren**): Öffnet ein Fenster, über das Sie direkt Kontakt mit Ihrem Support aufnehmen können. Ein Eingabefeld bietet die Möglichkeit, das Problem zu beschreiben.
- (**Feedback abgeben**): Öffnet ein Fenster, mit dem Sie Ihre persönlichen SAP-Erfahrungen bewerten und als schriftliches Feedback versenden können.
- i (**Über**): Öffnet ein Fenster, das allerlei technische Informationen enthält, z. B. die Versionsnummer von SAP S/4HANA und den technischen Namen der App, in der Sie sich befinden.
- **Abmelden**: Meldet Sie vom System ab.

Die Footer Toolbar

Sie sehen in der Startseite als letzte Fensterzeile keine *Footer Toolbar*? Wir auch nicht. Diese sehen Sie nur dann, wenn Sie sie auch benötigen! Starten Sie dazu eine beliebige App. Die meisten Apps haben eine Footer Toolbar; ist dies der Fall, blendet sie sich automatisch am unteren Bildrand ein.

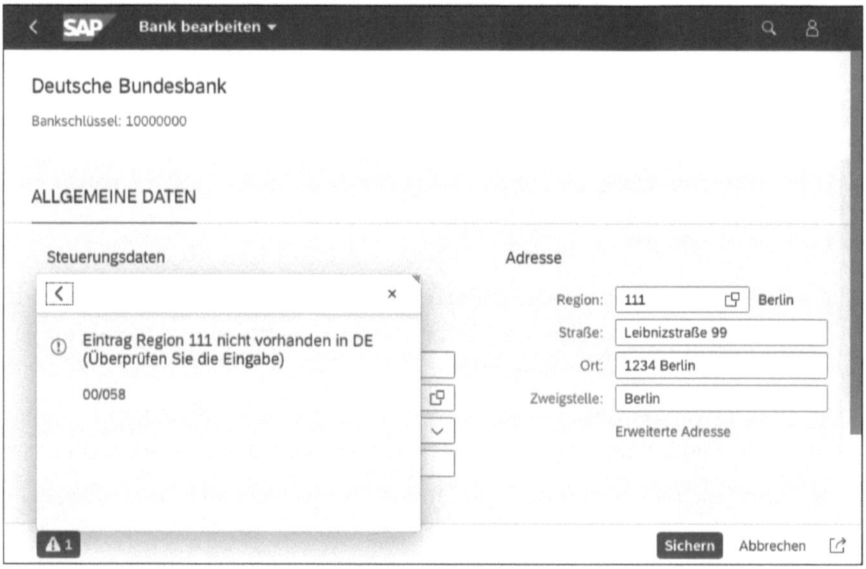

Footer Toolbar, links unten eine Meldung nach Klick auf das Icon (»Achtung«)

In unserem Beispiel haben wir die App **Banken** gestartet. In der Abbildung erkennen Sie direkt die typischen Bestandteile einer Footer Toolbar:

- Alle Aktionen wie **Weiter**, **Sichern** oder **Abbrechen** befinden sich immer rechts.
- Links finden Sie Meldungen. Immer wenn Sie hier das Icon (**Achtung**) sehen, sammeln Sie Ihre Konzentration – SAP Fiori möchte Ihnen etwas Wichtiges mitteilen! Die Zahl direkt neben dem Icon zeigt Ihnen die Anzahl der Meldungen. Sie können sich die Meldungen ganz einfach mit einem Klick auf das Icon anzeigen lassen.

3.4 SAP-Fiori-Apps finden und ausführen

Nach Ihrer ersten Anmeldung in SAP Fiori sehen Sie vermutlich einige vorausgewählte Apps im SAP Fiori Launchpad. In der Regel decken diese im Unternehmen auch den für Ihre tägliche Arbeit benötigten Bedarf ab. Manchmal fehlen aber auch welche! In diesem Abschnitt erfahren Sie, wie Sie weitere Apps finden können.

> TIPP
>
> **Häufig benötigte SAP-Fiori-Apps**
>
> In diesem Abschnitt erfahren Sie lediglich, wie Sie eine App finden und ausführen können. Ist eine App häufiger in Gebrauch, verdient sie einen Platz auf Ihrer Startseite. Wie Sie eine App zu Ihrer Startseite hinzufügen, erfahren Sie in Abschnitt 3.5, »SAP-Fiori-Apps hinzufügen und entfernen«.

In der folgenden Anleitung suchen Sie die Fiori-App **Kundenstammdaten verwalten** über den *App Finder*. Er funktioniert so ähnlich wie der App Store von Apple oder Google Play, denn Sie finden hier alle Apps aufgelistet, für die Sie die Berechtigung haben und die Sie in SAP Fiori starten können. (Wenn Sie die App **Kundenstammdaten verwalten**, die wir hier beispielhaft suchen wollen, nicht brauchen, verwenden Sie einfach eine andere App – dieses Vorgehen gilt für alle Apps.)

> VIDEO
>
> **Eine SAP-Fiori-App finden und ausführen**
>
> In diesem Video sehen Sie, wie Sie mit dem App Finder eine zusätzliche App aktivieren.
>
> *http://s-prs.de/v7389ah*

1. Starten Sie SAP Fiori im Browser, und klicken Sie auf das Icon [8] (**Benutzermenü**). Es öffnet sich das Ihnen bereits bekannte Benutzermenü.

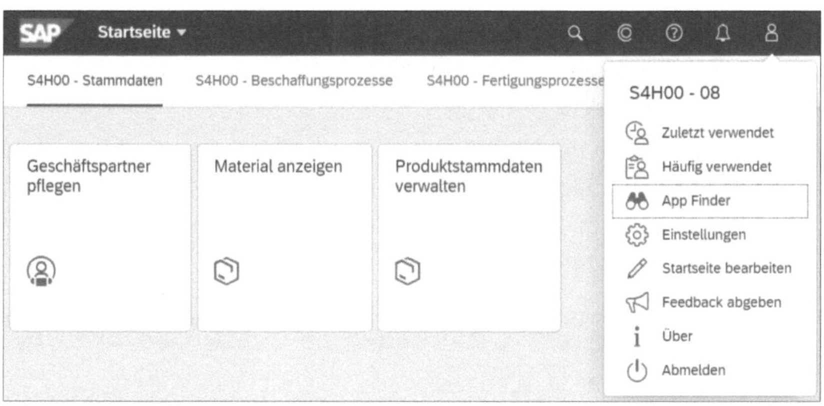

2. Klicken Sie auf die Menüoption [🔭] (**App Finder**). Damit verlassen Sie das SAP Fiori Launchpad und dürfen einen ersten Blick auf den App Finder werfen.

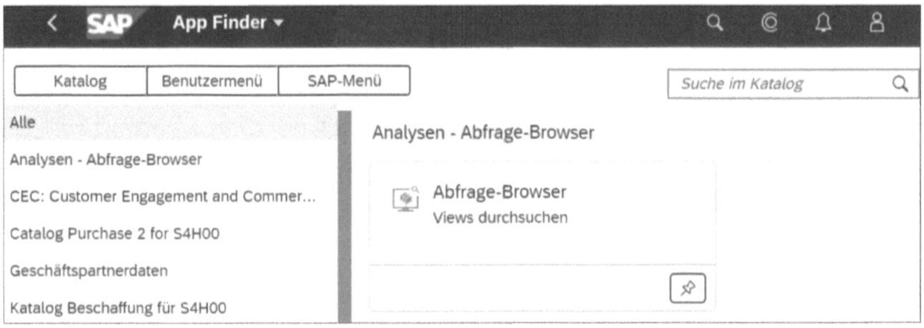

3 Es handelt sich um ein zweigeteiltes Fenster. Im linken Fensterteil sehen Sie eine Auflistung aller Kataloge. Sobald Sie auf einen dieser Kataloge klicken, wird der rechte Fensterteil gefiltert und zeigt Ihnen lediglich die Apps des jeweils ausgewählten Katalogs an.

Ein *Katalog* ist eine Gruppe von Apps. Die Gruppierung von Apps in Katalogen ermöglicht es Ihnen, Apps gebündelt nach Themen und Fachbereichen zu suchen.

TIPP

Warum sehe ich keinen linken Fensterteil?

Wenn Sie den linken Fensterteil mit der Auflistung aller Kataloge nicht sehen, liegt es daran, dass entweder das Browserfenster zu schmal ist oder Sie mit einem Tablet/Smartphone auf SAP Fiori zugreifen. Um den linken Fensterteil einzublenden, klicken Sie lediglich direkt links unter der Shell Bar auf das Icon ≡ (**Menü einblenden**).

4 Sie wollen nun *alle* Kataloge nach Apps durchsuchen, mit denen Sie Kundendaten anzeigen und pflegen können. Klicken Sie deshalb links oben auf den Eintrag **Alle**.

5 Direkt unterhalb der Shell Bar befindet sich rechts außen das Feld **Suche im Katalog** (🔍). Geben Sie den Namen oder einen Namensteil einer App in das Feld ein, in unserem Fall »Kunden«. Wenn Sie für eine App keine Berechtigung haben, wird sie Ihnen auch nicht angezeigt.

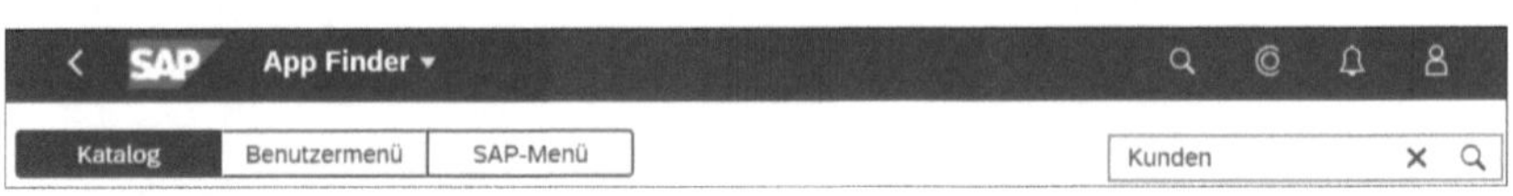

6 Klicken Sie im Anschluss auf das Icon 🔍 (**Suchen**), oder drücken Sie alternativ die ↵-Taste. Daraufhin zeigt Ihnen der App Finder die Treffer der Suche an.

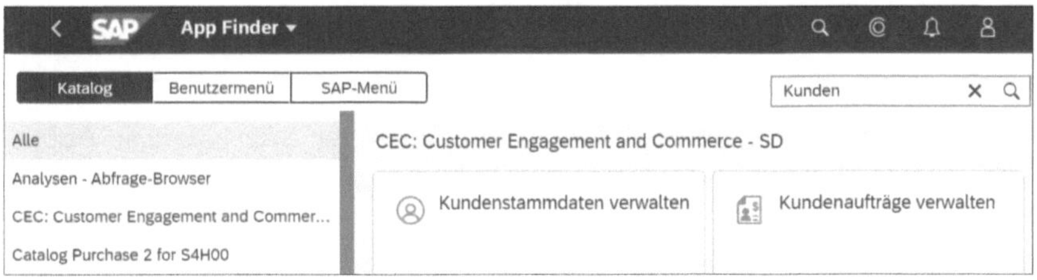

Alle Kataloge durchsuchen

> **TIPP**
>
> **Der App Finder findet nichts?**
>
> Wenn Sie für eine App keine Berechtigung haben, wird sie bei Ihnen nicht angezeigt. Die App ist dann in keinem der Ihnen verfügbaren Kataloge enthalten. Ein weiterer möglicher Grund ist, dass nur der im linken Bildteil ausgewählte Katalog durchsucht wird. Wenn Sie alle Kataloge durchsuchen möchten, scrollen Sie links ganz nach oben und klicken oben den Eintrag **Alle** an.

7 Um die App zu starten, klicken Sie ganz einfach darauf (in unserem Beispiel handelt es sich um die App **Kundenstammdaten verwalten**). Voilà, Sie haben nun Ihre erste Suche nach einer App abgeschlossen und sie erfolgreich gestartet!

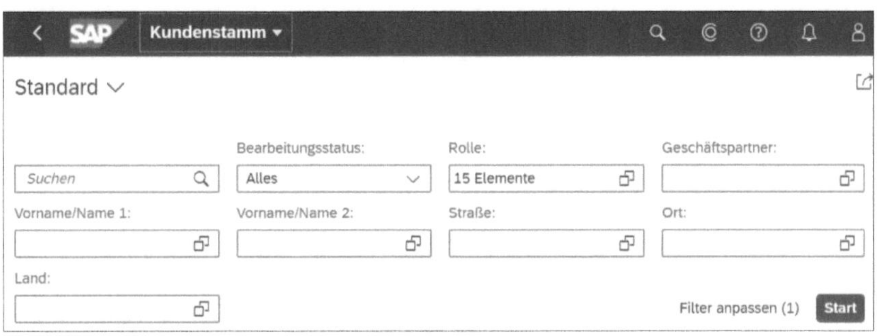

8 Mit Klick auf das Icon **<** (**Zurück**) im linken oberen Bildeck kommen Sie aus der App wieder auf die Launchpad-Startseite zurück.

> **TIPP**
>
> **Wie finde ich die SAP-Fiori-Apps zu meinen SAP-GUI-Transaktionen?**
>
> Abhängig von der Implementierung des Launchpads ist der App Finder in drei Bereiche unterteilt: **Katalog**, **Benutzermenü** und **SAP-Menü**. Mit den Schaltflächen **Benutzermenü** und **SAP-Menü** finden Sie in den entsprechenden Menübäumen des SAP GUI Ihre Lieblingstransaktio-

nen als Apps. Diese Schaltflächen können je nach Konfiguration Ihres SAP-Systems auch deaktiviert sein.

Viele, jedoch nicht alle SAP-GUI-Transaktionen hat SAP bereits in Apps verwandelt. Mit Smartphones oder Tablets können Sie über das SAP Fiori Launchpad jedoch nicht auf die Apps zugreifen, die direkt aus GUI-Transaktionen erzeugt wurden. Starten Sie auf einem mobilen Gerät wie einem Handy die Launchpad-Startseite, werden diese Apps nicht angezeigt.

TIPP

In der SAP Fiori Apps Reference Library weitere Apps finden ...

Mit dem App Finder sehen Sie nur die Apps, für die Sie eine Berechtigung haben. Im Gegensatz zum SAP GUI mit seinem kompletten SAP-Menü gibt es innerhalb von SAP Fiori keine Möglichkeit zu sehen, welche spannenden Apps es darüber hinaus für Ihr Fachgebiet gibt. Jedoch gibt es im Internet die frei zugängliche *SAP Fiori Apps Reference Library*. Rufen Sie den Link *//fioriappslibrary.hana.ondemand.com* in Ihrem Browser auf, und klicken Sie links oben auf das Icon ≡ (**Menü einblenden**). Hier können Sie nach einem Klick auf **All Apps for SAP S/4HANA** wahlweise nach Komponenten, Rollen oder Fachbereichen die verfügbaren Apps aufspüren.

Sie können den App Finder verwenden, um Apps zu finden und auszuführen. Sie können ihn aber auch dazu nutzen, Apps als Kacheln zu Ihrer persönlichen Launchpad-Startseite hinzuzufügen – mehr dazu gleich in Abschnitt 3.5, »SAP-Fiori-Apps hinzufügen und entfernen«.

3.5 SAP-Fiori-Apps hinzufügen und entfernen

Im vorangehenden Abschnitt haben Sie gelernt, wie Sie Apps mithilfe des App Finders finden und ausführen. Dieses Vorgehen ist aber nur bei Apps praktikabel, die Sie nur einmal brauchen! Jede App, von der Sie vermuten, dass Sie sie ein zweites Mal brauchen, verdient einen festen Platz auf Ihrem SAP Fiori Launchpad.

Eine SAP-Fiori-App aus dem App Finder hinzufügen

In der folgenden Anleitung zeigen wir Ihnen anhand der App **Kundenstammdaten verwalten**, wie Sie diese App dauerhaft zu Ihrem SAP Fiori Launchpad hinzufügen.

VIDEO

Dem SAP Fiori Launchpad eine App hinzufügen

In diesem Video sehen Sie Klick für Klick, wie Sie eine App zu Ihrem SAP Fiori Launchpad hinzufügen.

http://s-prs.de/v7389ai

1. Klicken Sie auf das Icon (**Benutzermenü**), um das Benutzermenü zu öffnen, und wählen Sie darin den Befehl (**App Finder**).
2. Wie in Abschnitt 3.4, »SAP-Fiori-Apps finden und ausführen«, beschrieben, suchen Sie nun die App, die Sie hinzufügen möchten, über das Feld **Suche im Katalog** ( ). In unserem Beispiel wird nach der App **Kundenstammdaten verwalten** gesucht. Sie dürfen natürlich gerne gleich eine andere App aus Ihrem Tätigkeitsbereich suchen, um diese Anleitung nachzuvollziehen.

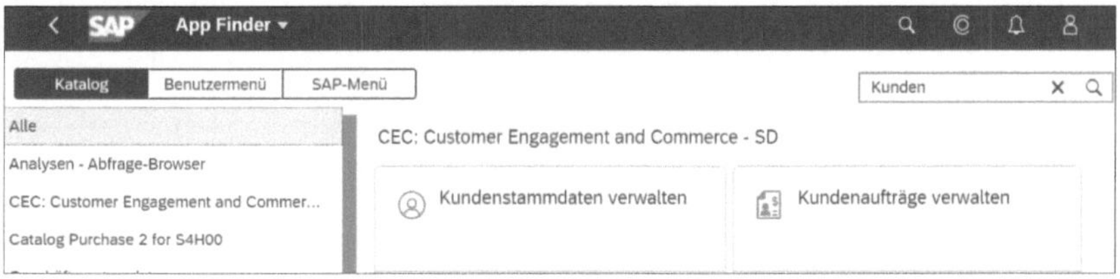

3. Haben Sie die passende App gefunden, klicken Sie auf das Icon (**Kachel hinzufügen**), um die App Ihrem SAP Fiori Launchpad hinzuzufügen.
4. Es öffnet sich ein Menü, in dem Sie eine Gruppe oder mehrere Gruppen auswählen können, zu denen die App als Kachel hinzugefügt werden soll.

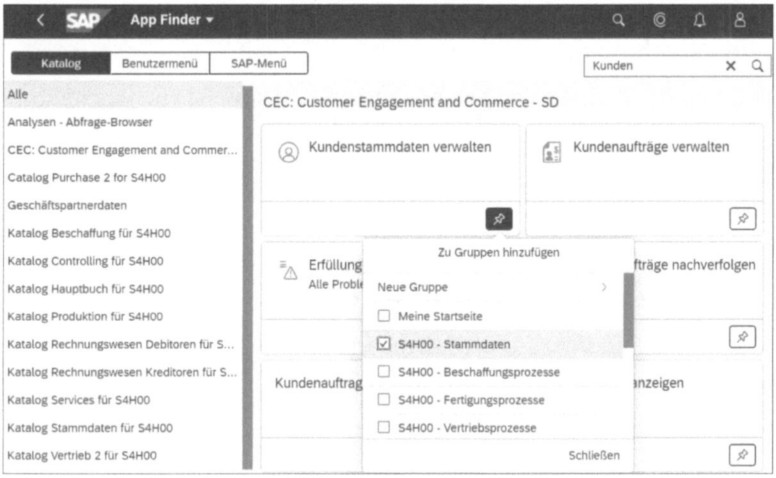

5 Wählen Sie nach Belieben eine oder mehrere Kachelgruppen aus. Hierzu müssen Sie lediglich auf den oder die Namen der jeweiligen Gruppe(n) klicken. Sobald Sie eine Gruppe als Ziel ausgewählt haben, sehen Sie vor dem jeweiligen Namen der Gruppe ein Häkchen (✓).

INFO

Woran erkenne ich, ob eine SAP-Fiori-App bereits einer Gruppe zugeordnet ist?

Dass eine App bereits einer Gruppe zugeordnet ist, erkennen Sie daran, dass das Kästchen neben dem Namen der Gruppe bereits mit einem Häkchen ✓ versehen ist. Darüber hinaus erhält die Stecknadel einen farbigen Hintergrund ().

6 Um Ihr Vorhaben erfolgreich abzuschließen und die Änderung zu speichern, klicken Sie auf die Schaltfläche **Schließen**. SAP Fiori signalisiert Ihnen die erfolgreiche Änderung natürlich, wie gewohnt, mit einer eigenen Meldung, z. B. »›Kundenstammdaten verwalten‹ wurde 2 Gruppen hinzugefügt«.

7 Mit einem Klick auf das Logo-Icon (SAP) links oben in der Shell Bar schließen Sie den App-Finder.

INFO

Was verbirgt sich hinter dem Eintrag »Neue Gruppe«?

Wenn Sie auf den Eintrag **Neue Gruppe** klicken, können Sie direkt aus dem App Finder heraus eine neue Kachelgruppe anlegen und dieser dann auch direkt die App zuordnen.

Kacheln verschieben

Gefällt Ihnen die Reihenfolge der Apps nicht? Ziehen Sie eine Kachel mit gedrückter linker Maustaste an den gewünschten Platz und lassen Sie – dort angekommen – die Maustaste wieder los. Sie dürfen Kacheln auch aus einer Gruppe in eine andere Gruppe verschieben.

Kacheln mit dem App Finder entfernen

Nun kennen Sie den Weg zum Hinzufügen von Apps in Form von Kacheln zu Ihrem SAP Fiori Launchpad. Dann wollen wir Ihnen jetzt auch noch zeigen, wie Sie überflüssige Kacheln daraus entfernen.

> VIDEO
> **Kacheln mit dem App Finder entfernen**
> In diesem Video sehen Sie, wie Sie eine Kachel, die Sie nicht mehr im SAP Fiori Launchpad sehen wollen, mithilfe des App Finders entfernen.
> *http://s-prs.de/v7389aj*

1. Klicken Sie auf das Icon (**Benutzermenü**), und wählen Sie die Menüoption (**App Finder**).

2. Suchen Sie sich eine App aus, die Sie aus dem SAP Fiori Launchpad entfernen möchten, im Trainingssystem Live Access z. B. die App **Fertigungsauftragsvorgang rückmelden** mit dem Suchbegriff »rückmelden«.

   Ob eine App bereits als Kachel auf Ihrem SAP Fiori Launchpad existiert, erkennen Sie daran, dass das Icon (**Kachel hinzufügen**) einen farbigen Hintergrund hat: . Klicken Sie nun einfach auf diese Stecknadel. Das Fenster **Zu Gruppen hinzufügen** öffnet sich.

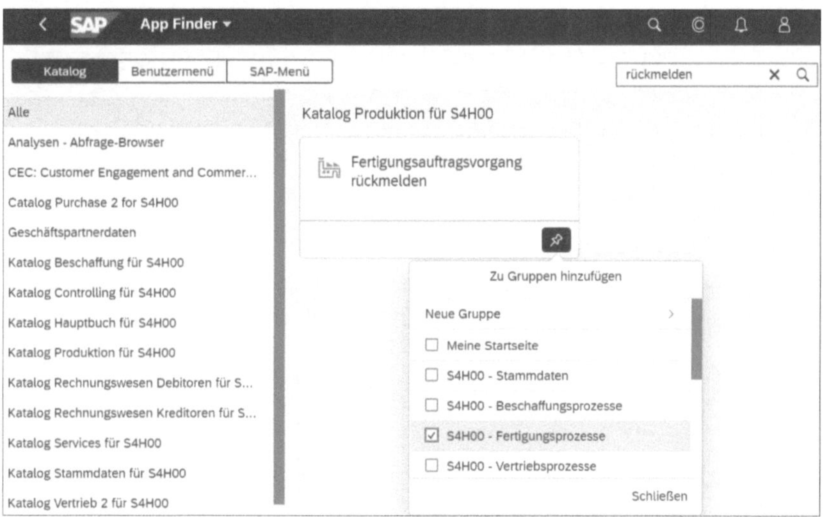

3 In diesem Fenster können Sie Apps nicht nur hinzufügen, sondern auch in eine andere Gruppe verschieben oder eben aus einer Gruppe entfernen:

- Um eine Kachel in eine andere Gruppe zu verschieben, entfernen Sie das Häkchen ✓ bei der alten Gruppe und setzen es stattdessen bei der neuen Gruppe.
- Zum Entfernen einer Kachel aus einer Gruppe und damit aus dem Launchpad beseitigen Sie einfach alle Häkchen ✓.

Klicken Sie im Anschluss auf die Schaltfläche **Schließen**. Voilà! Sie haben die Kachel erfolgreich verschoben oder ganz von Ihrem SAP Fiori Launchpad entfernt!

4 Mit einem Klick auf das Logo-Icon (SAP) links oben in der Shell Bar schließen Sie den App-Finder.

TIPP

So machen Sie Ihr SAP Fiori Launchpad schneller

Zählen Sie die Sekunden, bis das Launchpad auf Ihrem Bildschirm endlich alle Kacheln anzeigt? Dies kann daran liegen, dass Sie sehr viele Kacheln und speziell viele Kacheln mit KPIs, also mit zusätzlichen aktuellen Kennzahlen, verwenden. Beim Laden der Startseite des Launchpads werden die KPIs jeweils neu berechnet. Auch die schnellste Datenbank braucht dazu Zeit, wenn aus vielen Datensätzen die KPIs berechnet werden.

Das Launchpad wird schneller und übersichtlicher, wenn Sie alle Kacheln, die Sie nicht brauchen, entfernen.

Immer noch zu langsam? Öffnen Sie mit einem Klick auf das Icon in der oberen rechten Ecke das Benutzermenü, und klicken Sie auf den Menüpunkt (**Einstellungen**). Wählen Sie links die Option **Startseite** und danach rechts die Option **Eine Gruppe auf einmal anzeigen**. Damit können Sie den Ladevorgang der Startseite nochmals beschleunigen.

Nach der Lektüre von Kapitel 2, »Erste Schritte mit dem SAP GUI«, und dieses Kapitels sind Sie nun für den Start in die tägliche Praxis und die Nutzung von Apps und Transaktionen zur Datenanzeige und -pflege bestens vorbereitet.

4 Daten in SAP-GUI-Transaktionen anzeigen und pflegen

Die ersten beiden Kapitel waren nur das Vorspiel. Nun heißt es aufgepasst, denn ab jetzt beginnt das produktive Arbeiten. Sie werden in diesem Kapitel elegant und effizient Ihre Daten mithilfe von SAP-Transaktionen anzeigen, erfassen und ändern.

Dazu zeigen wir Ihnen zunächst ein weiteres Verfahren zum Starten von Transaktionen, das in vielen Fällen noch komfortabler und schneller ist als der Start aus dem Fenster **SAP Easy Access**.

Danach behandeln wir spannende Funktionen, die Ihnen zur Navigation in den Transaktionen und für die Dateneingabe zur Verfügung stehen. Und zum Schluss geben wir Hilfe zur Selbsthilfe: Wir zeigen Ihnen, wie Sie unter den oft Millionen von Datensätzen genau den Datensatz finden, den Sie brauchen, und wie Sie die Bedeutung von Feldern herausfinden.

In diesem Kapitel lernen Sie,

- wie Sie Transaktionen schneller starten und in Transaktionen sicher und zielgerichtet navigieren,
- wie Sie effizient Daten erfassen und ändern,
- wie Sie Eingabewerte, Belege und Stammdaten finden,
- wie Sie sich über verschiedene SAP-Hilfen Unterstützung holen,
- wie Sie mit mehreren Fenstern arbeiten.

Noch eine Anmerkung zu den ab jetzt verwendeten Transaktionen und Apps. Wir verwenden hier nicht immer die am häufigsten eingesetzten Anwendungen. Stattdessen haben wir für Ihren sanften Einstieg einfache und übersichtliche Beispiele ausgewählt.

Ein weiteres Kriterium für die Auswahl war, dass die Regeln der Transaktionen und Apps gleichzeitig stellvertretend für möglichst viele andere gelten. Basierend auf diesen Kenntnissen wechseln wir in Teil III, »Fallbeispiele aus der Praxis«, zu den häufig verwendeten Anwendungen, mit denen einige grundlegende Standardprozesse im System durchgeführt werden.

4.1 Eine Transaktion starten

Sie wissen bereits aus Kapitel 2, »Erste Schritte mit dem SAP GUI«, dass Sie eine Transaktion mit einem Doppelklick im SAP-Menü oder über die Auswahl eines Eintrags in der Favoritenliste starten können. In diesem Abschnitt erlernen Sie eine besonders schnelle und elegante Methode, die gerne von Profis und Power-User*innen genutzt wird: Sie geben die Transaktionscodes in das Befehlsfeld ein.

Transaktionen und Transaktionscodes

Für diese Methode sollten Sie die Transaktionscodes auswendig wissen. Das geht schnell, denn Sie werden bald von diesen Codes träumen, da sie Ihnen jeden Tag im SAP-Menü begegnen. Damit Sie sich die Codes noch leichter merken können, finden Sie in der folgenden Tabelle einige davon, und danach leiten wir damit für Sie die entsprechenden Regeln ab.

Transaktionscode	Bezeichnung (Beschreibung)
FI01	Bank anlegen (zur Anlage der Bankstammdaten)
FI02	Bank ändern (zur Korrektur der Bankstammdaten)
FI03	Bank anzeigen (zur Anzeige der Bankstammdaten ohne Änderungsmöglichkeit)
MM01	Material anlegen (zur Anlage der Materialstammdaten)
VF02	Faktura ändern (zum Ändern einer Ausgangsrechnung)
KS03	Kostenstelle anzeigen (zur Anzeige der Daten einer Kostenstelle in der Kostenrechnung)
PA20	Personalstammdaten anzeigen (zur Anzeige von Daten wie beispielsweise Adressen oder Gehältern)
FSP0	Sachkontenpflege im Kontenstamm (zur Anzeige, Änderung und Erfassung von Sachkonten im Finanzwesen)

Transaktionscodes aus verschiedenen Modulen

Transaktionscode	Bezeichnung (Beschreibung)
SU3	Benutzer eigene Daten pflegen (Pflege persönlicher Angaben wie Namen oder Vorschlagswerte)
SBWP	SAP Business Workplace (u. a. zur Anzeige und Erstellung von SAP-internen Nachrichten an andere SAP-Benutzer)

Transaktionscodes aus verschiedenen Modulen (Forts.)

Ist Ihnen beim Studium der vorangehenden Tabelle etwas aufgefallen? Die Codes aus der Tabelle sind fast alle vierstellig. Es gibt aber auch kürzere und längere Codes. Und Sie können *oft* am ersten Zeichen das Hauptmodul und *manchmal* am zweiten Zeichen die Komponente ablesen. Am Beispiel der Transaktion VF02 heißt das: V steht für das Modul Vertrieb und F für die Komponente Fakturierung. Oder am Beispiel von Transaktion PA20 steht P für das Modul **P**ersonal und A für die Komponente Personal**a**dministration.

Die letzten beiden Zeichen stehen oft für die ausgeführte Aktion: 01 bedeutet in der Regel Daten anlegen, 02 bezeichnet meistens eine Änderungs- und 03 eine Anzeigetransaktion. (Wie lautet nach diesen Regeln also der Code der Transaktion »Material anzeigen« im Modul Materialwirtschaft? Richtig, MM03!)

Es gibt aber auch einige Ausnahmen zu dieser Regel, wie die Wörter *oft* und *manchmal* oben schon zu erkennen gegeben haben. Beispielsweise werden mit der Transaktion FSP0 (Sachkontenpflege im Kontenstamm) alle drei Aktionen innerhalb einer Transaktion durchgeführt: das Anlegen, Ändern und Erfassen eines Kontos im Modul Finanzwesen.

Positiv ausgedrückt: Das SAP-System ist sehr abwechslungsreich.

INFO

Firmenspezifische Transaktionen

SAP stellt ihren Kunden die Programmiersprache ABAP/4 zur Verfügung. Damit werden in Unternehmen eigene Transaktionen entwickelt, die im Lieferumfang der SAP-Software fehlen. Sie erkennen diese selbstgestrickten Transaktionen sehr schnell, denn aus technischen Gründen beginnen deren Transaktionsodes oft mit den Buchstaben Y oder Z oder dem Sonderzeichen /.

Schnellstart mit den Befehlen /n oder /o

Nun erleben Sie, wie Sie mit einem der Befehle /n oder /o und der Eingabe eines Transaktionscodes direkt und ohne jeden Umweg in eine Transaktion springen.

VIDEO

Transaktionen mit Befehlen starten

In diesem Video lernen Sie, wie Sie mit den Befehlen /n und /o Transaktionen starten.

http://s-prs.de/v7389ak

1. Klicken Sie links oben in der Header-Zeile in das Befehlsfeld.
2. Tippen Sie, wie in der Abbildung dargestellt, vor dem Transaktionscode SU3 die Zeichen »/n« ein. Die Eingabe »/nSU3« ist Ihr Befehl an das System, eine neue Transaktion zu öffnen (n wie *new*).

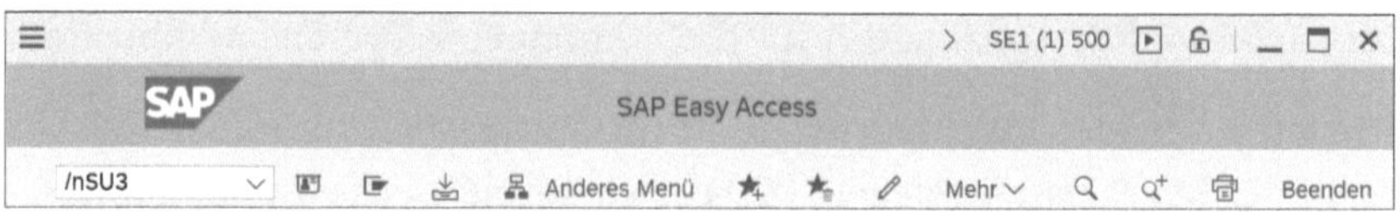

3. Bestätigen Sie mit [↵], damit das SAP-System den Befehl ausführt – und schon befinden Sie sich im *gleichen* Fenster in der Transaktion SU3 (Benutzer eigene Daten pflegen).
4. Geben Sie in das Befehlsfeld »/oSBWP« ein, und bestätigen Sie mit der Taste [↵]. Durch das Voranstellen des Befehls /o wird die Transaktion – in unserem Fall die Transaktion SBWP (Arbeitsplatz) – in einem *zusätzlichen* Fenster geöffnet (o wie *open*).

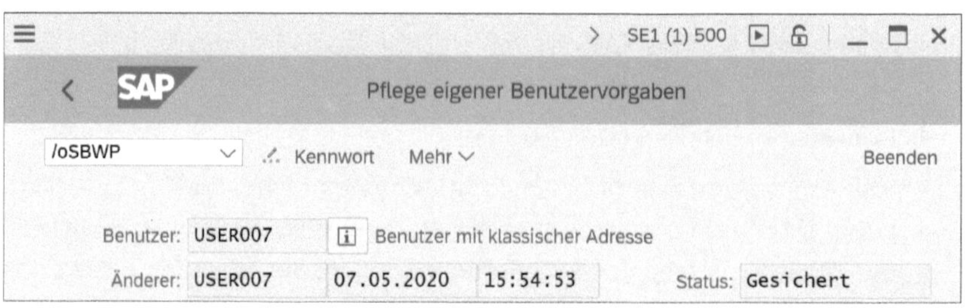

5. Jetzt tippen Sie »/n« ein und bestätigen dies mit [↵]. Mit diesem Befehl beenden Sie eine Transaktion und gelangen direkt in das Fenster **SAP Easy Access**. Der Befehl /n ist prima, wenn Sie sich einmal verirrt haben oder nicht mehr weiterkommen.

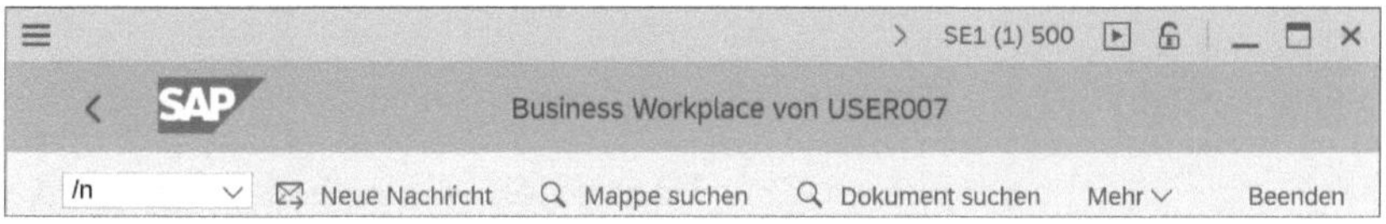

6 Wechseln Sie über die Taskleiste in das Fenster **Pflege eigener Benutzervorgaben**, das Sie in der Abbildung zu Schritt 4 sehen. Schließen Sie dieses Fenster mit einem Klick auf das Windows-Icon [X] (**Schließen**) in der oberen rechten Fensterecke.

7 Tippen Sie im Fenster **SAP Easy Access** nur den Transaktionscode »SU3« ein, und drücken Sie [↵]. Damit gelangen Sie in die Transaktion SU3 (Benutzer eigene Daten pflegen), ohne dass ein zusätzliches Fenster geöffnet wird. Nanu, die Befehlseingabe klappt auch ohne den Zusatz /n? Ja, jedoch als Ausnahme ausschließlich im Fenster **SAP Easy Access**.

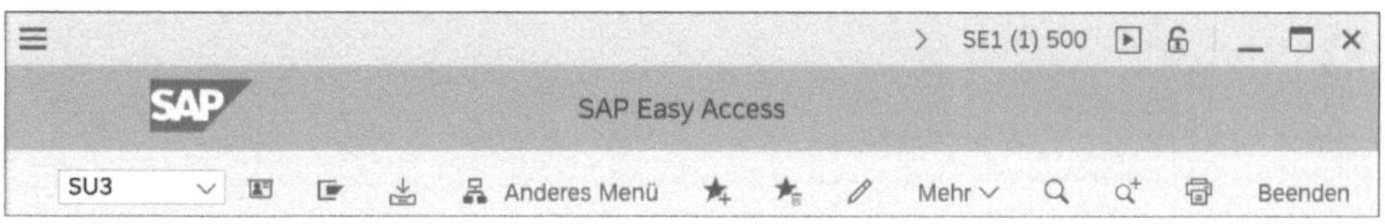

ACHTUNG

Datenverlust vermeiden

Haben Sie Daten geändert und noch nicht gespeichert? Sichern Sie die Daten, bevor Sie eine neue Transaktion mit dem Befehl /n aufrufen. Denn damit beenden Sie die bisherige Transaktion, ohne dass das SAP-System auf einen möglichen Datenverlust aufmerksam macht.

In der folgenden Tabelle erhalten Sie einen Überblick über die bisher behandelten Befehle, wobei XXXX für einen beliebigen Transaktionscode steht.

Eingabe in das Befehlsfeld	Beschreibung
/nXXXX	Start einer Transaktion im gleichen Fenster. Achtung: ungesicherte Eingaben gehen ohne Warnung verloren!
XXXX	Wie mit /nXXXX: Start einer Transaktion im gleichen Fenster, das Weglassen von /n funktioniert jedoch nur im Fenster **SAP Easy Access**.
/oXXXX	Start einer Transaktion in einem zusätzlichen Fenster

Befehle für den Start und den Abbruch von Transaktionen

Eingabe in das Befehlsfeld	Beschreibung
/n	Abbruch einer Transaktion im gleichen Fenster und Rückkehr in das Fenster **SAP Easy Access**. Achtung: Ungesicherte Eingaben gehen ohne Warnung verloren!

Befehle für den Start und den Abbruch von Transaktionen (Forts.)

TIPP

Transaktionen im Befehlsfeld ohne Tippaufwand starten

Sie tippen nicht gern? Wir auch nicht! Deshalb nutzen wir statt der manuellen Befehlseingabe oft das Icon rechts neben dem Befehlsfeld. Hier finden Sie die 15 zuletzt verwendeten Befehle und können mit einem Klick einen Befehl in das Befehlsfeld übernehmen.

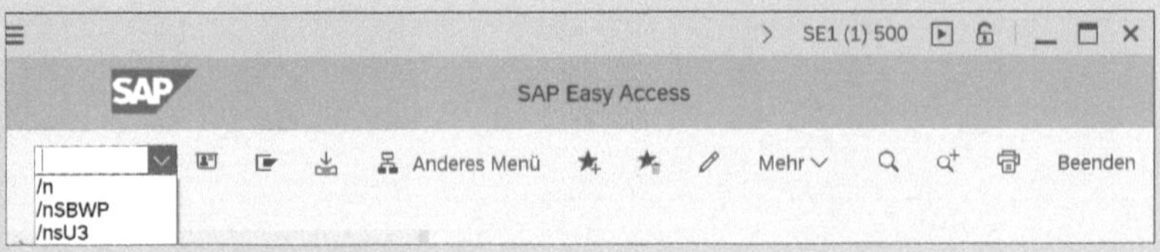

Zuletzt verwendete Befehle aufrufen

TIPP

Welches Verfahren zum Transaktionsstart ist das beste?

Sie kennen nun mehrere Verfahren zum Starten von Transaktionen. Je nachdem, wo Sie sich befinden, sind unterschiedliche Wege schneller:

- Wenn Sie sich im Fenster **SAP Easy Access** befinden, favorisieren wir den Start über die Favoriten.
- Wenn Sie sich *nicht* im Fenster **SAP Easy Access** befinden, ist der Aufruf einer Transaktion über die Eingabe des Transaktionscodes in das Befehlsfeld oft schneller, denn das Befehlsfeld ist ein fester Bestandteil der Header-Zeile und steht Ihnen deshalb überall zur Verfügung.

4.2 Von Bild zu Bild: in einer Transaktion navigieren

Der grundsätzliche Ablauf von Transaktionen ist oft gleich, denn viele Transaktionen zur Datenanzeige und -pflege bestehen meistens aus zwei Bildern: dem *Einstiegsbild* und dem nachfolgenden *Detailbild*.

Eine Änderungstransaktion durchführen

Als Beispieltransaktion verwenden wir hier die Transaktion FI02 (Bank ändern) aus dem Finanzwesen, da sie sehr übersichtlich ist und genau die Grundregeln hat, die Sie auf viele der anderen Transaktionen übertragen können. Wir ändern in der folgenden Anleitung die Adresse einer Bank.

> VIDEO
>
> **In einer Transaktion navigieren**
>
> In diesem Video sehen Sie, wie Sie in einer Transaktion zur Änderung von Bankstammdaten navigieren.
>
> *http://s-prs.de/v7389am*

1 Klicken Sie in das Befehlsfeld, und starten Sie die Transaktion FI02 (Bank ändern), indem Sie »/nFI02« in das Befehlsfeld eingeben und mit [↵] bestätigen. Daraufhin erscheint das Einstiegsbild.

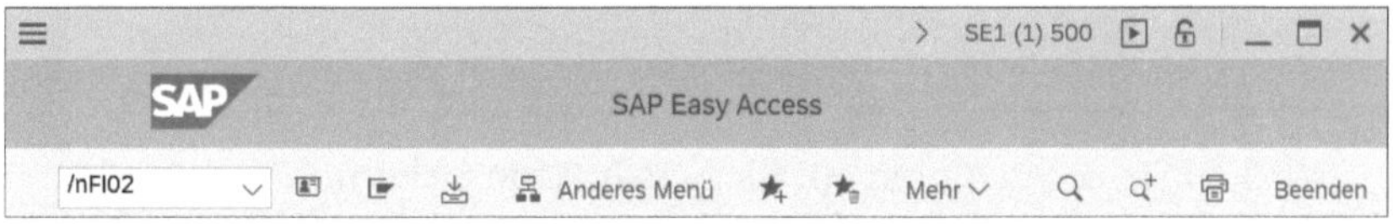

2 Im *Einstiegsbild* geben Sie »DE« in das Feld **Bankland** ein. Drücken Sie ungeachtet der Länderliste, die eventuell nach der Eingabe von »D« und »E« erscheint, die [⇆]-Taste. Geben Sie in das Feld **Bankschlüssel** eine gültige Bankleitzahl ein, und bestätigen Sie diese Eingaben mit [↵]. Sollte es mit der Bankleitzahl 10000000 nicht klappen, verwenden Sie die Nummer 10001000. Letztere funktioniert im Trainingssystem Live Access.

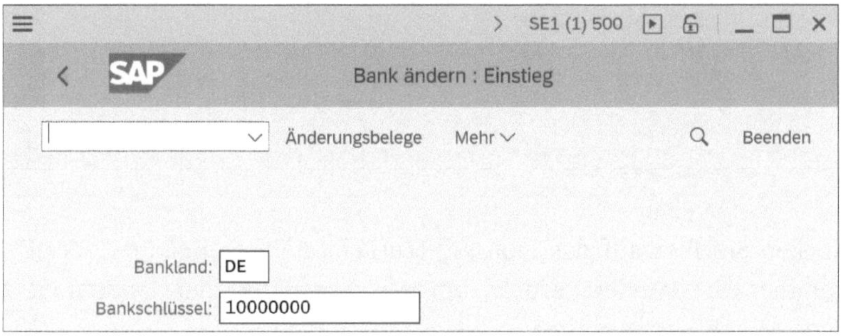

3 Nach der Bestätigung mit [↵] erscheint das *Detailbild*. Im Detailbild ändern Sie beliebige Daten der Adresse. Mit [↵] können Sie optional Ihre Änderungen überprüfen lassen.

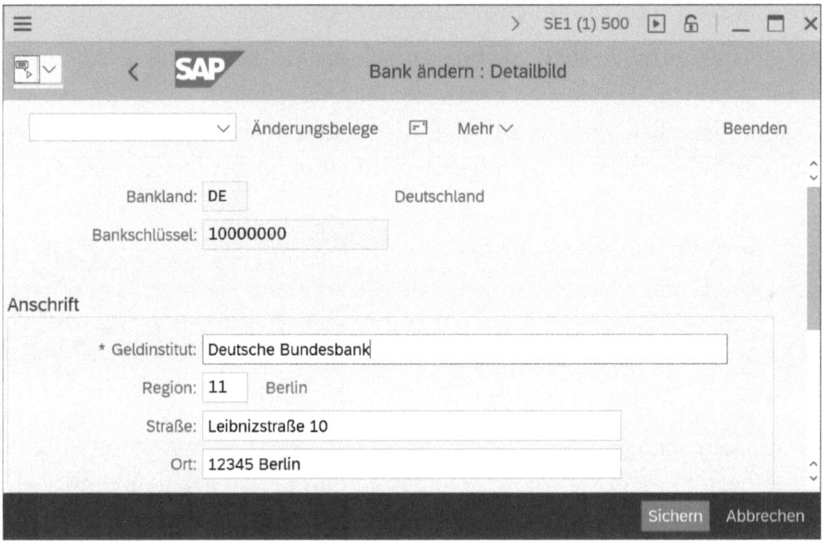

4 Nach der Änderung haben Sie im Detailbild verschiedene Möglichkeiten, die Sie weiter unten in der Tabelle nach dieser Anleitung finden.

Klicken Sie rechts unten auf die Schaltfläche **Sichern**.

5 SAP geht davon aus, dass nach einer Änderung eine weitere Änderung an einem anderen Datensatz erfolgen soll. Deshalb gelangen Sie wieder in das Einstiegsbild.

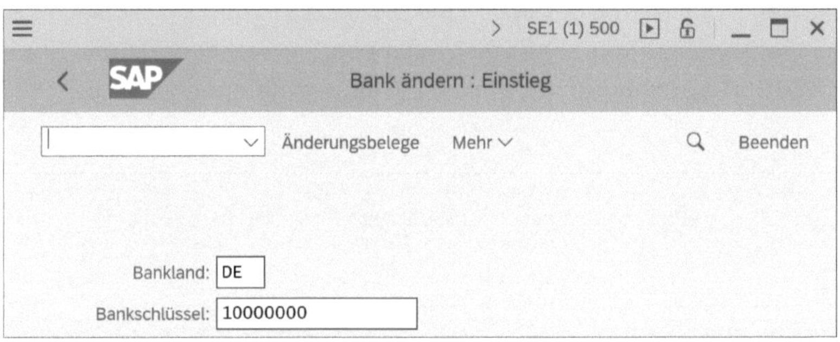

Klicken Sie hier auf das Icon < (**Zurück**) aus der Header-Zeile. Damit kommen Sie wieder zurück zum Ausgangspunkt der Exkursion: zum Fenster **SAP Easy Access**.

Wie versprochen sehen Sie in der folgenden Tabelle die Möglichkeiten, die das SAP-System Ihnen im Detailbild anbietet, das Ihnen in Schritt 3 und Schritt 4 der letzten Anleitung begegnet ist:

Funktion im Detailbild	Beschreibung
Icon < (**Zurück**) aus der Titelleiste, Schaltfläche **Abbrechen** aus der Footer-Zeile	Sie verwerfen Ihre Änderung. Damit kehren Sie in das Einstiegsbild zurück.
Schaltfläche **Beenden** aus der Header-Zeile	Sie verwerfen Ihre Änderung und kehren sofort in das Fenster **SAP Easy Access** zurück.
Schaltfläche **Sichern** aus der Footer-Zeile	Sie speichern die Änderungen und gelangen in das Einstiegsbild zurück.

Funktionen im Detailbild

Verinnerlichen Sie diese Musteranleitung, Sie werden damit viele Transaktionen erfolgreich durchführen. Auch Erfassungs- und Anzeigetransaktionen funktionieren nach dem gleichen Muster, nur dass es bei Letzteren natürlich nichts zum Speichern gibt.

Beachten Sie, dass es von Transaktion zu Transaktion Unterschiede geben kann. Beispielsweise sollte die Schaltfläche **Beenden** generell eine Transaktion beenden und sofort in das Fenster **SAP Easy Access** zurückführen. Das tut sie aber oft nicht. Sie wissen ja bereits, dass das SAP GUI sehr abwechslungsreich ist ...

Sperrung von Datensätzen

Eines sollten Sie noch wissen: Wenn Sie einen Datensatz – wie in unserem Beispiel eine Bank – ändern, befinden Sie sich im sogenannten *Änderungsmodus*. Lassen Sie sich die Daten im SAP-System nur anzeigen, befinden Sie sich im *Anzeigemodus*.

Wenn Sie einen Datensatz, wie gerade eben, im Änderungsmodus bearbeiten, kann kein anderer Benutzer gleichzeitig diesen Datensatz bearbeiten. Der Datensatz ist für alle Kolleg*innen gesperrt. Wie der Highlander sagte: »Es kann nur einen geben ...«

Versucht eine andere Person, diesen Stammsatz aufzurufen, erscheint gemäß der folgenden Abbildung eine Fehlermeldung, die in der Regel auch den Benutzernamen des sperrenden Benutzers anzeigt.

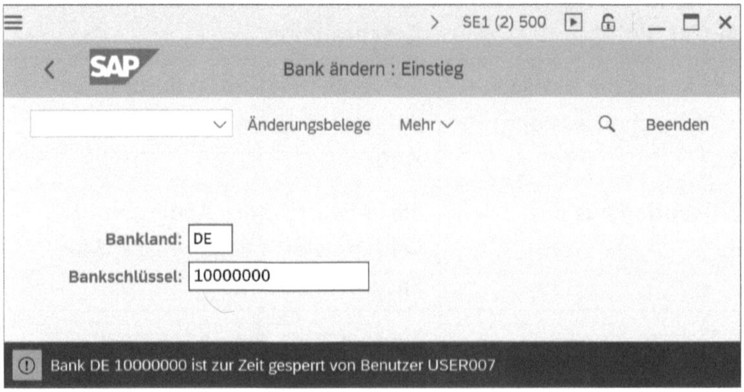

Fehlermeldung in der Footer-Zeile beim Versuch, einen bereits gesperrten Datensatz zur Änderung aufzurufen

Wozu diese Sperrung? Weil sonst vielleicht ein Kollege Ihre Änderungen überschreiben würde. Befindet sich ein Datensatz bei Ihnen im Änderungsmodus, kann niemand Änderungen durchführen. Und zwar so lange, bis Sie den gesperrten Datensatz verlassen, indem Sie ihn speichern oder ohne Speicherung die Bearbeitung verlassen. Der in Bearbeitung befindliche Datensatz kann jedoch durch einen anderen Benutzer angezeigt werden.

Den sperrenden User finden

Und nun? Das SAP-System zeigt gemäß der Fehlermeldung aus der letzten Abbildung nur den Benutzernamen und nicht den Klarnamen der Person an, die die Sperrung verursacht. Nur: Wer ist dieser User? Mit der Transaktion SU01D (Benutzeranzeige) können Sie den Klarnamen sehr schnell herausfinden, um die Kollegin oder den Kollegen zu benachrichtigen.

1 Starten Sie die Transaktion SU01D (Benutzeranzeige), indem Sie »/nSU01D« in das Befehlsfeld eingeben und dies mit [↵] bestätigen. Es erscheint das Einstiegsbild.

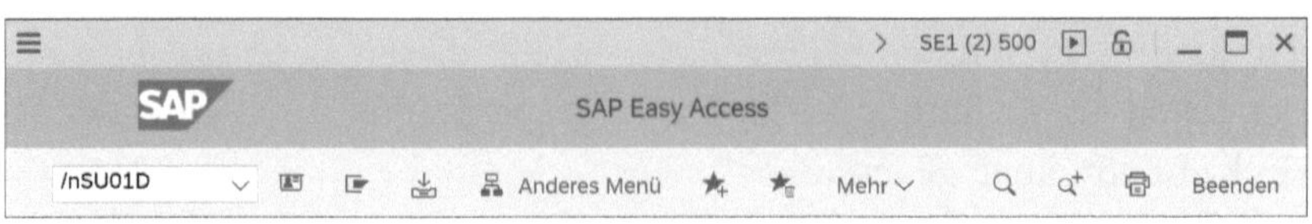

2 Im Einstiegsbild geben Sie in das Feld **Benutzer** einen Benutzernamen ein. Dazu können Sie ersatzweise auch Ihren eigenen Benutzernamen verwenden. Klicken Sie in der Header-Leiste auf das Icon [Icon] (**Anzeigen**)

bzw. auf die entsprechende Schaltfläche **Anzeigen**, da hier die [↵]-Taste nicht funktioniert. (Hatten wir eigentlich schon erwähnt, dass das SAP-System sehr abwechslungsreich ist?)

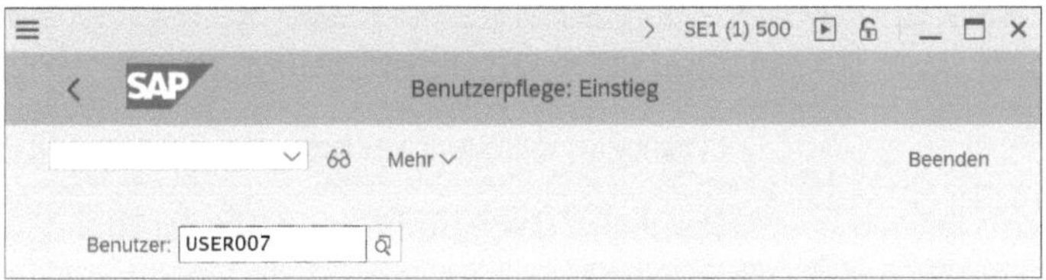

3 Im Detailbild finden Sie nicht nur den Namen des Benutzers, sondern weiter unten auch die dazugehörige Gebäudeadresse, Räumlichkeit oder Telefonnummer.

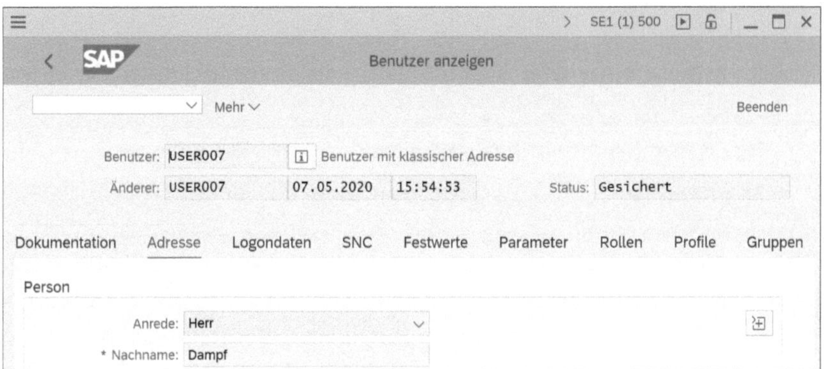

4 Nach zweimaligem Klick auf die Schaltfläche **Beenden** aus der Header-Zeile sind Sie zurück im Fenster **SAP Easy Access**.

4.3 Daten erfassen

In diesem Abschnitt erfassen Sie am Beispiel einer Bank einen neuen Datensatz. Die Datenerfassung kann man umständlich oder auch effizient durchführen. Sie lernen hier natürlich gleich, wie dies effizient funktioniert.

Tasten zur Datenerfassung und -änderung

Sie wissen schon, wie Sie sich von Bild zu Bild bewegen. Aber wie bewegen Sie sich am schnellsten innerhalb eines Bildes von Feld zu Feld? Natürlich können Sie mit der Maus in ein Feld klicken, um dort Daten einzugeben oder zu ändern. Aber mit den Tastenfunktionen und Shortcuts aus der folgenden Tabelle sind Sie oft schneller. Sie klappen jedoch nicht in jeder Transaktion.

Taste/Tastenkombination	Bedeutung
Tab	Sprung in das nächste Feld
Shift + Tab	Sprung in das vorangehende Feld
↑	Sprung in das Feld in der Zeile darüber
↓	Sprung in das Feld in der Zeile darunter
Einfg	Wechsel zwischen Überschreiben- und Einfügemodus

Tastenfunktionen zur Datenerfassung und -änderung

Testen Sie diese hilfreichen Tastenfunktionen in der folgenden Anleitung!

TIPP

Überschreibe- oder Einfügemodus?

Mit der Taste Einfg wechseln Sie zwischen dem Überschreibe- und dem Einfügemodus hin und her. Probieren Sie es einfach einmal aus! Um den Effekt zu sehen, tippen Sie in der folgenden Anleitung am Feldanfang **Bankschlüssel** einige Ziffern ein. Danach tippen Sie wieder am Feldanfang weitere Zeichen ein. Beim Einfügemodus wird der Rest der Eingabe nach rechts geschoben, also eingefügt. Stellen Sie in der Regel den Einfügemodus ein. Der Überschreibemodus ist nur in einem Ausnahmefall besser: wenn bei vielen Daten Zeichen ersetzt, also überschrieben werden müssen.

Eine Erfassungstransaktion durchführen

Sie erfassen in der folgenden Anleitung eine neue Bank. Auch diese Anleitung und die Methoden sollten Sie tief inhalieren, denn sie stehen stellvertretend auch für viele andere Abläufe aus Ihrem Arbeitsgebiet.

VIDEO

Daten erfassen

Dieses Video zeigt Ihnen, wie Sie eine Erfassungstransaktion durchführen.

http://s-prs.de/v7389an

1 Starten Sie Transaktion FI01 (Bank anlegen), indem Sie »/nFI01« in das Befehlsfeld eingeben und dies mit [↵] bestätigen. Es erscheint das Einstiegsbild.

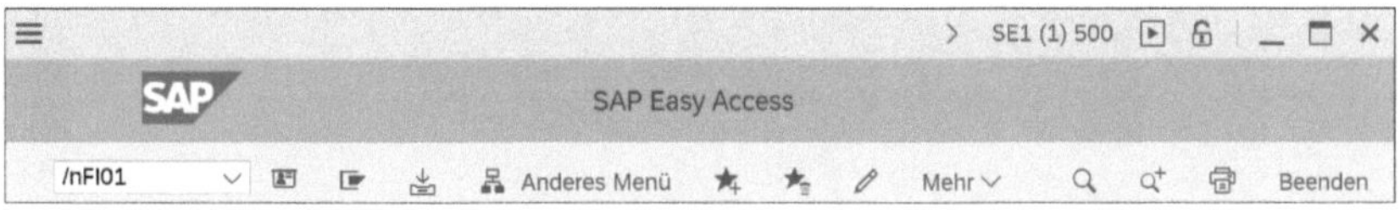

2 Im Einstiegsbild geben Sie in das Feld **Bankland** nur den ersten Buchstaben »D« ein. Bei entsprechenden Voreinstellungen erscheint automatisch eine Liste aller Länderkürzel und Länder, die mit D beginnen. Nach der Eingabe weiterer Zeichen reduziert sich das Suchergebnis entsprechend.

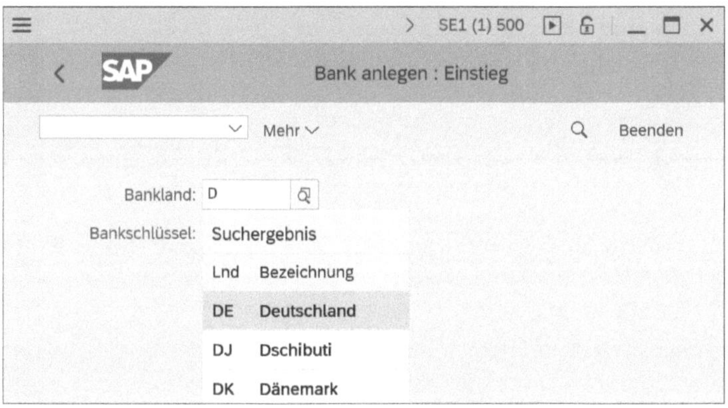

Sie können nun in der Werteliste auf den gewünschten Eintrag klicken. Schneller ist es jedoch in unserem Fall, den zweiten Buchstaben »E« einzutippen, und danach gleich mit der [⇆]-Taste in das nächste Feld **Bankschlüssel** zu wechseln.

INFO

Automatische Wertelisten

Die automatische Bereitstellung von Wertelisten wird im SAP-System auch als *Type-Ahead-Eingabehilfe* bezeichnet. Wenn sie in Ihrem System aktiviert ist, gibt es sie nicht in allen Feldern, sondern nur in häufig genutzten Feldern wie beispielsweise **Land**, **Kontonummer**, **Lieferant** oder **Material**. Wie Sie beim Feld **Bankland** gesehen haben, werden nicht nur der Schlüssel, sondern mehrere Felder durchsucht, in unserem Fall auch das Feld **Bezeichnung**. Wenn diese erweiterte Suche für ein Feld verfügbar ist, erscheint statt des normalen Wertehilfe-Icons ☐ ein Icon mit einer Lupe 🔍 (**Suchen**).

3. Geben Sie in das Feld **Bankschlüssel** eine achtstellige Bankleitzahl wie »87654321« ein, und bestätigen Sie mit [↵].

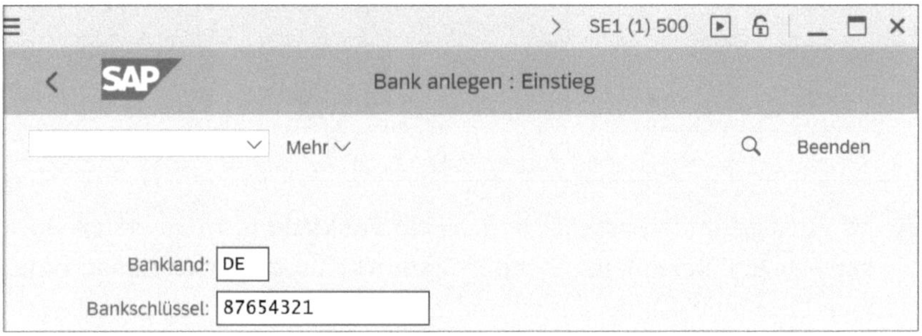

4. Im *Detailbild* erfassen Sie mit beliebigen Daten erst einmal nur die Adresse. Geben Sie eine beliebige Straße und einen beliebigen Ort ein, jedoch noch keine Bezeichnung des Geldinstituts.

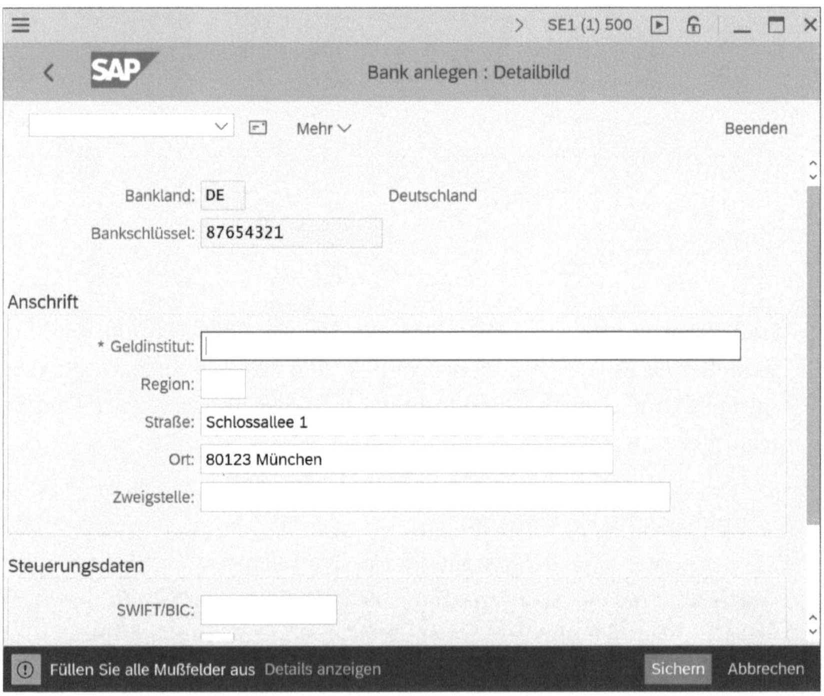

Achtung, wir lassen Sie hier stolpern, denn das kann Ihnen in der Praxis auch passieren. Es tut aber nicht weh, und wir helfen Ihnen danach natürlich wieder auf die Beine. Klicken Sie also jetzt auf die Schaltfläche

Sichern. Wie in der Abbildung zu sehen, erscheint daraufhin eine Fehlermeldung in der Footer-Zeile. Das SAP-System passt auf, dass Sie Ihre Daten komplett und auch richtig erfassen, und das ist gut so. Was es mit der Fehlermeldung auf sich hat, erfahren Sie im folgenden Infokasten »Muss- und Kann-Felder«.

INFO

Muss- und Kann-Felder

Das Feld **Geldinstitut** ist ein *Muss-Feld* und hätte vor dem Sichern gefüllt werden müssen. Muss-Felder sind oft – also nicht immer – mit einem roten Stern vor dem Feldnamen gekennzeichnet: * Geldinstitut:. Ohne Befüllung aller Muss-Felder weigert sich das SAP-System, einen Datensatz zu speichern, und dann gibt es eine Fehlermeldung in der Footer-Zeile. Nutzen Sie die Schaltfläche **Details anzeigen** rechts neben der Meldung, um eine manchmal mehr und manchmal weniger hilfreiche Erläuterung zur Fehlermeldung anzuzeigen.

Zur Vollständigkeit: Felder, die leer gelassen werden dürfen, bezeichnet SAP als *Kann-Felder*.

5 Geben Sie die Bezeichnung »XYZ-Bank« in das Feld **Geldinstitut** ein, und klicken Sie nochmals auf die Schaltfläche **Sichern**. Wenn die Erfolgsmeldung wie in der Abbildung erscheint, haben Sie als Einsteiger*in Ihren ersten Stammsatz im SAP-System angelegt!

Neben den Muss-Feldern gibt es noch weitere Regeln zur Datenerfassung, die Sie beachten sollten:

- Bei den meisten Transaktionen landen Sie nach dem Sichern wieder im Einstiegsbild, da das SAP-System davon ausgeht, dass Sie danach weitere Datensätze erfassen wollen.
- Im Detailbild können Sie – wie bei einer Änderungstransaktion – auch die Erfassung abbrechen, und zwar mit der Schaltfläche **Abbrechen** aus der Footer-Zeile.
- Einige Felder sind gegen Eingaben geschützt, in unserem Beispiel im Detailbild die Felder **Bankland** und **Bankschlüssel**. Stehen hier falsche Angaben, haben Sie nur eine Chance: abbrechen und im Einstiegbild noch einmal neu starten.

Meldungen richtig interpretieren

In der letzten Anleitung haben Sie zwei Arten von Meldungen gesehen: eine rote *Fehlermeldung* aufgrund einer fehlenden Eingabe in ein Muss-Feld und eine freundliche grüne *Erfolgsmeldung* nach dem Speichern.

Fehlermeldung

Erfolgsmeldung

Es gibt noch eine dritte Variante: gelbe *Warnmeldungen*, die vor einer möglichen Fehleingabe warnen. Eine solche Warnmeldung müssen Sie bestätigen, sonst geht es nicht weiter. Sie werden durch das SAP-System gezwungen, noch einmal zu überprüfen, ob eine Falscheingabe vorliegt, oder ob Sie diese Eingabe absichtlich gemacht haben. Hat die Eingabe ihre Richtigkeit, bestätigen Sie die Meldung mit [↵].

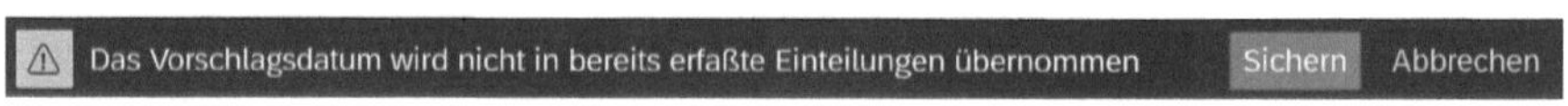

Warnmeldung

TIPP

So verhindern Sie eine Sehnenscheidenentzündung ...

Die folgende, sehr hilfreiche Funktion hilft Ihnen dabei, enorm viel überflüssige Tipperei zu vermeiden. Denn oft haben Sie bereits einmal etwas eingetippt, das Sie wieder brauchen.

Drücken Sie am Anfang eines leeren Felds einfach die Leertaste oder die [←]-Taste, und schon erhalten Sie eine Liste all Ihrer Eingaben aus den letzten drei Monaten. Mit einem Klick übernehmen Sie den gewünschten Wert. Diese Funktion wird als *Eingabehistorie* bezeichnet.

Probieren Sie es aus, z. B. bei der nächsten Anmeldung im Anmeldebild, in dem Ihnen nach dem Drücken der Leertaste wie im obigen Bild im Feld **Benutzer** der Benutzername angezeigt wird und Sie ihn damit nicht mehr manuell eingeben müssen.

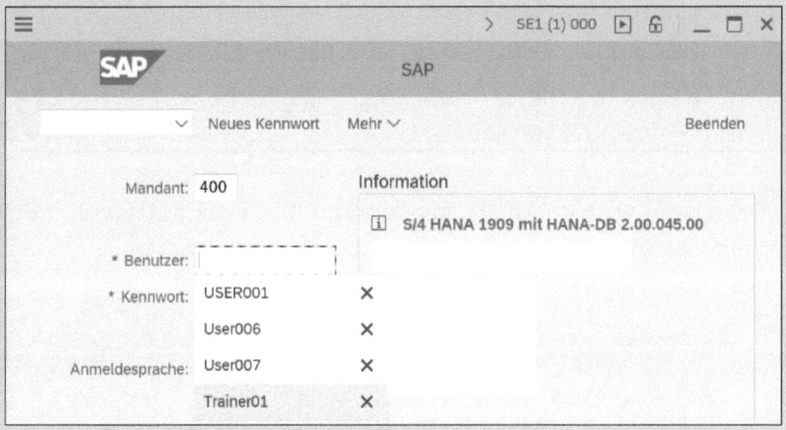

Die Eingabehistorie für das Feld »Benutzer« im Anmeldebild zeigt mehrere Benutzernamen.

4.4 Mit Wertehilfen Eingabemöglichkeiten zeigen

In der letzten Anleitung haben Sie das Kurzzeichen für das Bankland und den Bankschlüssel in das Einstiegsbild eingetippt. Sie werden sich vielleicht schon gefragt haben, was Sie tun können, wenn Ihnen diese Angaben nicht vorliegen, wenn Sie beispielweise nur den Banknamen und nicht den Bankschlüssel kennen. Die Antwort lautet: Das SAP-System bietet Ihnen leistungsfähige *Werte- und Suchhilfen* – und um diese geht es in diesem und in Abschnitt 4.5, »Mit Suchhilfen Belege und Stammdaten finden«.

Einen Wert aus der Werteliste übernehmen

Wertelisten gibt es beispielsweise für Länder, Währungen oder Buchungskreise. Das sind – im Gegensatz zu Stammdaten wie Materialien oder Belegen wie Buchungen – Eingabefelder mit einer begrenzten Anzahl von möglichen Eingabewerten.

Sie wollen beispielsweise die Daten einer ausländischen Bank überprüfen und suchen aus einer Werteliste einen Eingabewert für das Feld **Bankland**, weil Sie das Länderkürzel des SAP-Systems für dieses Land nicht kennen. Dazu verwenden Sie die sogenannte *Wertehilfe*, die auch als *F4-Hilfe* bezeichnet wird, weil sie auch mithilfe der F4-Taste aufgerufen werden kann.

VIDEO

Mit Wertehilfen Eingabemöglichkeiten zeigen

Lernen Sie in diesem Video, wie Sie mit Wertehilfen Eingabemöglichkeiten für Länderkürzel anzeigen.

http://s-prs.de/v7389ao

1 Starten Sie im Befehlsfeld Transaktion FI03 (Bank anzeigen), indem Sie dort »/nFI03« eingeben und dies mit [↵] bestätigen.

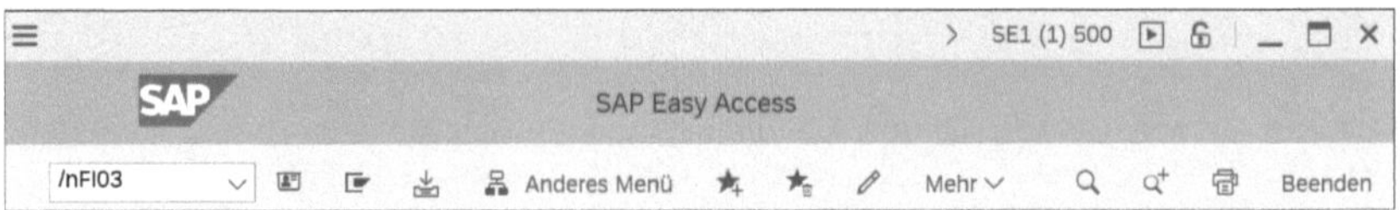

2 Im Einstiegsbild befindet sich der Cursor bereits im Feld **Bankland**. Ist Ihnen schon einmal das Icon [Q] (**Wertehilfe**) rechts neben dem Eingabefeld **Bankland** aufgefallen? Genau das testen Sie jetzt. Es gibt dieses Icon für viele Felder. Sie sehen es jedoch nur, wenn der Cursor im jeweiligen Feld steht. Klicken Sie nun auf das Icon [Q] (**Wertehilfe**), oder drücken Sie die entsprechende Funktionstaste [F4].

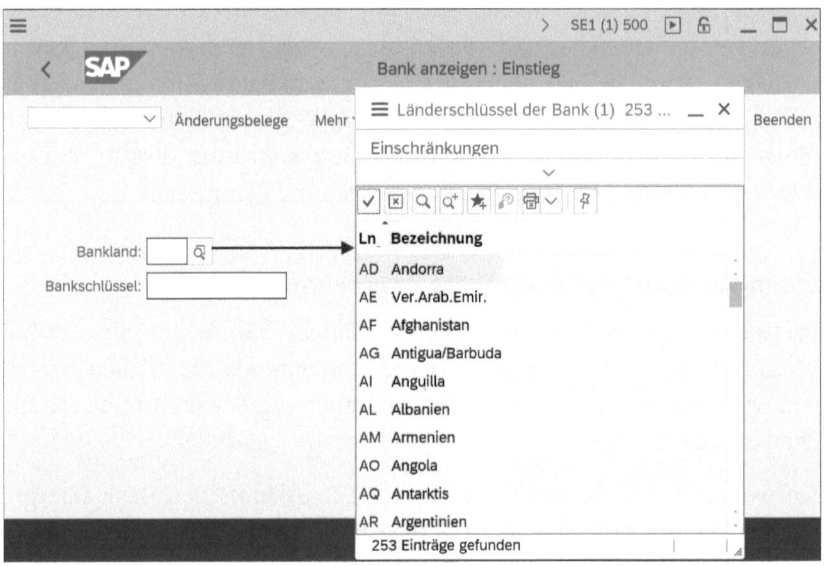

3 Das SAP-System zeigt daraufhin die Werteliste in einem eigenen Fenster. Hier sehen Sie alle verfügbaren Länderkürzel und rechts daneben die Länder im Klartext. Doppelklicken Sie in der Liste beispielsweise auf die

Zeile **AR Argentinien**. Durch diesen Doppelklick wird der Wert – in unserem Fall das Länderkürzel »AR« – in das Feld übernommen und das Fenster mit der Werteliste geschlossen.

4 Klicken Sie nochmals auf das Icon (**Wertehilfe**) rechts neben dem Bankland, denn nun wollen wir Ihnen einige der vielen Funktionen zeigen, die es in der Werteliste gibt.

Die Werteliste durchsuchen

Angenommen, Sie suchen in der Werteliste den Länderschlüssel für das Land Vietnam. Wie kommen Sie am schnellsten zum Ziel? Alle Länder durchzusehen dauert zu lange, denn schließlich sind es über 200 Einträge.

Sie könnten die Werteliste alphabetisch sortieren (siehe dazu den nächsten Unterabschnitt). Sie können aber auch in der geöffneten Werteliste nach einem Begriff suchen, indem Sie das Icon (**Suchen**) nutzen. Nach dem Klick darauf erscheint das kleine Fenster **Suchen**, in das Sie den Suchbegriff »Vietnam« eingeben und mit [↵] bestätigen. Daraufhin wird in der Liste sofort die Zeile für Vietnam angezeigt.

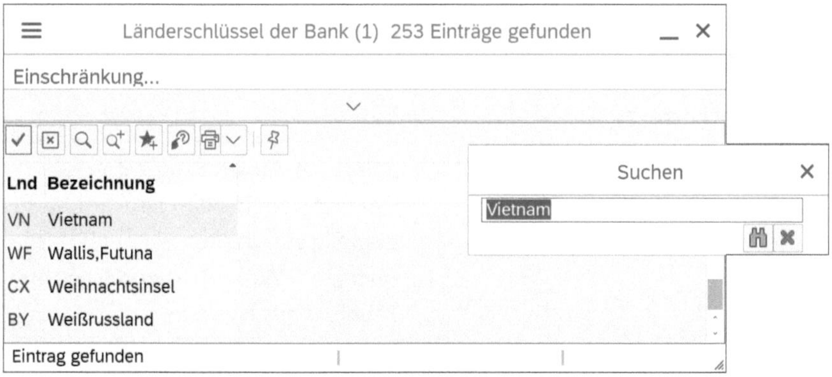

Werteliste für Länder, rechts das Fenster Suchen

Die Werteliste sortieren

Die Sortierung in der geöffneten Werteliste lässt sich einfacher durchführen als in Microsoft Excel: Sie brauchen nur auf eine der Spaltenüberschriften zu klicken, in unserem Fall auf **Lnd** oder **Bezeichnung**, und die Liste wird, dem Alphabet folgend, aufsteigend sortiert. Klicken Sie nochmals auf die gleiche Überschrift, wird absteigend sortiert.

Weitere Funktionen in der Werteliste

Fenster mit einer Werteliste haben eine eigene Icon-Leiste. In der folgenden Tabelle finden Sie die wichtigsten Funktionen.

Icon	Bezeichnung	Taste(n)	Auswirkung
	Übernehmen	↵	Übernahme des markierten Wertes in das Eingabefeld, auch per Doppelklick möglich
	Schließen	Esc oder F12	Schließen des Fensters ohne Übernahme eines Wertes
	Suchen	Strg + F	Suche nach Werten mithilfe von Suchbegriffen
	Erneut suchen	Strg + G	Fortsetzung einer Suche, wenn es mehrere Einträge mit dem Suchbegriff in der Liste gibt
	Einfügen in persönliche Liste	–	Kopieren des markierten Wertes in eine persönliche Werteliste
	Persönliche Werteliste	–	Anzeige der persönlichen Werteliste
	Drucken	Strg + P	Sofortiger Ausdruck der Werteliste auf dem lokalen Drucker, auf dem Sie standardmäßig auch Ihre Microsoft-Word-Texte oder Excel-Tabellen ausdrucken
	Halten	–	Die Werteliste wird nach einem Doppelklick auf einen Wert normalerweise automatisch geschlossen. Wenn Sie zuvor auf dieses Icon klicken, bleibt sie angezeigt, bis Sie die Transaktion verlassen.

Funktionen in der Werteliste

TIPP

Erstellen Sie persönliche Wertelisten!

Wertelisten sind oft sehr lang und enthalten unnötigen Ballast. Aus großen Wertelisten mit mehreren Hunderten Einträgen benötigen Sie oft nur ein oder zwei Dutzend Einträge! Erstellen Sie in diesen Fällen persönliche Wertelisten mit genau den Einträgen, die Sie brauchen. Wie das geht – und es geht schnell – erfahren Sie in Teil II, »Die Benutzeroberflächen personalisieren«.

4.5 Mit Suchhilfen Belege und Stammdaten finden

Die Wertehilfe aus dem letzten Abschnitt zeigt sofort eine Liste mit allen Werten. Bei Stammdaten wie Materialien oder Belegen wie Buchungen wäre das mehr als unpraktisch, da es hier oft zigtausend Werte gibt. Für diese Fälle gibt es die sogenannten *Suchhilfen*: Formulare, in die Sie zuerst Suchvorgaben eintragen, bevor eine Liste angezeigt wird.

Einen Datensatz mit der Suchhilfe finden

Im folgenden Beispiel suchen Sie im Finanzwesen ein Konto für Forderungen aus dem Inland, zu dem Sie nur einen Text kennen, jedoch nicht seine Nummer. Hierzu nutzen Sie die Transaktion FSP0 (Im Kontenplan).

VIDEO

Ein Konto mit einer Suchhilfe finden

Dieses Video zeigt Ihnen am Beispiel der Kontensuche, wie mit einer Suchhilfe Stammdaten gesucht und gefunden werden können.

http://s-prs.de/v7389ap

1 Starten Sie die Transaktion FSP0 (Im Kontenplan), indem Sie »/nFSP0« in das Befehlsfeld eingeben und dies mit [↵] bestätigen.

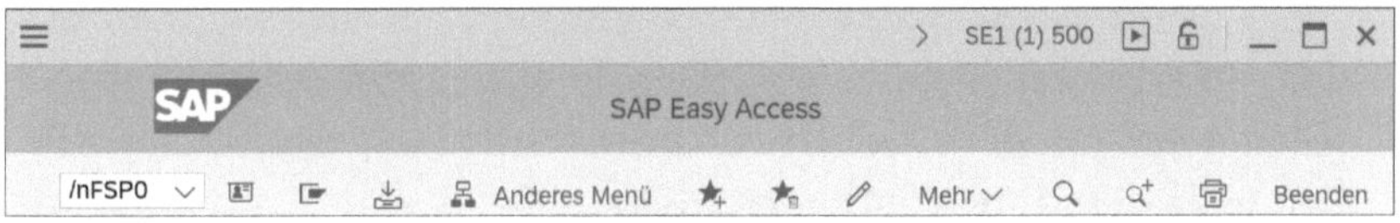

2 Geben Sie in das Feld **Kontenplan** »YCOA« ein.

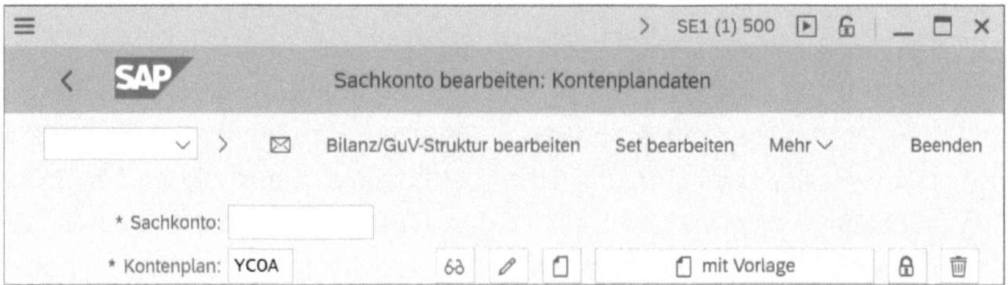

3 Klicken in das Feld **Sachkonto** und danach auf das Icon (**Wertehilfe**) rechts neben diesem Feld, oder drücken Sie die entsprechende Funktionstaste F4. Daraufhin öffnet sich das Formular der Suchhilfe.

4 Im Suchfenster **Nummer des Sachkontos (1)** ist das erste Suchformular **Sachkontonummer im Kontenplan** geöffnet. Sie wollen ja in dieser Suchhilfe einen Teil der Kontobezeichnung als Suchtext eingeben. Doch leider gibt es hier dafür kein Feld.

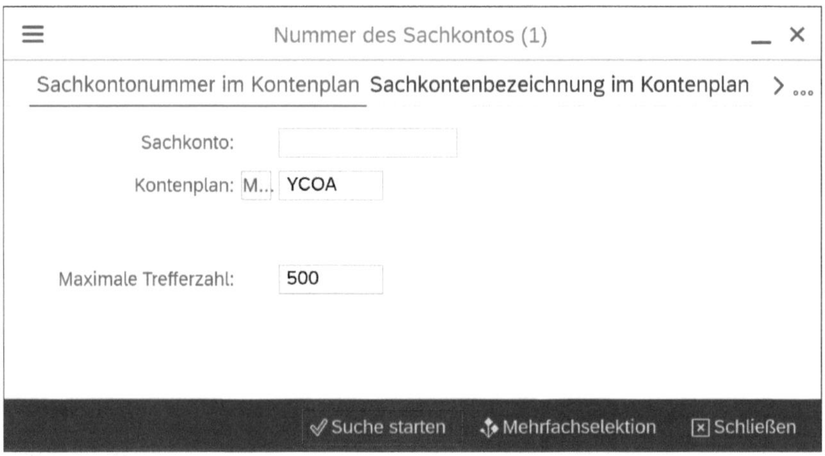

Nur nicht zu früh aufgeben! Es gibt in diesem Suchfenster *mehrere* Suchformulare. So ist das bei fast allen Stammdaten und Belegen. Klicken Sie entsprechend auf das zweite Suchformular **Sachkontenbezeichnung im Kontenplan**.

5 Geben Sie in das Feld **Sachkontenlangtext** den Suchbegriff »*Forderung*« ein, und drücken Sie die ↵-Taste. Sie nutzen das Zeichen *, damit Sie alle Konten mit dem Begriff »Forderung« erhalten, egal ob dieser Begriff vorne, in der Mitte oder hinten steht.

TIPP

Suchformular schnell finden und wechseln

Manchmal gibt es in einer Suchhilfe 20 und mehr Suchformulare. Sie könnten in der Zeile mit den Titeln der Formulare weitere Formulartitel mithilfe der Icons > und < anzeigen. Schlauer ist aber ein Klick auf das Icon ••• ganz rechts, denn dann sehen Sie, wie im vorherigen Bild, alle Formulare in einer Liste und dürfen sich hier sofort das passende Formular herausklicken. Praktisch: Das SAP-System merkt sich das zuletzt benutzte Suchformular für die nächste Suche.

6 Nun sehen Sie die *Trefferliste*. Hier stehen Ihnen alle Funktionen zur Verfügung, die Sie im vorangehenden Abschnitt zur Werteliste bereits kennengelernt haben.

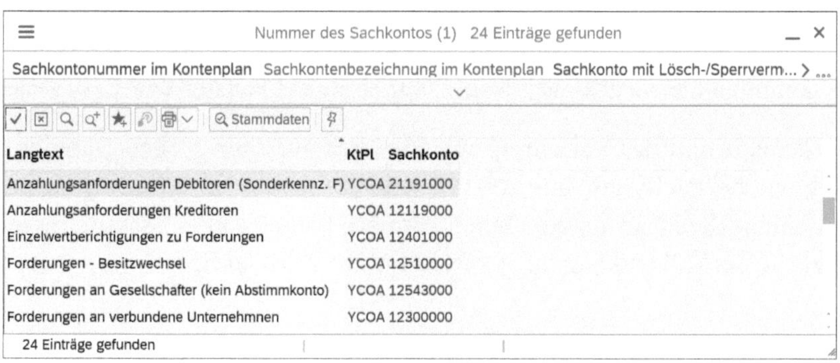

Oben in der Titelleiste der Trefferliste steht die Anzahl der gefundenen Zeilen. Das sind Ihnen zu viele Treffer, und deshalb grenzen Sie die Suche ein. Viele Anwender*innen schließen hier das Fenster mit ☒ (**Schließen**) und rufen es erneut auf. Sie nicht! Sie sind clever und klicken auf das unscheinbare Icon ⌄ in der dritten Zeile des Fensters.

7 Prima! Nun sehen Sie nämlich wieder die Suchhilfe mit den ursprünglichen Suchvorgaben und können die Suche weiter eingrenzen. Dazu ergänzen Sie Ihren Eintrag im Feld **Sachkontenlangtext** und schreiben nun »*Forderung*Inland*«. Drücken Sie die [↵]-Taste, um wieder eine Trefferliste zu bekommen.

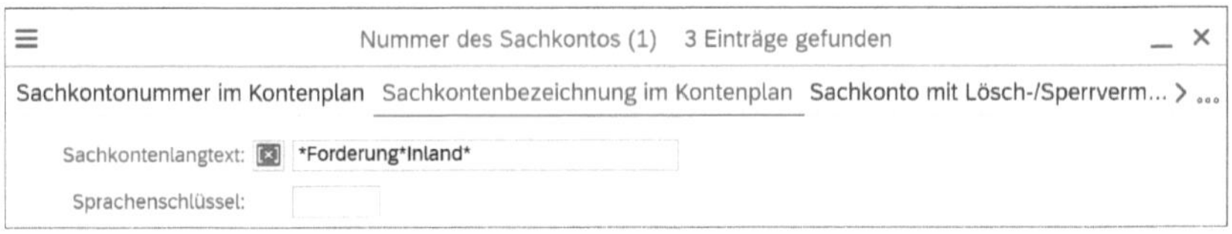

8 In der Trefferliste wird jetzt das gesuchte Konto **Forderungen Inland** aufgeführt. Wie bei der Werteliste übernehmen Sie mit einem Doppelklick auf die Zeile mit dem Langtext ***Forderungen*Inland*** die Kontonummer in das Eingabefeld. (Und noch ein Tipp für diejenigen, die sich für Konten im Finanzwesen interessieren: Mit der Bestätigung durch [↵] sehen Sie die Daten des Kontos.)

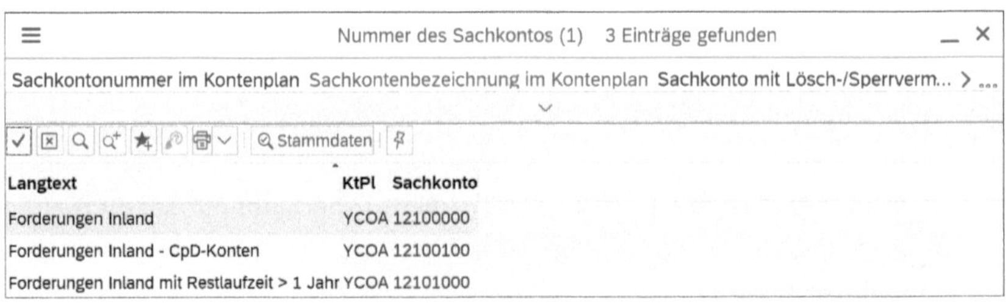

Gleichzeitig wird die Trefferliste wieder ausgeblendet, denn sie hat nun ihren Zweck erfüllt. Und mit einem Klick auf das Icon [X] (**Schließen**) kommen Sie zurück nach Hause, sprich in das Fenster **SAP Easy Access**.

Sie kennen nun das Verfahren, wie Sie auch aus sehr großen Datenbeständen, wie beispielsweise aus 100.000 und mehr Kunden oder Aufträgen, gezielt einen Datensatz heraussuchen können. Jedoch sollten Sie noch zwei zusätzliche Techniken kennen: Joker und Mehrfachselektion.

Joker

Joker kennen Sie vom Kartenspiel: Mit ihnen ersetzen Sie eine oder mehrere beliebige Karten. In der Suchhilfe des SAP GUI stehen Ihnen zwei verschiedene Joker zur Verfügung: * und +.

Der in der Praxis oft genutzte Joker * ersetzt beliebig viele Zeichen. Wie im Beispiel des vorangehenden Unterabschnitts: Geben Sie in das Feld **Sachkontenlangtext** den Suchbegriff »*Forderung*« ein, erhalten Sie in der Trefferliste alle Konten mit diesem Text. Ohne die Verwendung der Joker hätten Sie keine Treffer gehabt, da es kein Konto mit dem allein stehenden Namen »Forderung« gibt.

Der Joker + wird seltener gebraucht. Er ersetzt in einer Zeichenkette genau ein einziges Zeichen an einer festen Stelle.

> TIPP
>
> **Weniger tippen: Nutzen Sie den Joker ***
>
> Hatten wir schon einmal erwähnt, dass wir sehr schreibfaul sind? Genau deshalb nutzen wir gerne Joker. Bevor wir beispielsweise bei einer Materialsuche das Wort »Sechskantschraube« eintippen, tippen wir »Sechsk*«. Nutzen auch Sie den Joker *, um bei Suchvorgängen Ihren Tippaufwand zu reduzieren.

Mehrfachselektion

Nun wollen Sie in deutscher und in englischer Sprache nach dem Forderungskonto suchen. Dazu geben Sie als Suchvorgabe mehrere Sprachenkürzel vor. Dies wird als *Mehrfachselektion* bezeichnet.

1. Sie befinden sich noch im Einstiegsbild der Transaktion FSP0 (Sachkontenstamm im Kontenplan). Klicken Sie rechts neben dem Feld **Sachkonto** nochmals auf das Icon (**Wertehilfe**).

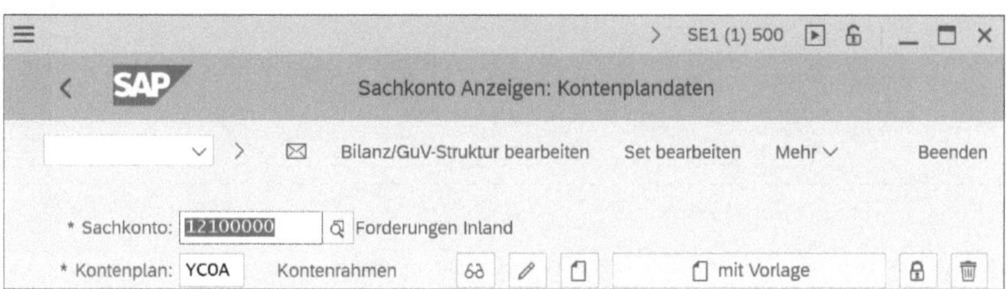

2. Daraufhin erscheint wieder die Suchhilfe. Tragen Sie gemäß der Abbildung auf der folgenden Seite in das Feld **Sachkonto** die Nummer »*12100000« ein. Vergessen Sie dabei nicht den Joker * am Beginn der Nummer, sonst klappt die Suche in Ihrem System eventuell nicht. (Im SAP-System werden am Anfang der Kontonummer und einiger anderer Nummern führende Nullen gespeichert. In unserem Fall würde die Kon-

tonummer dann 0012100000 lauten – und für etwaige führende Nullen benötigen Sie den Joker *.)

Zwei Etagen darüber kann im Feld **Sprachenschlüssel** nur ein Kürzel eingetragen werden, benötigt werden für Ihre Suche jedoch zwei: DE und EN. Um dieses Problem zu lösen, klicken Sie in das Feld **Sprachenschlüssel** und danach am unteren Fensterrand auf das Icon (**Mehrfachselektion**). An anderen Stellen im SAP GUI versteckt sich die Mehrfachselektion hinter dem Icon.

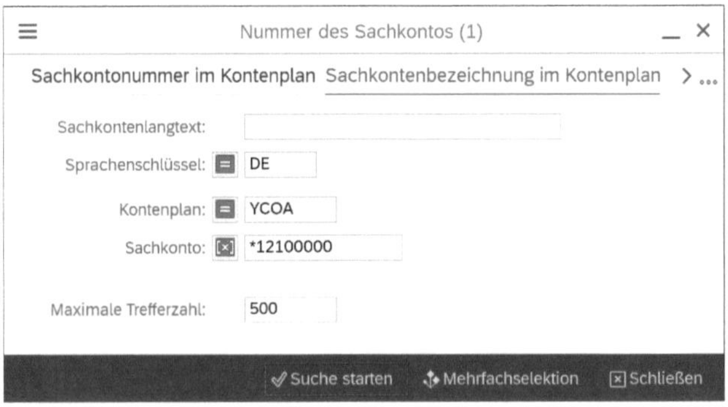

3 Nun wird ein zusätzliches Fenster **Mehrfachselektion** eingeblendet, in dem oben die Eingabe mehrerer Sprachenkürzel möglich ist. Geben Sie unter dem Kürzel »DE« das Kürzel »EN« ein.

Im unteren Fensterteil mit der Bezeichnung **Bereich** könnten Sie auch Intervalle vorgeben, nutzbar beispielsweise in einem Feld für Postleitzahlen, um Postleitzahlgebiete anzugeben.

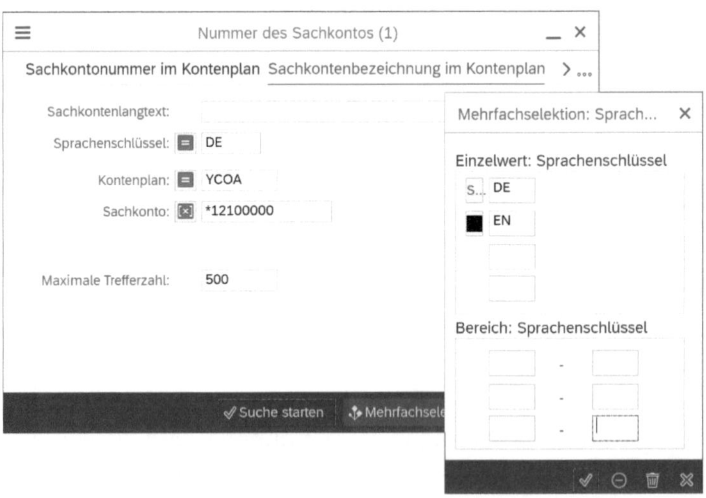

Nach der Bestätigung mit [↵] befinden Sie sich wieder im Suchformular. Lassen Sie sich nicht davon irritieren, dass hier immer noch nur der Sprachenschlüssel DE angezeigt wird.

4. Nun stoßen Sie in der Suchhilfe die Suche mit [↵] oder mit der Schaltfläche **Suche starten** an. Die Trefferliste zeigt, dass beide Sprachenschlüssel berücksichtigt wurden.

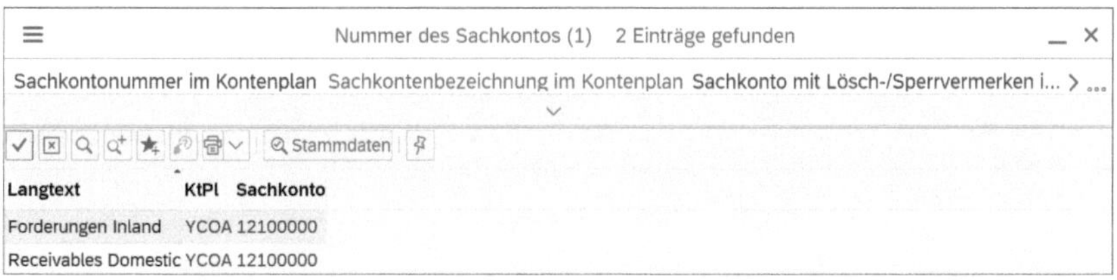

4.6 Die Feldhilfe nutzen

Auch wir nutzen oft die *Hilfen* der SAP-Software, denn diese ist so umfangreich, dass kein Mensch dazu alles immer abrufbereit haben kann. Über 300.000 verschiedene Fenster und über 100.00 Transaktionen – zu viel für einen Kopf!

Die [F1]-Taste kennen Sie vielleicht schon aus anderen Programmen wie Microsoft Excel oder Word als erste Anlaufstelle für eine schnelle Hilfe. Wie Sie in den folgenden Abläufen sehen, funktioniert [F1] auch an vielen Stellen innerhalb des SAP-Systems.

Hilfe zum Feld

Sie haben es in diesem Kapitel bereits mit dem Feld **Bankschlüssel** zu tun gehabt. Nun möchten Sie aber auch wissen, was dieser Begriff eigentlich bedeutet.

1. Starten Sie dazu noch einmal die Transaktion FI03 (Bank anzeigen) mit der Eingabe von »/nFI03« in das Befehlsfeld und der Bestätigung mit [↵].

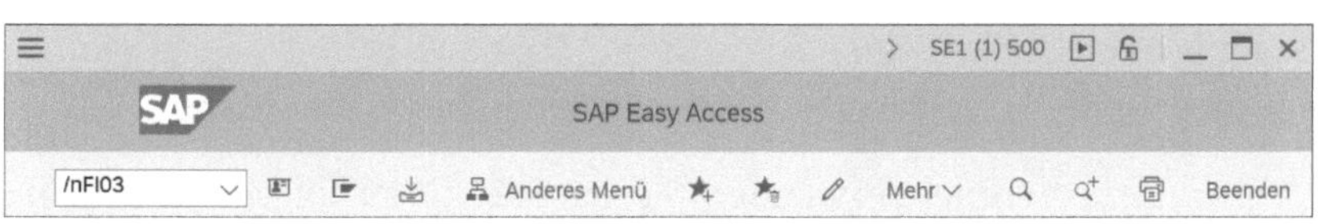

2 Im Einstiegsbild klicken Sie in das Feld **Bankschlüssel** und drücken die Taste F1. Ein zusätzliches Fenster mit der schönen Bezeichnung **Performance Assistant** erscheint.

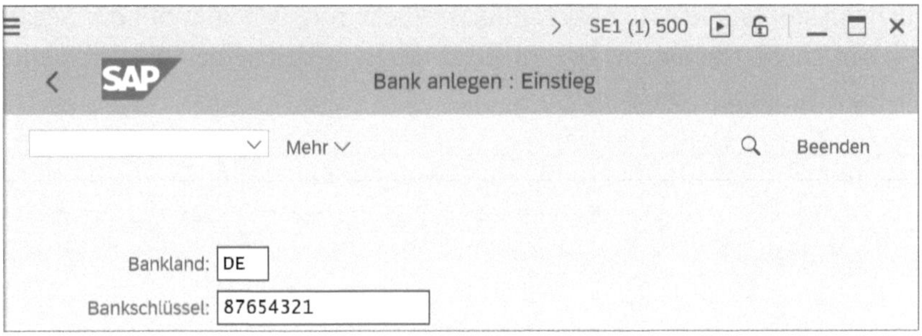

3 Im Fenster **Performance Assistant** finden Sie mal mehr und mal weniger ausführliche und verständliche Informationen. In unserem Fall erfahren Sie hier, dass mit dem Begriff *Bankschlüssel* in Deutschland nichts anderes als die Bankleitzahl gemeint ist.

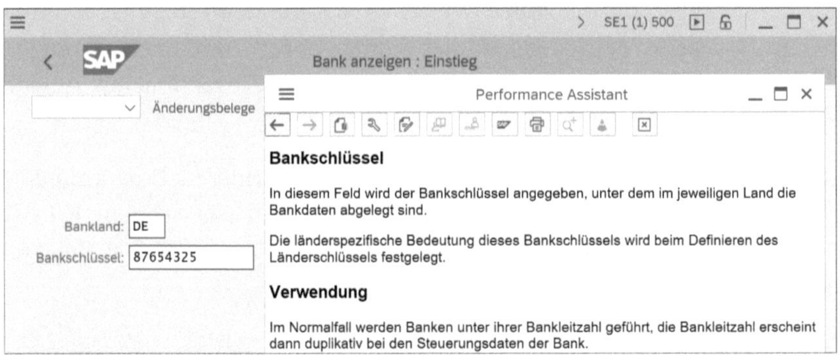

4 Mit einem Klick auf das Icon ☒ (**Schließen**) schließen Sie das Hilfefenster nun.

5 Mit der Schaltfläche **Beenden** aus der Header-Zeile kehren Sie in das Fenster **SAP Easy Access** zurück.

Hilfe zur Transaktion

Benötigen Sie Hilfe zu einer Transaktion? Dazu markieren Sie erst einmal die entsprechende Transaktion in den Favoriten oder im SAP-Menü.

1 Für unser Beispiel verwenden Sie im SAP-Menü folgenden Menüpfad: **Rechnungswesen ▸ Finanzwesen ▸ Banken ▸ Stammdaten ▸ Banken-**

stamm. Klicken Sie im Ordner **Bankenstamm** einfach auf **FI01 – Anlegen** (also ausnahmsweise *nicht* doppelklicken!).

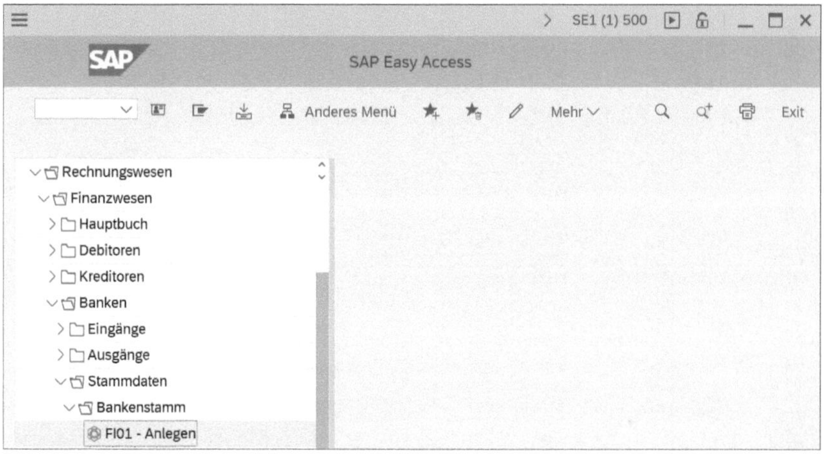

2 Drücken Sie die Taste [F1]. Damit öffnen Sie ein Fenster in Ihrem Internetbrowser. Wenn diese Hilfefunktion in Ihrem System entsprechend konfiguriert ist, gelangen Sie in einem neuen Fenster in das Hilfeportal von SAP S/4HANA.

In dem neuen Fenster sehen Sie links ein Inhaltsverzeichnis mit Themen rund um Banken. Wenn Sie auf den Eintrag **Banken allgemein: Anlegen** klicken, sehen Sie rechts die ausführliche Transaktionshilfe.

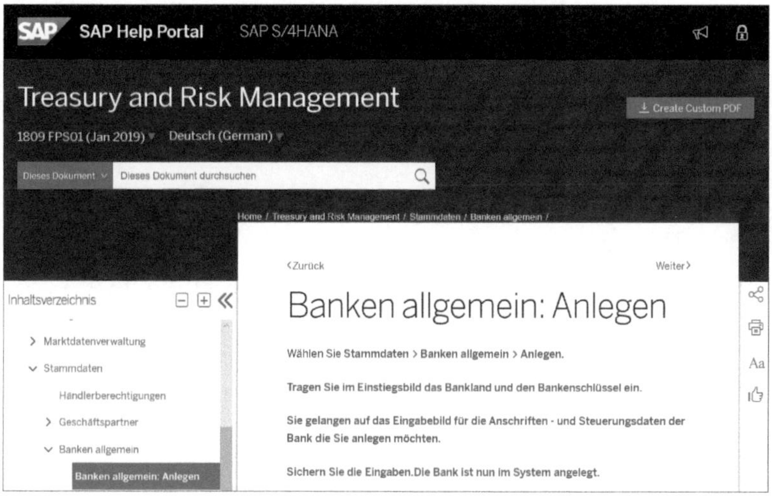

3 Über das Icon ☒ (**Schließen**) schließen Sie das Hilfefenster.

TIPP

Noch mehr Hilfen für zukünftige Profis ...

Noch mehr Hilfen gibt's im **Mehr**-Menü. Wählen Sie in der Header-Zeile **Mehr ▸ Hilfe**. Der Befehl **Product Assistance** im Untermenü **Hilfe** entspricht der Transaktionshilfe mit der Taste [F1], dazu muss jedoch vorher die Transaktion aufgerufen worden sein. Darunter finden Sie mit **SAP Help Portal** einen Link, der direkt in das Einstiegsbild dieses Portals führt.

Das SAP Support Portal bietet SAP-Spezialist*innen verschiedene Hilfsmittel zur Problemlösung an. Mit dem Befehl **Einstellungen** können verschiedene Voreinstellungen für Wertelisten und Trefferlisten sowie für die [F1]-Hilfe durchgeführt werden.

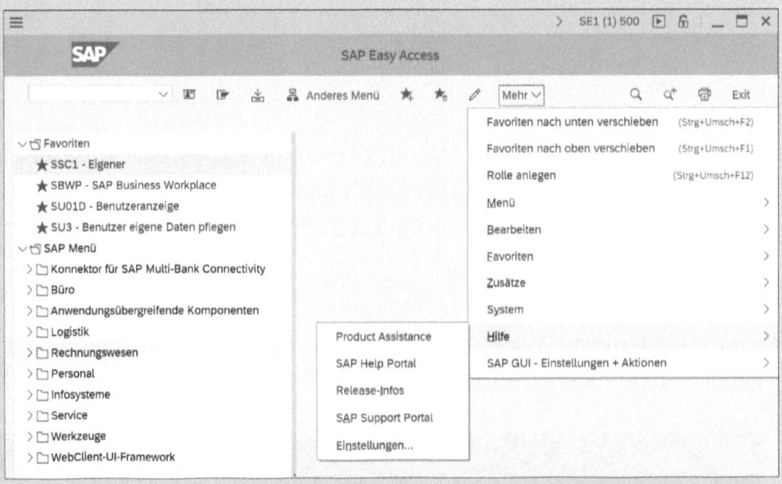

Der Hilfebereich im Menü »Mehr«

4.7 Mit mehreren Fenstern arbeiten

Es klingelt. Eine Kollegin ist am Telefon und benötigt von Ihnen sofort und ganz dringend eine Auskunft, die Sie aus dem SAP-System beschaffen müssen. Solche Unterbrechungen kennen Sie, und sie kommen oft vor. Was machen Sie, wenn Sie gerade selbst in einer Transaktion unterwegs sind? Sie öffnen ein weiteres Fenster.

Darüber hinaus können Sie in einem zweiten Fenster auch Wartezeiten überbrücken, die im ersten Fenster beispielsweise durch die Erstellung eines umfangreichen und zeitintensiven Berichts entstehen.

Ein neues Fenster öffnen

Folgende beiden Methoden kennen Sie vielleicht noch aus vorangegangenen Abschnitten dieses Buches:

- Indem Sie »/o« und den Transaktionscode in das Befehlsfeld eingeben und [↵] drücken, öffnen Sie eine Transaktion in einem zusätzlichen Fenster.
- Mit der Tastenkombination [Strg] + [+] öffnen Sie in einem zusätzlichen Fenster die Ansicht **SAP Easy Access**.

Öffnen Sie für unser Beispiel die Transaktion SBWP (Arbeitsplatz) in einem zweiten Fenster, indem Sie »/oSBWP« in das Befehlsfeld eintragen und dies mit [↵] bestätigen.

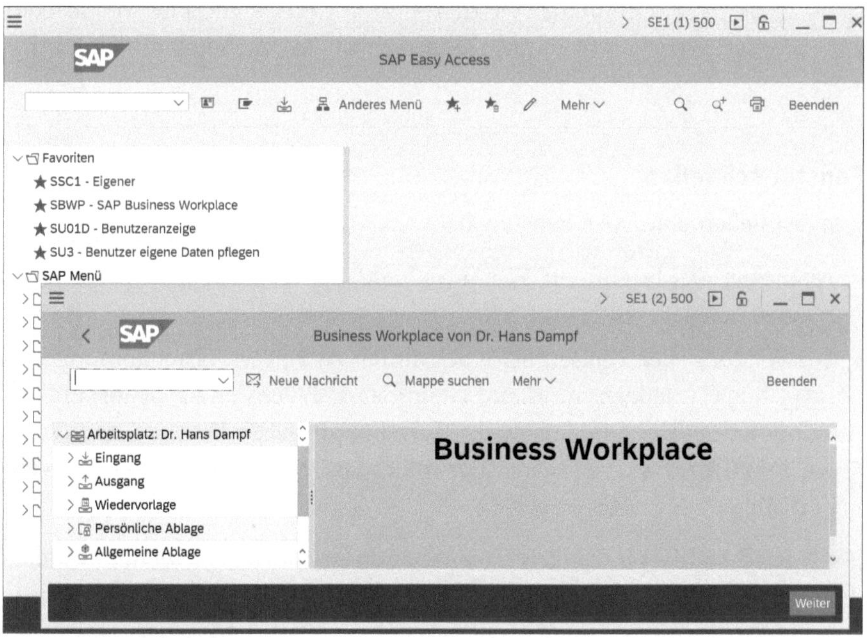

Bildschirm mit zwei Fenstern

> ACHTUNG
>
> **Irgendwann ist Schluss mit »Fensterln« ...**
>
> Sie können gerne viele Fenster verwenden, aber irgendwann weigert sich das SAP-System, ein weiteres Fenster zu öffnen. Zu viele geöffnete Fenster belasten die Performance, also die Antwortzeit des SAP-Systems. Außerdem verlieren Sie bei zu vielen geöffneten Fenstern vielleicht den Überblick. Das kann auch dazu führen, dass Sie bei Änderungstransaktionen sich selbst und andere sperren.

> Aus diesen Gründen stellen Ihre Systembetreuer*innen eine maximale Anzahl erlaubter Fenster ein. Standardmäßig sind maximal sechs Fenster erlaubt. Haben Sie die höchstmögliche Anzahl zu öffnender Fenster erreicht, werden Sie mit einer Meldung darauf hingewiesen. Spätestens dann sollten Sie nicht benötigte Fenster schließen.

Zwischen Fenstern wechseln

Zwischen den einzelnen GUI-Fenstern wechseln Sie genauso, wie Sie z. B. auch in Windows zwischen verschiedenen Fenstern wechseln. Es gibt mehrere Möglichkeiten: durch Anklicken des nicht aktivierten Fensters, wenn es sichtbar ist, oder mithilfe der Taskleiste. Eine weitere elegante Möglichkeit zum Wechsel zwischen (Windows-)Fenstern ist die Tastenkombination [Alt] + [⭾].

Fenster schließen

Zum Schließen eines SAP-Fensters haben Sie mehrere Möglichkeiten:

- Anklicken des bekannten Windows-Icons [X] (**Schließen**) in der oberen rechten Fensterecke
- Verwendung der (hoffentlich) bekannten Windows-Tastenkombination [Alt] + [F4] – jedoch nur dann, wenn das SAP-Fenster als eigenständiges Windows-Fenster und nicht als Teil eines Browser-Fensters dargestellt wird (Letzteres ist z. B. beim Zugriff auf das Trainingssystem Live Access der Fall)

Für Menschen, die zu viel Zeit haben, hätten wir noch zwei weitere Methoden in petto:

- Verwendung des Menüpfads **Mehr ▸ System ▸ GUI-Fenster schließen**
- Eingabe von »/i« in das Befehlsfeld und Drücken von [↵]

Mit den genannten Verfahren wird jeweils *nur ein Fenster* geschlossen, auch wenn Sie gerade mit mehreren Fenstern arbeiten. Ist jedoch das letzte Fenster erreicht, also nur noch ein Fenster geöffnet, melden Sie sich durch das Schließen des letzten Fensters gleichzeitig vom SAP-System ab.

Wenn der Feierabend erreicht ist, Sie die Arbeit am SAP-System komplett beenden möchten und noch mehrere Fenster geöffnet haben, gibt es zwei Möglichkeiten, um *auf einen Schlag alle Fenster* zu schließen:

- Sie wählen den Menüpfad **Mehr ▸ System ▸ Abmelden** über die Header-Zeile.
- Sie geben »/nex« in das Befehlsfeld ein (den Befehl /n und ex wie Exitus). Das bewirkt eine Abmeldung ohne weitere Rückfrage.

TIPP

Unsere Empfehlung zum Schließen von Fenstern

So gerne wir Befehle über das Befehlsfeld abfeuern: Den Befehl /nex benutzen wir sehr selten, auch wenn wir viele Fenster zum Schließen haben. Es könnte ja sein, dass in einem der Fenster noch Daten zu sichern sind – diese wären dann ohne weitere Rückfrage weg.

Deshalb nutzen wir bevorzugt die Tastenkombination [Alt] + [F4], denn hier sehen wir noch einmal in jedem Fenster, ob eine Aktion nicht vollständig ausgeführt wurde.

Geschafft! Nun, am Ende dieses Kapitels, steht das Fundament für das SAP GUI, Sie kennen die Grundlagen sowie einige wertvolle Tipps zur Durchführung von Transaktionen. Bleiben Sie am Ball! Weiter geht's mit den gleichen Abläufen in SAP Fiori und danach mit dem nicht minder spannenden Thema Reporting.

5 SAP-Fiori-Apps für die Datenanzeige und -pflege nutzen

Bisher sind Sie in SAP Fiori entspannt an der Oberfläche geschwommen. Jetzt dürfen Sie ein wenig tiefer eintauchen und den in diesem Buch bereits häufig verwendeten Begriff *App* erkunden. Aber keine Angst, dies ist ein Buch für Anwender*innen – Sie brauchen keinen Taucheranzug! Wir verwenden erst einmal sehr übersichtliche Apps.

In diesem Kapitel lernen Sie,

- welche Arten von Apps es gibt,
- wie Sie Apps schneller starten und in ihnen navigieren,
- wie Sie mit Apps Daten anzeigen, neu anlegen und ändern,
- wie Sie mit Filtern und der Enterprise Search Ihre Belege und Stammdaten finden,
- wo Sie Hilfsinformationen zu Apps und Feldern erhalten,
- wie Sie optimal Ihren Browser für SAP Fiori nutzen.

Wollen Sie mitklicken – worüber wir uns freuen –, und finden Sie eine App nicht auf der Startseite des SAP Fiori Launchpads? Nutzen Sie den in Abschnitt 3.4, »SAP-Fiori-Apps finden und ausführen«, bereits beschriebenen App Finder aus dem Benutzermenü, um die jeweilige App zu starten.

5.1 Legacy-Apps und »echte« SAP-Fiori-Apps

In der Abschnittsüberschrift steht »*echte* Fiori-Apps«, vielleicht sind Sie darüber gestolpert. Man nennt sie »echt«, weil sie im Sinne des neuen SAP-Bedien- und Designkonzepts mit dem Framework SAPUI5 für SAP Fiori komplett neu erstellt wurden und weitgehend nach klaren und einheitlichen Regeln funktionieren. UI5 steht für *User Interface* 5 und basiert auf den Standard-Webtechnologien HTML 5 und JavaScript. Auf diese neuen, »echten« Apps dürfen Sie sich besonders freuen.

INFO

Gibt es denn auch unechte Apps?

Na ja, der Begriff *unechte App* wird zwar nicht verwendet, doch es gibt viele Apps, die nicht auf SAPUI5 aufbauen. Diese Apps sind sogar in der Mehrzahl, und es handelt sich um Apps, die auf klassischen SAP-GUI-Transaktionen basieren. Den GUI-Transaktionen wurde sozusagen eine Fiori-Hülle »übergestülpt«, deshalb werden sie auch als *fiorisierte Transaktionen* oder *Legacy-Apps* bezeichnet. *Legacy* bedeutet übersetzt *Erbe*. SAP Fiori hat diese Apps aus dem SAP GUI geerbt.

In den Legacy-Apps lebt das SAP GUI weiter. Da diese fiorisierten Transaktionen nicht auf dem neuen Konzept UI5 gründen, gilt hier noch die bunte Regelwelt der GUI-Transaktionen, angefangen bei der [F4]-Hilfe bis hin zur Eingabehistorie.

Navigation in einer Legacy-App

Wir zeigen Ihnen zuerst eine Legacy-App, nämlich die App **Material anzeigen**, die der SAP-GUI-Transaktion MM03 (Material anzeigen) entspricht. Es gibt kaum Unterschiede bei der Bedienung dieser App im Vergleich zur entsprechenden GUI-Transaktion.

VIDEO

Eine Legacy-App ausführen

Dieses Video zeigt Ihnen am Beispiel der Anzeige von Materialstammdaten, wie Sie eine Legacy-App ausführen können.

http://s-prs.de/v7389aq

1. Starten Sie die App **Material anzeigen**.
2. Im Einstiegsbild **Material anzeigen** suchen Sie wie im SAP GUI eine Materialnummer mit der Suchhilfe (siehe Abschnitt 4.5, »Mit Suchhilfen Belege und Stammdaten finden«).
3. Bestätigen Sie im Einstiegsbild **Material anzeigen** Ihre Eingabe mit der [↵]-Taste. Daraufhin öffnet sich ein weiteres Einstiegsbild mit der Bezeichnung **Sichtenauswahl**.

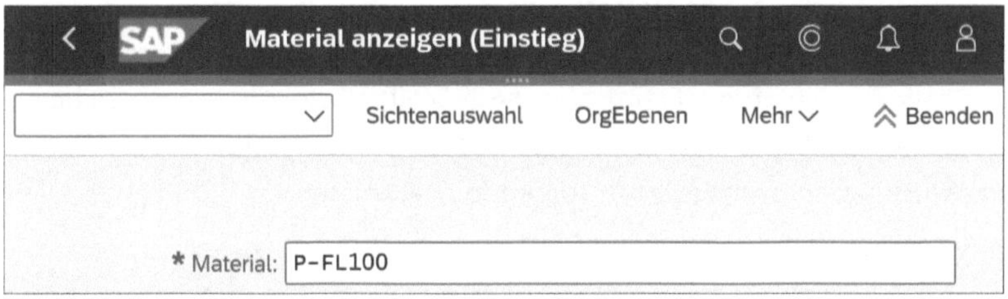

TIPP

So finden Sie eine Materialnummer ...

Klicken Sie in das Feld **Material** und danach rechts neben diesem Feld auf das Icon [Icon] (**Eingabehilfe**). Im Folgefenster **Materialnummer** betätigen Sie rechts unten die Schaltfläche **Suchen**, ohne irgendwelche Vorgaben zu machen. Nun können Sie ein beliebiges Material mit einem Doppelklick aus der nun folgenden Liste übernehmen.

4 Im Fenster **Sichtenauswahl** markieren Sie nur die Sicht **Grunddaten 1** und bestätigen dies durch Drücken der [Enter]-Taste.

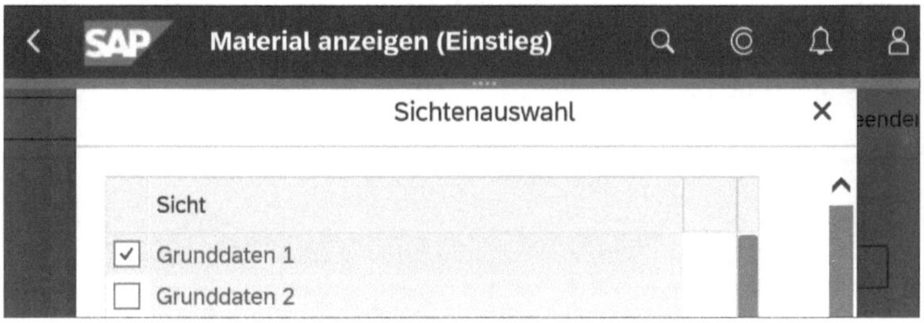

5 Nun öffnet sich das Detailbild. Im Detailbild sehen Sie einige Materialdaten, alles 1:1 wie beim SAP GUI. Lassen Sie diese Sicht geöffnet, denn hier geht es im nächsten Unterabschnitt weiter.

INFO

Woran erkenne ich eine Legacy-App?

Das ist eine berechtigte Frage, denn Sie wollen wissen, nach welchen Regeln Legacy-Apps bzw. fiorisierte Transaktionen funktionieren. Legacy-Apps haben grundsätzlich folgende Merkmale:

- Es gibt die Schaltfläche **Mehr**.
- Rechts sehen Sie *nicht* das Icon (**Teilen**), das wir später noch besprechen werden.

Mit dem Befehl **Über** aus dem Benutzermenü können Sie checken, um welche Art von App es sich handelt.

Mit dem Befehl »Über« die Art der App überprüfen

Wir zeigen Ihnen nun, wie Sie überprüfen, ob die App **Material anzeigen** eine fiorisierte Transaktion bzw. eine Legacy-App ist. Wie in der letzten Anleitung beschrieben, sehen Sie aktuell das Detailbild dieser App.

1. Öffnen Sie über das Icon (**Benutzermenü**) in der Shell Bar das Benutzermenü, und wählen Sie darin den Menüpunkt i (**Über**). Damit öffnen Sie ein neues Fenster.

Das Fenster »Über« in der App »Material anzeigen«

Das Fenster **Über** zeigt Ihnen allerlei technischen Informationen. Die spannendste Information steht oben in der zweiten Zeile. Hier sehen Sie zum einen mit MM03 den Transaktionscode der SAP-GUI-Transaktion

»Material anzeigen« und zum anderen dahinter die Angabe (TCODE). Da es also einen Transaktionscode gibt, ist sonnenklar, dass die App nichts anderes als eine fiorisierte GUI-Transaktion bzw. eine Legacy-App ist.

Eine »echte« Fiori-App würden Sie daran erkennen, dass im Fenster **Über** eine App-ID wie beispielsweise F1574 angegeben wird.

2 Schließen Sie das das Fenster **Über** mit einem Klick auf die Schaltfläche **OK** und die App mit einem Klick auf die Schaltfläche **Beenden** im rechten oberen Fenstereck.

Viel spannender als die alten Legacy-Apps sind für Sie die »echten« Fiori-Apps, die es nicht im SAP GUI gibt. In diesem Kapitel zeigen wir Ihnen ab jetzt also nur noch solche Apps.

INFO

Gibt es für jede GUI-Transaktion eine »echte« SAP-Fiori-App?

Nein, nicht jede Transaktion hat ein »echtes« App-Pendant. Bei der Drucklegung dieses Buches gab es ca. 12.000 »echte« Fiori-Apps, während es gleichzeitig weit über 100.000 GUI-Transaktionen gab. Es gibt jedoch einzelne »echte« Fiori-Apps, die jeweils mehrere GUI-Transaktionen ersetzen.

5.2 Eine SAP-Fiori-App schneller starten

Erinnern Sie sich an die Bestandteile des SAP Fiori Launchpads in Abschnitt 3.3, »Ihre neue Heimat: das SAP Fiori Launchpad«? Falls nicht, blättern Sie kurz zurück und verschaffen sich noch einmal einen Überblick. Wieder da? Super, denn auf dieser Basis erhalten Sie jetzt einen tieferen Einblick in die Navigation.

Zuletzt verwendete SAP-Fiori-Apps

Die hier beschriebene Funktion können Sie nicht nur verwenden, wenn Ihr*e Chef*in nachhakt oder Sie sich vielleicht auch selbst fragen, was Sie eigentlich den ganzen Tag so gemacht haben. Haben Sie viele Apps auf Ihrem Launchpad, oder suchen Sie eine selten genutzte App und finden sie nicht? Sie erinnern sich aber, dass Sie diese App heute schon einmal gestartet haben? Dann kommen Sie mit dem Menübefehl **(Letzte Aktivitäten)** – in früheren Versionen: **Zuletzt verwendet** – aus dem Benutzermenü am schnellsten zum Ziel. Der Befehl öffnet ein Fenster mit einer Auflistung von bis zu 30 der von Ihnen zuletzt aufgerufenen Apps in umgekehrter chronologischer Reihenfolge.

VIDEO

Eine SAP-Fiori-App schneller starten

In diesem Video sehen Sie, wie Sie zuletzt und häufig genutzte Apps schneller starten.

http://s-prs.de/v7389ar

1. Rufen Sie an einer beliebigen Stelle im Launchpad mit einem Klick auf die Schaltfläche (**Benutzermenü**) das Benutzermenü und darin den Menübefehl (**Letzte Aktivitäten**) auf.
2. Wenn Sie erfolgreich waren, sehen Sie daraufhin das Fenster **Schnellzugriff** mit zwei verschiedenen Registern: **Letzte Aktivitäten** (bzw. **Zuletzt verwendet**) und **Häufig verwendet**.

   Da Sie im Benutzermenü den Menüpunkt (**Letzte Aktivitäten**) ausgewählt haben, ist sofort entsprechend das Register **Letzte Aktivitäten** geöffnet.

   Sie sehen hier zeitlich sortiert Ihre zuletzt aufgerufenen Apps (ebenso wie mit der Funktion Enterprise Search durchgeführte Suchanfragen, die wir weiter unten in Abschnitt 5.8, »Enterprise Search für die globale Suche«, noch besprechen).

3. Klicken Sie auf eine der aufgelisteten Apps. Damit starten Sie die App, und das Fenster **Schnellzugriff** wird ausgeblendet.

INFO

Was passiert, wenn ich auf das Register »Häufig verwendet« klicke?

Wenn Sie auf das Register **Häufig verwendet** klicken, verbleiben Sie im gleichen Fenster und wechseln zu dieser Registerkarte. Sie sehen dann direkt das, was Sie sehen würden, hätten Sie im Benutzermenü den Menüpunkt (**Häufig verwendet**) ausgewählt.

Jedes Listenelement im Fenster **Schnellzugriff** besteht aus den folgenden Informationen:

- einem Titel (z. B. dem Namen der App und einem Symbol)
- einem Objekttyp wie **Anwendung** (Applikation), der Ihnen verrät, ob sich hinter dem Listenelement eine App oder eine Suche verbirgt
- einem Zeitstempel (Register **Letzte Aktivitäten**), der Ihnen die Zeit anzeigt, die vergangen ist, seitdem Sie die Aktivität zuletzt ausgeführt haben

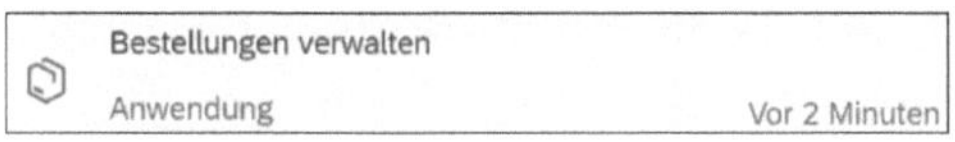

Listenelement im Fenster »Schnellzugriff«

Sobald Sie ein Listenelement aufgerufen haben, aktualisiert sich der Zeitstempel und verschiebt das Listenelement an den Anfang der Liste.

Häufig verwendete SAP-Fiori-Apps

Damit Sie nicht umständlich nach einer App suchen müssen, erleichtert Ihnen das SAP-System den App-Aufruf auch noch auf andere Weise. Neben **Letzte Aktivitäten** (bzw. **Zuletzt verwendet**) gibt es auch die Liste **Häufig verwendet**, in der die Apps gesammelt werden, mit denen Sie regelmäßig arbeiten. Sie rufen diese Liste über den Menüpunkt (**Häufig verwendet**) im Benutzermenü () auf.

Die Menüpunkte (**Letzte Aktivitäten**) und (**Häufig verwendet**) öffnen beide das gleiche Fenster, nur jeweils mit einem anderen Register. (**Häufig verwendet**) öffnet das Fenster also mit einer Hitliste der Apps, die Sie in den letzten 30 Arbeitstagen am häufigsten verwendet haben. Diese Liste ist absteigend sortiert, die am häufigsten verwendete App steht also immer oben wie der FC B… – naja, lassen wir das Thema aus diesem Buch besser raus.

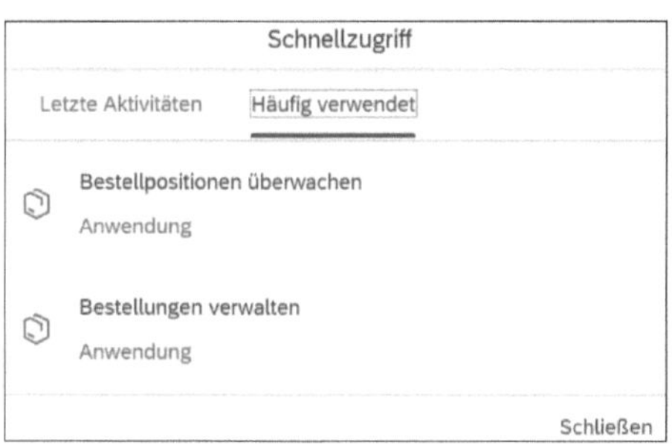

Das Fenster »Schnellzugriff« mit dem Register »Häufig verwendet«

5.3 Navigation in einer transaktionalen SAP-Fiori-App

Es gibt drei verschiedene *App-Kategorien* (anderer Begriff: *App-Typ*) für »echte« Fiori-Apps, die Ihnen im Verlauf dieses Buches noch häufiger begegnen werden:

- Mit *transaktionalen Fiori-Apps* führen Sie die Datenpflege durch, also die Erfassung und Änderung von Datensätzen. Gleichzeitig können Sie damit die Daten auch nur anzeigen.
- *Analytische Fiori-Apps* dienen dem Reporting; mit ihnen können auch grafische Auswertungen erstellt werden.
- Mit *Infoblättern* (anderer Begriff: *Fact Sheets*) erhalten Sie eine Übersicht über alle wichtigen Informationen zu einem Objekt. Ein *Objekt* ist dabei entweder ein Beleg wie ein Kundenauftrag oder ein Stammsatz wie ein Lieferant.

INFO

Ist eine transaktionale SAP-Fiori-App eine fiorisierte Transaktion?

Lassen Sie sich nicht durch diese Begriffe verwirren. Eine transaktionale App ist keine fiorisierte Transaktion, sondern gehört zur Gruppe der »echten« Fiori-Apps.

Die Stationen Ihrer Reise

In diesem Abschnitt erklären wir Ihnen den Ablauf, den Aufbau und die Navigation in einer »echten« transaktionalen Fiori-App anhand eines übersichtlichen Beispiels. Damit Sie den Vorgang im SAP GUI- bzw. die Legacy-Apps und die »echten« Fiori-Apps besser vergleichen können, haben wir für die folgenden Anleitung eine ähnliche Aufgabe herausgesucht, wie wir sie im SAP GUI (Abschnitt 4.2, »Von Bild zu Bild: in einer Transaktion navigieren«) und eingangs für die Legacy-Apps (Abschnitt 5.1, »Legacy-Apps und ›echte‹ SAP-Fiori-Apps«) verwendet haben: Sie lassen sich diesmal Kundenstammdaten anzeigen.

Die folgende Musteranleitung gilt auch für andere transaktionale »echte« Fiori-Apps, daher geben wir Ihnen zur Orientierung erst einmal einen Überblick:

1 Sie starten die App und gelangen in ein Einstiegsbild.

2 Im *Einstiegsbild* sehen Sie nach einem Klick auf die Schaltfläche **Start** sofort alle Datensätze – in unserem Fall die Kunden – in einer Liste. Sie kön-

nen im Einstiegsbild vor dem Klick auf die Schaltfläche **Start** auch einen oder mehrere Datensätze für diese Liste selektieren.

3 In der *Liste* sehen Sie *die wichtigsten* Informationen in Form einer Tabelle. Wollen Sie *mehr* Informationen zu einem Kunden sehen, klicken Sie in der Liste auf den entsprechenden Kunden. Daraufhin werden alle Informationen in einem Formular dargestellt.

4 Im *Formular* haben Sie zur Navigation ganz links in der Shell Bar folgende Möglichkeiten:

- Mit dem Icon < (**Zurück**) aus der Shell Bar gelangen Sie zum vorherigen Bild zurück; in unserem Fall ist das die Liste.
- Mit dem Icon SAP aus der Shell Bar beenden Sie die aktuelle App und landen sofort auf der Startseite des Fiori Launchpads.

Dies ist der grundlegende Ablauf. Zu abstrakt? Ok, dann lassen Sie uns am besten gleich mit der Praxis beginnen, Sie werden den obigen Ablauf hier wiederfinden. Außerdem lernen Sie noch einige zusätzliche Navigationsmöglichkeiten kennen.

VIDEO

In einer transaktionalen SAP-Fiori-App navigieren
In diesem Video sehen Sie Klick für Klick am Beispiel von Kundenstammdaten, wie Sie in einer transaktionalen App navigieren.
http://s-prs.de/v7389as

1 Starten Sie die SAP-Fiori-App **Kundenstammdaten verwalten**. Sie befinden sich nun im Einstiegsbild **Kundenstamm**. (Jedes Bild hat einen Titel, und der Titel wird Ihnen auf der linken Seite der Shell Bar angezeigt.) Oben sehen Sie die Filter, mit denen Sie die Kunden für die Liste auswählen können.

TIPP

Wenn Sie die Filter nicht sehen ...

Die Filter können ausgeblendet werden. Um sie wieder einzublenden, klicken Sie auf das elegante Icon [⌄] (**Header expandieren**). Eine Metamorphose: Nach dem Klick sieht das Icon so aus: [⌃] (**Header komprimieren**) und bewirkt dann das »Einklappen« der Filterfelder. Header komprimieren? Hä? Warum nicht gleich »Selection Area implodieren«? Ok, wir übersehen solche Kleinigkeiten und machen weiter, denn diese fantasievollen Bezeichnungen sind in SAP Fiori ja erfreulicherweise nur eine Ausnahme von der Regel ...

2 Im Einstiegsbild **Kundenstamm** drücken Sie sofort die [↵]-Taste, oder Sie klicken rechts außen auf die Schaltfläche **Start**. Damit verzichten Sie auf eine Selektion, und Ihnen werden alle Kunden in der Liste unten angezeigt.

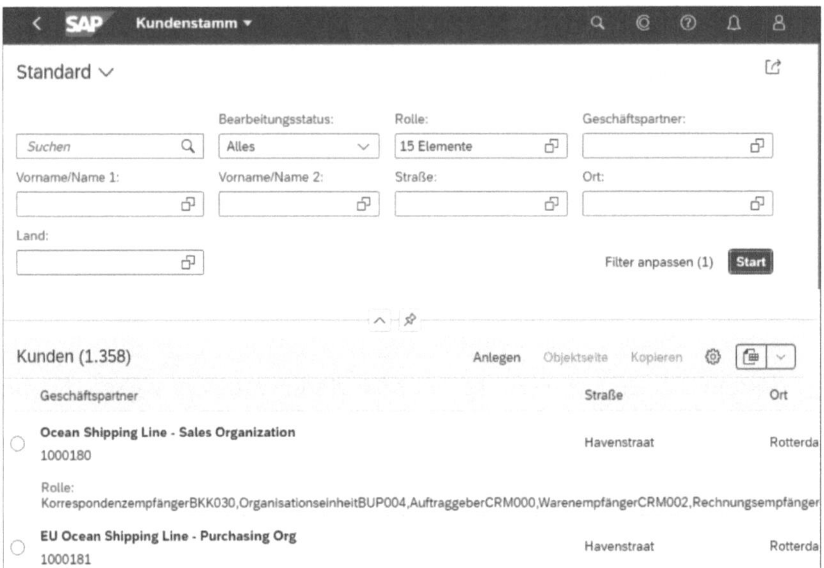

Wollten Sie nur einen Kunden anzeigen, könnten Sie ihn ganz einfach über die Felder im oberen Fensterteil herausfiltern. Sie könnten z. B. die Kundennummer in das Feld **Geschäftspartner** eingeben, bevor Sie auf **Start** klicken. (Wir besprechen die Filterfunktionen noch ausführlich in Abschnitt 5.7, »Stammdaten und Belege finden«.)

3 Aus der Liste aller Kunden gelangen Sie mit einem Klick auf eine Kundenzeile zum Formular **Kunde** mit allen Kundenstammdaten.

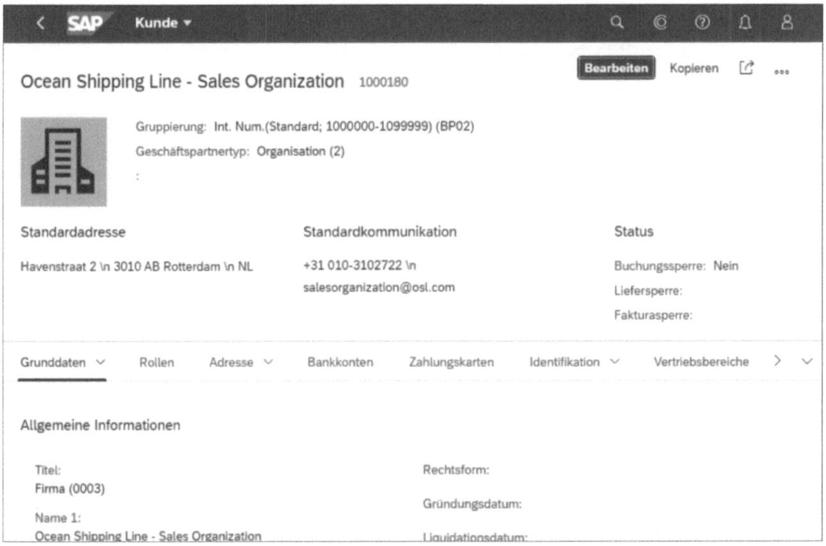

4 Zum Verlassen des Formulars haben Sie in der Shell Bar folgende Möglichkeiten:

- Mit dem Icon (**Zurück**) gelangen Sie zum vorangehenden Bild zurück, in unserem Fall ist das die Liste.
- Mit dem Icon aus der Shell Bar landen Sie sofort auf der Startseite.
- Mit den in den letzten Abschnitten behandelten Menüpunkten (**Letzte Aktivitäten**) und (**Häufig verwendet**) aus dem Benutzermenü wechseln Sie auf direktem Weg in eine andere App.
- Und, neu für Sie ist der kleine Pfeil rechts neben dem Icon bzw. dem Titel des Einstiegsbildes. Dieses *Navigationsmenü* gibt es nur in »echten« Fiori-Apps. Wie Sie es nutzen, erfahren Sie mit den nächsten Schritten.

5 Klicken Sie in der Shell Bar rechts neben der Anzeige **Kunde** auf den Pfeil am Navigationsmenü.

6 Im Navigationsmenü werden Ihnen in einer Dropdown-Liste folgende Absprungmöglichkeiten angezeigt:

- die bisherigen Stationen Ihrer Reise, in unserem Fall die Einträge **Startseite**, **Kundenstamm** und die aktuelle Station **Kunde**.

– der Menüpunkt **Alle meine Apps** zum Wechseln in eine andere App (hierzu finden Sie im Infokasten »Mit ›Alle meine Apps‹ eine andere SAP-Fiori-App starten« auf der folgenden Seite weitere Anmerkungen).

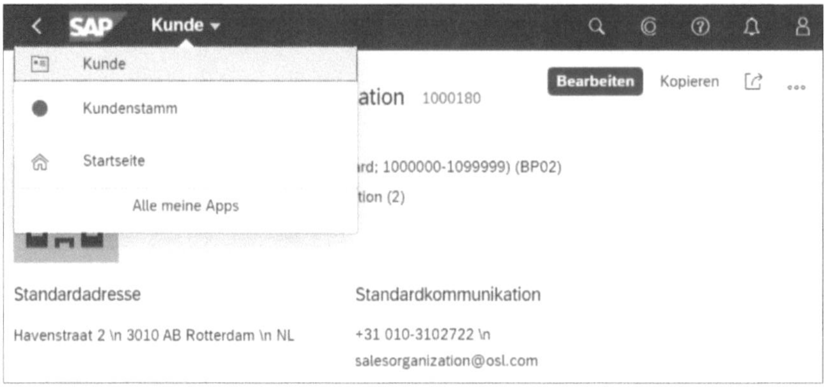

Klicken Sie zur Übung auf den Eintrag **Kundenstamm** im Navigationsmenü. Damit landen Sie wieder in der Liste. Ok, ein Klick auf das Icon < (**Zurück**) hätte das Gleiche bewirkt und wäre schneller gewesen. Jedoch kann das Navigationsmenü bei Apps mit mehreren Bildern eine Hilfe sein.

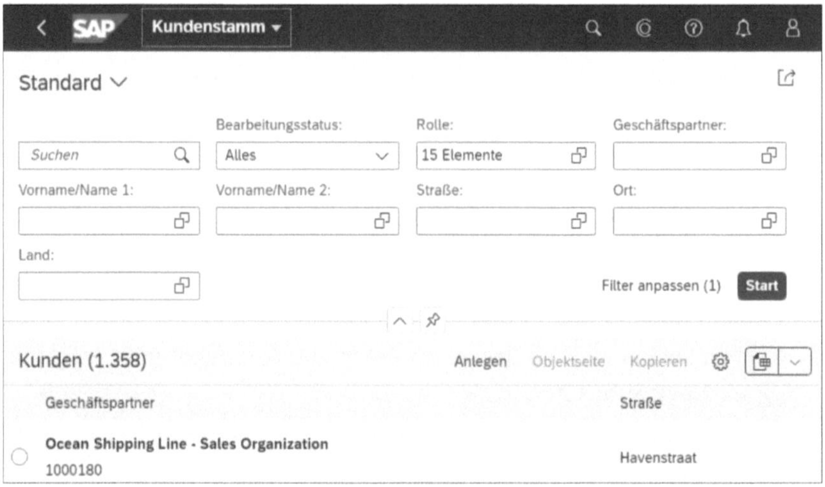

7 Klicken Sie in der Liste in der Spalte **Geschäftspartner** nochmals auf einen Kunden Ihrer Wahl. Damit wechseln Sie wieder in das Formular. Bleiben Sie hier, denn mit dem Formular geht es im nächsten Unterabschnitt weiter.

INFO

Mit »Alle meine Apps« eine andere SAP-Fiori-App starten

Nach dem Klick auf **Alle meine Apps** im Navigationsmenü sehen Sie eine zweigeteilte Liste.

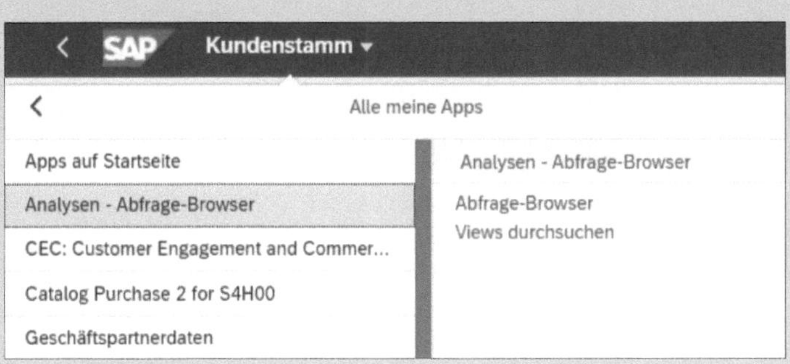

Das Menü »Alle meine Apps«

Im linken Bereich sehen Sie wie im App Finder die Kataloge. Im rechten Bereich finden Sie, passend zum angeklickten Katalog, die entsprechenden Apps. Per Klick auf eine App können Sie diese starten.

Im Formular navigieren

Sie sehen noch das Formular mit den Kundenstammdaten? Wenn nicht, wechseln Sie mithilfe der Anleitung aus dem letzten Unterabschnitt wieder in dieses Formular.

Hier gibt es ganz schön viele Felder! Deswegen möchten wir Ihnen nun erst einmal einen Überblick über dieses App-Fenster geben. Die hier gewonnenen Kenntnisse lassen sich leicht auf andere »echte« transaktionale Fiori-Apps übertragen.

Es gibt drei Methoden, um die Daten sichtbar zu machen, die sich in einem Formular weiter unten oder oben befinden und daher nicht im Bild angezeigt werden:

- Sie scrollen mit der Ziehleiste am rechten Fensterrand oder mit dem Mausrad.
- Sie drücken eine der Tasten [↓], [↑], [Bild↓], [Bild↑], [End] oder [Pos1].
- Sie wählen oben die entsprechende Registerkarte. Im Formular für den Kunden gibt es beispielsweise die Register **Grunddaten** und **Adresse**. Kli-

cken Sie auf ein Register Ihrer Wahl, in unserem Beispiel klicken wir auf **Adresse**.

Das Register »Adresse« im Formular »Kunde«

Registerleiste und Register

Eine transaktionale Fiori-App wird oft in sogenannte *Registerkarten* unterteilt (andere Begriffe: *Register*, *Reiter*), damit Sie schneller zu den gewünschten Daten gelangen. In der Registerleiste stehen die Register in einer Zeile; hier wird Ihnen eine Navigation zwischen den Registerkarten angeboten. Sobald Sie auf eine der angezeigten Registerkarten klicken, scrollt Ihr Browser automatisch an den gewünschten Ort.

INFO

Woran erkenne ich die aktuell geöffnete Registerkarte?

Sobald eine bestimmte Registerkarte geöffnet ist, wird deren Text in der Registerleiste farblich hervorgehoben, und unterhalb des Textes ist zudem eine farbliche Linie als Unterstreichung zu sehen.

Ist ein Fenster zu klein, können Sie sich die ausgeblendeten Registerkarten mit einem Klick auf eines der Icons [>] (**Nach rechts blättern**) oder [<] (**Nach links blättern**) in der Registerleiste anzeigen lassen. Diese Icons erscheinen nur nach Bedarf.

Wir empfehlen stattdessen einen Klick auf das Icon [v] ganz rechts, denn damit werden wie in der nächsten Abbildung alle Registerkarten auf einen Blick dargestellt. Mit einem Klick auf einen Eintrag in diesem Dropdown-Menü springen Sie zu dem entsprechenden Register.

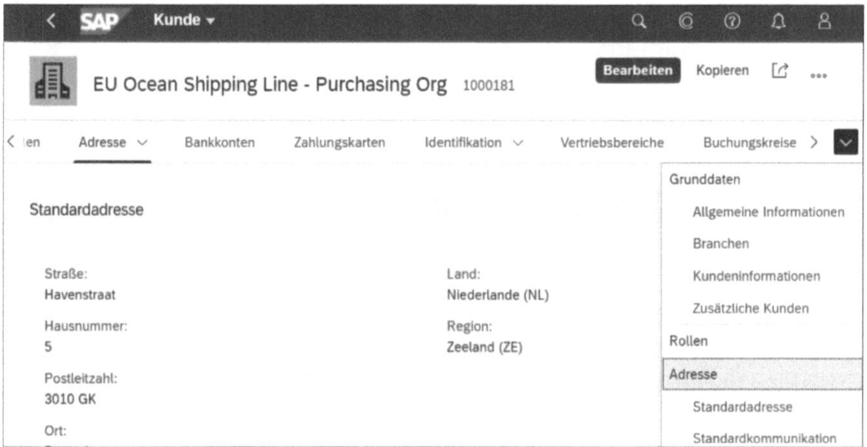

Die geöffnete Übersicht der Register am rechten Fensterrand

TIPP

Ein Feld oder einen Feldinhalt schneller finden

Es gibt in »echten« SAP-Fiori-Apps riesige Formulare, die sich über viele, viele Bildseiten erstrecken. Mit einem Browser-Shortcut finden Sie ganz schnell die gewünschte Stelle im Formular:

1. Drücken Sie die Tastenkombination [Strg] + [F]. Je nach Browser öffnet sich ein Suchfeld – oberhalb der Shell Bar wie bei Microsoft Edge oder am unteren Bildrand wie z. B. bei Mozilla Firefox.

2. Geben Sie den Suchbegriff in das Browser-Suchfeld ein. In unserem Beispiel suchen wir mit dem Suchbegriff »Telefon« nach Telefonnummern. Der Suchbegriff kann ein beliebiger Text sein, beispielsweise ein Feldname oder ein Feldinhalt.
3. Der Browser springt sofort während der Eingabe zur ersten Fundstelle und markiert weitere Stellen. Mit der [↵]-Taste springen Sie zur nächsten Fundstelle.

Nun dürfen Sie für die nächste Anleitung wieder auf Ihre Launchpad-Startseite zurückkehren. Wie geht das am schnellsten? Genau, mit einem Klick auf das Icon SAP links oben.

5.4 Eine Änderung durchführen

Sie ändern nun eine Kundenadresse und verwenden dazu nochmals die »echte« Fiori-App **Kundenstammdaten verwalten** aus dem vorangehenden Abschnitt. Und Sie werden sehen: Es ist ein etwas anderer Ablauf als im SAP GUI, denn diesmal führen Sie zuerst eine Selektion durch und ändern und sichern erst danach die Daten.

VIDEO

Eine Änderung durchführen

Dieses Video zeigt Ihnen am Beispiel von Kundenstammdaten, wie Sie Änderungen durchführen.

http://s-prs.de/v7389at

1. Öffnen Sie die App **Kundenstammdaten verwalten.**

2. Sie können gleich auf die Schaltfläche **Start** klicken, also nicht filtern und sich alle Kunden anzeigen lassen, oder vorher z. B. eine Kundennummer in das Feld **Geschäftspartner** eingeben, um genau den einen Kunden herauszusuchen.
3. In der Liste klicken Sie auf die Zeile des Kunden, den Sie ändern wollen, in unserem Beispiel aus Live Access ist es ein niederländisches Unternehmen. Daraufhin gelangen Sie zum entsprechenden Formular.

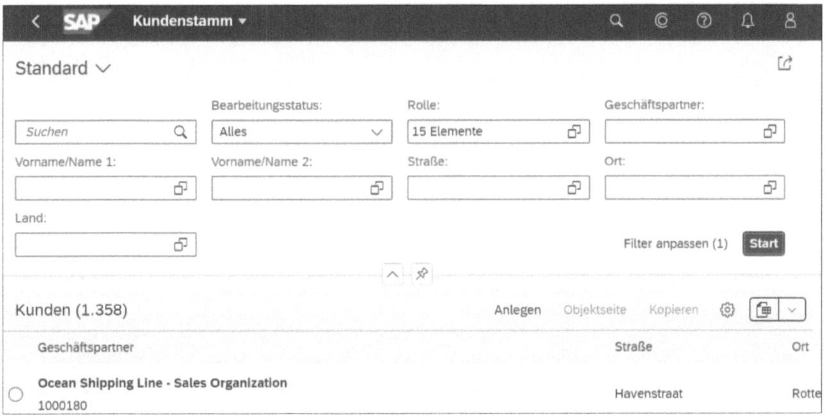

4 Um die Adresse ändern zu können, klicken Sie zuerst in der Registerleiste auf das Register **Adresse**.

5 Nun wechseln Sie in den Bearbeitungsmodus, indem Sie rechts oben auf die Schaltfläche **Bearbeiten** klicken. Wie im SAP GUI ist ein Datensatz im Bearbeitungsmodus auch in SAP Fiori natürlich gegen Änderungen durch andere Benutzer gesperrt.

Und nun ein kleines Suchbildrätsel: Welche Unterschiede erkennen Sie zwischen dem Formular aus der obigen Abbildung und dem Formular im Bearbeitungsmodus (Abbildung auf der nächsten Seite)? Es gibt mindestens drei richtige Antworten:

- die Eingabehilfen mit dem Icon ⧉ in einigen Feldern wie **Land**
- die Kästen um die Felder, in denen Daten geändert werden können (Felder ohne Umrandung sind gegen Änderungen geschützt)
- die Schaltflächen **Sichern** und **Abbrechen** ganz unten

6 Sie können nun die Inhalte der Feldgruppe **Standarddresse** beliebig ändern. Tragen Sie beispielsweise in das Feld **Straße** die Adresse »Havenstraat« ein.

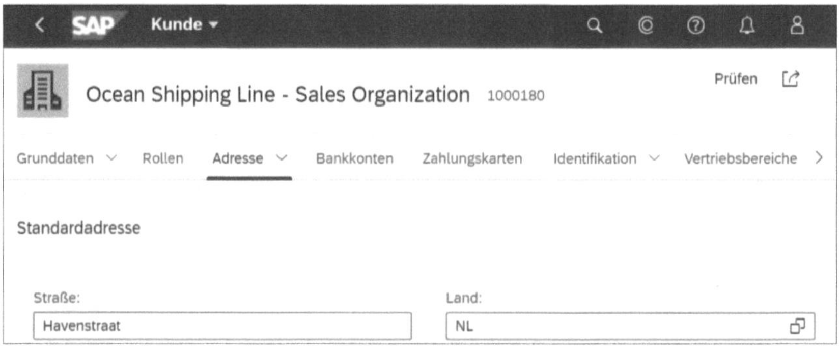

7 Im Anschluss speichern Sie Ihre Änderungen mit einem Klick auf die Schaltfläche **Sichern** ganz unten. Die App wechselt automatisch zurück in den Anzeigemodus.

8 Um zur Startseite des SAP Fiori Launchpads zurückzukehren, klicken Sie auf das Icon SAP oben links.

ACHTUNG

Datenverlust beim Verlassen der SAP-Fiori-App?

Falls Sie in einer App Änderungen vorgenommen und aus Versehen in der Shell Bar auf das Icon < (**Zurück**) geklickt oder eine andere App über das Navigations- oder Benutzermenü gestartet haben, sichert SAP S/4HANA Ihre Änderung als Entwurf.

In anderen Apps rettet Sie eine Warnmeldung vor dem Datenverlust!

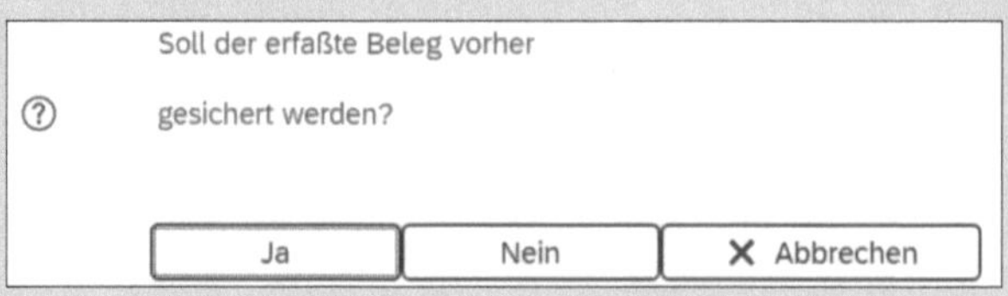

Warnmeldung bei der Belegerfassung

5.5 Daten erfassen

Im vorangehenden Abschnitt haben Sie gelernt, wie Sie im Bearbeitungsmodus Daten eines bestehenden Kunden ändern. Zum Anlegen eines neuen Kunden nutzen Sie die gleiche App wie zum Anzeigen und Ändern von Daten: **Kundenstammdaten verwalten**.

Im SAP GUI gibt es für diese drei Vorgänge in der Regel *unterschiedliche* Transaktionen, wobei viele Ausnahmen diese Regel bestätigen. In SAP Fiori haben Sie üblicherweise *eine* »echte« Fiori-App, mit der Sie sowohl das Anlegen, das Ändern als auch die Neuerfassung erledigen. Mit einer »echten« Fiori-App werden demnach drei GUI-Transaktionen ersetzt, und als Bonus erhalten Sie mit dieser App zusätzlich eine übersichtliche Liste.

1. Starten Sie die SAP-Fiori-App **Kundenstammdaten verwalten**. Es erscheint das Einstiegsbild der App.

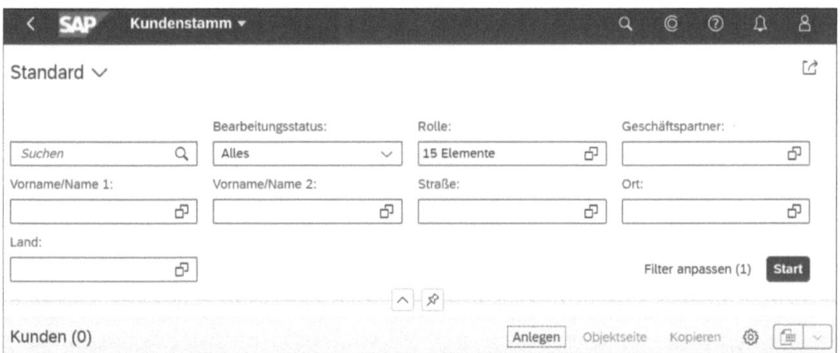

2. Wie auch in anderen »echten« transaktionalen Fiori-Apps klicken Sie im Einstiegsbild auf die Schaltfläche **Anlegen**, um einen Erfassungsablauf zu starten.

Wir brechen diesen Ablauf jedoch hier mit einem Klick auf das links oben befindliche Logo-Icon SAP ab und wechseln zurück auf die Startseite des SAP Fiori Launchpads.

INFO

Unterschiede bei der Datenänderung und -erfassung

Es gibt folgende Unterschiede bei der Datenänderung und -erfassung zwischen dem SAP GUI und Fiori-Apps:

- den Start der Erfassung mit der Schaltfläche **Anlegen**
- die Markierung der Pflichtfelder mit einem roten Sternchen *
- das jederzeit sichtbare Icon für die Eingabehilfe, für die im SAP GUI ein Klick in das jeweilige Feld notwendig ist
- das Fehlen einer Historie als Liste aller Ihrer Eingaben aus den letzten drei Monaten in »echten« Fiori-Apps

5.6 Mit Eingabehilfen Feldwerte finden

Erinnern Sie sich an die Wertehilfen aus dem SAP GUI? Natürlich gibt es eine derart grundlegende Funktion auch in SAP Fiori. Sie unterscheidet sich aber nicht nur in ihrer Bezeichnung von der Funktion im SAP GUI. (Die Verfahren, die wir in diesem Abschnitt behandeln, gelten nur für »echte« Fiori-Apps. Die Regeln für Wertehilfen in Legacy-Apps mit fiorisierten Transaktionen entsprechen denen des SAP GUI.) Die SAP-GUI-Wertehilfe nennt sich in SAP Fiori *Eingabehilfe*. Die darüber gefundenen Werte wie beispielsweise Länderkürzel werden als *Elemente* bezeichnet.

Wie Sie mit Eingabehilfen Ihre Eingabewerte finden, lernen Sie in diesem Abschnitt, und wir zeigen es Ihnen ebenfalls am Beispiel der App **Kundenstammdaten verwalten**. Um diese Funktion zu trainieren, verwenden wir die Werteliste des Feldes **Land** aus der App **Kundenstammdaten verwalten** und suchen Länder[kürzel].

VIDEO

Mit Eingabehilfen Feldwerte finden

In diesem Video sehen Sie am Beispiel von Kundenstammdaten, wie Sie mit Eingabehilfen Feldwerte finden.

http://s-prs.de/v7389au

1 Starten Sie die App **Kundenstammdaten verwalten**.

2 Klicken Sie im Einstiegsbild auf die Schaltfläche **Start**.

3. In der Liste klicken Sie in die Zeile eines beliebigen Kunden, um zum Formular zu gelangen.

4. Klicken Sie im Formular zuerst auf die Schaltfläche **Bearbeiten** und danach in der Registerleiste auf das Register **Adresse**.

   Dieser Punkt geht an SAP Fiori: Im Gegensatz zum SAP GUI sehen Sie hier sofort anhand des Icons [⧉], in welchen Feldern es eine Werteliste gibt. Sie brauchen dazu nicht extra in ein Feld zu klicken.

5. Klicken Sie also im Feld **Land** auf das Icon [⧉]. (Alternativ können Sie auch in das Feld klicken und danach wie im SAP GUI die Funktionstaste [F4] drücken.) Die Eingabehilfe wird Ihnen in einem separaten Fenster angezeigt.

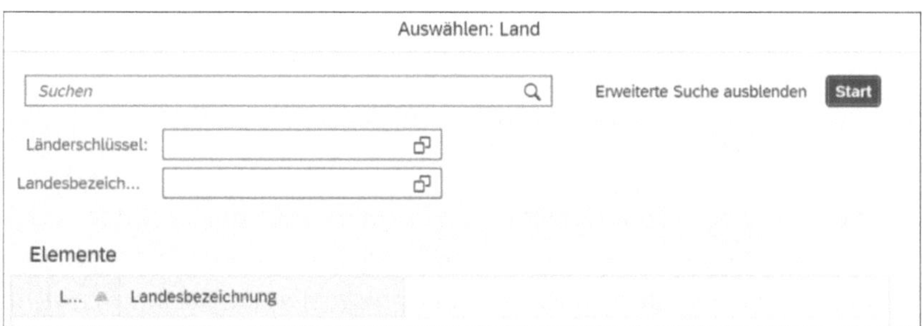

6. Im unteren Teil des Fensters, unter der Überschrift **Elemente**, wartet eine momentan noch leere Tabelle auf die ersten Suchergebnisse.

   Im oberen Teil des Suchfensters können Sie nun entweder Vorgaben für die Suche machen, also z. B. das gesuchte Land in das Feld **Landesbezeichnung** eintragen, und die Suche dann mit einem Klick auf die Schaltfläche **Start** oder mit der [↵]-Taste starten.

Um alle verfügbaren Elemente zu sehen, klicken Sie sofort und ohne Suchvorgaben auf die Schaltfläche **Start**. Die Elemente sind hier die Länderkürzel (im SAP GUI werden sie als Werte bezeichnet). Daraufhin werden unter der Überschrift **Elemente** alle Länder dieser Erde angezeigt.

TIPP

Das universale Suchfeld

Ein neues Fiori-Feature kennt man im SAP GUI nur an vereinzelten Stellen: ein Suchfeld, das nicht nur die Elemente *einer* Spalte durchsucht, sondern *alle* Spalten. In unserem Beispiel werden gleichzeitig die Spalten **Länderschlüssel** und **Landesbezeichnung** durchsucht.

7 Geben Sie »ME« in das Feld **Suchen** ein, und testen Sie die universale Suche. Wenn Sie auf die Schaltfläche **Start** oder auf das Icon (**Suchen**) im Suchfeld klicken, sehen Sie sowohl einen Treffer aus der Spalte **Länderschlüssel** (ME für Montenegro) als auch einen Treffer aus der Spalte **Landesbezeichnung** (Mexiko).

8 Die Suchfelder **Länderschlüssel** und **Landesbezeichnung** unter dem Feld **Suchen** gehören zur *erweiterten Suche*. Sie sehen diese Felder nicht? Hm, dann ist die erweiterte Suche offenbar ausgeblendet. Sie machen sie dann rechts oben mit einem Klick auf die Schaltfläche **Erweiterte Suche einblenden** sichtbar.

9 Jetzt löschen Sie den Eintrag »ME« im linken oberen Suchfeld, geben stattdessen »ME« in das Feld **Länderschlüssel** ein und klicken auf die Schaltfläche **Start**.

Diesmal erhalten Sie als Ergebnis nur ME für Montenegro, da Sie die Suche speziell für den Länderschlüssel in der Spalte **Länderschlüssel** durchgeführt haben.

10 Und wie Sie es vielleicht aus dem SAP GUI kennen: Mit einem Doppelklick übernehmen Sie ein Element in die Eingabemaske.

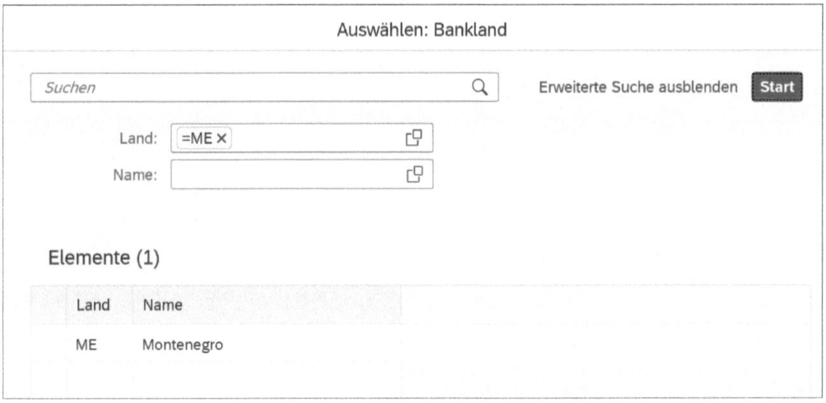

Sie haben nun alle Funktionen dieser einfachen Suche kennengelernt – mit Ausnahme der *Bedingungen*, die nach dem Klick auf das Icon in einem der Felder **Länderschlüssel** oder **Landesbezeichnung** erscheinen. Das Anwenden solcher Bedingungen ist bei der Suche nach Ländern jedoch nicht wirklich sinnvoll. Daher erklären wir sie Ihnen im nächsten Abschnitt bei einer anspruchsvolleren Suche.

INFO

Unterschiede bei den Eingabehilfen

Vermissen Sie hier einige Funktionen aus dem SAP GUI? Wir auch! Im SAP GUI und in fiorisierten Transaktionen können Sie zusätzlich auch persönliche Wertelisten erstellen. Andererseits bietet SAP Fiori Ihnen mit dem universalen Suchfeld und mit der übersichtlichen Maske auch Vorteile gegenüber dem SAP GUI.

Sie dürfen die Eingabehilfe nun mit einem Klick auf die Schaltfläche **Abbrechen** rechts unten schließen und mit dem Icon SAP zur Startseite des SAP Fiori Launchpads zurückkehren. Für den nächsten Abschnitt sollten Sie ausgeschlafen sein, denn hier geht es um komplexere Suchen mit Bedingungen in großen Datenbeständen.

5.7 Stammdaten und Belege finden

Im vorangehenden Abschnitt haben Sie nur ein Länderkürzel gesucht. In diesem Abschnitt erfahren Sie am Beispiel der Nummer eines Geschäftspartners, wie Sie in größeren Datenbeständen suchen und die passenden Informationen finden. Hierfür gibt es zwei Methoden:

- eine automatische Liste, die bereits während der Eingabe in das betreffende Feld Vorschläge anbietet.
- die Eingabehilfe aus dem letzten Abschnitt, in der Sie erweiterte Suchoptionen bei der Suche in umfangreichen Datenbeständen wie Stammdaten und Belegen nutzen können.

Die automatische Liste nutzen

Die automatische Liste zeigen wir Ihnen am Beispiel der SAP-Fiori-App **Kreditorensalden anzeigen**. Ein Kreditor ist ein Lieferant, und anhand seines Saldos sehen wir, wie viel Geld wir ihm schulden oder wie viel er uns schuldet.

Die Methode zur Suche nach einem Kreditor ist auf »echte« Fiori-Apps aus anderen Bereichen übertragbar, egal ob Sie im Einkauf, Vertrieb oder anderswo tätig sind. In unserem Beispiel suchen wir eine GmbH aus Stuttgart.

VIDEO

Nach Stammdaten suchen

In diesem Video lernen Sie am Beispiel der Suche nach einem Kreditor, wie Sie bestimmte Stammdaten in großen Datenbeständen finden.

http://s-prs.de/v7389av

1. Starten Sie die App **Kreditorensalden anzeigen**.

   Um den gewünschten Lieferanten zu finden, würden Sie intuitiv jetzt im Einstiegsbild im Feld **Kreditor** auf das Icon [icon] klicken, um die Suchhilfe zu starten. Tun Sie das nicht! Es geht viel einfacher.

2. Geben Sie »UP Studgart« in das Feld **Kreditor** ein. (Entschuldigung, liebe Stuttgarter – als Halbschwaben wissen wir, wie man Eure Stadt schreibt, aber wir wollen hier die fehlertolerante Suche vorführen.) Bereits wäh-

rend der Eingabe zeigt SAP Fiori Ihnen bei entsprechender Voreinstellung darunter das Suchergebnis an.

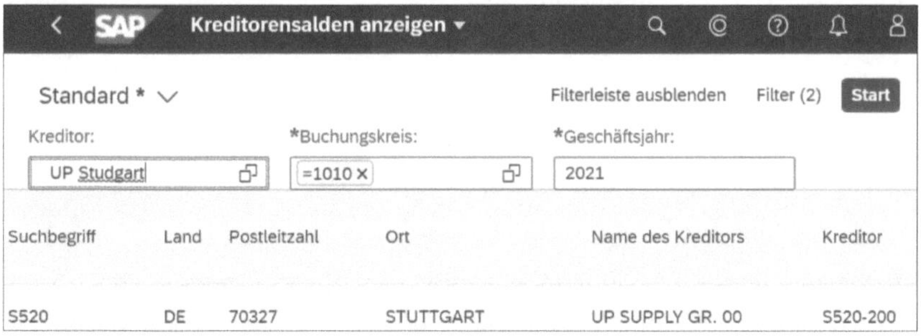

3 Mit einem Klick auf eine Zeile im Suchergebnis übernehmen Sie den Lieferantennamen in das Feld **Kreditor**. So einfach geht das!

Controller*innen und Buchhalter*innen und natürlich alle anderen Interessierten dürfen hier – falls nicht bereits vorbelegt – gerne noch nebenan den Buchungskreis »1010« eingeben und die Schaltfläche **Start** betätigen, um den Saldo und andere Informationen zu diesem Kreditor einzusehen.

Die automatische Liste funktioniert in allen Apps, also auch in fiorisierten Transaktionen. Es gibt sie jedoch nur für ausgewählte und häufig genutzte Felder wie **Material**, **Kunde**, **Bestellung**, **Auftrag** oder **Sachkonto**.

Nachfolgend wollen wir Ihnen noch einige weitere Regeln zur automatischen Suche in »echten« Fiori-Apps mit auf den Weg geben:

- Der Joker * aus den SAP-GUI-Transaktionen funktioniert bei diesen Eingabehilfen, der Joker + funktioniert in »echten« Fiori-Apps leider nicht.
- Sie haben in unserem Beispiel gesehen, dass Sie im Feld **Kreditor** Inhalte aus anderen Feldern des Kreditorenstammsatzes zur Suche verwenden können: Wir haben mit »UP« eine Eingabe aus dem Feld **Name des Kreditors** und mit »Stuttgart« eine Eingabe aus dem Feld **Ort** benutzt. Sie dürfen in ein Feld grundsätzlich eingeben, was Ihnen zu dem gesuchten Element einfällt. Hauptsache, es ist irgendwo im Datensatz zu finden.
- Das Beste kommt wie so oft zum Schluss: Die automatische Hilfe verzeiht Ihnen sogar Rechtschreibfehler. Das haben Sie am Beispiel »Studgart« gesehen. Es gibt hier jedoch Einschränkungen: Bei Begriffen mit weniger als sieben Zeichen dürfen Sie keine Fehler machen. »Börlin« findet nicht Berlin, aber »Walldoof« findet Walldorf. Je länger der Suchbegriff, desto mehr Rechtschreibfehler sind erlaubt. Diese Regeln können in verschiedenen SAP-Systemen unterschiedlich sein.

Die optimale Suchvorlage bestimmen

Eine *Suchvorlage* ist nichts anderes als eine Suchhilfe im SAP GUI oder bei einer fiorisierten Transaktion, also eine Zusammenstellung verschiedener Felder. Im SAP GUI und in fiorisierten Transaktionen gibt es für die Auswahl der Suchhilfen verschiedene Register – in »echten« Fiori-Apps eine Liste.

Für unser Beispiel verwenden wir nochmals die Eingabehilfe des Feldes **Kreditor**. Zur Suche geben wir einen Nummernbereich und danach einen Postleitzahlenbereich vor.

1. Starten Sie die SAP-Fiori-App **Kreditorensalden anzeigen**, wenn Sie nach der letzten Anleitung ausgestiegen sind.

2. Diesmal klicken Sie im Feld **Kreditor** auf das Icon. Nun erscheint eine ähnliche Eingabehilfe wie im letzten Abschnitt beim Feld **Land**.

Welche Unterschiede zeigen sich in der oberen Fensterhälfte im Vergleich zur Eingabehilfe des Felds **Land** aus dem letzten Abschnitt, außer dass es mehr Suchfelder gibt? Von oben nach unten:

- Sie sehen ganz oben ein zusätzliches Register **Bedingungen definieren**, es ermöglicht Ihnen das zusätzliche Ein- bzw. Ausschließen von Werten.
- Rechts neben dem Eintrag **Kreditoren (allgemein)** finden Sie das Icon, und dieses besprechen wir jetzt.

3 Klicken Sie auf das Icon, um die möglichen Suchvorlagen zu sehen. Die Suchvorlagen entsprechen im SAP GUI und in Legacy-Apps den Suchhilfen auf den Registern.

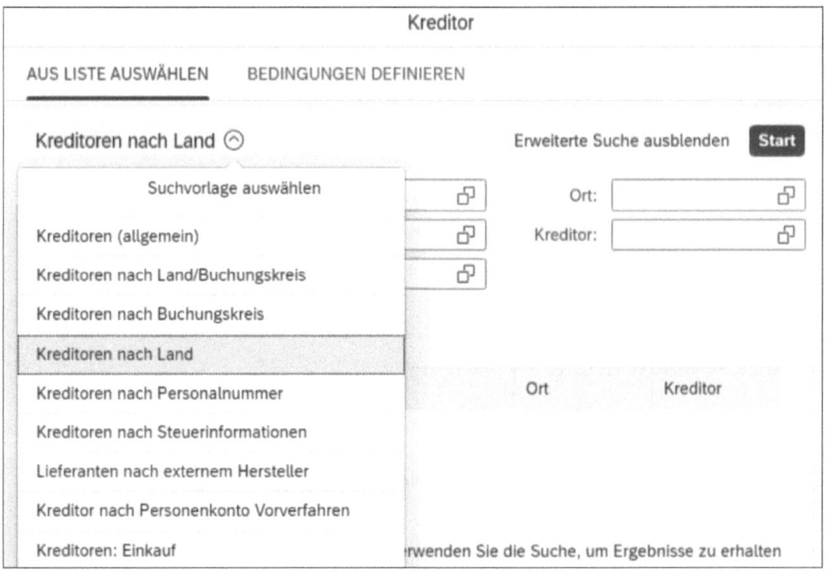

4 Wenn Sie hier eine andere Suchvorlage wählen, erhalten Sie andere Suchfelder. Mit der Suchvorlage **Kreditoren: Einkauf** können Einkäufer*innen beispielsweise die Einkaufsorganisation vorgeben.

In unserem Beispiel klicken Sie auf die Suchvorlage **Kreditoren nach Land.**

5 In das Feld **Land** tragen Sie nun »FR« für Frankreich ein. Nach einem Klick auf die Schaltfläche **Start** werden Ihnen alle entsprechenden Kreditoren angezeigt.

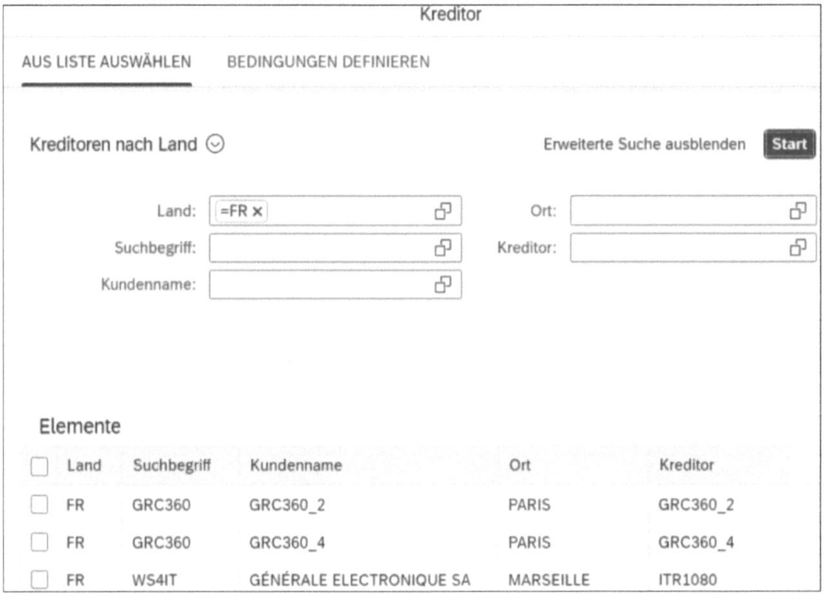

6 Nun können Sie den gewünschten Kreditor markieren und mit der Schaltfläche **OK** in den Filter übernehmen.

7 Danach dürfen Sie die App per Klick auf das Icon schließen.

Viele andere Eingabehilfen »echter« Fiori-Apps haben nur *eine* Suchvorlage, die sich **Standard** nennt.

5.8 Enterprise Search für die globale Suche

Stellen Sie sich folgenden gängigen Praxisfall vor: Eine Kollegin oder ein Geschäftspartner ruft an und möchte ganz schnell eine Auskunft zu einem bestimmten Auftrag, einer Bestellung oder einer Rechnung erhalten und nennt Ihnen die entsprechende Belegnummer. Je nach Performance und Datenmenge Ihres S/4HANA-Systems zaubern Sie den Beleg auf den Bildschirm, bevor Ihr*e Gesprächspartner*in Luft geholt hat. Das kennen Sie so nicht vom SAP GUI: In SAP Fiori brauchen Sie nicht erst eine spezielle App aufzurufen, um beispielsweise eine bestimmte Bestellung anzuzeigen. Mit einem Begriff oder einer Nummer durchsuchen Sie die komplette SAP-Datenbank. Wir dürfen vorstellen: die unternehmensweite SAP-Suchmaschine *Enterprise Search*.

Bevor wir loslegen, wollen wir noch den Begriff *Business-Objekt* klären, dem Sie gleich auf dem Bildschirm begegnen werden. Ein Business-Objekt kann ein beliebiger Stammsatz sein, etwa ein Material oder ein Lieferant, oder ein Beleg wie beispielsweise eine Bestellung, ein Auftrag oder eine Buchung. Ein Materialstammsatz ist ein Business-Objekt, und eine Bestellung ist ein anderes Business-Objekt.

Ohne Objekttyp suchen

Wir wollen hier beispielhaft nach Bestellungen zu einem vorgegebenen Material suchen. Für die Suche können Sie den Typ eines Business-Objekts vorgeben, den sogenannten *Objekttyp*. Dies kann z. B. der Objekttyp *Bestellungen* oder der Objekttyp *Material* sein. Im Idealfall klappt die Suche aber auch ohne die Vorgabe eines Objekttyps, wie Sie in dieser Anleitung sehen werden.

VIDEO

Enterprise Search für die globale Suche nutzen

Dieses Video zeigt Ihnen, wie Sie von der Enterprise Search profitieren.

http://s-prs.de/v7389aw

1. Klicken Sie auf das Icon [Q] (**Suchen**) in der Shell Bar. Links neben diesem Icon erscheinen daraufhin zwei zusätzliche Felder.
2. In unserem Beispiel verwenden wir die Bestellnummer 4500000001 (kleiner Tipp: es sind 7 Nullen zwischen der 45 und der am Schluss stehenden 1). Bereits während des Tippens versucht SAP Fiori, eine Vorschau der Ergebnisliste Ihrer Suche zu erstellen. Diese umfasst alle mit Ihrer Suchvorgabe übereinstimmenden Business-Objekte.

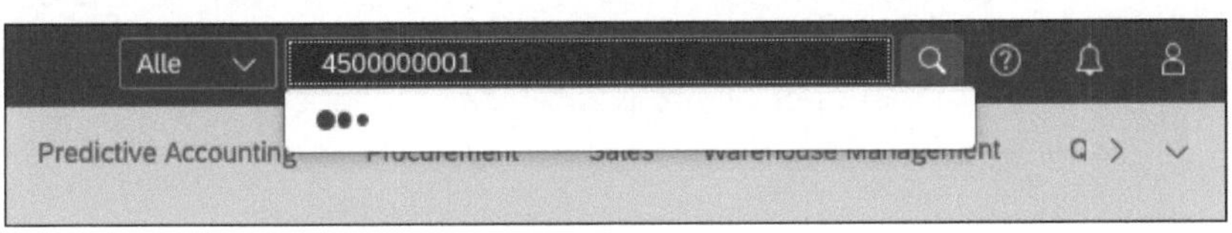

3. Klicken Sie nach dem Eintippen erneut auf das Icon [Q] (**Suchen**). (Alternativ können Sie auch die [↵]-Taste drücken.)

   Nun wird die gefundene Bestellung mit den wichtigsten Informationen im sogenannten *Infoblatt* angezeigt.

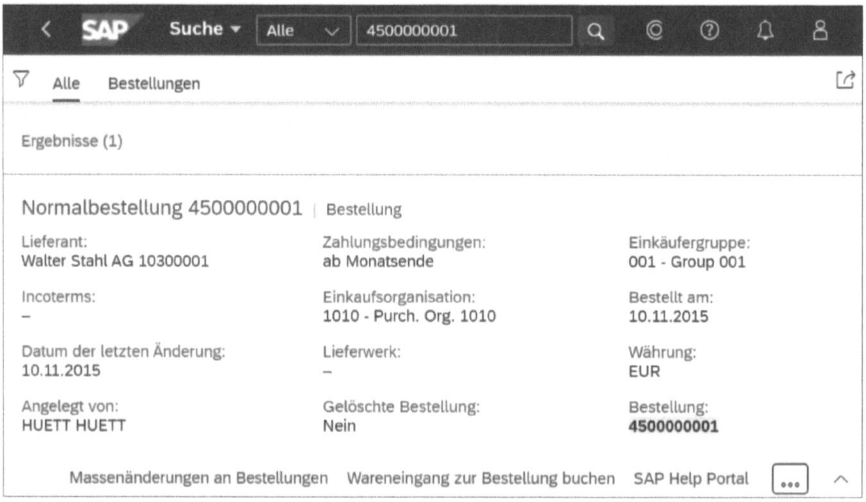

So schnell? So schnell! Reichen die hier angezeigten Informationen nicht aus, haben Sie zusätzlich folgende Möglichkeiten:

- Mit einem Klick auf die Objektnummer, in unserem Beispiel die Bestellnummer links oben, wechseln Sie in die entsprechende App, die Ihnen jeweils die kompletten Daten anzeigt, bzw. in ein weiteres Infoblatt.
- Unter den gefundenen Informationen, in unserem Fall den Bestelldaten, finden Sie in der Regel Links zu weiteren Apps, die zu dem jeweiligen Objekt passen, z. B. den Link **Wareneingang zur Bestellung buchen.** Mit dem Icon ••• (**Mehr**) erhalten Sie eine weitere Auswahl an passenden Apps.

INFO

Infoblätter

Als Ergebnis der Suche haben Sie ein Infoblatt erhalten (anderer Begriff: *Fact Sheet*), also eine Übersicht mit wichtigen Informationen zu einem Business-Objekt. Infoblätter sind neben transaktionalen und analytischen Apps eine eigene App-Kategorie. Sie können nicht direkt als eigene App, sondern nur über die Enterprise Search oder über Links aufgerufen werden.

TIPP

Kontextnavigation zwischen zusammengehörigen Objekten

Wenn Sie in Apps auf farblich hervorgehobene Daten wie in unserem Beispiel die Bestellnummer klicken, erhalten Sie weitere Informationen. Aus der nach dem Klick auf die Bestellnummer angezeigten Bestellung heraus können Sie wiederum mit einem Klick auf den Lieferanten oder das bestellte Material weitere Detailinformationen aufrufen. Dies bezeichnet SAP auch als *Kontextnavigation* zwischen zusammengehörigen Objekten.

Mit Objekttyp suchen

Kennen Sie das Wimmelbuch »Wo ist Walter?«? Darin geht es darum, in einer sehr großen Personenmenge Herrn Walter zu finden, einen Mann mit Brille. Sie wissen genau, wie er aussieht, und brauchen dennoch sehr lange, um ihn zu finden. Stellen Sie sich vor, wie viel mehr Zeit und Anstrengung Sie noch benötigen würden, wenn Ihnen nicht sein konkretes Aussehen bekannt wäre, sondern Sie lediglich über die Information »Mann mit Brille« verfügten!

So ähnlich kann man sich auch die Suche in SAP Fiori vorstellen. Statt mit spärlichen Angaben in einer riesigen Menge Informationen zu suchen, ist es meistens besser, die Suche zuvor auf einen bestimmten Objekttyp einzugrenzen. Sie sparen sich einerseits Zeit und andererseits dem System eine Menge Rechenleistung!

Im folgenden Beispiel suchen wir Bestellungen. Wir kennen die Materialnummer und wollen im Zusammenhang mit einem Warenrückruf die zugehörigen Bestellungen heraussuchen. Dazu gehen Sie so vor:

1. Öffnen Sie die Enterprise Search mit einem Klick auf das Icon [Q] (**Suchen**) in der Shell Bar.
2. Klicken Sie in der Shell Bar rechts neben dem Feld **Alle** auf das Icon [∨]. Damit öffnen Sie die Objektliste.

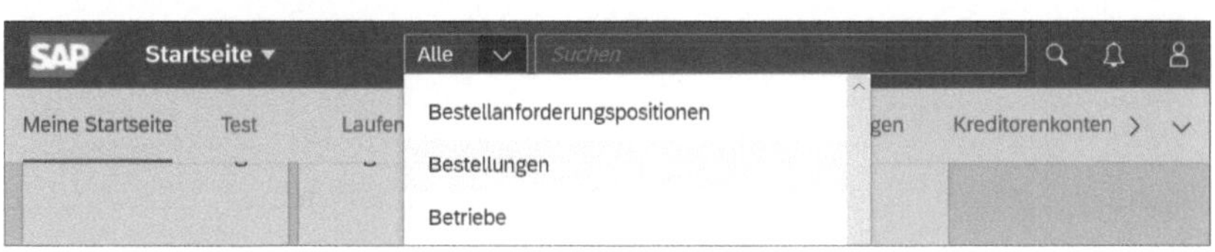

3. Klicken Sie in der Liste auf den Eintrag **Bestellungen**.
4. Geben Sie die Materialnummer »TG0011« in das Enterprise-Search-Feld ein, und klicken Sie zur Bestätigung erneut auf das Icon [Q] (**Suchen**).

5 Daraufhin werden nur die Bestellungen für die Materialnummer TG0011 angezeigt. Die Zahl neben einem Eintrag zeigt Ihnen die Anzahl der oben links gefundenen Objekte. Über das Icon (**Filter einblenden**) links oben im Fenster eröffnen sich Ihnen weitere Filtermöglichkeiten.

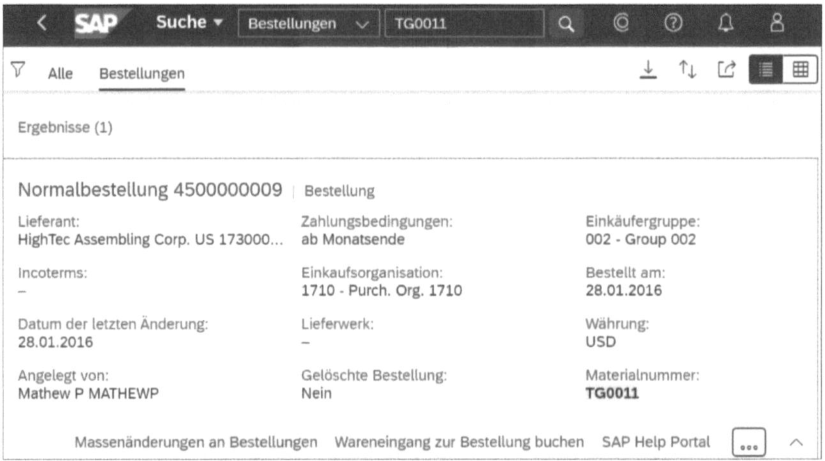

Mit ein wenig Tipparbeit und zwei Klicks haben Sie eine Belegübersicht aufgerufen. Dies funktioniert natürlich auch mit Stammdaten.

Um einen besseren Überblick zu erhalten, klicken Sie rechts oben auf das Icon (**Als Tabelle anzeigen**), und schon sehen das Suchergebnis als Tabelle. Um zum Ausgangszustand zurückzukehren, klicken Sie auf das Icon SAP.

Beachten Sie die folgenden Regeln für die Enterprise Search:

- SAP Fiori zeigt Ihnen nur die Daten an, für die Sie eine Berechtigung haben.
- Zwischen Groß- und Kleinschreibung wird in der Regel nicht unterschieden.
- Sie können auch mehrere Suchbegriffe verwenden, bei der Lieferantensuche z. B. den Namen des Lieferanten und seinen Ort.

- Es werden nicht alle Felder durchsucht. Suchen Sie z. B. einen Lieferanten, können Sie Suchvorlagen für die Felder **Suchbegriff**, **Ort**, **Hausnummer**, **Name**, **Postleitzahl**, **Straße**, **Buchungskreis**, **Länderschlüssel** und **Einkaufsorganisation** verwenden. Andere Felder wie beispielsweise **PLZ** oder **Telefon** werden nicht durchsucht.
- Sie dürfen den Joker * verwenden, den Sie vielleicht aus den SAP-GUI-Transaktionen kennen. Der Joker + funktioniert in der Enterprise Search nicht.

5.9 Hilfe zur Selbsthilfe

Sie befinden sich irgendwo in den Tiefen einer App und wissen nicht weiter? Der übliche Spruch: »Dann google doch einfach!«, sollte in SAP Fiori nicht der erste Weg sein!

Hilfe zu einem Feld

SAP Fiori bietet eine eigene umfangreiche, intuitive und verlässliche Hilfe für sehr viele Fragen an. Wie Sie sie aufrufen und optimal nutzen, zeigen wir Ihnen jetzt.

1. Starten Sie die SAP-Fiori-App **Kontenplan verwalten**.
2. Richten Sie nun Ihren Blick auf die Shell Bar. Hier sehen Sie das Icon ⓘ (**Hilfe öffnen**), mit dem Sie die Hilfe öffnen. Alternativ können Sie auch die Taste [F1] drücken. Wie Sie in der nächsten Abbildung sehen, werden daraufhin manche Felder, Symbole oder Funktionen auf Ihrem Bildschirm mit einem farbigen Kreis umrandet. Das signalisiert Ihnen, dass SAP Fiori für genau diese Elemente eine Hilfe anbietet.

   Der Bereich **Hilfe** ganz rechts ist ein interaktives Menü mit Hilfsangeboten zur aktuell aufgerufenen App. Standardmäßig ist hier das Register **Hilfethemen** geöffnet (▣). Hier werden minimalistische Erläuterungen zu den mit einem Kreis versehenen Elementen auf Ihrem Bildschirm angezeigt.

   Sie können nun entweder direkt auf einen der farbigen Kreise oder auf einen Eintrag im rechten Bereich **Hilfethemen** klicken.

3 Wenn Sie auf die mittlere Markierung um **Kontenplan** klicken, wird der angeforderte Hilfeinhalt für das Feld **Kontenplan** sofort angezeigt. Er umfasst eine Definition des Begriffs und eine Beschreibung der Verwendung. Beachten Sie, dass Hilfeinhalte auch Videos sowie Links zu weiteren, für Sie interessanten Inhalten enthalten können.

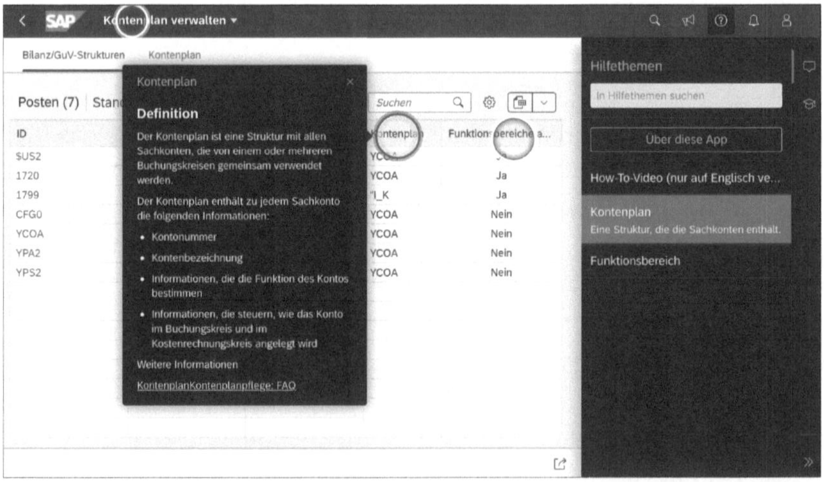

4 Und wie blenden Sie die Hilfe wieder aus? Indem Sie einfach erneut auf das Icon ⓘ (**Hilfe öffnen**) in der Shell Bar klicken. Aber warten Sie kurz damit – Sie benötigen diese Ansicht auch noch in der nächsten Anleitung!

ACHTUNG

Fehlt das Icon ⓘ in der Shell Bar?

Wenn das Icon ⓘ (**Hilfe öffnen**) in der Shell Bar fehlt, ist die Hilfe in Ihrem SAP-System nicht konfiguriert. Da kann Ihnen leider nur ein*e Administrator*in helfen, indem er*sie die Hilfefunktion installiert.

5

Hilfe zu einer SAP-Fiori-App

Neben der Hilfe zu einzelnen Feldern, Icons oder Funktionen innerhalb einer App bietet SAP Fiori auch umfangreiche Informationen zu den Apps selbst:

1. Klicken Sie im rechten Bereich **Hilfethemen** auf die Schaltfläche **Über diese App**.
2. In einem eigenen Fenster in Ihrem Browser öffnet sich eine Unterseite des SAP Help Portals (*https://help.sap.com*). Hier finden Sie alles Wissenswerte über die App.

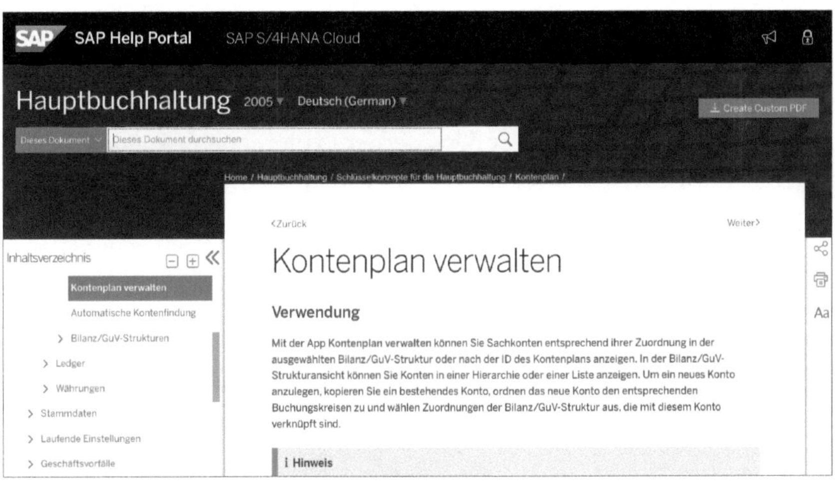

Hilfe zur SAP-Fiori-App »Kontenplan verwalten«

TIPP

Wie kann ich weitere Informationen erhalten?

Um noch weitere Informationen zu finden, können Sie auf der Website *https://www.help.sap.com* entweder die Suche oder das im linken Teil des Fensters enthaltene Inhaltsverzeichnis verwenden.

TIPP

Noch mehr Hilfe im Learning Center

Beim Aufruf der Hilfe ist Ihnen womöglich aufgefallen, dass im rechten Bereich **Hilfethemen** zwei Register angezeigt werden. Bisher haben Sie nur das Register **Hilfethemen** kennengelernt.

Wenn Sie auf das Icon (**Lerninhalte**) klicken, öffnet sich das Register **Lerninhalte**. In diesem wird Ihnen die Schaltfläche **Learning Center** angeboten. Das Learning Center bietet Ihnen Zugang zu einer großen Menge an Tutorial-Paketen. Viele dieser Tutorials sind jedoch ausschließlich auf Englisch verfügbar.

5.10 Optimal mit dem Browser arbeiten

Mit SAP Fiori arbeiten bedeutet auch immer mit dem Browser arbeiten. In diesem Abschnitt erlernen Sie die notwendigen Skills, um eine »Symbiose« zwischen SAP Fiori und Ihrem Browser herzustellen.

Mozilla Firefox, Microsoft Edge oder Google Chrome sind die in Deutschland am häufigsten verwendeten Browser, die vom SAP-System unterstützt werden. Die folgenden Anleitungen haben den Browser Microsoft Edge als Ausgangsbasis, den Nachfolger des Internet Explorers. Verwenden Sie einen anderen Browser? Keine Sorge, die folgenden Methoden funktionieren in den meisten Fällen auch mit anderen Browsern.

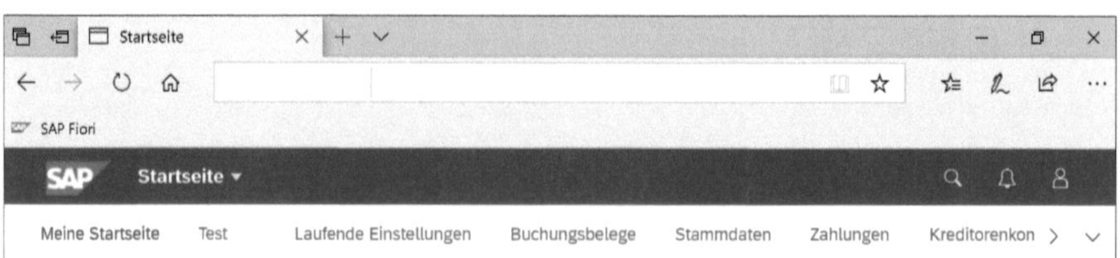

SAP-Fiori-Fenster in Microsoft Edge

Einen neuen SAP-Fiori-Tab oder ein neues Fenster öffnen

Klicken Sie links oben auf das Logo-Icon. Im Kontextmenü wählen Sie dann den entsprechenden Browser-Befehl **Link in neuem Tab öffnen** oder **Link in neuem Fenster öffnen**. Diese Methode klappt übrigens auch bei vielen anderen Links!

> **TIPP**
>
> **Tab mit Shortcut wechseln**
>
> Mit dem Shortcut [Strg] + [#] wechseln Sie elegant zwischen verschiedenen Tabs. Ersetzen Sie »#« einfach durch die Nummer des Tabs: Um zum ersten Tab zu wechseln, drücken Sie [Strg] + [1], mit [Strg] + [2] wechseln Sie zum zweiten Tab usw.

Einen Tab in ein Fenster umwandeln

Im SAP GUI können Sie mehrere GUI-Fenster öffnen und mit mehreren SAP-Fenstern parallel arbeiten. Dies funktioniert auch in SAP Fiori – um ganz genau zu sein: Es funktioniert mit Ihrem Browser.

1. Klicken Sie auf den Tab, und halten Sie die Maustaste gedrückt.
2. Ziehen Sie den Tab mit gedrückter Maustaste in einen Bereich unterhalb der Navigationsleiste des Browsers, und lassen Sie dann die Maustaste los. Schwups, wurde der Tab in ein Fenster »verwandelt«.

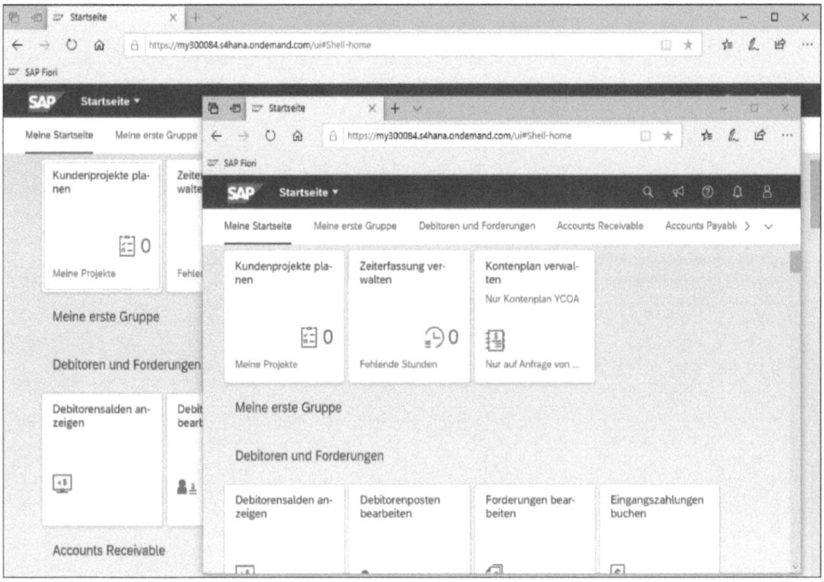

6 Reporting im SAP GUI

6

Die Dateneingabe dient nicht nur dem Selbstzweck. Sie erfassen Daten auch deshalb, damit in Ihrem Unternehmen spannende Auswertungen gemacht werden können, beispielsweise Bestellwertanalysen, Umsatzstatistiken, Kostenstellenauswertungen oder auch Kontrollberichte für Stammdaten. Ein gutes Reporting ist die Basis für gute Entscheidungen, die wiederum zu besseren Geschäftsergebnissen führen. In diesem Kapitel erfahren Sie dazu erst einmal die grundlegenden Techniken.

In diesem Kapitel lernen Sie,

- wo Sie passende Reports finden und wie Sie diese starten,
- mit welchen Methoden Sie immer genau die Daten selektieren, die Sie brauchen,
- wie Sie innerhalb von Listen Daten suchen und filtern,
- wie Sie Listen drucken und als PDF-Dateien speichern,
- wie Sie Listen per Download in Microsoft Excel und andere Programme übertragen.

6.1 Reports finden und aufrufen

Eine Übersicht der Reports zu Ihrem Arbeitsgebiet finden Sie jeweils in einem Ordner des SAP-Menüs, der meistens **Infosystem** heißt und in der Regel weitere Unterordner enthält.

Einen Report aus dem Infosystem starten

Suchen Sie nach bestimmten Auswertungen? Dann überprüfen Sie einfach im SAP-Menü in den Infosystemen Ihrer Komponenten, ob es dort verborgene Schätze gibt! Im Folgenden finden Sie hierzu einige Beispiele für Pfade bzw. Ordner im SAP-Menü, in denen Sie fündig werden könnten:

- **Rechnungswesen ▸ Finanzwesen ▸ Debitoren ▸ Infosystem**
- **Rechnungswesen ▸ Controlling ▸ Kostenstellenrechnung ▸ Infosystem**
- **Logistik ▸ Vertrieb ▸ Verkauf ▸ Infosystem**
- **Personal ▸ Personalmanagement ▸ Administration ▸ Infosystem**

Als Beispiel verwenden wir einen kleinen, aber feinen Report, der Ihnen die Kundenadressen übersichtlich auflistet.

VIDEO

Einen Report finden und aufrufen

Dieses Video zeigt Ihnen, wie Sie eine Adressliste im Infosystem finden und starten.

http://s-prs.de/v7389ax

1 Öffnen Sie im SAP-Menü den Ordner **Stammdaten** über den folgenden Pfad: **Rechnungswesen ▸ Finanzwesen ▸ Debitoren ▸ Infosystem ▸ Berichte zur Debitorenbuchhaltung ▸ Stammdaten**.

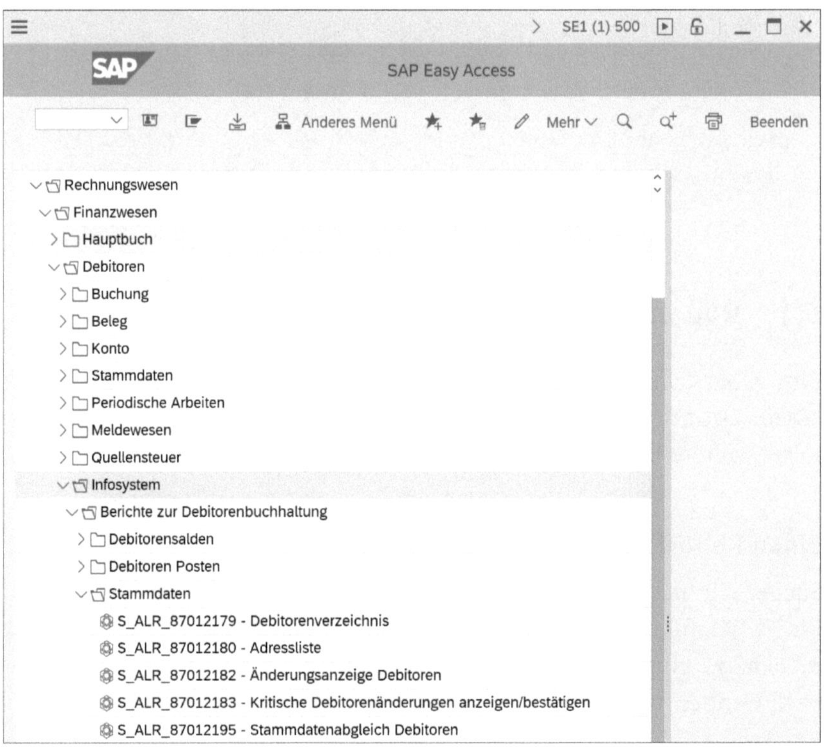

In diesem Ordner sehen Sie den Eintrag **S_ALR_87012180 – Adressliste.** Ja, auch S_ALR_87012180 ist ein Transaktionscode. Theoretisch könnten Sie im Kommandofeld der Systemfunktionsleiste »/n« oder »/o«, gefolgt vom Transaktionscode eingeben, und der Report würde gestartet. In der Praxis ist das aber zu umständlich, denn die Codes für die Aufrufe von Reports sind oft sehr lang und auch wenig aussagekräftig.

2 Doppelklicken Sie auf den Eintrag **S_ALR_87012180 – Adressliste.** Es erscheint das Einstiegsbild des Reports, das auch als *Selektionsbild* bezeichnet wird.

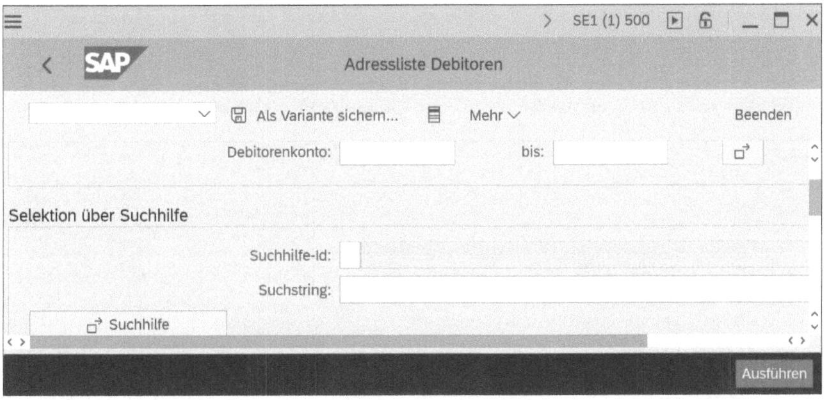

3 Im Selektionsbild bestimmen Sie, welche Daten schließlich in der Liste angezeigt werden sollen. Dies besprechen wir ausführlich in Abschnitt 6.2, »Per Selektion die richtigen Daten finden«; deshalb klicken Sie jetzt sofort rechts unten auf die Schaltfläche **Ausführen.**

4 Es erscheint eine Abfrage, in der das SAP-System nach der maximalen Anzahl der zu lesenden Datensätze fragt, die auf »100« voreingestellt ist. Mit [↵] geht es weiter in die Liste.

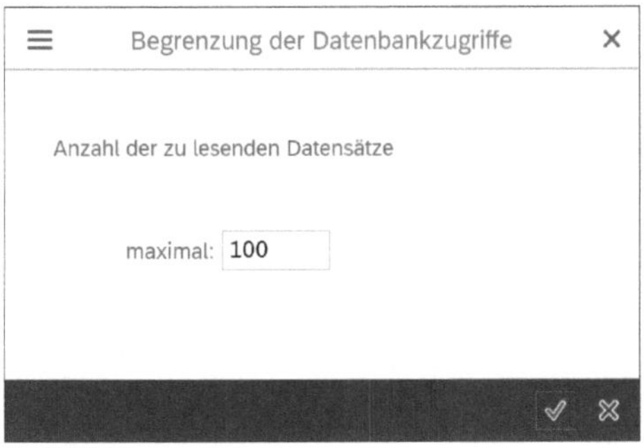

Sehen Sie sich die Liste genauer an. Zwei Zeilen je Adresse? Wie unpraktisch! Hatten wir Ihnen nicht eine übersichtliche Liste versprochen? Im nächsten Abschnitt erstellen Sie eine übersichtliche einzeilige Adressliste. Mit der Schaltfläche **Beenden** schließen Sie nun die Liste und wechseln damit zurück in das SAP-Menü.

Sie haben in dieser Anleitung gesehen, dass ein Report aus einem Selektionsbild und der eigentlichen Liste besteht, und dass Sie einen Report im SAP-Menü aus einem Infosystem heraus starten können. In der folgenden Anleitung zeigen wir Ihnen, wie es noch schneller gehen kann.

Einen Report zu den Favoriten hinzufügen

Die Arbeit mit dem SAP-System darf auch Spaß machen. Es macht jedoch keinen Spaß, zum Starten eines Reports erst einmal umständlich das Infosystem öffnen zu müssen. Unser Tipp: Fügen Sie einfach die Transaktionen für Reports zu Ihren Favoriten hinzu.

1. Dazu klicken Sie im SAP-Menü mit der rechten Maustaste auf den Transaktionseintrag, in unserem Fall auf **S_ALR_87012180 – Adressliste**.
2. Wie in der Abbildung zu sehen, öffnet sich das Kontextmenü. Klicken Sie hier auf den Befehl **Zu den Favoriten hinzufügen**.

   Prima! Ab jetzt können Sie diese Report-Transaktion ganz einfach per Doppelklick aus Ihren Favoriten heraus starten (siehe dazu auch Abschnitt 2.5, »Ein Favoritenmenü anlegen«).

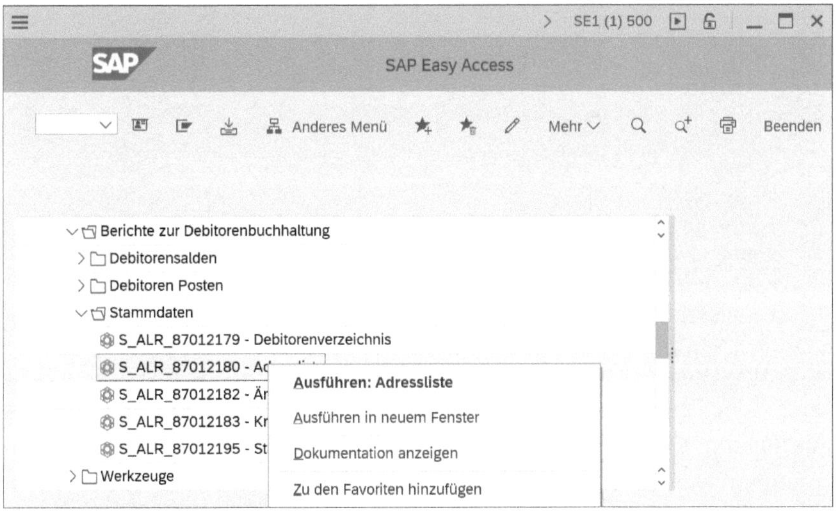

Kontextmenü zum Transaktionseintrag im SAP-Menü

6.2 Per Selektion die richtigen Daten finden

Im Selektionsbild wählen Sie die Daten aus, die in der späteren Liste angezeigt werden. Außerdem hatten wir Ihnen eine übersichtliche Liste versprochen – und versprochen ist versprochen und wird nicht gebrochen! Um mehr Übersicht zu erreichen, bestimmen wir im Selektionsbild für unsere Adressliste eine bessere Ausgabeform, die die Art der Anzeige festlegt.

Selektion und Ausgabeformen

In der folgenden Anleitung zeigen wir Ihnen, wie Sie die Anzeige auf die Kundennummern beschränken, die Sie interessieren, indem Sie einen entsprechenden Bereich von Kundennummern selektieren.

VIDEO

Per Selektion die richtigen Daten finden

In diesem Video zeigen wir Ihnen Klick für Klick, wie Sie Daten selektieren.

http://s-prs.de/v7389ay

1 Doppelklicken Sie in Ihren Favoriten auf den Eintrag **S_ALR_87012180 – Adressliste**.

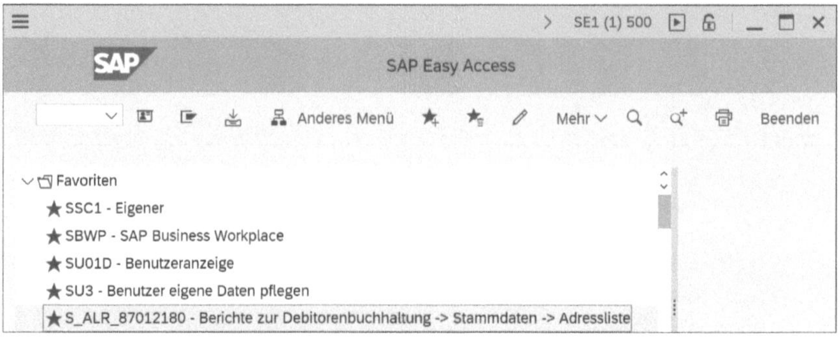

2 Zur Auswahl der Kunden stehen Ihnen im Selektionsbild unseres Reports erst einmal nur die Felder **Debitorenkonto** und **bis** für die Selektion zur Verfügung. Geben Sie hier ein Nummernintervall ein, z. B. die Kundennummer »10100001« in das Feld **Debitorenkonto** und die Kundennummer »10100099« in das Feld **bis**.

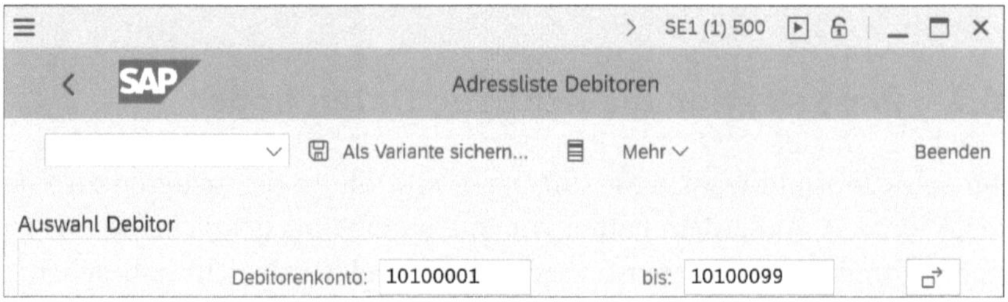

Alternativ könnten Sie auch »*101000*« eingeben, denn die Joker * und + dürfen auch in der Selektionsmaske genutzt werden. Die Joker haben Sie bereits in Abschnitt 4.5, »Mit Suchhilfen Belege und Stammdaten finden«, kennengelernt.

INFO

Mehrfachselektion im Selektionsbild

Die Mehrfachselektion für ein Feld öffnen Sie in unserem Report mit einem Klick auf das Icon (**Mehrfachselektion**). Das SAP-System ermöglicht in dem zusätzlich eingeblendeten Fenster **Mehrfachselektion für …** auf der ersten Registerkarte **Einzelwerte selektieren** die Eingabe mehrerer Einzelwerte. Auf der zweiten Registerkarte **Intervalle selektieren** haben Sie Platz für die Eingabe mehrerer Intervalle. Demgegenüber können Sie auf den übrigen beiden Registerkarten Werte und Intervalle ausschließen. Wenn Sie rechts unten auf das Icon (**Abbrechen**) klicken, wird dieses Fenster ausgeblendet, und Sie gelangen zurück zum Selektionsbild.

Im Selektionsbild wählen Sie weiter unten die richtige **Ausgabeform**. Standardmäßig ist hier leider die veraltete Ausgabeform **ABAP Liste** voreingestellt.

Wählen Sie stattdessen die Ausgabeform **SAP List Viewer**.

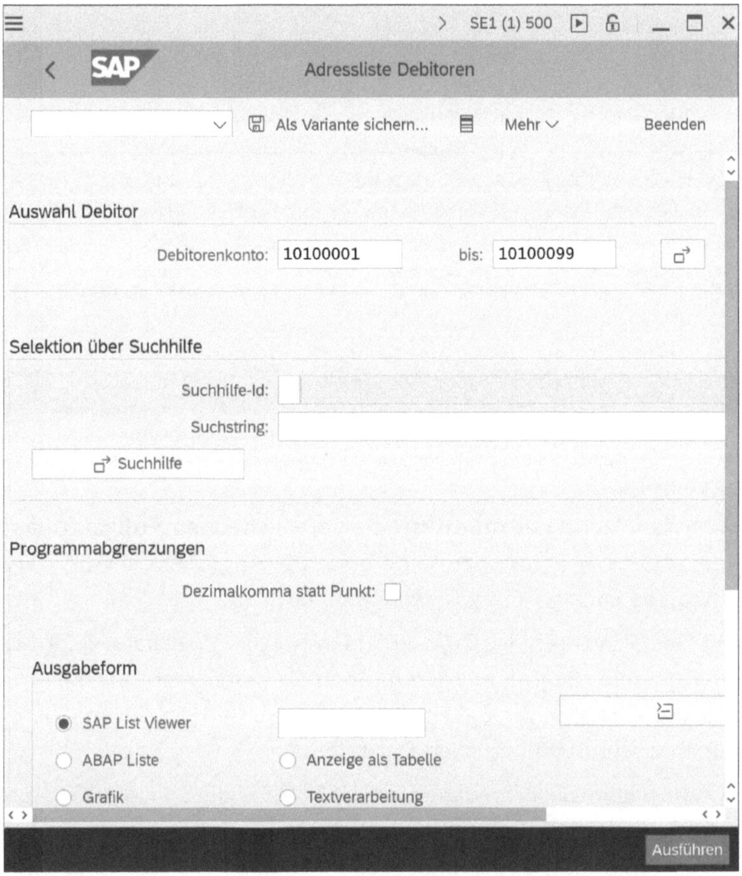

3 Nun fehlt noch ein Klick auf die Schaltfläche **Ausführen** in der Footer-Zeile und eventuell die Bestätigung mit [↵] für die maximale Anzahl der zu lesenden Datensätze, und schon sehen Sie die zuvor ausgewählten Datensätze in der nun einzeilig dargestellten Liste.

Wie Sie in der Abbildung auf der nächsten Seite sehen, ist dank der Ausgabeform **SAP List Viewer** die Darstellung nun viel übersichtlicher als in unserem ersten Versuch.

4 Zum Abschluss klicken Sie in der Titelleiste auf das Icon [<] (**Zurück**). Damit sehen Sie wieder das Selektionsbild, und hier nehmen wir in der folgenden Anleitung eine zusätzliche Selektion vor.

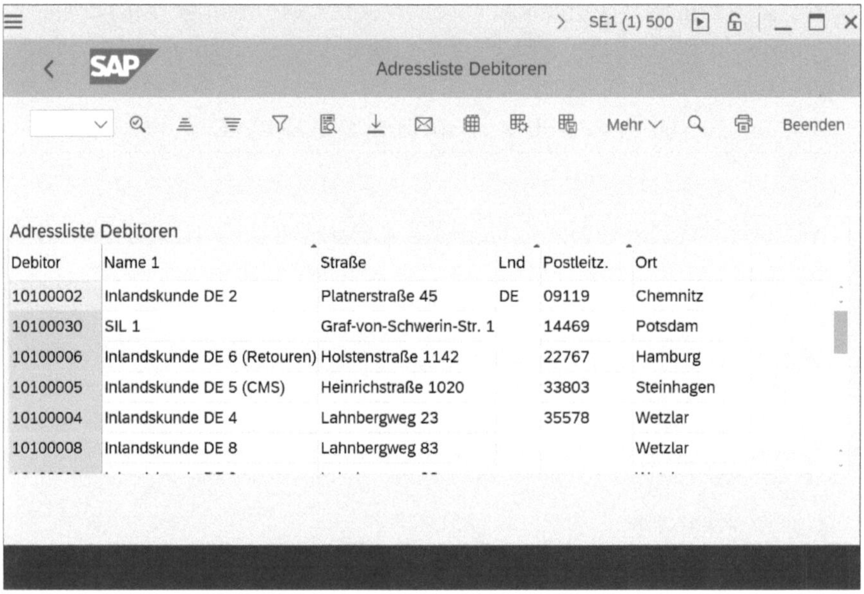

INFO

Ausgabeform

Beim ersten Aufruf der Adressliste im vorangehenden Abschnitt haben Sie die seitens SAP voreingestellte veraltete Ausgabeform **ABAP Liste** gesehen, die auch als *ALV Classic* bezeichnet wird.

Wenn Sie die Auswahl haben, empfehlen wir die Ausgabeform **SAP List Viewer** (anderer Begriff: *ALV Grid*), denn sie bietet meistens mehr und einfachere Gestaltungsmöglichkeiten. Viele Listen erscheinen bereits automatisch in dieser aktuellen Darstellung.

Vielleicht fragen Sie sich, warum es mit ALV Classic und ALV Grid zwei unterschiedliche ALV-Darstellungen gibt? Viele Listen gab es bereits im ALV-Classic-Format, bevor Ende der 90er-Jahre das ALV Grid eingeführt wurde. Danach hat SAP viele Listen in diesem neuen Format bereitgestellt, aber das alte Format wird zusätzlich weiterhin angeboten.

Weitere Ausgabeformen werden eher selten benötigt. Für die Ausgabeform **Grafik** werden Zahlen als numerische Werte benötigt, die es in einer Adressliste nicht gibt. Selbst wenn Sie solche Zahlen haben: Erstellen Sie Grafiken besser nicht im SAP GUI, sondern mit SAP Fiori. SAP Fiori bietet deutlich bessere Funktionen für Grafiken.

Freie Abgrenzungen verwenden

Wundern Sie sich, dass es im Selektionsbild nur das Feld **Debitorenkonto** gibt, weil Sie gerne z. B. auch nach anderen Feldern wie **Land** oder **Postleitzahl** selektiert hätten?

In vielen Reports hat SAP weitere Selektionsfelder in den sogenannten *freien Abgrenzungen* versteckt. Wieder andere Reports bieten zu dem gleichen Zweck eine Schaltfläche wie **Weitere Selektionen**. Für unsere Adressliste und stellvertretend für viele andere Reports zeigen wir Ihnen die freien Abgrenzungen.

1 Im Selektionsbild der Adressliste klicken Sie in der Header-Zeile auf das Icon ▤ (**Freie Abgrenzungen**) bzw. auf die Schaltfläche **Freie Abgrenzungen**.

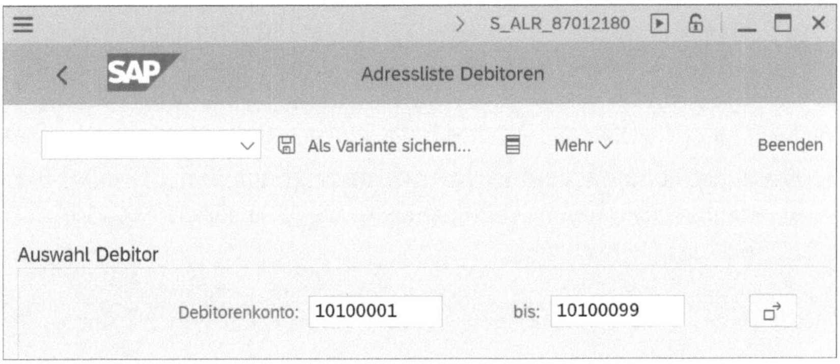

2 Oben öffnet sich ein zusätzlicher Fensterbereich mit vielen Feldern. Er umfasst zwei Fensterteile:

- Im rechten Fensterteil **Freie Abgrenzungen** sehen Sie die Felder, die das SAP-System standardmäßig für die Eingabe von zusätzlichen Selektionswerten zur Verfügung stellt.
- Der linke Fensterteil enthält viele weitere Felder, die Sie zur Selektion in den rechten Fensterteil übernehmen können. Die Felder, die im rechten Fensterteil bereits zur Verfügung stehen, sind im linken Fensterteil farbig markiert.

Mit einem Doppelklick auf ein Feld im *linken* Fensterteil übernehmen Sie es in den rechten Fensterteil **Freie Abgrenzungen**.

3 Geben Sie im *rechten* Fensterteil »DE« in das Feld **Land** ein.

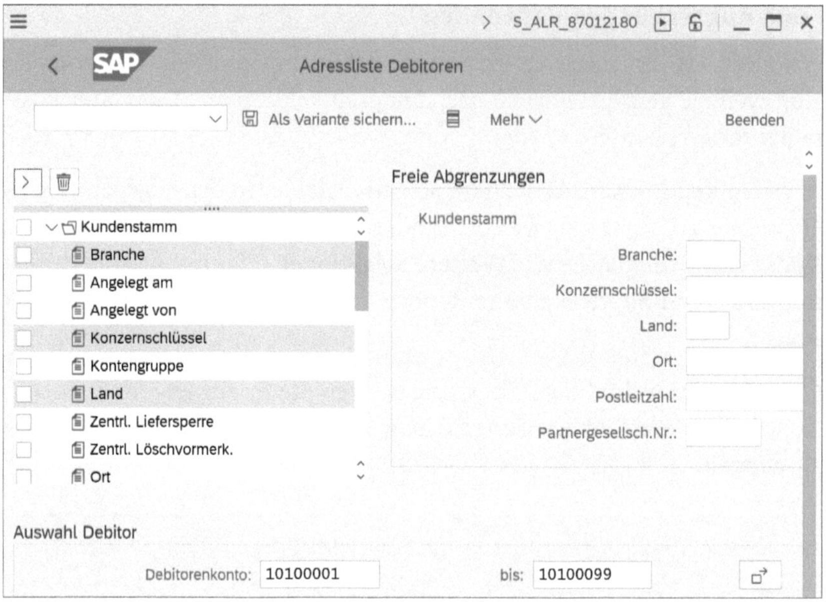

4 Bestätigen Sie die Selektion mit einem Klick auf die Schaltfläche **Ausführen** in der Footer-Zeile. Das SAP-System zeigt nun die Liste unter Berücksichtigung Ihrer freien Abgrenzungen an, in unserem Fall also nur die Kunden aus Deutschland.

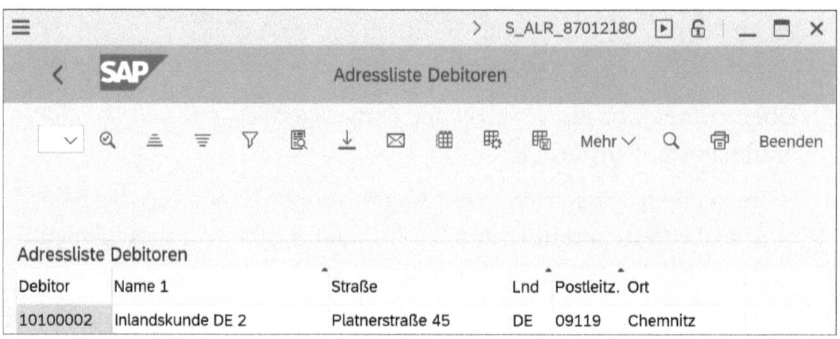

Freie Abgrenzungen ändern und löschen

Sie befinden sich noch in der Liste. Um Ihnen zeigen zu können, wie Sie freie Abgrenzungen ändern oder löschen, kehren wir zunächst zum Selektionsbild zurück, indem wir in der Titelleiste der Adressliste auf die Schaltfläche **(Zurück)** klicken.

1 Im Selektionsbild sind die freien Abgrenzungen nicht mehr sichtbar. Jedoch sehen Sie neben dem Icon (**Freie Abgrenzungen**) die Angabe **1 aktiv**. Diese zeigt an, dass Sie eine Selektionsvorgabe für ein Feld gemacht haben.

Klicken Sie auf das Icon (**Freie Abgrenzungen**), um den Fensterteil zu den freien Abgrenzungen zu öffnen.

2 Löschen Sie im Feld **Land** den Eintrag »DE«, und klicken Sie auf die Schaltfläche **Ausführen** in der Footer-Zeile.

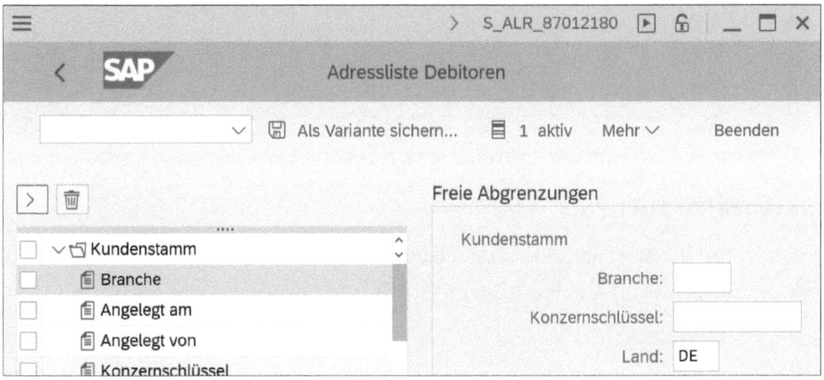

Nun wird Ihnen wieder die internationale Liste mit allen Kunden aus dem angegebenen Nummernintervall angezeigt.

Sie könnten, anstatt den Eintrag »DE« zu löschen, die Suche hier auch auf ein anderes Land beschränken und anstelle von »DE« z. B. »NL« eingeben.

Lassen Sie die Liste geöffnet, denn im folgenden Abschnitt geht es damit weiter, wie Sie Listen optimal nutzen.

TIPP

Selektionen für Reports speichern

Das SAP-System vergisst Ihre freien Abgrenzungen sehr schnell, denn bereits beim nächsten Start der Transaktion befindet sich das Selektionsbild wieder auf dem alten Stand.

Benötigen Sie oft oder ständig zusätzliche Selektionsfelder oder andere aufwendige Selektionen? Wenn Sie clever sind, legen Sie dafür eine eigene Reportvariante an. Wie das funktioniert, erfahren Sie in Teil II, »Die Benutzeroberflächen personalisieren«.

6.3 Mit Listen arbeiten: Daten suchen und filtern

Für die Erläuterungen in diesem Abschnitt gehen wir davon aus, dass Ihre Liste bereits optimal eingerichtet ist. Sie lernen hier, wie Sie schnell Daten finden und filtern können. Die hier vorgestellten Techniken sind besonders in großen Listen sehr hilfreich.

VIDEO

Daten in Listen suchen und filtern

In diesem Video lernen Sie am Beispiel der Kundenliste, wie Sie in Listen Daten suchen und filtern.

http://s-prs.de/v7389az

Datensätze suchen

Suchen Sie in einer langen Liste einen speziellen Eintrag, z. B. in der Adressliste einen Kunden aus Hamburg? Am schnellsten geht das mithilfe des Icons (**Suchen**).

1. Wenn Sie die Liste noch geöffnet haben, gut, wenn nicht, erstellen Sie sie, wie in Abschnitt 6.2, »Per Selektion die richtigen Daten finden«, in der Anleitung »Selektion und Ausgabeformen« beschrieben.
2. Klicken Sie in die erste Zeile der Liste.

   Warum ist dies notwendig? Leider sucht die Suchfunktion standardmäßig nur von oben nach unten. Steht Ihre aktuelle Markierung unter dem gesuchten Suchbegriff, findet die Suchfunktion diesen Begriff nicht.

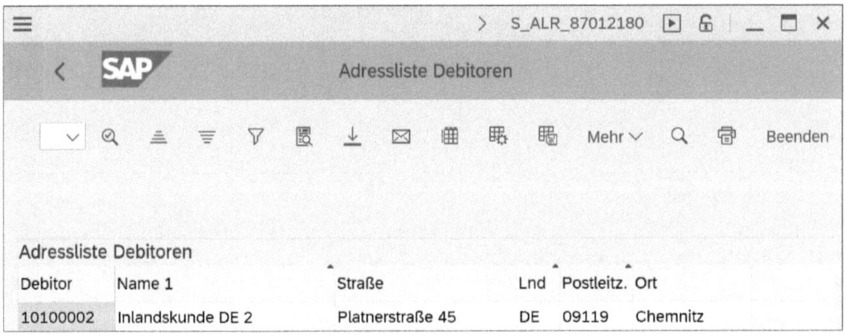

3 Klicken Sie rechts oben auf das Icon (**Suchen**). Das Fenster **Suchen** öffnet sich.

4 Geben Sie im Fenster **Suchen** den Suchbegriff ein. Es reicht auch, wenn Sie nur einen Teil des Begriffs wie »Hamb« eingeben. Im Gegensatz zum Selektionsbild benötigen Sie dazu im Fenster **Suchen** nicht den Joker *.

5 Markieren Sie die Option **Anzahl der Treffer anzeigen**, und bestätigen Sie mit ↵.

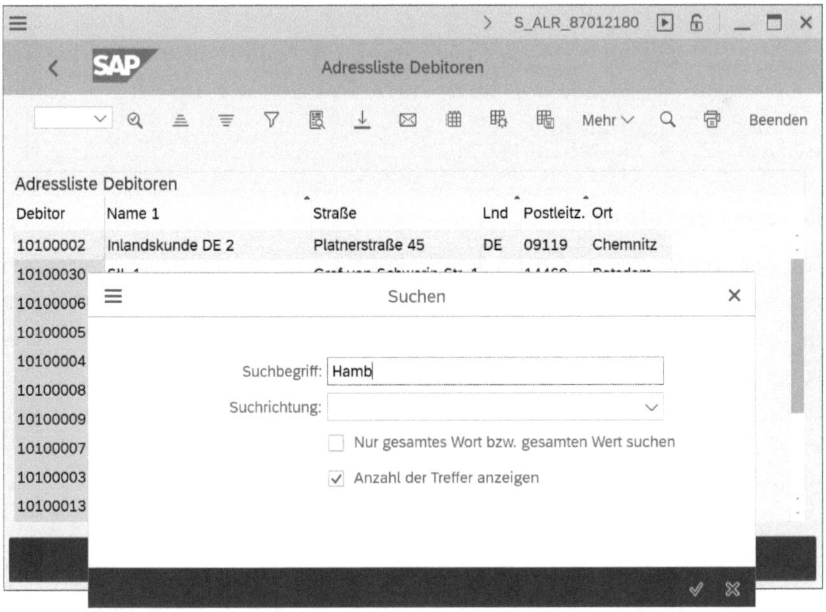

6 Die erste Zeile der Liste, die den Suchbegriff enthält, rutscht an den Beginn der Liste. Das Fenster **Suchen** zeigt Ihnen unten neben dem Icon i aufgrund der entsprechenden Voreinstellung die Anzahl der Treffer an.

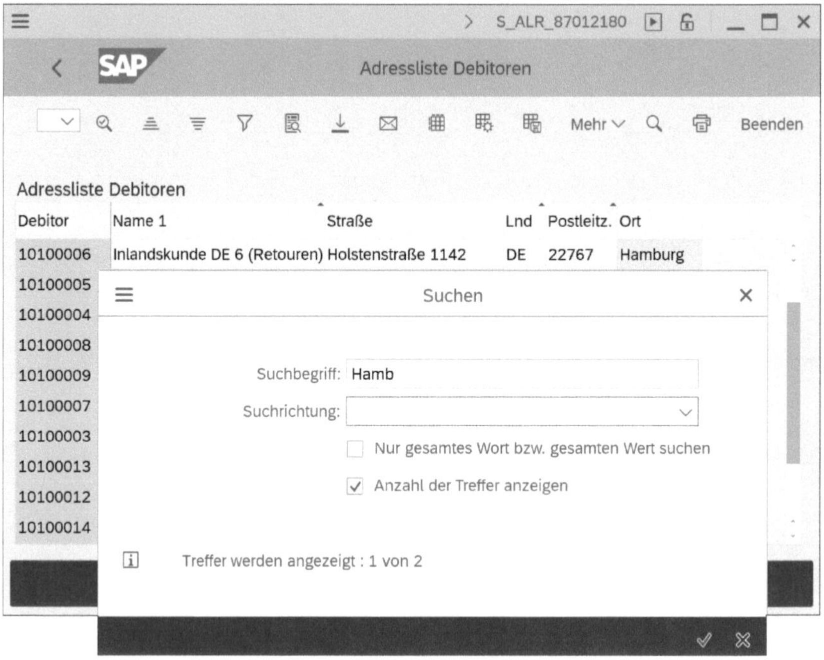

Mit [↵] gelangen Sie zum nächsten Treffer, und mit einem Klick rechts oben auf [X] (**Schließen**) oder durch Drücken der Taste [Esc] schließen Sie das Fenster **Suchen**.

Datensätze filtern

Mit der Filterfunktion dürfen Sie direkt in der Liste selektieren. Damit ersparen Sie sich den Umweg über das Selektionsbild und die dortige Bestimmung der gewünschten Datensätze. Ein weiterer und wichtiger Vorteil der Filterung: In der Liste können Sie Ihre Daten nach *jedem* Feld filtern. Im Selektionsbild und in den freien Abgrenzungen fehlen oft Felder, nach denen Sie möglicherweise gerne selektiert hätten. Mit anderen Worten: Manche Selektionen können Sie nur in der Liste mit Filtern durchführen.

Sind Sie motiviert? Prima! Dann zu unserem Beispiel: In der Liste sollen nur die Zeilen mit dem Eintrag »DE« angezeigt werden. Wir zeigen Ihnen dazu zuerst den »offiziellen« Weg und danach noch einen kleinen Trick.

1. Markieren Sie die gewünschte Spalte, in unserem Fall die Spalte mit den Länderkürzeln, mit einem Klick auf die Spaltenüberschrift **Lnd**.

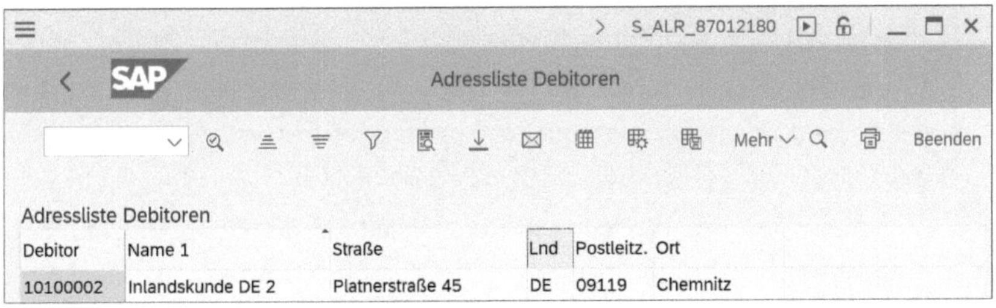

TIPP

Mehrere Spalten markieren

Wollen Sie mehrere Spalten auf einen Schlag filtern, können Sie auch gleich mehrere Spalten markieren. Dazu halten Sie zuerst die Taste [Strg] gedrückt und markieren dann mit einzelnen Klicks die entsprechenden Spaltenüberschriften.

2. Klicken Sie in der Header-Zeile auf das Icon (**Filter setzen**). Es erscheint das Fenster **Werte für Filterkriterien festlegen**.
3. Geben Sie für die ausgewählte Spalte den Wert vor, in unserem Fall »DE« für die Spalte **Länderschlüssel**. Nutzen Sie die Joker * oder + oder die Mehrfachselektion mit einem Klick auf (**Mehrfachselektion**), wenn Sie komplexere Selektionen benötigen. Bestätigen Sie Ihre Vorgabe mit der [↵]-Taste. Daraufhin erhalten Sie sofort die gefilterte Liste.

Links und rechts neben dem Icon (**Filter setzen**) sind in der Header-Zeile noch viele weitere Icons zu sehen, mit denen sie z. B. sortieren oder das Layout ändern können. Diese Icons werden Ihnen in Teil II, »Die Benutzeroberflächen personalisieren«, noch viel Freude bereiten, denn dort lernen Sie u. a., wie Sie ALV-Listen optimal gestalten.

In diesem Abschnitt geht es erst einmal mit der Ausgabe von Listen auf den Drucker oder als PDF-Datei weiter.

TIPP

Filtern mit drei schnellen Klicks

Wenn der Wert, nach dem Sie filtern wollen, auf dem Bildschirm zu sehen ist, können Sie sich die Spaltenmarkierung und die manuelle Eingabe des Wertes ersparen. Schneller geht es so:

1. Setzen Sie in der Liste einen Rechtsklick auf den Wert, nach dem Sie filtern möchten, in unserem Fall »DE«. Ein Kontextmenü erscheint.

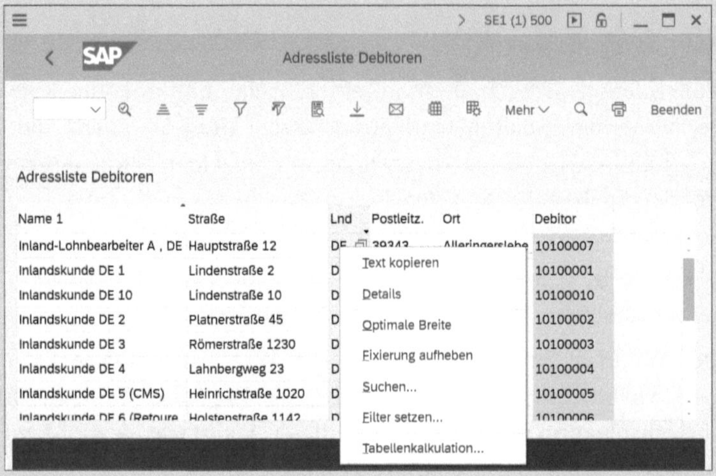

2. Im Kontextmenü wählen Sie den Befehl **Filter setzen**. Daraufhin öffnet sich das Fenster **Werte für Filterkriterien festlegen**.

3. Wie Sie sehen, wurde der mit rechts angeklickte Wert »DE« automatisch in das Feld **Länderschlüssel** übernommen. Sie drücken hier nur noch die [↵]-Taste, und schon haben Sie die gefilterte Liste.

6.4 Listen drucken oder als PDF-Datei speichern

Noch ist das papierlose Büro nicht Realität geworden. In diesem Abschnitt erfahren Sie, wie der Ausdruck mit dem SAP-System funktioniert und wie Sie die dafür notwendigen Voreinstellungen vornehmen.

VIDEO

Listen ausgeben

In diesem Video sehen Sie, wie die Ausgabe funktioniert, wenn Sie die Liste einmal in ausgedruckter Form brauchen.

http://s-prs.de/v7389ba

In der folgenden Anleitung erfahren Sie, wie Sie einen sofortigen Ausdruck veranlassen bzw. die Liste als PDF-Dokument ausgeben lassen.

1. Ist die Adressliste der Kunden noch geöffnet? Wenn nicht, rufen Sie sie auf, wie in Abschnitt 6.1, »Reports finden und aufrufen«, gezeigt.

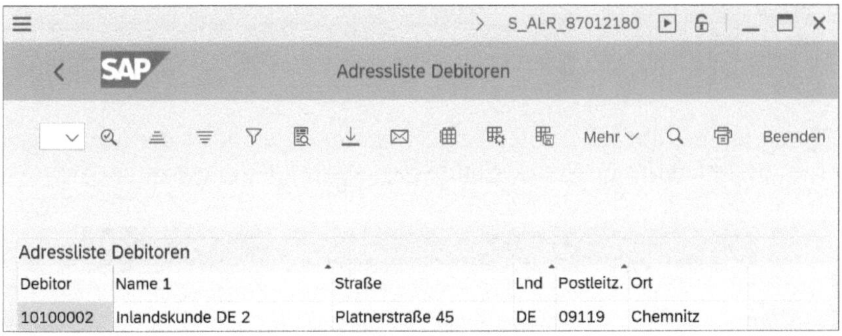

2. Klicken Sie in der Liste auf das Icon (**Drucken**) rechts außen in der Header-Zeile. Das Fenster **ALV-Liste drucken** erscheint. In diesem Fenster können Sie gemäß der Abbildung auf der nächsten Seite folgende Vorgaben machen:
   - Im Feld **Ausgabegerät** entscheiden Sie sich für einen Drucker oder für die PDF-Ausgabe. Wollen Sie den Ausdruck auf Ihrem normalen Windows-Drucker ausführen, geben Sie hier als Ausgabegerät »LOCAL« oder »LOCL« ein.
   - Im Feld **Anzahl Exemplare** bestimmen Sie die Anzahl der Ausdrucke.
   - Über die Feldgruppe **Seitenbereich** legen Sie fest, ob Sie alle Seiten, eine Einzelseite oder ein Seitenintervall ausdrucken möchten.
   - Das Feld **Ausgabezeitpunkt** ist besonders interessant. In der Regel wählen Sie hier die Einstellung **Sofort**, damit die Liste ausgedruckt wird. Mit der Alternative **Zunächst nur SAP-Spool** schaffen Sie die Möglichkeit, später an anderer Stelle selbst eine Ausgabe anzustoßen.
3. Mit einem Klick auf das grüne Häkchen in der rechten unteren Ecke veranlassen Sie den Ausdruck.

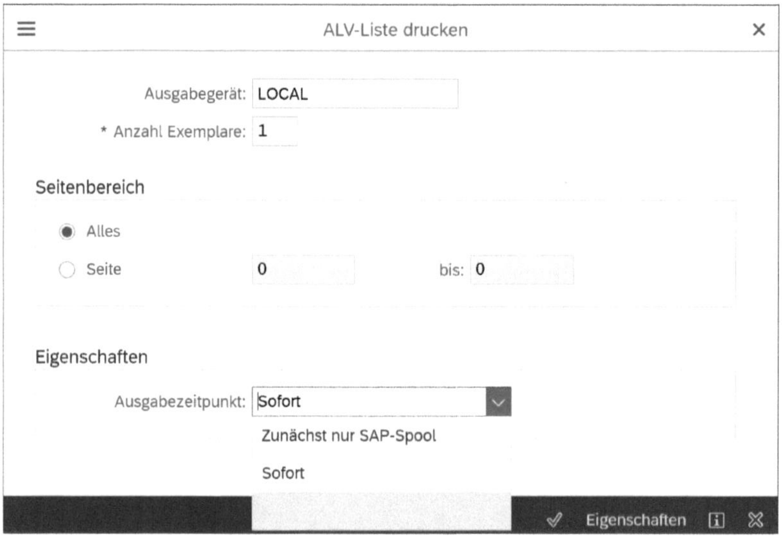

4 Achten Sie auf die Footer-Zeile. Hier sehen Sie jetzt die Meldung, dass ein Spool-Auftrag an den SAP-Drucker gesendet wurde.

5 Wenn Sie ein PDF-Ausgabegerät eingegeben haben, werden Sie nach einem Dateinamen gefragt. Ansonsten erscheint jetzt das Fenster **Drucken** von Windows. Klicken Sie auf **OK**, und der Ausdruck wird erstellt.

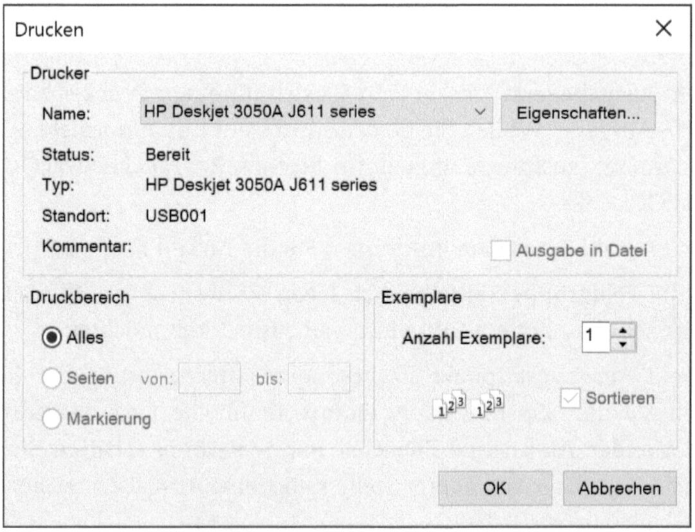

Sind Sie noch in der Adressliste? Lassen Sie sie geöffnet, denn hier geht es im nächsten Abschnitt weiter.

6.5 Listen herunterladen

Warum lieben wir Autoren das SAP GUI? Weil es wirklich unterhaltsam und abwechslungsreich ist. Ein sehr gutes Beispiel hierfür sind die Download-Funktionen. Aber wir beginnen erst einmal mit einem Praxisfall ... Ein Kollege, der keinen SAP-Zugang hat, benötigt die Adressliste als Excel-Datei. SAP hat die Funktionen für den Download je nach Liste an unterschiedlichen Stellen versteckt.

Download-Funktionen in der Header-Zeile und im Kontextmenü

Üblicherweise bietet Ihnen das SAP-System für den Download eines oder beide Icons aus der folgenden Tabelle in der Header-Zeile an.

Icon	Funktion
	Dieses Icon mit der Bezeichnung **Lokale Datei** überträgt die Datensätze auf den PC in eine lokale Datei. Das Dateiformat, beispielsweise Excel oder Text, können Sie wählen. Jedoch stehen nicht in jedem Report alle Dateiformate zur Verfügung.
	Dieses Icon mit der Bezeichnung **Excel** oder **Tabellenkalkulation** überträgt die Daten auf den PC direkt in Microsoft Excel.

Icons für den Download

In der folgenden Anleitung erfahren Sie, wie Sie einen Download aus der Adressliste durchführen. Befinden Sie sich noch in der Adressliste der Kunden? Wenn nicht, finden Sie dank Abschnitt 6.1, »Reports finden und aufrufen«, den Weg in diese Liste.

Nun wollen Sie den Download in eine Excel-Datei starten. In der Header-Zeile sehen Sie das spezielle Icon für den Excel-Download (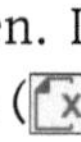) nicht. Macht aber nichts, denn Sie haben das Icon  (**Lokale Datei**) entdeckt und klicken einfach darauf.

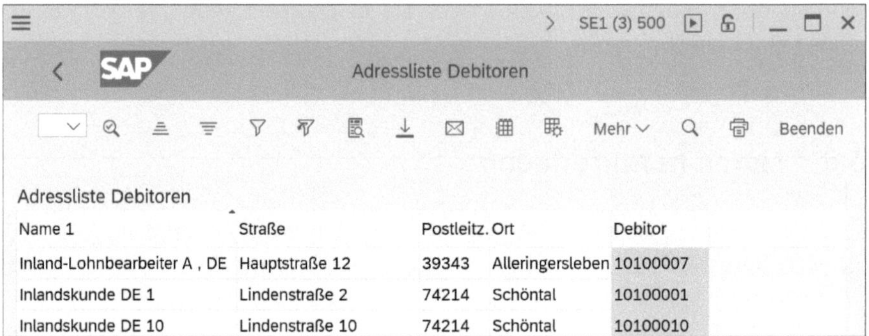

Adressliste der Kunden

Doch zu früh gefreut, denn im Fenster **Liste sichern in Datei** fehlt hier das Download-Format **Tabellenkalkulation**, das es in vielen anderen Listen gibt.

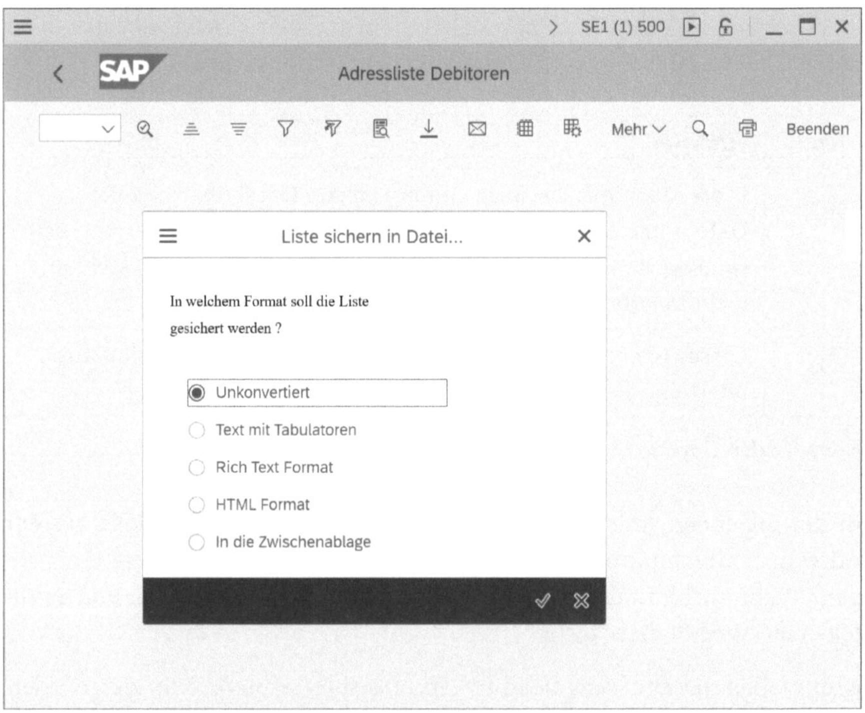

Formatoptionen für den Download mit dem Icon (»Lokale Datei«)

Doch das ist nicht weiter schlimm, denn irgendwo haben Sie ja schon gelesen, dass Ihnen beim Download auch das Kontext-Menü weiterhelfen kann.

Einen Download durchführen

Und weil Sie sich nur dunkel daran erinnern können, wie das genau funktioniert hat, zeigen wir Ihnen diese Variante nun Schritt für Schritt.

> VIDEO
>
> **Listen herunterladen**
>
> In diesem Video lernen Sie, wie Sie eine Liste als Excel-Datei auf Ihrem PC speichern.
>
> *http://s-prs.de/v7389bb*

1. Machen Sie in der Liste an beliebiger Stelle einen Rechtsklick. Nun erscheint das Kontextmenü.

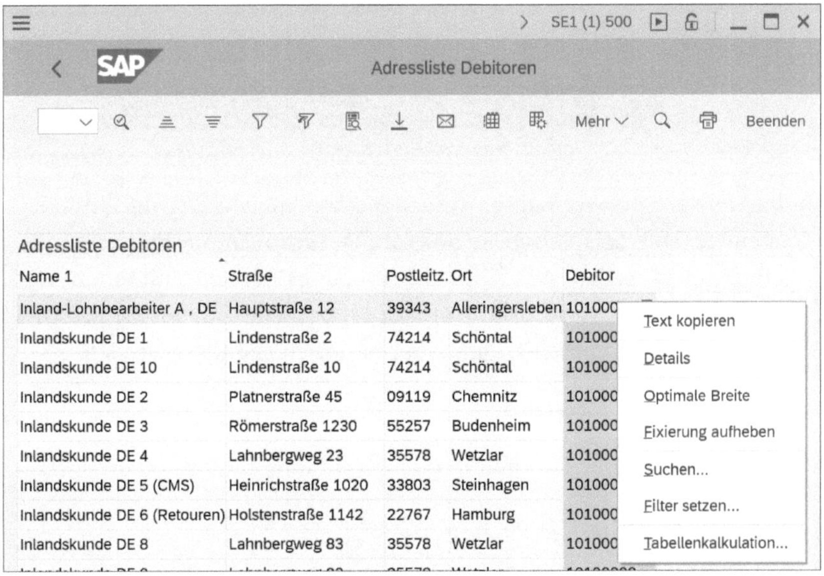

2. Volltreffer – hier gibt es also eine Download-Funktion für Excel! Klicken Sie auf die unterste Menüoption **Tabellenkalkulation**. Sie gelangen in ein Dialogfenster, in dem Sie das gewünschte Excel-Format auswählen können.

3. Sie dürfen der Voreinstellung **Excel – Office open XML Format (XLSX)** im Listenfeld **Aus allen verfügbaren Formaten wählen** vertrauen. Mit der [↵]-Taste geht's weiter.

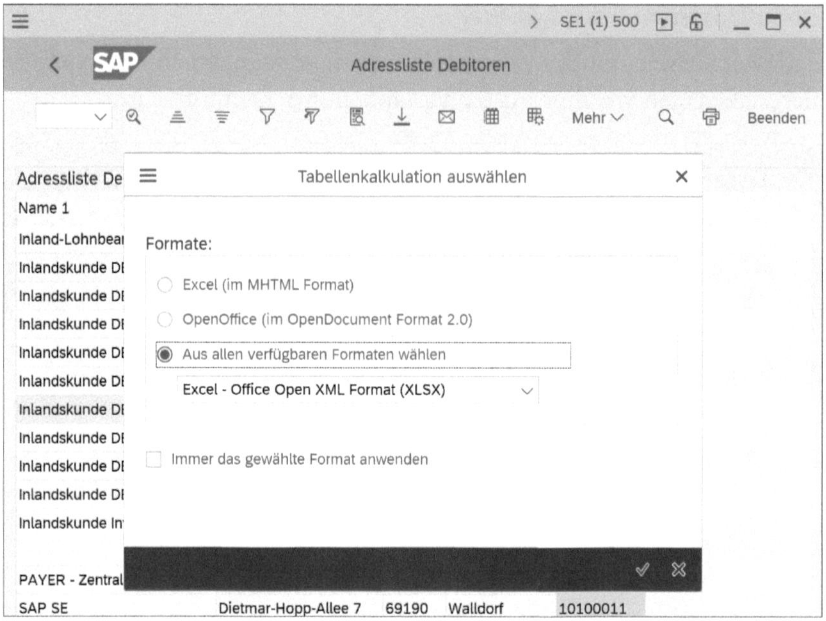

4 Im Fenster **Speichern unter** wählen Sie den Speicherort auf Ihrem PC. Klicken Sie dazu beispielsweise links auf **Desktop**. Dies ermöglicht es Ihnen, die Datei nach dem Abschluss des Vorgangs bequem mit einem Doppelklick vom Windows-Desktop aus zu öffnen. Der Dateiname *EXPORT.xlsx* ist bereits voreingestellt, kann aber natürlich geändert werden.

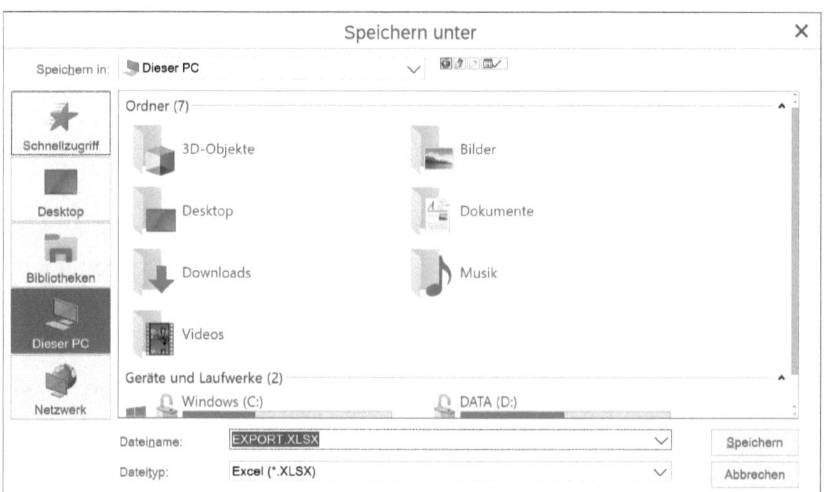

5 In der rechten unteren Ecke des Fensters klicken Sie nun auf die Schaltfläche **Speichern**.

6 Falls das Fenster **SAP GUI-Sicherheit** erscheint, wählen Sie hier die Einstellung **Meine Entscheidung merken** und klicken danach auf die Schaltfläche **Zulassen**.

Gegebenenfalls bestätigen Sie noch einmal, woraufhin Ihnen in einem Fenster die Excel-Datei angezeigt wird. Da die Datei ja (auf dem Desktop) gespeichert ist, dürfen Sie das Excel-Fenster wieder schließen.

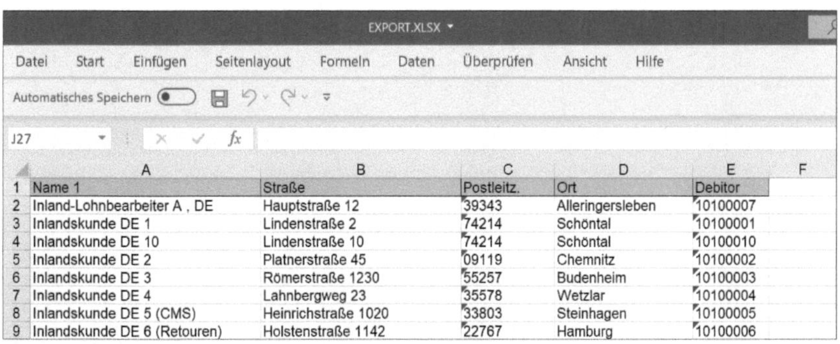

TIPP

Tabellenbereiche markieren und kopieren

Oft brauchen Sie nicht die ganze ALV-Tabelle als Download, sondern nur einen Tabellenbereich oder einen einzelnen Feldinhalt. Verwenden Sie dazu einfach die Zwischenablage von Windows.

Wenn Sie in der Liste mit gedrückter linker Maustaste einen Teilbereich markieren wollen, gibt's ein Problem? Ja, denn im SAP List Viewer können Sie mit gedrückter linker Maustaste nur eine Zeile markieren.

Gut, dass Sie dieses Buch gekauft haben. Hier ist die Lösung für dieses Problem:

1. Drücken Sie die Tastenkombination [Strg] + [Y].
2. Markieren Sie mit gedrückter linker Maustaste den Tabellenteil auf dem Bildschirm, der kopiert werden soll.
3. Jetzt können Sie den markierten Tabelleninhalt mit der Tastenkombination [Strg] + [C] in die Zwischenablage übernehmen und an anderer Stelle mit [Strg] + [V] einfügen.

Download-Funktionen im Mehr-Menü

In einigen Reports gibt es die Download-Funktion weder in der Header-Zeile noch im Kontextmenü. Tja, was tun? Es gibt noch ein Menü, mit dem wir es noch nicht probiert haben.

Wählen Sie in der Adressliste folgenden Menüpfad: **Mehr ▸ Liste ▸ Exportieren ▸ Tabellenkalkulation.** Klappt!

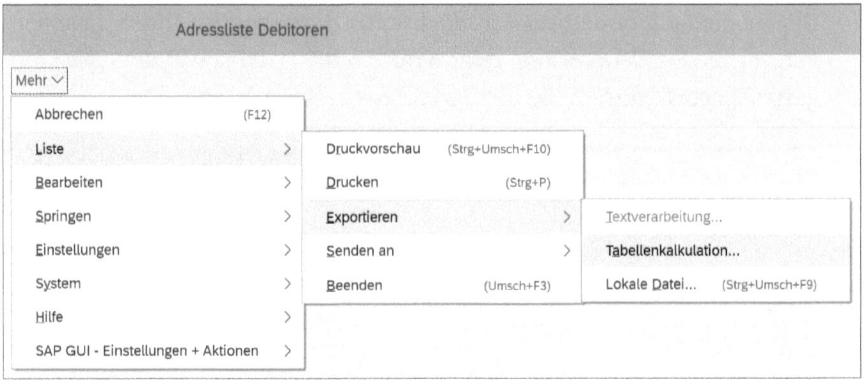

Menübefehl zum Download im Mehr-Menü

Und falls selbst dieser Menübefehl nicht funktioniert, haben wir noch einen allerletzten Pfeil im Köcher: den Menüpfad **Mehr ▸ System ▸ Liste ▸ Sichern.**

TIPP

Nie zu früh aufgeben!

Zum Abschluss des Kapitels fragen Sie sich vielleicht, warum das SAP GUI so abwechslungsreich ist. Nun, eine von mehreren Erklärungen hierfür ist, dass einige Transaktionen im vergangenen Jahrtausend programmiert wurden, andere vor zehn Jahren und wieder andere erst vor Kurzem. Je nach Zeitpunkt der Erstellung einer Transaktion galten andere Richtlinien für die Entwickler*innen. Und weil es inzwischen über

100.000 Transaktionen und über 300.000 verschiedene Fenster gibt, hat SAP die Bedienung der Transaktionen nie harmonisiert.

Doch was heißt das für Sie? Wenn Sie im SAP GUI eine Funktion suchen und nicht finden, sollten Sie nie zu früh aufgeben. Sie kann sich – wie Sie beim Download gesehen haben – einfach an anderer Stelle verstecken. Wer sucht, der findet!

Wir empfehlen zum Suchen einer Funktion die folgende Reihenfolge:

- Suchen Sie zuerst in der Header- und in der Footer-Zeile. Die Bedeutung der Icons finden Sie heraus, indem Sie mit dem Mauszeiger über das Icon fahren. Dann wird die Bedeutung des Icons in einem Tooltip angezeigt.
- Sehr häufig finden Sie in den Kontextmenüs brauchbare Funktionen, die Sie nicht in der Header- oder in der Footer-Zeile sehen. Beachten Sie dabei, dass ein Rechtsklick unterschiedliche Ergebnisse liefert, je nachdem, wo er gesetzt wird. Klicken Sie in der Adressliste auf eine Spaltenüberschrift, erhalten Sie andere Menübefehle, als wenn Sie mitten in die Liste oder auf eine leere Stelle oberhalb der Liste klicken.
- Als dritte Chance, um eine Funktion zu finden, bleibt Ihnen noch das **Mehr**-Menü.

Eine Schwäche des SAP GUI ist, dass Funktionen nicht immer am gleichen Platz abgerufen werden. Dies fällt jedoch nicht so sehr ins Gewicht, wenn Sie auf der anderen Seite die ungeheure Funktionsvielfalt und Anpassungsfähigkeit des SAP GUI betrachten. Um mehr darüber zu erfahren, sollten Sie unbedingt den Teil II, »Die Benutzeroberflächen personalisieren«, lesen. Vielleicht machen Sie es dann einfach wie wir: Wir meckern manchmal, nehmen das SAP-System aber einfach so, wie es ist.

7 Auswertungen in SAP Fiori erstellen

Eines unserer Lieblingsthemen ist das Erstellen von Auswertungen in SAP Fiori. Neben tabellarischen Reports, ähnlich wie im letzten SAP-GUI-Kapitel, gestalten Sie hier zusätzlich auch Diagramme.

Obwohl das G in GUI für »Graphical« steht, sind die Möglichkeiten für grafische Darstellungen so beschränkt, dass sie in der Praxis kaum genutzt werden. Hier kann SAP Fiori punkten; lassen Sie sich überraschen!

In diesem Kapitel lernen Sie,

- wie Sie tabellarische Auswertungen finden und durchführen,
- wie Sie aus großen Datenmengen die gewünschten Daten filtern,
- wie Sie Auswertungen drucken oder als PDF-Datei speichern,
- wie Sie Tabellen in Microsoft Excel downloaden,
- wie Sie mit analytischen Apps wunderschöne Diagramme erstellen.

Wir behandeln in diesem Kapitel nur »echte« SAP-Fiori-Apps. Fiorisierte Transaktionen funktionieren in SAP Fiori genauso, wie Sie es im letzten Kapitel zum SAP GUI gelernt haben.

7.1 SAP-Fiori-Apps mit Tabellen finden und starten

Eine SAP-Fiori-App, mit der Sie eine Tabelle erstellen, haben Sie bereits mit der App **Kundenstammdaten verwalten** gesehen. Was Sie aus dem SAP GUI unter dem Begriff *Liste* kennen, wird in SAP Fiori als *Tabelle* bezeichnet.

Hier verwenden wir eine andere App, nämlich die App **Bestellungen verwalten**. Der Aufbau der beiden Apps ist verdammt ähnlich, und das ist gut so – kennen Sie die eine App, kennen Sie fast alle!

Tabelle aus der SAP-Fiori-App »Bestellungen verwalten«

Und wie finden Sie nun Apps, die Tabellen enthalten? Sie haben alle gemeinsam, dass sie das Wort *verwalten* im Titel tragen. Wenn Sie im App Finder also nach dem Suchbegriff »verwalten« suchen, sehen Sie z. B. folgende Apps:

- **Kundenstammdaten verwalten** (Kunden) oder **Kundenaufträge verwalten** für den Vertrieb
- **Sachkontenstammdaten verwalten** oder **Buchungsbelege verwalten** für das Finanzwesen
- **Einkaufskontrakte verwalten** oder **Bestellungen verwalten** für den Einkauf

Wir zeigen Ihnen am Beispiel der letztgenannten App den grundsätzlichen Umgang mit all diesen Apps. Sie können wie immer auch eine andere App mit Tabelle dazu verwenden.

> VIDEO
>
> **Eine SAP-Fiori-App mit Tabelle starten**
>
> In diesem Video sehen Sie Klick für Klick, wie eine Tabelle mit Bestellungen erstellt wird.
>
> *http://s-prs.de/v7389bc*

1 Starten Sie die App **Bestellungen verwalten**.

2 Im Bild **Bestellungen verwalten** selektieren Sie Ihre Datensätze, in unserem Beispiel die Bestellungen, mithilfe von Filtern, die wir in Abschnitt 7.2, »Tabellen im Header filtern«, besprechen. Dies entspricht im SAP GUI der Selektion im Selektionsbild.

Um jetzt erst einmal sofort alle Bestellungen in der Liste zu sehen, klicken Sie rechts außen auf die Schaltfläche **Start**.

3 Aus der Tabelle heraus gelangen Sie mit einem Klick auf eine Bestellnummer in der linken Spalte **Bestellung** in das Bestellformular, und danach wechseln Sie mit dem Icon **<** (**Zurück**) wieder in die Tabelle.

In der Zeile direkt oberhalb der Tabelle sehen Sie zusätzliche Schaltflächen, in unserem Beispiel für Funktionen zur Genehmigung, zum Kopieren, zum Löschen oder zum Anlegen einer Bestellung.

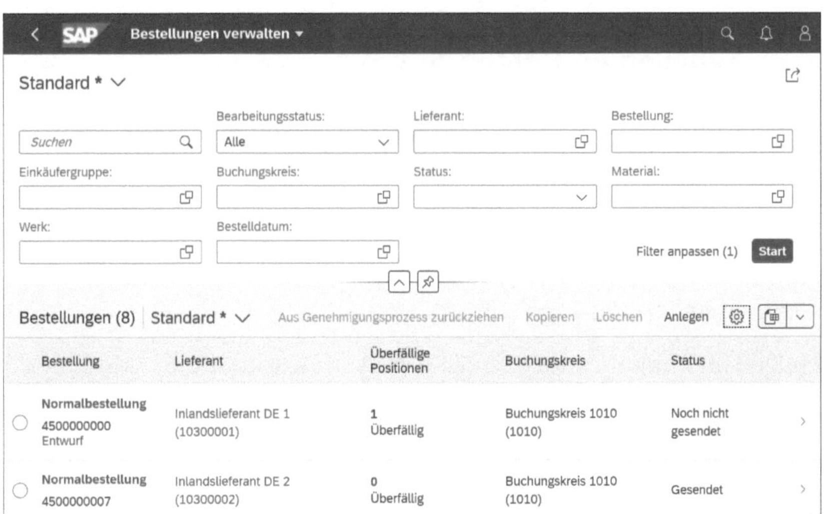

TIPP

Keine richtige Tabelle zu sehen?

Werden in Ihrer Tabelle mehrere Felder untereinander dargestellt, handelt es sich nicht wirklich um eine brauchbare Tabelle. Diesen Effekt haben Sie, wenn das Fenster zu schmal ist.

Tabelle mit mehreren Zeilen je Bestellung

In der Regel möchten Sie jedoch alle Informationen in einer Zeile sehen. Dazu gibt es zwei Möglichkeiten: Sie verbreitern Ihr Fenster, oder Sie verkleinern die Zoomstufe in Ihrem Browser.

7.2 Tabellen im Header filtern

Tabellen haben größtenteils sehr flexible und leistungsfähige Filterfunktionen zur Auswahl der Daten. Die Filtermöglichkeiten, mit denen Sie die gewünschten Belege oder Stammdaten selektieren, zeigen wir Ihnen in diesem Abschnitt. Hierzu verwenden Sie die Filter im oberen Bildteil, der auch als *Header* bezeichnet wird. Den Header dürfen Sie nicht mit der Header-Zeile verwechseln, die das Logo enthält!

Einige Filterfunktionen haben Sie bereits in Abschnitt 5.6, »Mit Eingabehilfen Feldwerte finden«, kennengelernt:

- das universelle Feld **Suchen** im linken oberen Eck, das nicht nur die Elemente einer Spalte durchsucht, sondern gleichzeitig mehrere Spalten

- das Icon , mit dem Sie für ein Feld einen *Einzelwert* (Fachbegriff: *Element*) suchen können
- die Icons (**Header expandieren**) und (**Header komprimieren**), mit denen die Filter ein- und ausgeblendet werden

Diese Techniken stehen Ihnen in den Filterfunktionen der Tabelle ebenfalls zur Verfügung und werden hier nicht noch einmal besprochen.

Mit mehreren Elementen und Feldern filtern

Im Vergleich zur Eingabehilfe stehen Ihnen in einer Tabelle erweiterte Filtermöglichkeiten zur Verfügung, die wir Ihnen in der folgenden Anleitung vorstellen. Hier wollen wir alle Bestellungen für zwei unterschiedliche Einkäufergruppen selektieren. Die Einkäufergruppe wird in der Praxis entweder für einzelne Einkäufer*innen oder für ein Einkaufsteam verwendet.

> VIDEO
>
> **Im Header die Tabelle filtern**
>
> In diesem Video lernen Sie am Beispiel von Bestellungen, wie Sie eine Tabelle filtern.
>
> *http://s-prs.de/v7389bd*

1 Starten Sie die SAP-Fiori-App **Bestellungen verwalten**.

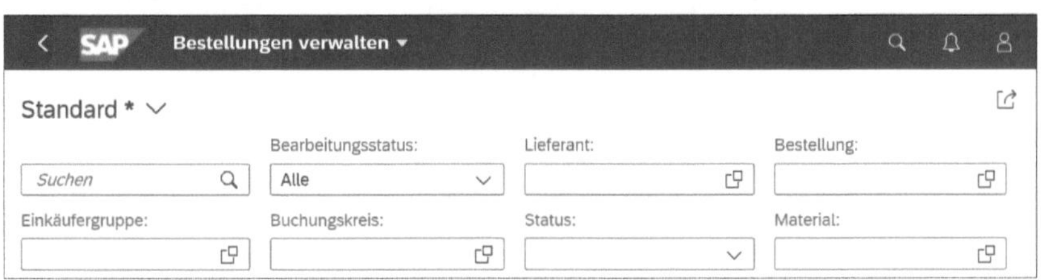

2 Klicken Sie im Feld **Einkäufergruppe** auf das Icon . Es erscheint ein Pop-up-Fenster mit einer Eingabehilfe, mit der Sie die gewünschten Einkäufergruppen selektieren können.

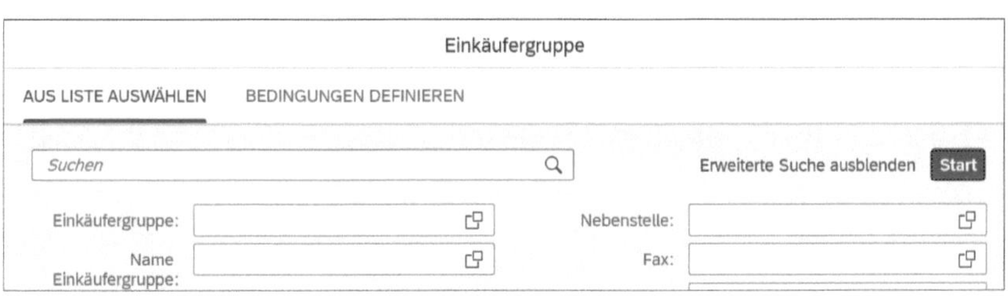

3 Wenn Sie auf die Schaltfläche **Start** klicken, ohne eingrenzende Angaben in den Feldern vorzunehmen, werden Ihnen im unteren Bildbereich unter der Überschrift **Elemente** alle Einkäufergruppen angezeigt.

4 Markieren Sie links außen die gewünschten Einkäufergruppen. Im Gegensatz zu einer Eingabehilfe für ein Feld dürfen Sie hier mehrere Elemente gleichzeitig markieren.

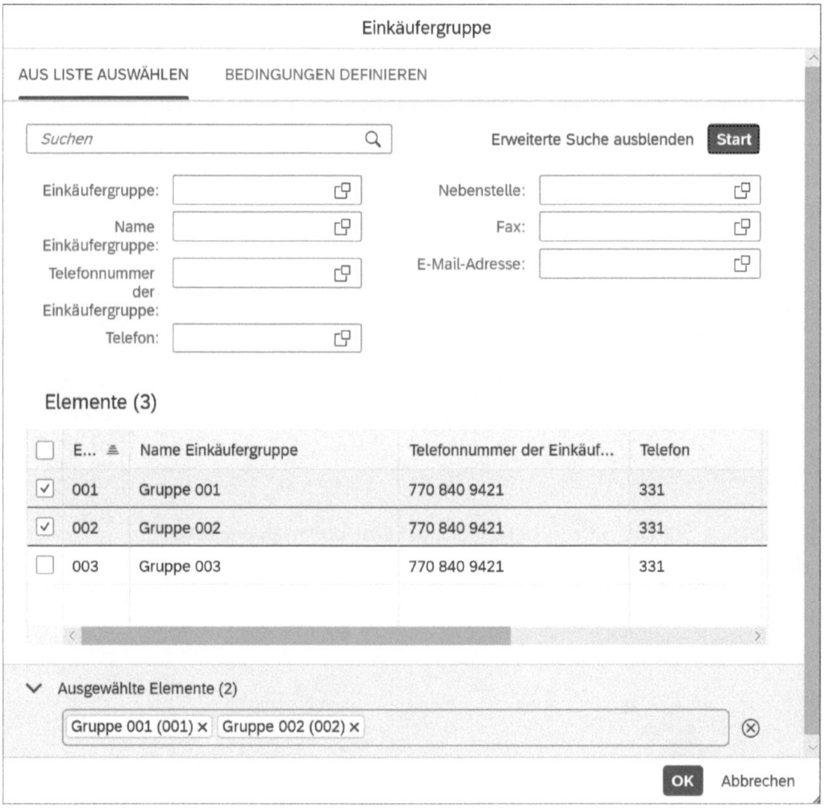

> **INFO**
>
> **Auswahl der Elemente löschen**
>
> Mit einem Klick auf das Icon ⊗ in der untersten Zeile **Ausgewählte Elemente** entmarkieren Sie auf einen Schlag alle markierten Elemente. Einzelne Elemente entfernen Sie mit einem Klick auf das Icon ✕ in der untersten Zeile **Ausgewählte Elemente** oder mit einem Klick auf das Icon ☑ in der Tabelle der Elemente.

5 Klicken Sie auf die Schaltfläche **OK**. Damit werden die beiden ausgewählten Einkäufergruppen in das Feld **Einkäufergruppe** im Einstiegsbild der App übernommen, und die Eingabehilfe wird wieder ausgeblendet.

6 Setzen Sie einen weiteren Filter, indem Sie Ihren Buchungskreis in das Feld **Buchungskreis** eintippen.

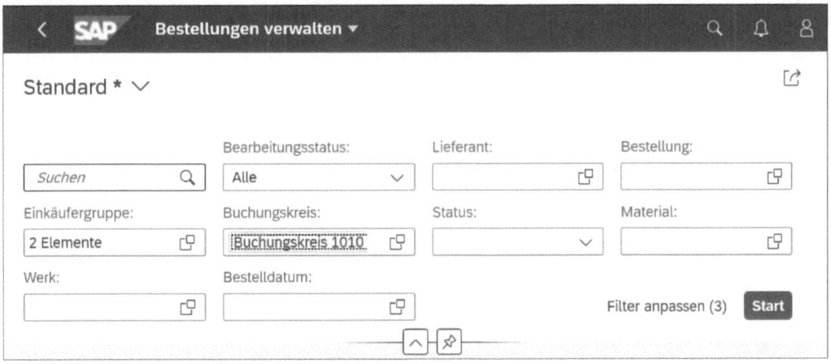

7 Klicken Sie dann rechts auf die Schaltfläche **Start**. Nun sehen Sie alle dem Filter entsprechenden Bestellungen in der Tabelle.

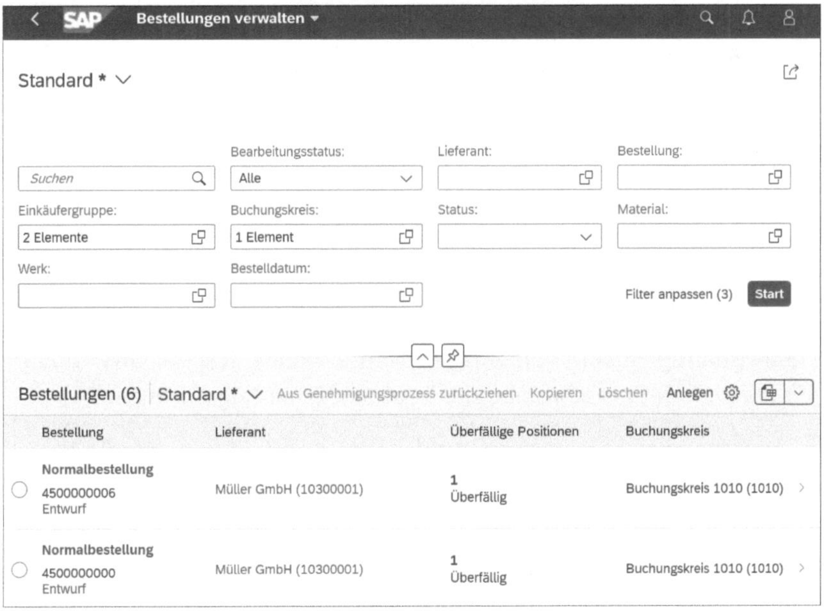

In dieser Anleitung haben Sie zwei Filter verwendet: einen für das Feld **Einkäufergruppe** und einen für das Feld **Buchungskreis**. SAP Fiori zeigt anschließend in der Tabelle nur die Datensätze an, die die Bedingungen aus beiden Filtern erfüllen.

INFO

Filter löschen

Klicken Sie im Header in das Feld, für das Sie einen Filter löschen wollen. Der oder die gesetzten Filterwerte werden angezeigt. Dann klicken Sie rechts neben dem zu entfernenden Filterwert auf das Icon X.

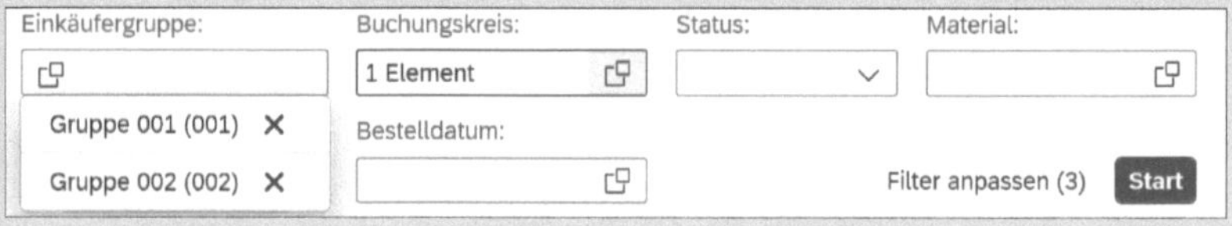

Anzeige der Filterwerte für das Feld »Einkäufergruppe«

TIPP

Filterleiste anheften

Praktisch bei einer langen Tabelle, in der Sie unterschiedliche Filterungen durchführen ist Folgendes: Mit einem Klick auf das Icon (**Header anheften**) unterhalb des Headers fixieren Sie die Filterleiste direkt unter der Shell Bar. So haben Sie, wenn Sie durch die zur Auswahl stehenden Daten nach unten scrollen, immer den Header mit seinen Filtern im Blick und können diesen schnell anpassen.

Mit zusätzlichen Feldern filtern

In den Apps ist die angebotene Vorauswahl an Filtern oft nicht ausreichend. SAP Fiori bietet Ihnen hier die Möglichkeit, die zur Auswahl stehenden Filter anzupassen.

Diese Funktion entspricht in einigen Transaktionen des SAP GUI und in einigen fiorisierten Transaktionen der Funktion **Freie Abgrenzungen**.

In unserem Beispiel benötigen wir das Feld **Angelegt von**, um die Bestellungen nach einem Benutzernamen zu filtern:

1. Starten Sie die SAP-Fiori-App **Bestellungen verwalten**.
2. Klicken Sie im Header auf die Schaltfläche **Filter anpassen** links neben der Schaltfläche **Start**.

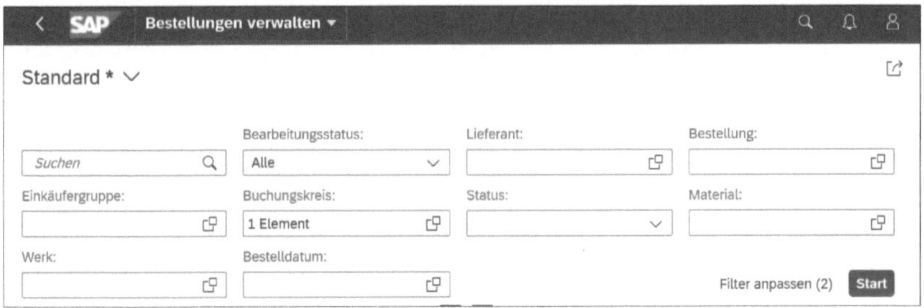

3 Es öffnet sich das Pop-up-Fenster **Filter anpassen**. Im oberen Fensterteil sehen Sie die Felder, die im Header sichtbar sind, mit den aktuell eingestellten Filtern. Diese Felder sind rechts außen mit der Markierung ☑ versehen. Weiter unten finden Sie Themenbereiche wie **Lieferung und Rechnung**, in denen weitere Felder darauf warten, von Ihnen als Filter verwendet zu werden. In unserer App **Bestellungen verwalten** sind das immerhin über 40 Felder.

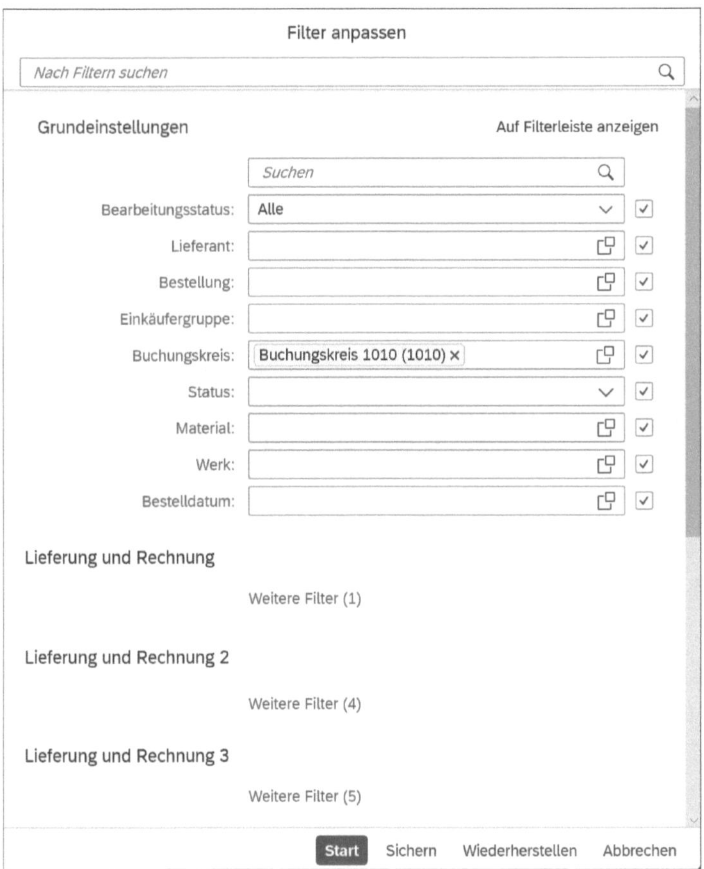

Um in unserem Beispiel weitere Felder als Filter hinzuzufügen, scrollen Sie weiter nach unten und klicken im Themenbereich **Schnellansicht** auf **Weitere Filter.**

4 Im Fenster **Filter auswählen**, das sich dann öffnet, werden die Felder angezeigt, die zu dem Themenbereich gehören. Im Falle des Themenbereichs **Schnellansicht** sind das die Felder **Angelegt von** und **Einkaufsorganisation.**

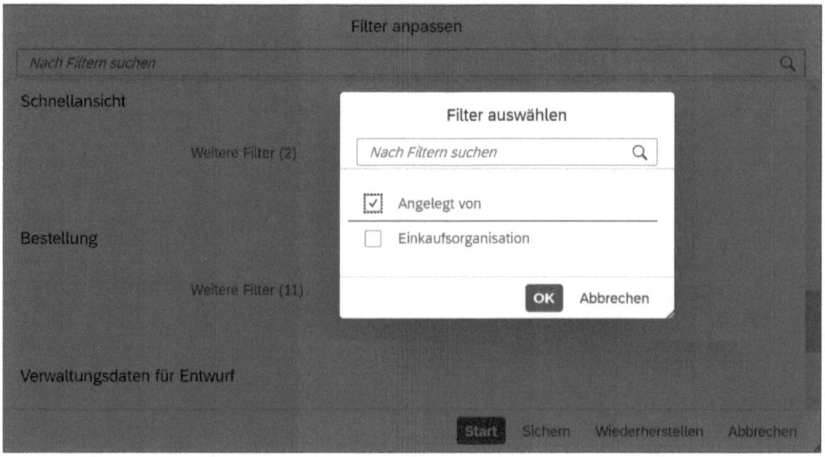

TIPP

Filter suchen

Kennen Sie die Feldnamen? Wenn ja, ist die Suche im Fenster **Filter anpassen** mithilfe des obersten Feldes **Nach Filtern suchen** schneller. Sobald Sie dort die ersten Buchstaben des gesuchten Feldnamens eingeben, werden darunter der oder die Themenbereiche angezeigt, in denen das entsprechende Feld enthalten ist. Der Joker * funktioniert hier bedauerlicherweise nicht. Probieren Sie das in unserer App z. B. mit den Feldnamen **Angelegt von** oder **Postleitzahl** aus.

5 Setzen Sie bei dem Feld, das Sie übernehmen möchten, links das Häkchen [✓], hier also z. B. bei **Angelegt von**, und klicken Sie auf die Schaltfläche **OK**.

6 Im Header können Sie nun in das Feld **Angelegt von** einen Benutzernamen eingeben, und wenn Sie dann auf die Schaltfläche **Start** geklickt haben, schließt sich das Pop-up-Fenster **Filter anpassen**, und Sie können den neu hinzugewonnen Filter direkt in Betrieb nehmen!

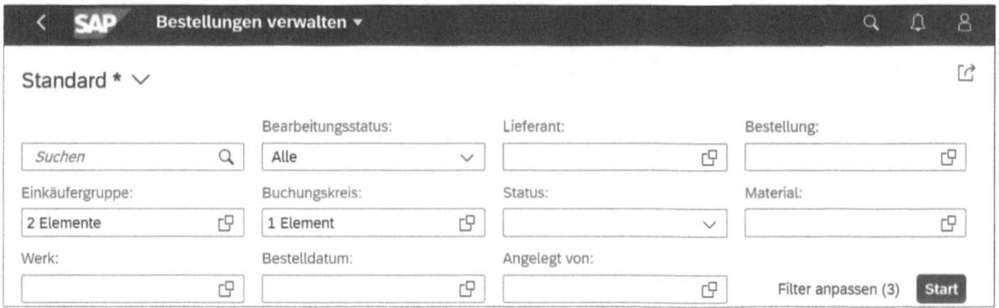

7.3 Tabellen drucken oder als PDF-Dateien speichern

In Abschnitt 6.4, »Listen drucken oder als PDF-Datei speichern«, haben wir Ihnen gezeigt, wie Sie die Listen als PDF-Dateien ausgeben oder drucken. Haben Sie in »echten« Fiori-Apps schon das Icon (**Drucken**) entdeckt? Nein? Wir auch nicht!

Aber Sie brauchen es auch nicht. Für die Ausgabe verwenden Sie einfach die entsprechende Funktion in Ihrem Browser. Ein Rechtsklick auf die Tabelle bringt Sie in das Kontextmenü, in dem Sie die Menüoption **Drucken** oder **Print** finden.

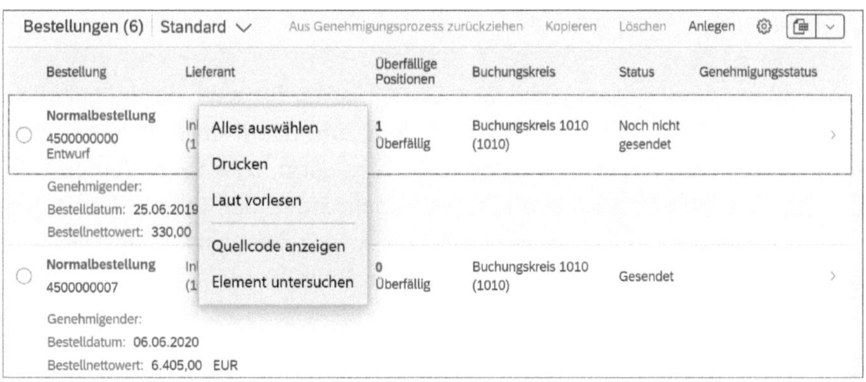

Kontextmenü mit der Menüoption »Drucken«

Nach der Auswahl der Menüoption **Drucken** können Sie statt einem Drucker auch die PDF-Ausgabe wählen und einstellen, ob der Ausdruck im Hochformat oder im Querformat erfolgen soll, wie breit die Ränder sein sollen und wie viele Kopien Sie brauchen.

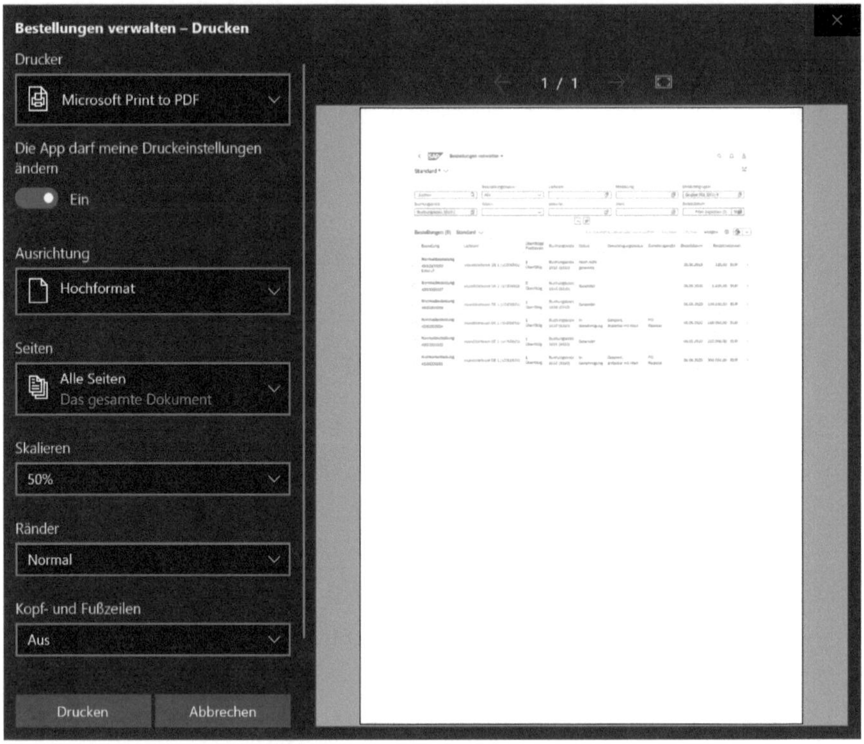

Druckoptionen in Microsoft Edge

Ein großer Vorteil gegenüber dem SAP GUI ist im Browser die Möglichkeit der Skalierung, mit der Sie die Schriftgröße und damit auch den Druckbereich bestimmen. Ein weiterer Vorteil besteht darin, dass Sie beliebige Teilbereiche der Tabelle ausgeben können, indem Sie in der Tabelle zuerst den auszugebenden Bereich markieren und direkt vor der Ausgabe im Feld **Seiten** die Option **benutzerdefinierter Bereich** wählen.

7.4 Tabellen herunterladen

Sie möchten die Tabelle in einem Tabellenkalkulationsprogramm wie Microsoft Excel weiterverarbeiten? Wir sind an sich keine großen Freunde des Downloads, denn SAP Fiori bietet sehr nützliche Funktionen zur Gestaltung von Auswertungen.

Aber ok, es kann folgende berechtigte Gründe dafür geben, eine Tabelle herunterzuladen:

- Sie wollen Kolleg*innen, die keinen SAP-Zugang haben, Daten zur Verfügung stellen.
- Sie wollen Diagramme erstellen oder weitere komplexe Berechnungen in Microsoft Excel durchführen. (Bevor Sie Excel aus einem anderen Grund nutzen, sollten Sie erst dieses Kapitel zu Ende lesen. In Abschnitt 7.5, »Daten visualisieren mit analytischen SAP-Fiori-Apps«, beschreiben wir die Möglichkeiten der analytischen Fiori-Apps.)

7

In der folgenden Anleitung stoßen Sie für die Tabelle der Bestellungen einen Download an.

VIDEO

Tabellen herunterladen
In diesem Video wird Schritt für Schritt ein Download einer Tabelle in Excel durchgeführt.
http://s-prs.de/v7389be

1. Starten Sie die SAP-Fiori-App **Bestellungen verwalten.**
2. Klicken Sie auf die Schaltfläche **Start**. Sie sehen nun unten die Tabelle mit allen Bestellungen.

3. Klicken Sie rechts außen auf das Icon (**In Tabellenkalkulation exportieren**). Hiermit starten Sie den Export der Daten für ein Tabellenkalkulationsprogramm.

Ein weiteres Pop-up-Fenster öffnet sich. Darin zeigt Ihnen SAP Fiori den Fortschritt beim Exportieren an. Bei einer großen Datenmenge kann es manchmal ein wenig dauern.

TIPP

Zu viele oder falsche Daten selektiert?

Falls Sie erst nach dem Klick auf das Icon (**In Tabellenkalkulation exportieren**) festgestellt haben, dass Sie zu viele oder die falschen Daten exportieren, klicken Sie einfach auf die Schaltfläche **Abbrechen**. SAP Fiori beendet dann den Export.

4 Jeweils abhängig von den Einstellungen des von Ihnen verwendeten Browsers kann es vorkommen, dass Sie den Download der Datei nach dem Ablauf des Exports separat erlauben müssen. Falls notwendig, tun Sie dies.

Je nach Browser erscheint am Schluss eine Frage nach dem weiteren Vorgehen. In unserem Fall (mit Microsoft Edge) klicken wir auf die Schaltfläche **Öffnen**.

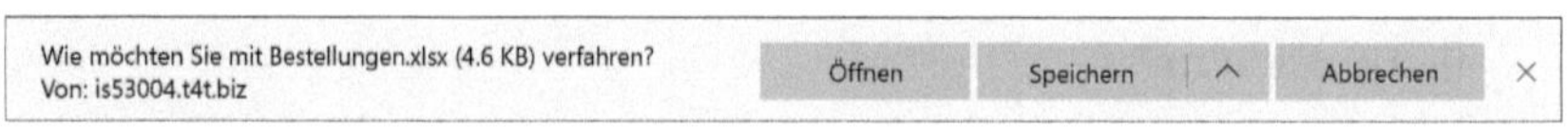

Bei Google Chrome finden Sie beispielsweise unten links ein Excel-Icon, auf das Sie klicken können. In beiden Fällen öffnen Sie sofort die entsprechende Excel-Tabelle.

Viel Spaß bei der Weiterverarbeitung mit Excel!

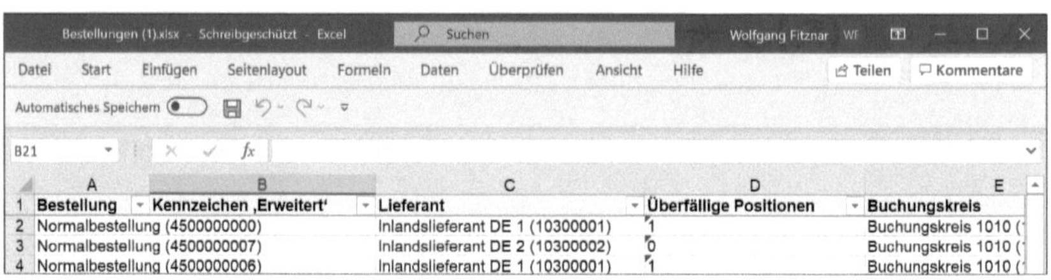

In den Apps von SAP Fiori bewegen Sie sich in dem Luxus, mit Echtzeitdaten zu arbeiten. Das bedeutet, dass die Daten, die Sie auswerten, immer aktuell sind! Sobald Sie einen Download starten, erfasst er nur noch eine Momentaufnahme.

Schlauer ist es deshalb zu prüfen, ob Sie mit den Bordmitteln von SAP Fiori nicht das gleiche oder vielleicht sogar ein besseres Ergebnis erzielen als mit einer Nachbearbeitung in Excel. Darüber hinaus ersparen Sie sich mit den entsprechenden Voreinstellungen aus Teil II, »Die Benutzeroberflächen personalisieren«, eine Menge Zeit.

TIPP

Eine Tabelle per E-Mail versenden

Eine Kollegin mit SAP-Zugang benötigt die Daten aus Ihrer Tabelle? Sie wollen die Daten in Excel downloaden und ihr die Excel-Tabelle zumailen? Das geht viel bequemer und schneller!

1. Klicken rechts oben auf das Icon (Teilen), und wählen Sie den Befehl **E-Mail senden**.

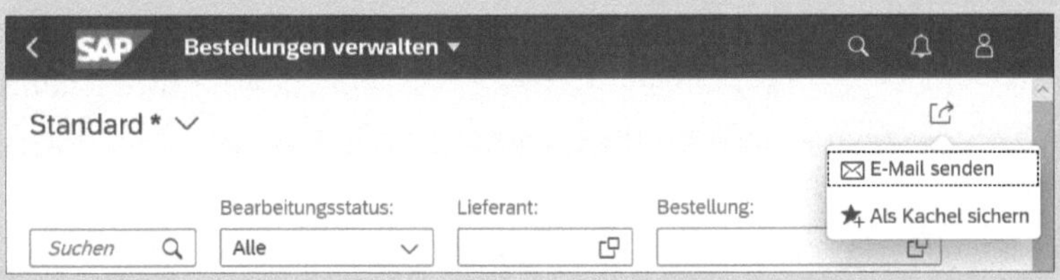

2. Damit öffnen Sie, wenn installiert, ein E-Mail-Programm wie Outlook, wobei der Link für die Tabelle in die automatisch erstellte E-Mail übernommen wird. Nun nur noch den Empfänger eingeben und ab dafür!

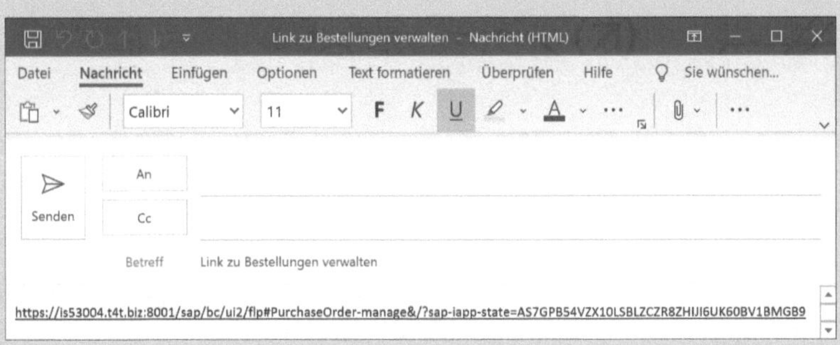

Nach dem Öffnen der E-Mail und einem Klick auf den Link sieht Ihre Kollegin exakt die Tabelle, aus der Sie den Link erstellt haben.

7.5 Daten visualisieren mit analytischen SAP-Fiori-Apps

Fiori ist, wie Sie bereits wissen, Italienisch und bedeutet *Blumen*. Doch so richtig bunt war SAP Fiori bisher nicht, und das ist auch gut so. Nicht nur wir Autoren sitzen manchmal tage- und nächtelang vor dem Rechner und genießen das ruhige und entspannte Design der Fiori-Oberfläche. Nicht umsonst hat deren Designkonzept 2015 den Red Dot Design Award gewonnen.

Ab jetzt wird's hier aber dennoch bunt. Analytische Apps bieten Ihnen die Möglichkeit, Daten grafisch darzustellen. Diese Apps bilden eine eigene App-Kategorie (neben den schon vorgestellten Kategorien der transaktionalen Apps und Infoblätter).

Diagramme und Kennzahlen in Kacheln

Auf manchen Kacheln haben Sie sicherlich bereits kleine Diagramme und bunte Kennzahlen entdeckt, die einzigen Farbkleckser auf der sonst weitgehend einfarbigen Launchpad-Startseite. Die Diagramme in Kacheln werden auch als *MicroCharts* (Mikrodiagramme) bezeichnet.

Kacheln mit Kennzahlen und Mikrodiagrammen

Hinter den Kacheln mit Mikrodiagrammen und Kennzahlen verstecken sich in der Regel analytische Apps. Sie erkennen sie an folgenden Merkmalen:

- der farbigen Anzeige des Analyseinhalts in der Kachel
- dem Icon (**Aktualisieren**) in der Kachel, mit dem sich die in der Kachel enthaltenen Kennzahlen aktualisieren lassen
- der Anzeige der drei Icons (**Diagrammansicht**, **Tabellenansicht**, **Diagramm- und Tabellenansicht**) nach dem Aufruf der App

Das kennen Sie nicht vom SAP GUI: In SAP Fiori werden die Kennzahlen (anderer Begriff: *Key Performance Indicators*, KPIs) auf den Kacheln aus großen Datenbeständen in Echtzeit berechnet. Starten Sie in die Launchpad-Startseite, erhalten Sie topaktuelle KPIs. Danach werden die Kennzahlen in voreingestellten, regelmäßigen Abständen automatisch aktualisiert. Wenn Sie nicht auf die automatische Aktualisierung warten wollen, dürfen Sie auf das Icon (**Aktualisieren**) in der Kachel klicken, und schon sehen Sie den aktuellen Stand.

INFO

Unterschiedliche Farben der Kennzahlen

Welche Farbe angezeigt wird, orientiert sich an vordefinierten Schwellenwerten. Die Farbe Grün steht für OK, Gelb für eine Warnung und Rot für einen kritischen Zustand, der besondere Aufmerksamkeit benötigt. In der Regel kann auch ein*e Key-User*in Schwellenwerte einstellen und KPIs erstellen.

Eine analytische SAP-Fiori-App starten

Suchen Sie auf der Launchpad-Startseite oder mit dem App Finder eine analytische App. In unserem Beispiel nutzen wir die App **Bestellpositionen überwachen**.

VIDEO

Mit einer analytischen App ein Diagramm erstellen

In diesem Video erstellen wir mit einer analytischen App ein Diagramm für Bestellpositionen.

http://s-prs.de/v7389bf

1. Starten Sie eine analytische App, z. B. **Bestellpositionen überwachen**.
2. Im Einstiegsbild nehmen Sie im Header die Selektion vor und klicken auf die Schaltfläche **Start**. In unserem Fall geben wir im Muss-Feld **Anzeigewährung** mit **EUR** die Währung vor. Nach dem Klick auf die Schaltfläche **Start** sehen Sie in der Regel das voreingestellte Diagramm und – wie in unserem Beispiel – eine Tabelle der entsprechenden Daten.

Ihre erste analytische App? Kein Problem! Wir verschaffen Ihnen erst einmal einen Überblick über den kompletten Bildschirm:

- Oben sehen Sie den Header mit den Filtermöglichkeiten. Diesen Bereich können Sie wie bei Tabellen mit den Icons (**Header expandieren**) und (**Header komprimieren**) ein- und ausblenden. Hier selektieren Sie die Daten, für die ein Diagramm erstellt werden soll.
- Die links oberhalb der Tabelle oder oberhalb des Diagramms gezeigte Zahl entspricht der Kennzahl, die Ihnen bereits aus der zugehörigen Kachel auf der Startseite des SAP Fiori Launchpads angezeigt wurde. In unserem Beispiel ist dies **Bestellpositionen (145)**. Diese Kennzahl befindet sich manchmal auch links oben direkt unter der Header-Zeile.

- Unter dem Header sehen Sie, je nach Voreinstellung, im Hauptbereich eine Tabelle, ein Diagramm oder eine Kombination aus beidem.

So viel zum kurzen Überblick – jetzt sehen wir uns alles etwas genauer an!

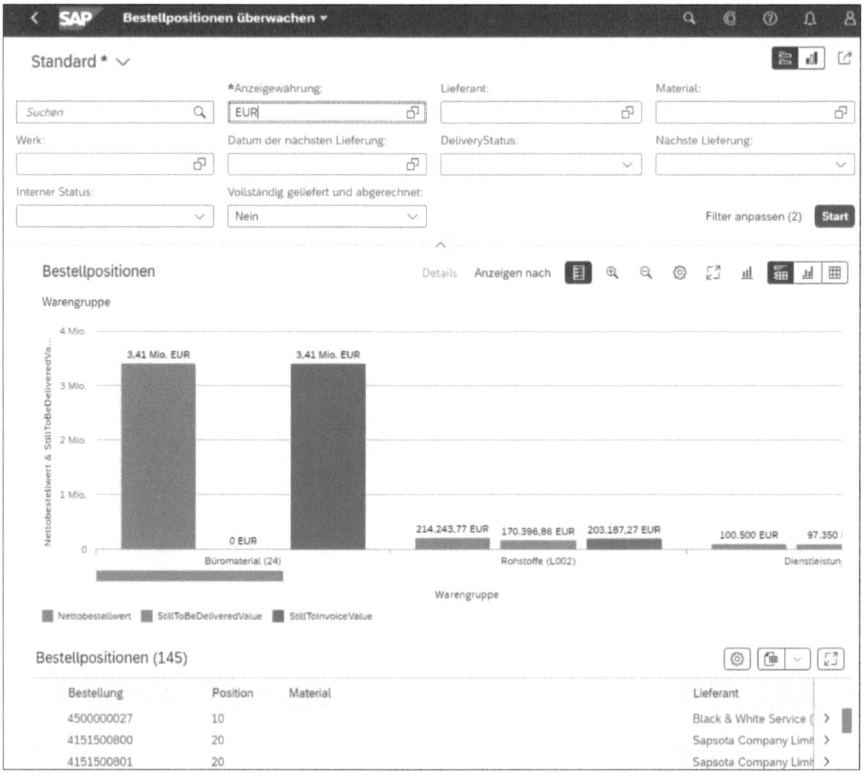

> INFO
>
> **Und wenn ich nur eine Tabelle oder nur ein Diagramm sehe?**
>
> Keine Sorge! Analytische Apps können drei verschiedene Ansichten beinhalten. Hierbei handelt es sich um die *Diagrammansicht* ( ), die *Tabellenansicht* ( ) und die *hybride Ansicht* ( ), die aus beidem, einem Diagramm und einer Tabelle, besteht.
>
> Das im letzten Satz verwendete Wort *können* bedeutet, dass eine analytische App entweder eine, zwei oder alle der genannten Ansichten enthalten kann. Enthält die von Ihnen ausgewählte App lediglich eine Tabellenansicht, verwenden Sie für diese Anleitung eine andere analytische App, also eine, App, die mindestens eines der Icons **(Diagrammansicht)** oder **(Diagramm- und Tabellenansicht)** enthält.

Zwischen Ansichten wechseln

Lassen Sie sich jetzt nicht verwirren! Der Begriff *Ansicht* wird im SAP-System öfter verwendet. So können Sie zwischen verschiedenen Ansichten in der Filterleiste wechseln. Jetzt aber wechseln Sie zwischen verschiedenen Ansichten für den Hauptbereich der analytischen App. Hierzu gibt es unter dem Filterbereich folgende Icons, die sich manchmal auch hinter dem Icon (**Mehr**) verstecken:

- – **Diagramm- und Tabellenansicht**
- – **Diagrammansicht**
- – **Tabellenansicht**

Diagrammansicht für Bestellpositionen

Die aktuell ausgewählte Ansicht erkennen Sie an dem farblich hinterlegten Icon. In unserem Beispiel befinden wir uns aktuell in der hybriden Ansicht: **Diagramm- und Tabellenansicht**. Um in die reine Diagrammansicht zu wechseln, klicken Sie auf das Icon (**Diagrammansicht**).

Nach dem Klick verschwindet die unter dem Diagramm positionierte Tabelle. Zudem wird das Icon (**Diagrammansicht**) farblich hinterlegt. Das Icon (**Diagramm- und Tabellenansicht**) verliert wiederum seine farbliche Kennzeichnung.

Einstellungen für das Diagramm ändern

Nun wollen wir das Diagramm bearbeiten. Die Einstellungsmöglichkeiten zeigen wir Ihnen an einem konkreten Beispiel. In der folgenden Abbildung sehen Sie links unseren jetzigen Stand und rechts daneben den Stand, den wir erreichen wollen.

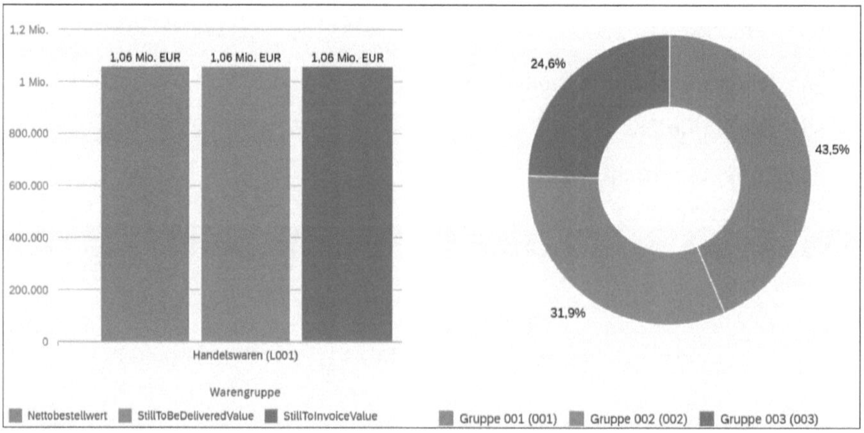

Links unser Säulendiagramm, rechts ein Ringdiagramm

Welche Veränderungen sind das, und was wollen wir erreichen?

- Momentan wird der Bestellwert nach Warengruppen wie Handelswaren oder Büromaterial angezeigt, wir beabsichtigen jedoch eine prozentuale Darstellung des Bestellwertes nach Einkäufergruppen.
- Momentan werden je Warengruppe drei Säulen nebeneinander angezeigt, die den Nettobestellwert, den Wert der zu liefernden Bestellungen und den Wert der Bestellungen zeigen, die noch nicht berechnet wurden. Wir wollen nur den Nettobestellwert angezeigt bekommen.
- Anstelle des Diagrammtyps **Säulendiagramm** soll uns ein **Ringdiagramm** angezeigt werden, auch bekannt als **Donut-Diagramm** (nach der amerikanischen Kalorienbombe).

Um die Darstellung nach Warengruppen in eine Darstellung nach Einkäufergruppen zu ändern, wechseln Sie in eine andere Dimension. In eine andere Dimension? Ja, denn die Warengruppe ist eine Dimension, und die Einkäufergruppe ist eine andere Dimension. Momentan sehen Sie die Dimension **Warengruppe**, abzulesen unterhalb der Säulengrafik in der letzten Abbildung.

Darüber hinaus reduzieren wir in der nächsten Anleitung die Kennzahlen und wechseln in den Diagrammtyp **Ringdiagramm**. Dies alles erfolgt in einem Fenster, in das Sie mit dem Icon (**Einstellungen**) gelangen.

1. Um die Dimension zu wechseln und weitere Einstellungen vorzunehmen, klicken Sie auf das Icon (**Einstellungen**). Es öffnet sich das Fenster **Anzeigeeinstellungen**.

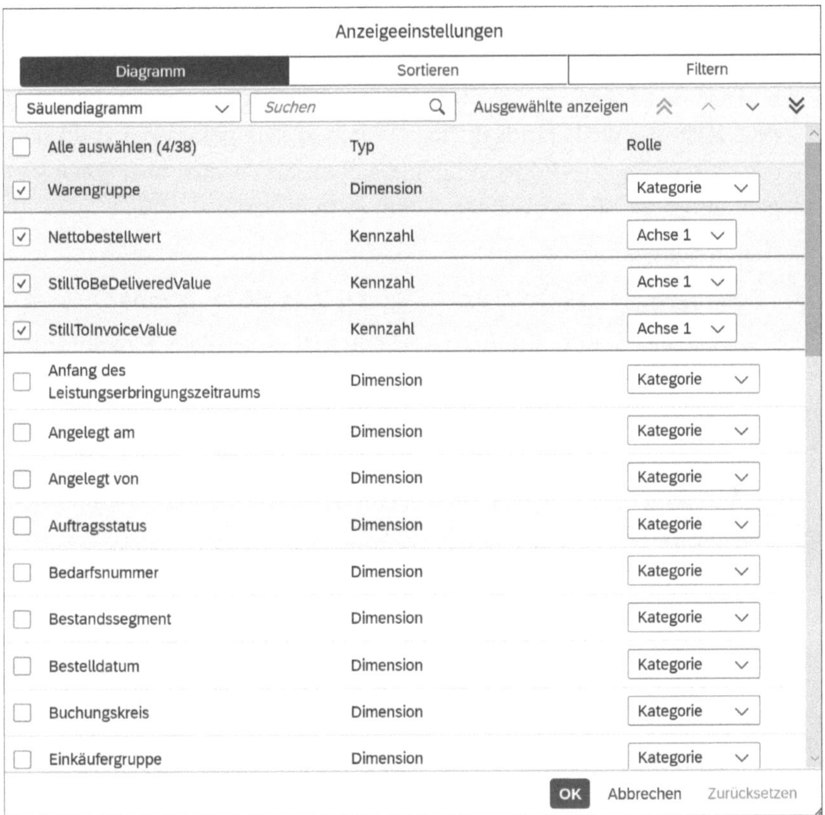

Das Fenster **Anzeigeeinstellungen** zeigt oft eine riesige Anzahl von Feldern, und dadurch haben Sie eine große Flexibilität für Ihre Diagramme. Mit den Icons holen Sie die Felder, die für Sie von Interesse sind, nach oben in Ihr Blickfeld.

Das Fenster ermöglicht Ihnen Anpassungen am Diagramm wie das Hinzufügen und Entfernen von Dimensionen und Kennzahlen oder das Ändern des Diagrammtyps. Zudem können Sie Sortierungen und grafische Filter hinzufügen.

2 Wir bleiben auf dem ersten Register **Diagramm**. Hier sehen Sie eine Tabelle mit verschiedenen Einträgen – in unserem Beispiel sind vier davon bereits ausgewählt. In der zweiten Spalte **Typ** sehen Sie, dass ein Eintrag entweder eine Dimension oder eine Kennzahl ist.

Die Auswirkung einer Einstellung in der dritten Spalte **Rolle** ist abhängig vom gewählten Diagrammtyp. Dazu ein Beispiel: Wechseln Sie in einem Balkendiagramm die Einstellung der Kennzahl von **Achse 1** auf **Achse 2**, kippen Sie die Balken um 90 Grad. Für ein Ring- oder Kreisdiagramm hat diese Einstellung aufgrund der fehlenden Achsen keine Auswirkungen.

Links außen erkennen Sie die ausgewählten Einträge daran, dass diese in dem Kasten jeweils ein Häkchen ☑ haben. Die gesamte Anzahl der ausgewählten Einträge können Sie links oben im Fenster **Anzeigeeinstellungen** dem Text **Alle auswählen (4/38)** entnehmen.

Gehen Sie jetzt also so vor:

- Beseitigen Sie das Häkchen ☑ für das Feld **Warengruppe**.
- Setzen Sie weiter unten ein Häkchen für das Feld **Einkäufergruppe**. Damit wechseln Sie die Dimension.
- Beseitigen Sie die Häkchen ☑ für die Felder **StillToBeDeliveredValue** und **StillToInvoiceValue**. Damit reduzieren Sie die Anzahl der Kennzahlen und gleichzeitig auch die Anzahl der Balken von drei auf einen.

3 Nun wollen Sie noch den Diagrammtyp umstellen. Klicken Sie hierzu links oben direkt unter dem Reiter **Diagramm** auf das Icon ⌵. Es öffnet sich eine Liste möglicher Diagrammtypen. Wählen Sie aus der Liste den Diagrammtyp **Ringdiagramm**.

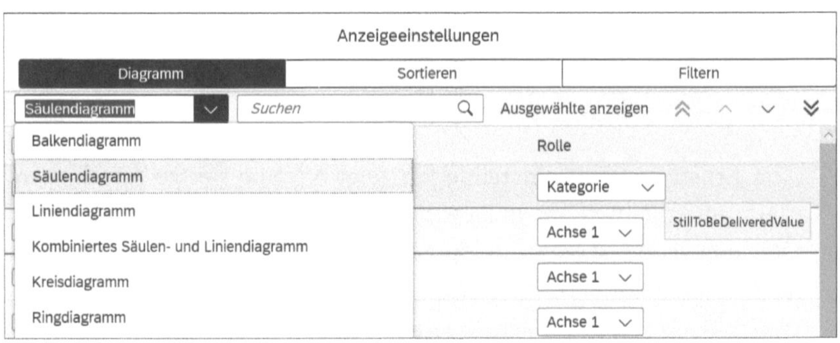

4 Klicken Sie im Fenster **Anzeigeeinstellungen** auf die Schaltfläche **OK**. Voilà! Damit sehen Sie das umgestaltete Diagramm.

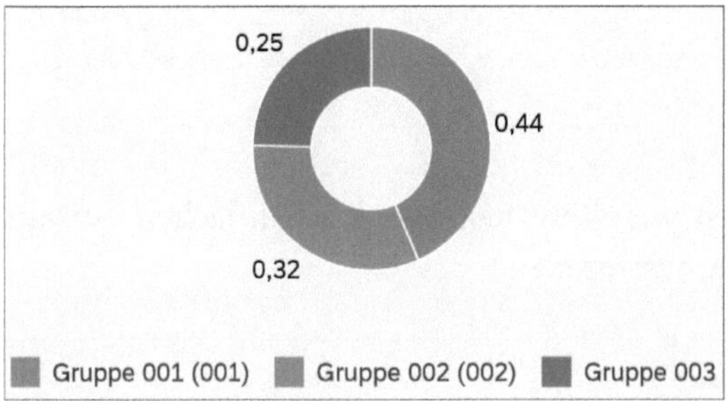

INFO

Was passiert, wenn ich keine Dimension oder Kennzahl auswähle?

Interessante Idee! Da eine Dimension den Gesamtwert eines Diagramms nach den Dimensionen unterteilt, wird der gesamte Wert eben nicht verteilt, wenn Sie keine Dimension auswählen. Demnach zeigt Ihnen ein Ringdiagramm in diesem Fall nur einen geschlossenen Ring ohne weitere Unterteilungen.

Und wenn Sie keine Kennzahl ausgewählt haben? Dann gibt es keine Zahlenwerte, und ohne Zahlenwerte kann kein Diagramm erstellt werden. In diesem Fall erhalten Sie nach der Bestätigung mit der Schaltfläche **OK** die elegant formulierte Meldung »size erfüllt nicht die festgelegte Mindest- oder Maximalanzahl an Feeds«.

INFO

Sind mehrere Dimensionen in einem Diagramm möglich?

Ja, Sie können in einem Diagramm zwei Dimensionen wie beispielsweise **Warengruppe** und **Einkäufergruppe** verwenden. Das bedeutet in einem Balkendiagramm, dass es für jede Kombination aus Warengruppe und Einkäufergruppe jeweils einen eigenen Balken gibt.

Funktionen in der Diagrammansicht

Wir empfehlen Ihnen das Fenster **Anzeigeeinstellungen** aus der letzten Anleitung für den Fall, dass Sie eine analytische App zum ersten Mal starten und sich einen Überblick über die angebotenen Felder verschaffen oder wenn Sie eine »Komplettrenovierung« Ihres Diagramms durchführen wollen. Einige dieser Einstellungen können Sie in der Diagrammansicht jedoch auch schneller und direkt ändern. Dafür gibt es einige Icons und Schaltflächen.

Icons in der Diagrammansicht

In der folgenden Tabelle haben wir diese Icons und Schaltflächen einzeln aufgeführt und ihre Funktionen beschrieben.

Schaltfläche	Funktion
Schaltfläche **Details**	Diese Schaltfläche funktioniert nur, wenn Sie zuvor im Diagramm mindestens ein Element wie einen Balken oder ein Tortenstück mit einem Klick markiert haben. Dann sehen Sie nach einem Klick auf die Schaltfläche Details weitere Infos, in unserem Fall den Bestellwert des jeweiligen Tortenstücks.
Schaltfläche **Anzeigen nach**	Mit dieser Schaltfläche können Sie weitere Dimensionen ergänzen.
	Mit einem Klick auf das Icon (**Legende ein-/ausblenden**) blenden Sie die Legende in einem Diagramm ein oder aus.
	Mit dem Icon (**Verkleinern**) oder (**Vergrößern**) ändern Sie die Darstellung der Diagrammgröße.
	Sie wollen das angezeigte Diagramm auf kompletter Bildschirmbreite in einem eigenen Fenster sehen? Dann klicken Sie einfach auf das Icon (**Maximieren**).
	Rechts neben dem Icon (**Maximieren**) sehen Sie ein Icon, das den Diagrammtyp repräsentiert. Klicken Sie darauf, zeigt Ihnen SAP Fiori eine Liste möglicher Diagrammtypen, aus der Sie sich einen Typ herausklicken.

Funktionen in der Diagrammansicht

Mini-Diagramme

Die Überschrift lügt nicht – es gibt nicht nur große, sondern auch Mini-Diagramme! Diese *Mini-Diagramme* haben gleich zwei Vorteile: Sie bieten Ihnen eine schnelle Information, und Sie können damit filtern.

Um nun einen Blick auf die visuellen Filter zu werfen, klicken Sie rechts oben auf das Icon (**Visuelle Filter**). Damit werden die klassischen Filterfelder durch Mini-Diagramme ersetzt.

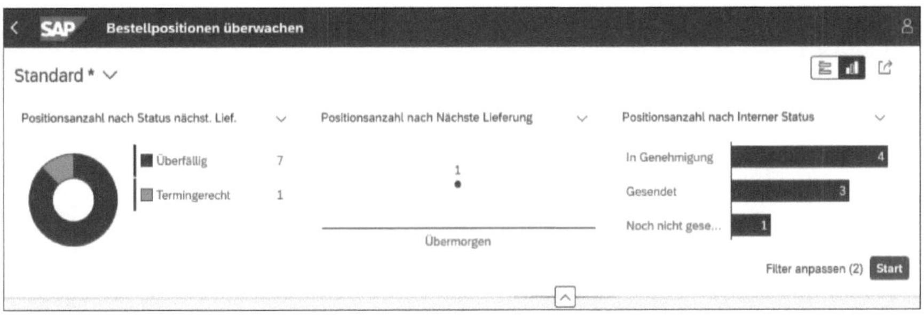

Mini-Diagramme

Möchten Sie einen Filter setzen, klicken Sie einfach auf ein Element wie einen Balken oder ein Kuchenstück in einem Mini-Diagramm und eventuell nochmals auf die Schaltfläche **Start**. Das Diagramm und die Tabelle unterhalb der Filterleiste passen sich an die neue Filterung an.

Die aktiven visuellen Filter erkennen Sie an dem farblich hervorgehobenen Bereich im Mini-Diagramm. Und die Anzahl der Filter sehen Sie in der oberen rechten Ecke eines Mini-Diagramms; dort steht in unserem Beispiel aktuell (1).

Eine Anpassung der visuellen Filter ist über die Schaltfläche **Filter anpassen** rechts unten möglich. Nach einem Klick auf diese Schaltfläche können Sie hier über das Feld **Auf Filterleiste anzeigen** Mini-Diagramme für die Anzeige auswählen, andere Diagrammtypen einstellen und die Sortierung ändern. Nach einem Klick auf die Schaltfläche **Start** sehen Sie das Ergebnis.

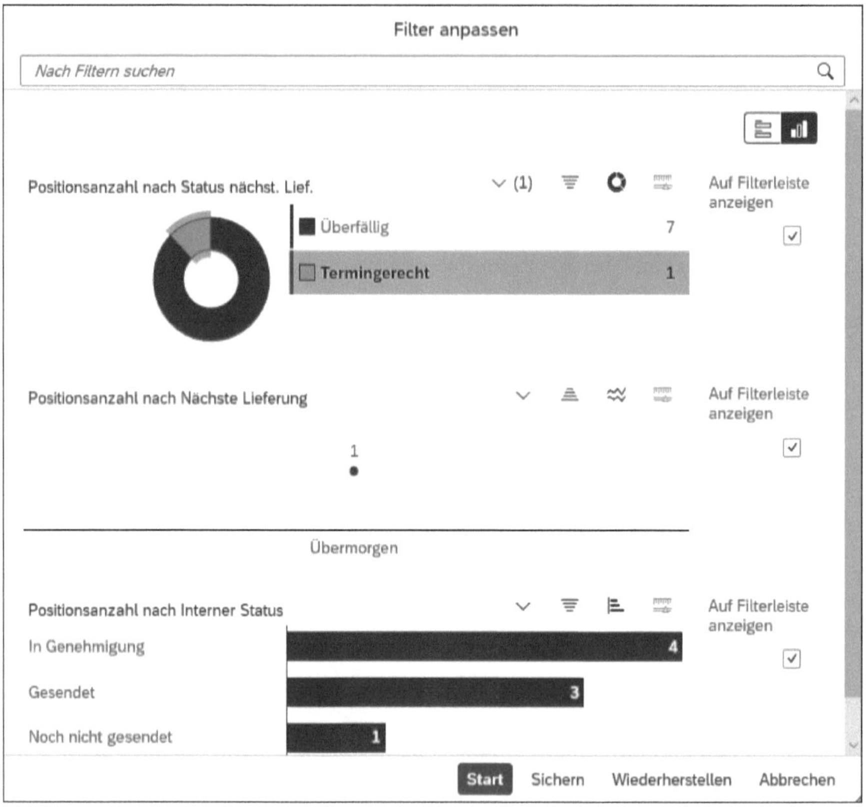

Filter anpassen

Gratulation, Sie haben den ersten Buchteil geschafft! Wir hoffen, es hat Ihnen Spaß gemacht. Wenn ja, empfehlen wir Ihnen Teil II, »Die Benutzeroberflächen personalisieren«, denn die dortigen Themen machen garantiert noch mehr Spaß!

Teil II

Die Benutzeroberflächen personalisieren

8 Das SAP GUI personalisieren und optimieren

Aus Teil I, »SAP GUI und SAP Fiori – Grundlagen der Bedienung«, kennen Sie das kleine Einmaleins der Benutzeroberfläche und sind damit arbeitsfähig, wenn bei Ihnen alles optimal eingestellt ist.

8

Ist bei Ihnen alles optimal eingestellt? Super! Dann brauchen Sie diesen Buchteil eigentlich nicht zu lesen.

Wir haben in der Praxis jedoch noch nie gesehen, dass alles optimal eingestellt ist. Jede*r Anwender*in braucht andere Einstellungen, um optimal arbeiten zu können. Diese Durchführung der Einstellungen wird auch als *Personalisierung* bezeichnet.

Eine optimale Personalisierung ergibt sich aus der Summe aller persönlichen *Voreinstellungen*. Es sind Voreinstellungen, die speziell und exklusiv für Ihren User gelten. Das ist ungefähr so, als würden Sie in Ihrem neu erstandenen PKW vor der ersten Fahrt die Sitze und Außenspiegel einstellen, die Radiosender für das Autoradio auswählen und den Luftdruck der Reifen anpassen.

Sie haben in Kapitel 2, »Erste Schritte mit dem SAP GUI«, folgende grundlegenden Voreinstellungen vorgenommen:

- ein Theme und ihre Lieblingsfarbe ausgewählt
- Favoriten angelegt
- die Anzeige der Transaktionscodes im SAP-Menü eingestellt
- Benutzerdaten wie Vorname, Nachname, Datumsdarstellung oder Ausgabegerät eingetragen

In diesem Buchteil nehmen Sie weitere wichtige Voreinstellungen vor, mit denen Sie in der Praxis flüssiger, schneller und sicherer arbeiten können.

In diesem Kapitel lernen Sie,

- wie Sie im Fenster **SAP Easy Access** Ihren Schnellzugriff, das Favoritenmenü, optimal einrichten,
- wie Sie transaktionsübergreifende Vorschlagswerte als Benutzerparameter einstellen und sich damit viel, viel Tipperei ersparen,
- wie Sie größere Auswahllisten auf persönliche Wertelisten reduzieren, die genau das enthalten, was Sie in der Praxis benötigen.

8.1 Das Favoritenmenü optimieren

In der Praxis tragen viele SAP-Anwender*innen jede Transaktion, die sie bei ihrer täglichen Arbeit brauchen, gleich bei ihrer ersten Nutzung im Fenster **SAP Easy Access** als Favoriten ein. Prima! Genau das empfehlen wir Ihnen auch. Deshalb haben wir Ihnen schon in Teil I, »SAP GUI und SAP Fiori – Grundlagen der Bedienung«, gezeigt, wie Sie einige Transaktionen in Ihrem Favoritenmenü eintragen. Damit sparen Sie sich später die Zeit, im SAP-Menü oder in irgendeiner Dokumentation nach Transaktionen zu suchen.

Jedoch werden es im Laufe der Zeit mehr und mehr Transaktionen, und dann wird dieses Menü schnell unübersichtlich. Manch eine*r nutzt fünfzig oder mehr Transaktionen. Deshalb erfahren Sie in diesem Kapitel, wie Sie im Favoritenmenü für Ordnung sorgen.

Ordner anlegen

Der erste Schritt zu einer besseren Ordnung im SAP-Favoritenmenü besteht im Anlegen von Ordnern.

VIDEO

Das Favoritenmenü optimieren

In diesem Video sehen Sie, wie Sie Ordner anlegen und Einträge im Favoritenmenü umbenennen und verschieben.

http://s-prs.de/v7389bg

1 Wechseln Sie in das Fenster **SAP Easy Access**.

2 Klicken Sie mit der rechten Maustaste auf den obersten Ordner **Favoriten**, und wählen Sie aus dem Kontextmenü den Befehl **Ordner einfügen**.

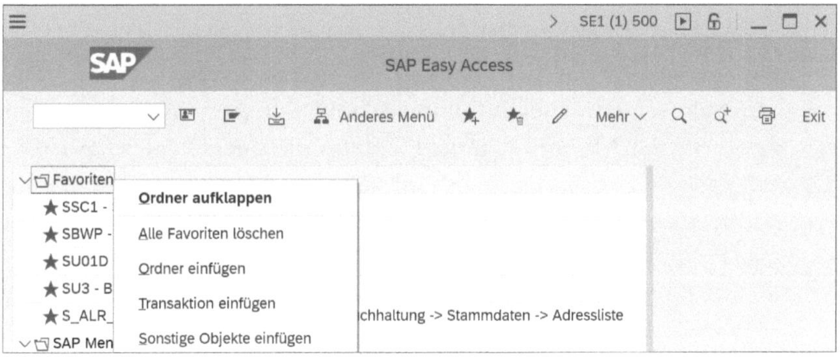

3 Das SAP-System fragt nach dem Namen des Ordners. Tippen Sie also den Ordnernamen in das Feld **Name des Ordners** ein, und bestätigen Sie mit der [↵]-Taste. Der neue Ordner erscheint dann sofort in der Favoritenliste.

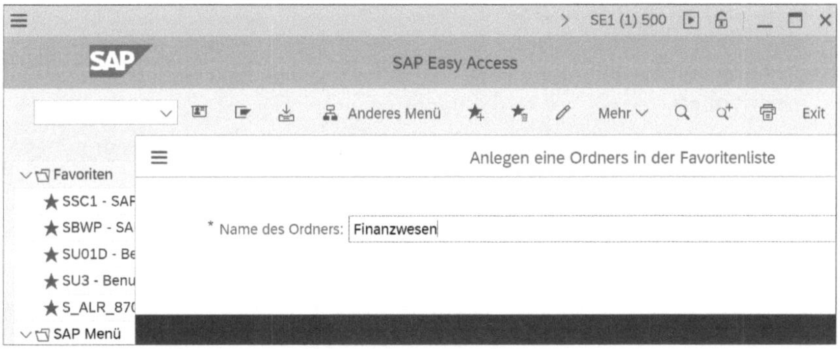

Favoriten und Ordner verschieben

Für das Umsortieren bzw. Verschieben haben Sie zwei Möglichkeiten:

- Sie ziehen den Eintrag via Drag & Drop mit gedrückter linker Maustaste an die neue Stelle.
- Sie markieren den Eintrag und klicken in der Header-Zeile auf eines der Icons oder . (Diese Icons sind bei einer schmalen Fensterbreite wie in der obigen Abbildung nicht zu sehen.)

Einen Favoriten in einen Ordner zu ziehen oder ihn aus einem Ordner herauszuziehen, klappt nur mit Drag & Drop. Doch halt! Bevor Sie damit anfangen, lesen Sie erst einmal unseren Tipp im Kasten »Favoriten nicht in den Ordnern verstecken«!

TIPP

Favoriten nicht in den Ordnern verstecken

Warum basteln Sie sich Ihr eigenes Favoritenmenü? Jawoll, genau damit Sie keine Ordner auf- und zuklappen müssen! Verzichten Sie auf die Versuchung, alle Favoriten in Ordner zu ziehen. Denn es macht keinen Spaß und kostet unnötige Zeit, jedes Mal erst einen Ordner aufzuklappen, um eine Transaktion zu starten. Besser ist es, die Favoriten selbst mittels Drag & Drop in eine sinnvolle Reihenfolge zu bringen.

Favoriten und Ordner umbenennen

In Abschnitt 6.1, »Reports finden und aufrufen«, haben Sie den Transaktionseintrag **S_ALR_87012180 – Adressliste** mit einem Befehl aus dem Kontextmenü Ihren Favoriten hinzugefügt. Mit dem langen Text, der den Pfad aus dem SAP-Menü enthält, sind Sie aber nicht ganz zufrieden – daher ändern Sie ihn jetzt in »Kunden: Adressliste«.

1. Klicken Sie mit der rechten Maustaste auf den Eintrag, den Sie umbenennen wollen.
2. Wählen Sie den Befehl **Favoriten ändern** aus dem Kontextmenü. Das SAP-System zeigt Ihnen in einem Fenster den bisherigen Text.
3. Ändern Sie im Feld **Text** die Bezeichnung des Favoriten, und drücken Sie zur Bestätigung die ↵-Taste.

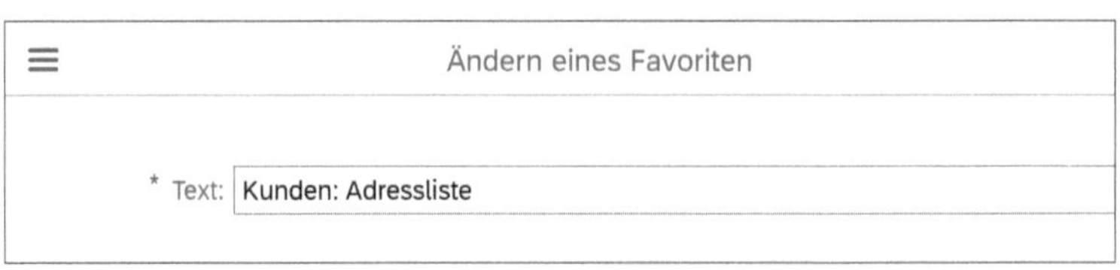

Webadressen und Dateien als Favoriten anlegen

Sie können auch Webadressen und sogar Links zu einzelnen Dateien in die Favoriten aufnehmen. Die Aufnahme einer Webadresse in die Favoritenliste läuft so:

1. Öffnen Sie mit der rechten Maustaste das Kontextmenü zum Ordner **Favoriten**.

2 Wählen Sie im Kontextmenü die Option **Sonstige Objekte einfügen**.

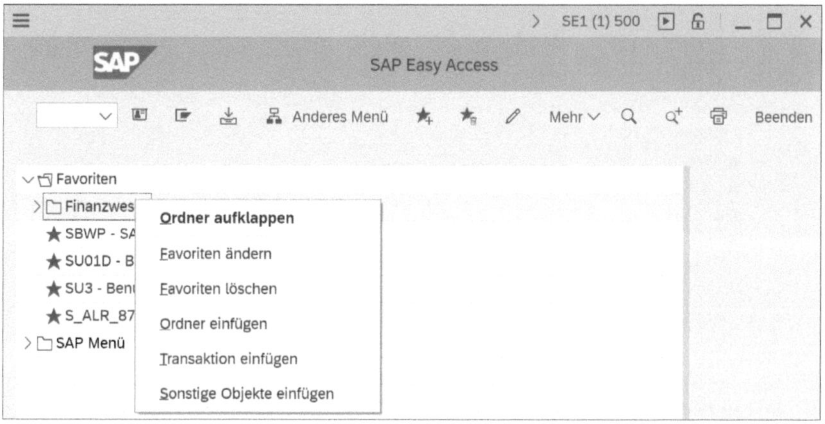

3 Das SAP-System zeigt das Fenster **Einfügen weiterer Objekte**. Hier ist das oberste Auswahlfeld **Web Adresse oder Datei** bereits markiert. Bestätigen Sie dies mit [↵], oder doppelklicken Sie auf dieses Feld.

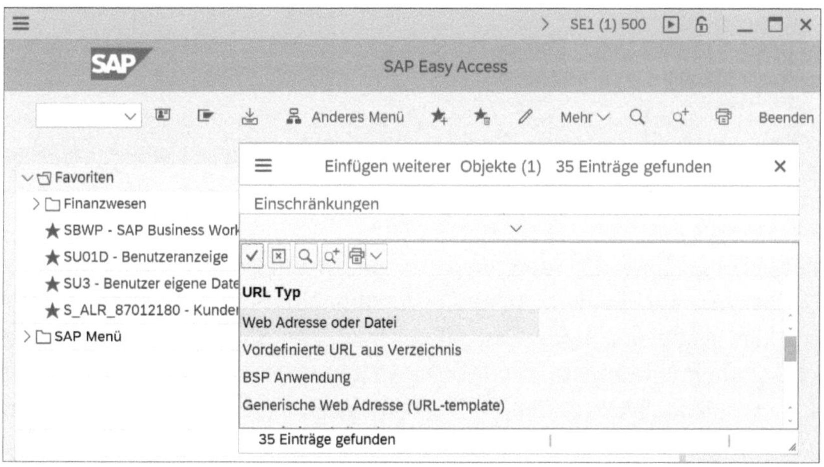

4 Nun erscheint das Fenster **Anlegen Web-Adresse oder Dateipfad**. Geben Sie in der ersten Zeile eine Bezeichnung für den neuen Favoriten ein. In der zweiten Zeile wird nach der Webadresse gefragt. Diesen *Link* (anderer Begriff: *URL*) – beispielsweise *www.sap.de* – tippen Sie ein, oder Sie kopieren ihn einfach über die Zwischenablage aus dem Internetbrowser heraus.

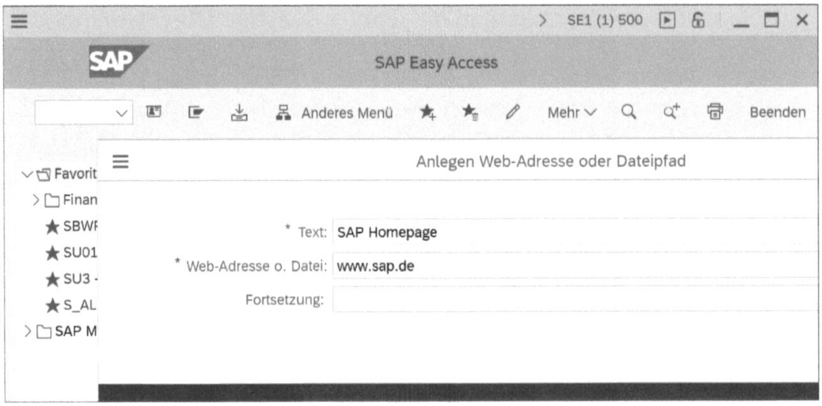

5 Nachdem Sie die Taste [↵] gedrückt haben, erscheint der neue Eintrag URL - SAP Homepage in der Favoritenliste.

Haben Sie eine Webadresse als Favorit angelegt, wird nach einem Doppelklick darauf und einer eventuell nötigen Bestätigung der bei Ihnen voreingestellte Webbrowser gestartet, z. B. Microsoft Edge. Er zeigt Ihnen in einem neuen Fenster sofort die entsprechende Website an.

INFO

Wie verlinke ich eine Datei?

In Schritt 4 der letzten Anleitung können Sie auch einen Pfad zu einer Datei eintippen, etwa »C:\Dokumente und Einstellungen\Besitzer\Adressen.doc«. Doch die Tipperei macht keinen Spaß, oder? Nutzen Sie besser das Icon für die Eingabehilfe rechts neben dem Feld. Nun können Sie im Windows Explorer auf die Datei doppelklicken. Der Rest der vorangehenden Anleitung funktioniert für die Dateien identisch. Ein Doppelklick auf diesen Favoriten startet das entsprechende Programm und öffnet das zugehörige Dokument. Ein Beispiel: Ein Favorit, der eine Word-Datei mit der Erweiterung *.docx* enthält, wird mit Microsoft Word geöffnet.

Beachten Sie dabei: Sobald Sie die Datei oder deren Windows-Ordner umbenennen, löschen oder die Datei in einen anderen Windows-Ordner verschieben, klappt der Favorit nicht mehr. Er speichert nur den Namen der Datei und den jeweiligen Pfad.

Favoriten und Ordner löschen

1 Markieren Sie mit einem Klick den zu löschenden Favoriteneintrag, in unserem Fall **SSC1 – Eigener.**

2 Klicken Sie in der Header-Zeile auf das Icon (**Favoriten löschen**).

Ein Favorit oder ein leerer Ordner werden sofort gelöscht. Nur bei einem Ordner, der Favoriten enthält, erfolgt eine Sicherheitsabfrage.

Funktionen der Favoritenliste

In der folgenden Tabelle finden Sie nochmals die Funktionen, mit denen Sie Ihre Favoritenliste pflegen.

Was?	Wie?
Favoriten erstellen	Rechtsklick auf den Ordner **Favoriten**, danach Menübefehl **Transaktion einfügen** oder Drag & Drop aus dem SAP-Menü in die Favoritenliste oder Rechtsklick im SAP-Menü auf die Transaktion, danach Menübefehl **Zu den Favoriten hinzufügen**
Ordner erstellen	Rechtsklick auf den Ordner **Favoriten**, danach Menübefehl **Ordner einfügen**
Einträge umbenennen	Markierung des Eintrags und Klick auf das Icon (**Favoriten ändern**) in der Header-Zeile oder Rechtsklick auf den Favoriteneintrag, danach Menübefehl **Favoriten ändern**
Einträge löschen	Markierung des Eintrags und Klick auf das Icon (**Favoriten löschen**) in der Header-Zeile oder Rechtsklick auf den Favoriteneintrag, danach Menübefehl **Favoriten löschen**
Einträge verschieben	Klick auf eines der Icons oder in der Header-Zeile oder Drag & Drop in der Favoritenliste
Link auf Webadresse oder Datei erstellen	Rechtsklick auf den Ordner **Favoriten**, danach Menübefehl **Sonstige Objekte einfügen** und Doppelklick auf den Eintrag **Webadresse oder Datei**

Funktionen zur Pflege der Favoritenliste

Am Beispiel der Erstellung des Favoritenmenüs sehen Sie, dass Sie das SAP GUI wie Ihr Wohnzimmer einrichten können. Nutzen Sie diese Möglichkeiten; damit macht das Arbeiten mit dem SAP-System mehr Spaß – genauso wie das Wohnen in einem schön eingerichteten Wohnzimmer.

8.2 Mit Vorschlagswerten Tipparbeit sparen (Benutzerparameter)

Tippen Sie in unterschiedlichen Transaktionen jeden Tag und immer wieder die gleichen Nummern ein? Wäre es nicht schön, wenn das SAP-System diese Felder selbst für Sie ausfüllt? Besonders bei Organisationseinheiten wie Buchungskreis, Einkaufsorganisation, Werk oder Verkaufsorganisation wiederholen sich die Eingaben.

Dieser Abschnitt zeigt Ihnen, wie Sie mit *Vorschlagswerten* Ihren Tippaufwand entscheidend verringern können. Es ist damit die beste Vorbeugung gegen Karpaltunnelsyndrome und Sehnenscheidenentzündungen. Nutzen Sie die Möglichkeit, zentrale Vorschlagswerte festzulegen. Sie werden im SAP-System als *Parameter* bezeichnet und in der Praxis leider viel zu selten genutzt.

Doch Sie machen es besser: Sie geben nun Ihre Organisationseinheiten und andere häufig benötigte Feldeingaben einmal als zentrale Vorschlagswerte vor, sodass Sie diese in vielen Transaktionen nicht mehr eintippen müssen. Die Vorschlagswerte gelten dauerhaft und speziell für Ihren Benutzer. Und das Schöne daran ist, dass sie grundsätzlich übergreifend für alle Transaktionen mit dem entsprechenden Feld gelten.

Dazu wollen wir Ihnen einige stellvertretende Beispiele aus unterschiedlichen SAP-Modulen geben:

- In der Materialwirtschaft benötigen Sie bei der Anzeige von Materialbeständen (Transaktion MMBE) und in vielen anderen Transaktionen oft das gleiche Werk und den gleichen Lagerort.
- Im Vertrieb geben Sie im Einstiegsbild zur Erfassung von Anfragen (Transaktion VA11), Angeboten (Transaktion VA21), Aufträgen (Transaktion VA01) und vielen weiteren Transaktionen immer wieder die gleiche Verkaufsorganisation, den gleichen Vertriebsweg und die gleiche Sparte an.

- In der Buchhaltung arbeiten viele Anwender*innen mit nur einem Buchungskreis. Diesen Buchungskreis geben Sie in den Postenanzeigen (Transaktionen FAGLL03, FBL1N, FBL3N, FBL5N), in den Saldenanzeigen (Transaktionen FAGLB03, FD10N, FK10N, FS10N) und in vielen weiteren Transaktionen vor.

Vorschlagswerte definieren

Egal, mit welchem SAP-Modul Sie arbeiten, die Methode zur Definition zentraler Vorschlagswerte ist immer die gleiche. Sie nutzen dazu die bereits bekannte Transaktion SU3 (Benutzer eigene Daten pflegen).

> VIDEO
>
> **Vorschlagswerte definieren**
>
> Dieses Video zeigt Ihnen, wie Sie zentrale Vorschlagswerte erstellen.
>
> *http://s-prs.de/v7389bh*

1. Doppelklicken Sie in Ihren Favoriten auf den Eintrag **SU3 – Benutzer eigene Daten pflegen**, oder geben Sie zum Aufruf dieser Transaktion den Code »/nSU3« in das Befehlsfeld ein, und bestätigen Sie mit [↵].

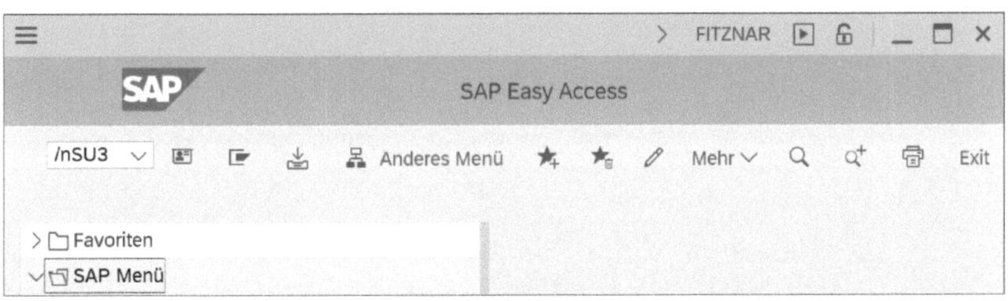

2. Daraufhin erscheint das Fenster **Pflege eigener Benutzervorgaben**. Klicken Sie auf die rechte Registerkarte mit der Bezeichnung **Parameter**.
3. Auf der Registerkarte **Parameter** klicken Sie links in der Spalte **Parameter-ID** in das erste freie Feld. Tragen Sie hier gemäß folgender Abbildung die Parameter-ID »BUK« ein.

   Erfassen Sie rechts daneben in der Spalte **Parameterwert** den gewünschten Vorschlagswert, in unserem Fall »1010«.
4. Drücken Sie die [↵]-Taste. Nun zeigt das SAP-System in der dritten Spalte **Kurzbeschreibung** die Bedeutung der Parameter-ID an.

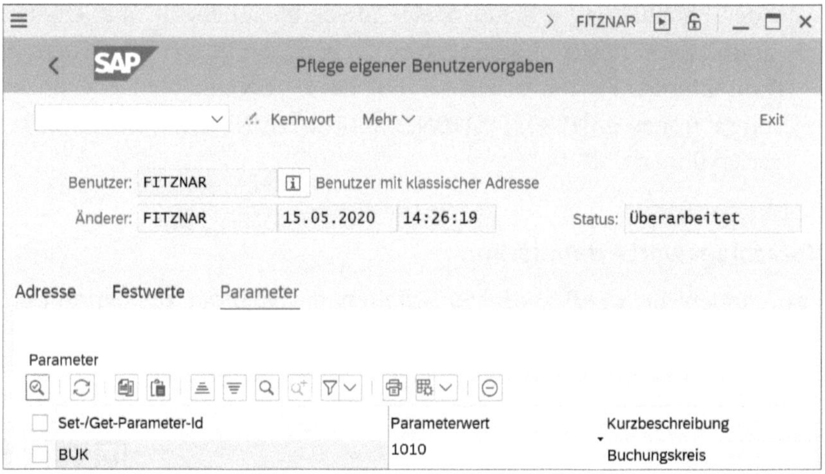

5 Wiederholen Sie die Schritte 3 und 4, bis Sie die gewünschten Vorschlagswerte definiert haben. Verwenden Sie die Parameter-IDs aus der unteren Abbildung. (Nach dieser Anleitung zeigen wir Ihnen, wie Sie die Parameter-IDs selbst finden.)

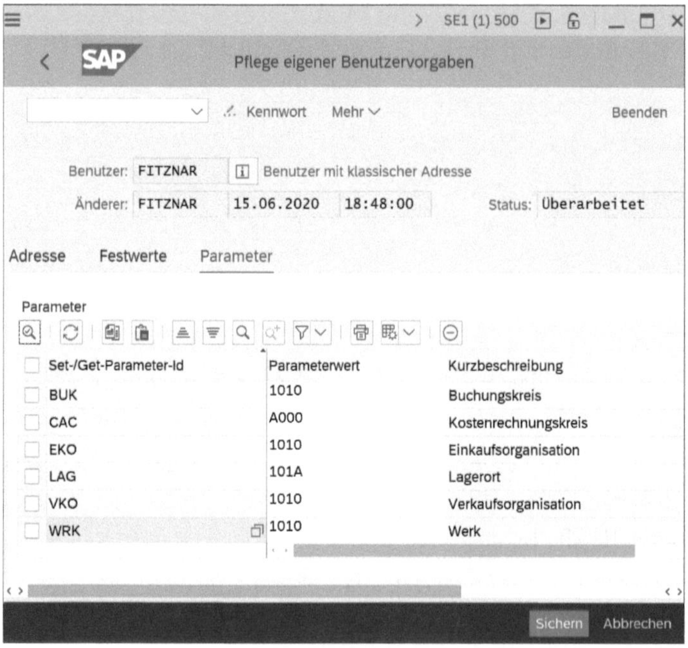

6 Speichern Sie Ihre Eingaben mit einem Klick auf die Schaltfläche **Sichern** in der Footer-Zeile rechts unten. Danach befinden Sie sich im Fenster **SAP Easy Access**.

Vorschlagswerte testen

Sie glauben nichts, was Sie nicht selbst gesehen haben. Deshalb testen Sie nun die neuen Einstellungen. Bleiben Sie dazu im gleichen SAP-Fenster. Der Test klappt nicht in zuvor bereits geöffneten Fenstern, da diese Ihre neuen Parametereinstellungen noch nicht kennen.

1. Starten Sie die Transaktion MMBE (Bestandsübersicht) mit der Eingabe von »/nMMBE« in das Befehlsfeld. Im Einstiegsbild dieser Transaktion finden Sie nun die bereits gefüllten Felder **Werk** und **Lagerort**.

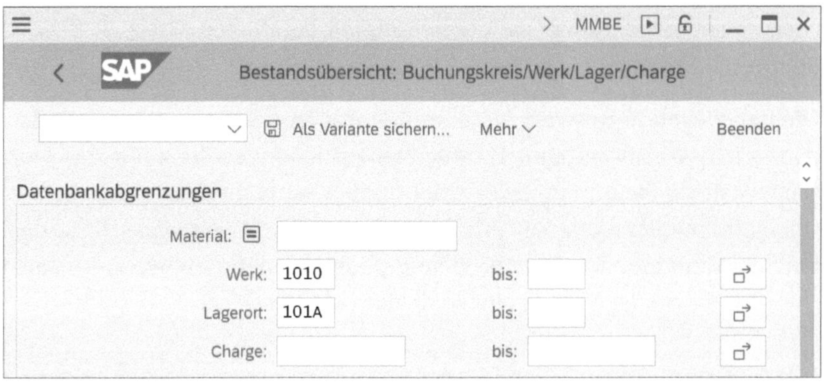

2. Wenn Sie darüber noch eine Materialnummer eingeben und rechts unten die Schaltfläche **Ausführen** betätigen, sehen die Bestände des Materials. (Zur Suche der Materialnummer können Sie das Icon nutzen, nachdem Sie in das Feld **Material** geklickt haben.)

Wir haben noch eine gute und eine schlechte Nachricht für Sie. Zuerst die gute Nachricht: Die Vorschlagswerte gelten auch in den fiorisierten Transaktionen in SAP Fiori. Die nicht ganz so gute Nachricht finden Sie im Kasten »Die Ausnahmen von der Regel«.

ACHTUNG

Die Ausnahmen von der Regel

Am Beginn des Abschnitts hatten wir zu den Vorschlagswerten geschrieben, dass sie grundsätzlich übergreifend für alle Transaktionen mit dem entsprechenden Feld gelten. *Grundsätzlich* heißt jedoch, dass es Ausnahmen gibt, und auch hier gilt wieder die oberste SAP-GUI-Regel »Keine Regel ohne Ausnahmen«.

Seien Sie nicht enttäuscht, wenn die Benutzerparameter nicht überall funktionieren. Besonders in den Selektionsbildern vieler Reports finden

Sie oft keine Vorschlagswerte. Für diese Selektionsbilder gibt es jedoch eine noch leistungsfähigere Funktion zur Definition von Vorschlagswerten, die sogenannten *Reportvarianten*. Dieses Thema behandeln wir in Kapitel 10, »SAP-GUI-Reports passend ändern«.

Parameter-IDs mit der technischen Info finden

Es gibt im SAP-System über 10.000 verschiedene Felder, für die Sie Vorschlagwerte setzen können, um sich unnötigen Tippaufwand zu ersparen. Sicher fragen Sie sich, wie Sie die benötigten Parameter-IDs, z. B. BUK, WRK oder LAG, finden.

Die naheliegende Antwort wäre: mit dem Icon ◻ für die Eingabehilfe. Leider falsch. Wenn Sie eine Parameter-ID mit einem Klick auf das Icon ◻ suchen, sitzen Sie oft ratlos vor einer unübersichtlichen Liste. Wir haben beispielhaft eine Parameter-ID mit der Suchvorgabe »Werk« gesucht und erhalten acht Einträge. Das sind zu viele Ergebnisse, denn Sie wissen nicht, welches die »normale« Parameter-ID für das Feld **Werk** ist.

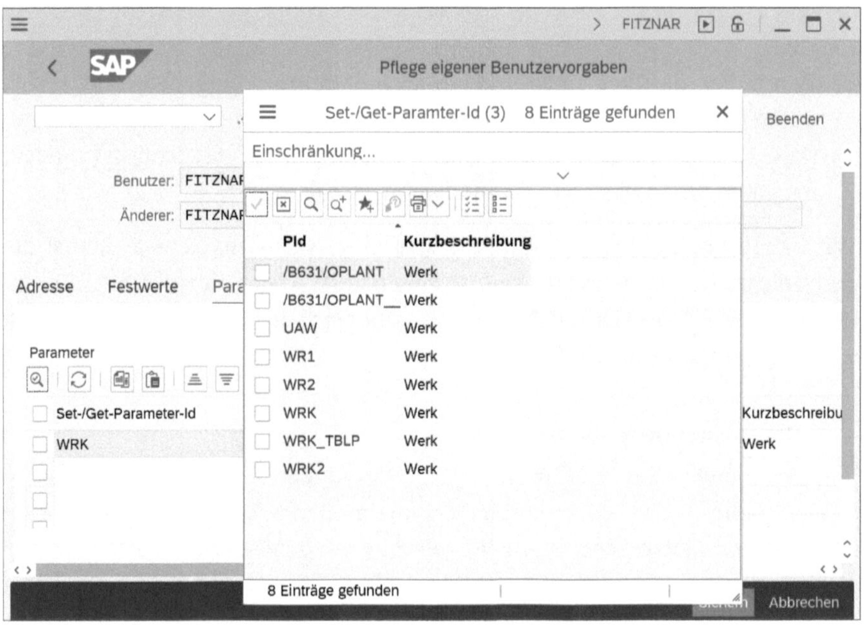

Werteliste der Parameter-IDs für die Kurzbeschreibung »Werk«

In diesem Fall gibt es eine bessere Methode. Der Königsweg zur Suche nach einer Parameter-ID führt nicht über die Eingabehilfe, sondern über die technische Info, die über die *Feldhilfe* (F1-Hilfe) aufgerufen wird. Zwar scheint dieser Weg ein kleines bisschen umständlicher zu sein, aber er führt fast immer zum Erfolg:

1. Starten Sie die Transaktion, die das gewünschte Feld enthält, z. B. Transaktion MMBE (Bestandsübersicht) mit dem Feld **Werk**.
2. Im Einstiegsbild setzen Sie den Cursor in das Feld, dessen Parameter-ID Sie ermitteln möchten. In unserem Beispiel klicken Sie in das Feld **Werk**.

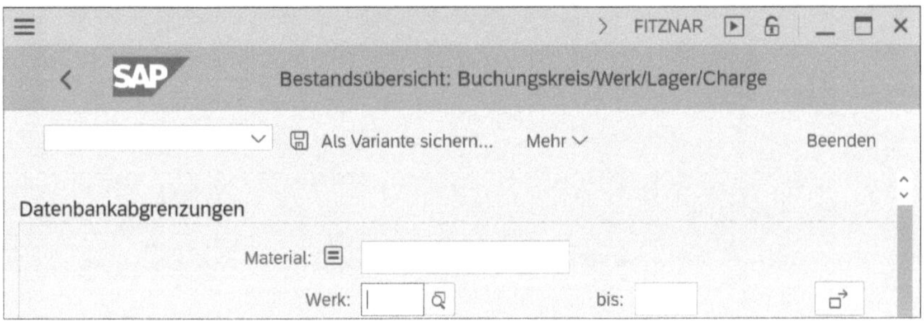

3. Drücken Sie F1. Im Fenster **Performance Assistant** erscheint die Feldhilfe mit einer Erläuterung zu dem Feld. Klicken Sie hier auf das Icon (**Technische Info**). Daraufhin erscheint das Fenster **Technische Info**.

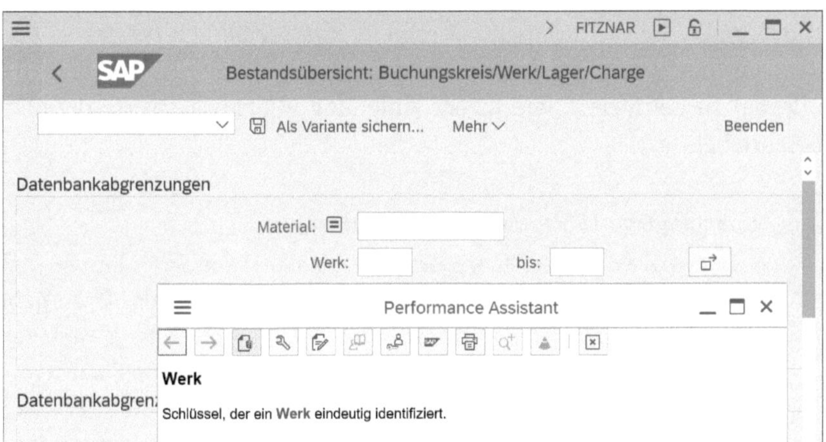

4. Im Fenster **Technische Info** sehen Sie (ganz unten), dass unser Feld die Parameter-ID **WRK** hat.

Es gibt auch Felder, für die es keine Parameter-ID gibt. In diesen Fällen fehlt das entsprechende Feld **Parameter-Id** im Fenster **Technische Info**.

5 Schließen Sie die Fenster mit der technischen Info und der Feldhilfe per Klick auf das Icon ☒ (**Schließen**).

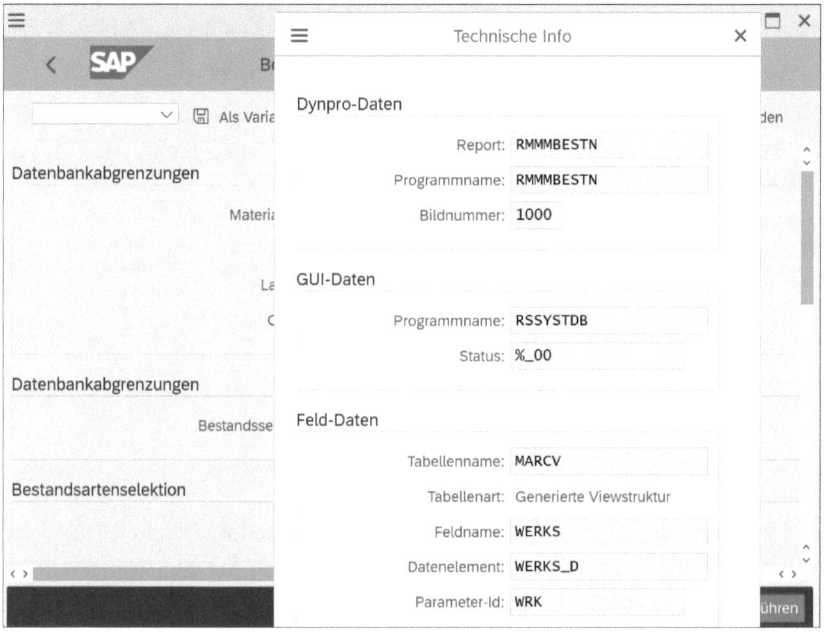

Nun kennen Sie die ultimative Methode, mit der Sie die Parameter-ID finden, um den Vorschlagswert in Transaktion SU3 (Benutzer eigene Daten pflegen) zu definieren, wie in der Anleitung »Vorschlagswerte definieren« beschrieben.

TIPP

Vorschlagswerte für einzelne Transaktionen

Neben den Parameter-IDs besteht in einigen Transaktionen die Möglichkeit, *transaktionsspezifische Vorschlagswerte* zu setzen. Dazu gehören oft benutzte Transaktionen wie ME21N (Bestellung anlegen), MIGO (Warenbewegung) oder Buchungstransaktionen im Finanzwesen wie FB50 (Sachkontenbuchung Einbildtransaktion), FB60 (Erfassung eingehender Rechnungen) oder FB70 (Erfassung ausgehender Rechnungen). Manchmal gibt es dafür im **Mehr**-Menü einen Menübefehl namens **Einstellungen**, und manchmal gibt es eine Schaltfläche, die sich **Bearbeitungsoptionen** oder **Persönliche Einstellungen** nennt.

8.3 Persönliche Wertelisten

Ob Warengruppen für Bestellungen, Auftragsarten in Kundenaufträgen oder Sachkonten in der Buchhaltung: Aus großen Wertelisten mit mehreren Hunderten Einträgen benötigen Sie oft nur ein oder zwei Dutzend Einträge. Weg also mit dem unnötigen Ballast! Sie können eine standardmäßig erscheinende Liste durch eine eigene Liste ersetzen, die nur die Werte enthält, die Sie benötigen. Das ist dann Ihre *persönliche Werteliste*.

Eine Werteliste selbst zusammenstellen

Unser Beispiel: Sie wollen in der Werteliste der Länder nur die Länder der EU statt der über 200 Länder angezeigt bekommen, die im SAP-System angelegt sind.

VIDEO

Eine persönliche Werteliste erstellen

Mit diesem Video zeigen wir Ihnen, wie Sie eine persönliche Werteliste anlegen und verwenden.

http://s-prs.de/v7389bi

1. Starten Sie eine beliebige Transaktion, die das Feld **Land** enthält, z. B. Transaktion SU3 (Benutzer eigene Daten pflegen), durch die Eingabe von »/nSU3« in das Befehlsfeld und die anschließende Bestätigung mit ↵.

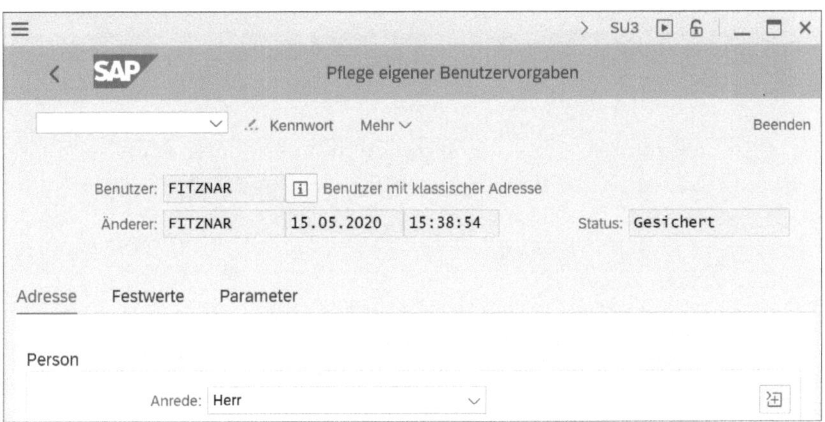

2. Im ersten Register **Adresse** klicken Sie in der Feldgruppe **Person** rechts außen auf das Icon (**Weitere Felder**).

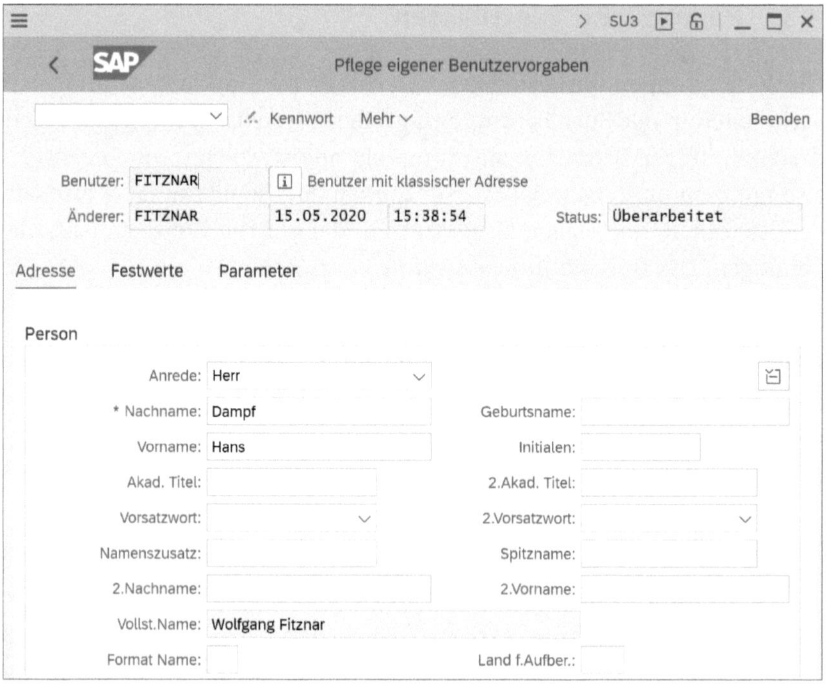

3. Klicken Sie in das Feld **Land f.Aufber.**, und drücken Sie hier die F4-Taste, oder klicken Sie auf das Icon . Das SAP-System zeigt alle Länder in der Werteliste.

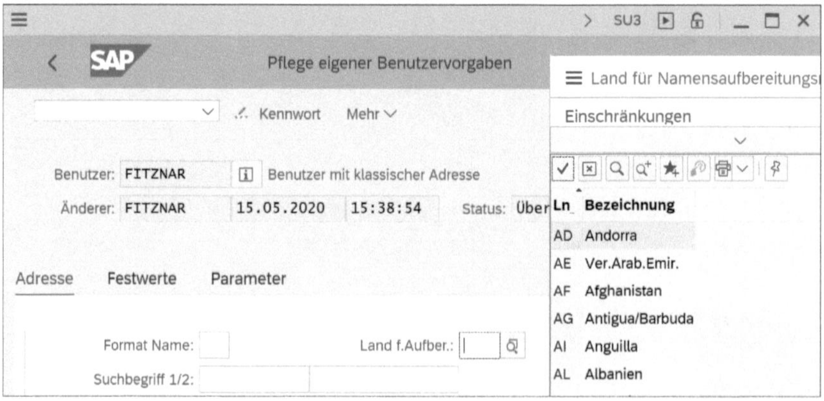

4. Markieren Sie mit einem Klick das erste Land, das Sie in Ihre persönliche Werteliste übernehmen wollen, und klicken Sie danach auf das Icon (**Einfügen in persönliche Liste**).

5 Wiederholen Sie Schritt 4, bis Sie alle gewünschten Länder in die persönliche Werteliste übernommen haben. Damit wird diese Werteliste angelegt, jedoch noch nicht angezeigt.

6 Klicken Sie auf das Icon (**Persönliche Liste**), um die persönliche Werteliste anzuzeigen.

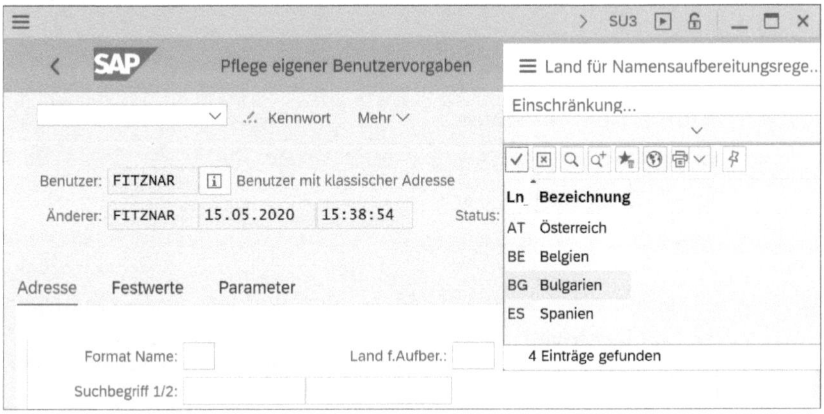

7 Schließen Sie das Fenster der Werteliste mit der Taste Esc, und verlassen Sie die Transaktion mit einem Klick auf die Schaltfläche **Beenden**.

Und noch eine gute Nachricht: In den persönlichen Wertelisten haben Sie alle Möglichkeiten, die Ihnen auch in normalen Wertelisten zur Verfügung stehen. Diese haben wir bereits in Teil I, »SAP GUI und SAP Fiori – Grundlagen der Bedienung«, beschrieben.

Und wir haben sogar noch eine weitere gute Nachricht: Die persönlichen Wertelisten gelten transaktionsübergreifend, also egal, in welcher Transaktion Sie sich befinden. Öffnen Sie die Eingabehilfe im gleichen Feld in einer anderen Transaktion, erscheint immer die von Ihnen erstellte persönliche Werteliste.

Die persönliche Werteliste anzeigen

Probieren Sie die Anzeige einer persönlichen Werteliste gleich in Transaktion BP (Business Partner) aus, mit der sich Kunden und Lieferanten verwalten lassen:

1 Starten Sie die Transaktion BP (Geschäftspartner bearbeiten), indem Sie »/nBP« in das Befehlsfeld eingeben und zur Bestätigung ↵ drücken.

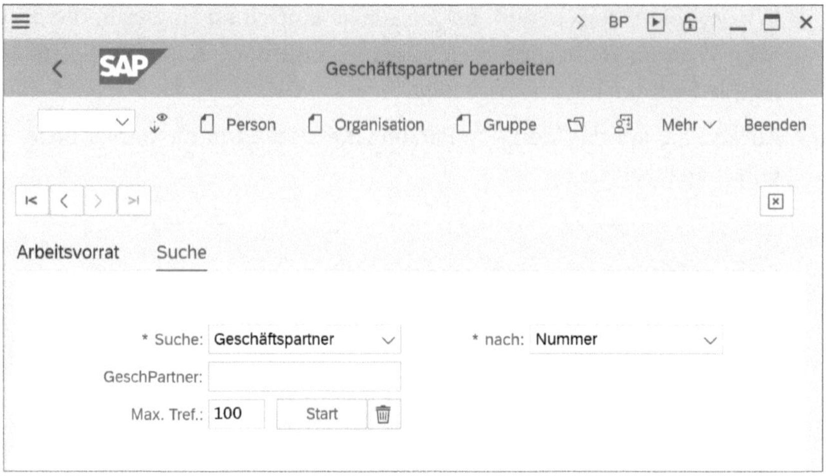

2 Klicken Sie auf die Schaltfläche **Start**. Nun werden die Geschäftspartner in einer Tabelle aufgelistet.

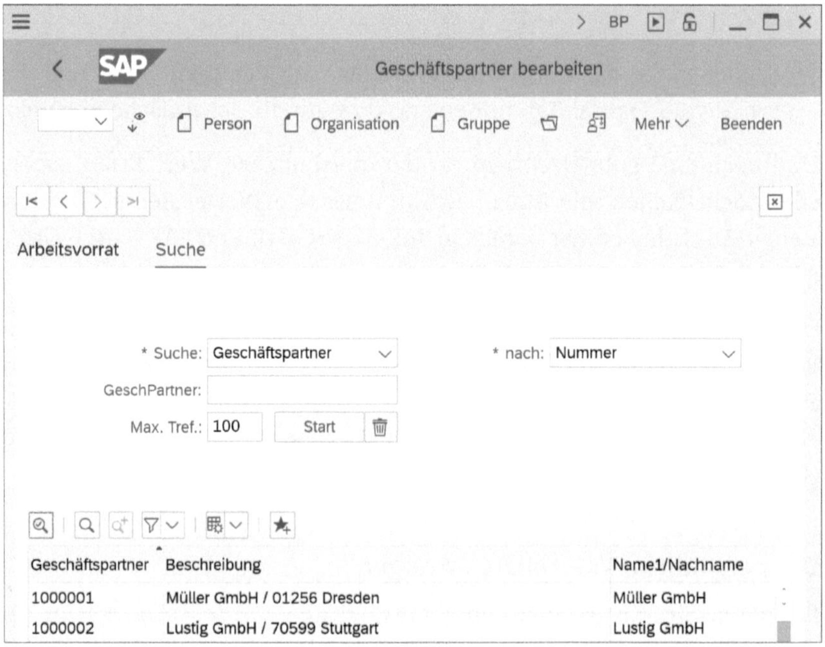

3 Doppelklicken Sie in der Tabelle auf einen Geschäftspartner. Damit zeigen Sie die Daten in einer Maske an.

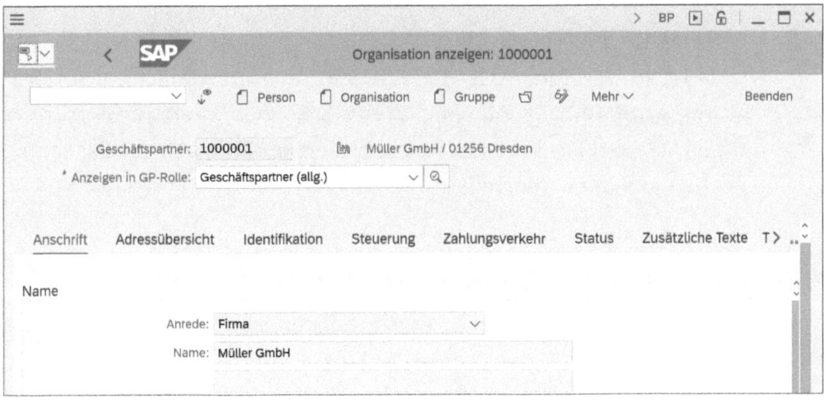

4 Klicken Sie weiter unten in der Feldgruppe **Straßenadresse** in das Feld **Land**. Drücken Sie hier die F4-Taste, oder klicken Sie auf das Icon ☐. Das SAP-System zeigt bei einer standardmäßigen Voreinstellung sofort die persönliche Werteliste an.

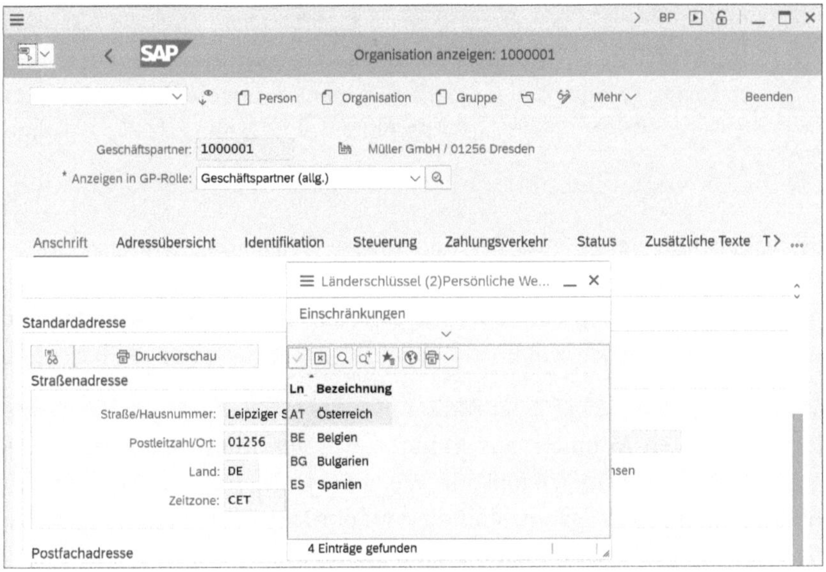

5 Brauchen Sie wieder die komplette Liste? Kein Problem! Klicken Sie dazu einfach auf das Icon 🌐 (**Alle Werte anzeigen**).

6 Schließen Sie danach das Fenster der Werteliste mit der Taste Esc, und verlassen Sie die Transaktion mit einem Klick auf die Schaltfläche **Beenden**.

INFO

Überflüssige Werte löschen

Nichts ist so beständig wie der Wandel. Auch persönliche Wertelisten sind manchmal nachzupflegen. Wenn Sie einen Wert nicht mehr benötigen, klicken Sie zuerst auf diesen Wert und danach auf das Icon (Löschen aus pers. Werteliste).

TIPP

Wann lohnt sich eine persönliche Werteliste?

Der Aufbau solcher persönlicher Wertelisten ist natürlich mit etwas Arbeitsaufwand verbunden. Dieser Aufwand lohnt sich jedoch für Eingabefelder, die Sie oft nutzen, und für die die Wertelisten nicht ständig nachgepflegt werden müssen. Dies sind in der Regel Felder mit Stammdaten oder Organisationseinheiten, die nicht so oft geändert werden. Beispiele hierfür sind Kostenstellen, Sachkonten, Mengeneinheiten, Produktionsstraßen, Lagerorte oder Personalteilbereiche. Dann ersparen Sie sich die Sucherei und das Scrollen in langen Listen.

Wenn die Anzahl der Werte gering ist, gibt es eine einfache Alternative zur persönlichen Werteliste: die *Eingabehistorie*, die Sie durch Drücken der Leertaste oder der [←]-Taste in einem leeren Feld erhalten und die Sie bestimmt noch aus Abschnitt 4.3, »Daten erfassen«, kennen, oder?

Sie haben nun einige gute Methoden zum Zeitsparen kennengelernt: den schnelleren Start von Transaktionen mithilfe eines optimierten Favoritenmenüs und die Nutzung von Vorschlagswerten. Nutzen Sie diese Methoden, und es gibt noch viele weitere, die wir auf den nächsten Seiten beschreiben!

Vielleicht sparen Sie bei jeder Aktion nur einige Sekunden ein. Doch aus Sekunden werden Minuten, aus Minuten werden Stunden und aus Stunden Tage. Rechnen Sie einfach mal mit: Wenn Sie je Tag nur drei Minuten mithilfe dieser Methoden sparen, sind dies auf ein Jahr hochgerechnet 600 Minuten, und das ist deutlich mehr als ein ganzer Arbeitstag!

9 SAP Fiori individuell einrichten

In Teil I, »SAP GUI und SAP Fiori – Grundlagen der Bedienung«, haben Sie Schritt für Schritt das Gehen mit der Benutzeroberfläche SAP Fiori erlernt. Jetzt ist es soweit: Optimieren und personalisieren Sie SAP Fiori und verwandeln Sie somit das Gehen in Joggen. Denn mit der Personalisierung beschleunigen Sie Ihr Arbeitstempo.

Erste Voreinstellungen haben Sie bereits im ersten Teil des Buches vorgenommen, erinnern Sie sich? Hier kommt also noch einmal ein Überblick zu unserem Fitness-Training aus Kapitel 3, »Und so begrüßt Sie SAP Fiori«:

- Theme anpassen
- Dark Mode aktivieren/deaktivieren
- Kacheln der Startseite hinzufügen, verschieben und entfernen

Da geht aber noch viel mehr! Das »Was« und »Wie« erfahren Sie jetzt, auch wenn in der Praxis oft Berechtigungen für manche dieser Funktionen fehlen.

In diesem Kapitel lernen Sie,

- wie Sie Ihre Startseite optimal einrichten, indem Sie eigene Kachelgruppen erstellen und damit die Wege zum Start der Apps verkürzen,
- wie Sie Kacheln in platzsparende Links umwandeln und Kacheltexte verändern,
- wie Sie appübergreifende Vorschlagswerte definieren und sich damit viel, viel Tipperei ersparen.

9.1 Die Startseite mit Kachelgruppen optimieren

Was die Startseite ist und wo sich diese befindet, wissen Sie bereits. In Teil I haben Sie ihr eine neue Kachel aus dem App Finder hinzugefügt. In diesem Abschnitt erlernen Sie den praxissicheren Umgang mit dem *Bearbeitungsmodus* der Startseite, um diese zu optimieren.

Zum Beispiel können Sie hier zusammengehörige Kacheln in selbst erstellten Kachelgruppen zusammenfassen und häufig benötigte Kachelgruppen am Beginn der Startseite platzieren, um so die Scrollerei auf der Startseite zu reduzieren. Dies entspricht im SAP GUI in etwa dem Einrichten des Favoritenmenüs mithilfe von Ordnern.

Eine Gruppe anlegen

Der erste Schritt zu einer übersichtlicheren Startseite ist das Anlegen von eigenen Gruppen im Bearbeitungsmodus.

Wir erklären Ihnen in den folgenden Abschnitten Schritt für Schritt alle Funktionen anhand von Beispielen.

> VIDEO
>
> **Eine Kachelgruppe auf der Startseite anlegen**
>
> In diesem Video sehen Sie, wie Sie auf der Startseite eine neue Kachelgruppe erstellen können.
>
> *http://s-prs.de/v7389bj*

1. Starten Sie SAP Fiori mit dem Browser Ihres Vertrauens. Klicken Sie auf der Startseite in der Shell Bar auf das Icon (**Benutzermenü**).
2. Wählen Sie den Menüpunkt (**Startseite bearbeiten**).

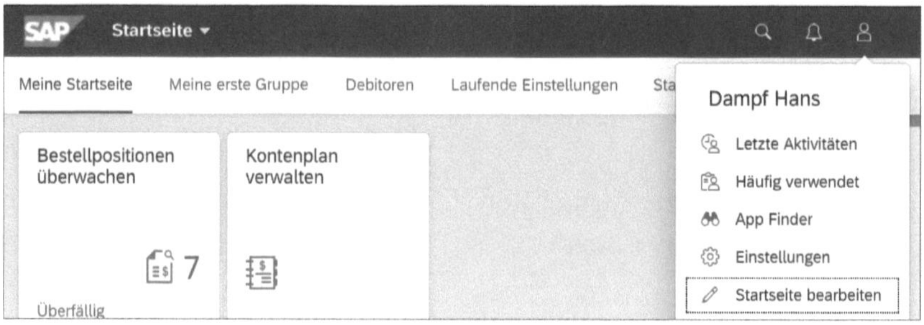

3. Damit befinden Sie sich im Bearbeitungsmodus der Startseite. Hier können Kacheln und Kachelgruppen bearbeitet, jedoch keine Apps gestartet werden.
4. Unterhalb jeder bestehenden Gruppe sehen Sie die Schaltfläche (**Gruppe hinzufügen**). Klicken Sie nun darauf, und SAP Fiori fügt eine neue Gruppe hinzu.

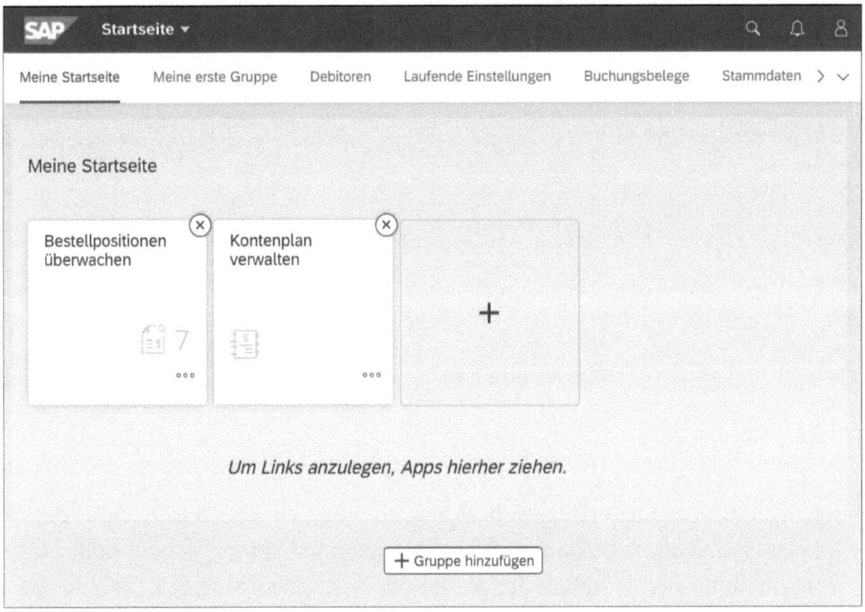

TIPP

Was ist mit der Gruppe »Meine Startseite«?

Vielleicht haben Sie bereits auf der Launchpad-Startseite die Gruppe **Meine Startseite** gesehen. Diese standardmäßig eingerichtete Gruppe sehen Sie nur dann auf der Launchpad-Startseite, wenn sie Kacheln oder Links enthält.

Im Bearbeitungsmodus sehen Sie diese Gruppe immer vorne links in der Registerleiste und ganz am Beginn aller Gruppen. Die Gruppe **Meine Startseite** kann im Bearbeitungsmodus nicht umbenannt, nicht verschoben und auch nicht gelöscht werden.

Wird diese Gruppe auf Ihrer Launchpad-Startseite angezeigt, und wollen Sie sie loswerden? Ziehen Sie dazu alle Apps aus der Gruppe **Meine Startseite** in andere Gruppen, und schließen Sie den Bearbeitungsmodus. Dann verschwindet sie von allein.

5 Klicken Sie auf den Text **Gruppennamen eingeben**. Mit diesem Klick wird Ihnen ein Eingabefeld angezeigt.

Darin können Sie nun den neuen Namen Ihrer Gruppe definieren, z. B. »Meine erste Gruppe«. Bestätigen Sie Ihre Eingabe mit der [↵]-Taste.

6. Um den Vorgang erfolgreich abzuschließen, klicken Sie in der Footer-Leiste auf **Schließen**. Da Ihre neue Gruppe noch keine Kacheln oder Links beinhaltet, wird lediglich der Name der Gruppe angezeigt.

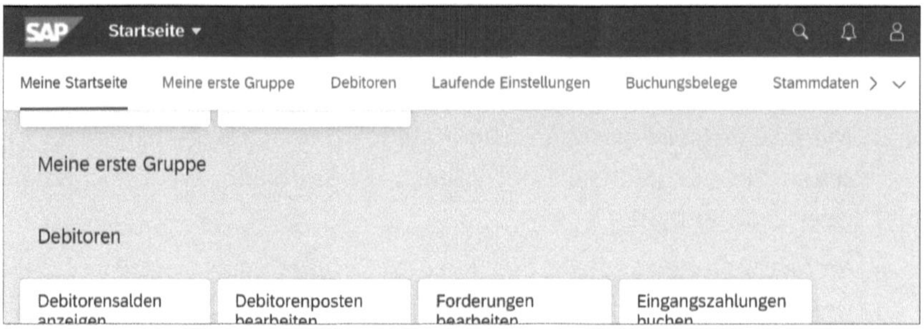

Sie können nun auf der Startseite – wie bereits in Teil I, »SAP GUI und SAP Fiori – Grundlagen der Bedienung«, beschrieben – Kacheln in die neue Gruppe ziehen. Das Hinzufügen einer neuen Kachel im Bearbeitungsmodus der Startseite erlernen Sie später in diesem Kapitel in Abschnitt 9.2, »Kacheln bearbeiten«.

Eine Gruppe umbenennen

Natürlich ist der Name »Meine erste Gruppe« nicht gerade praxistauglich. Deshalb benennen wir diesen nun um.

1. Klicken Sie auf der Startseite in der Shell Bar auf das Icon (**Benutzermenü**), und wählen Sie den Menüpunkt (**Startseite bearbeiten**). Damit befinden Sie sich wieder im Bearbeitungsmodus.

2 Positionieren Sie Ihren Mauszeiger genau auf der Überschrift der von Ihnen angelegten Gruppe. Ob Sie sich an der richtigen Stelle befinden, erkennen Sie, wenn der Name der Gruppe farblich umrandet wird.

3 Klicken Sie auf den Gruppennamen, in unserem Fall auf **Meine erste Gruppe**. Der angezeigte Name der Gruppe verwandelt sich in ein Eingabefeld.

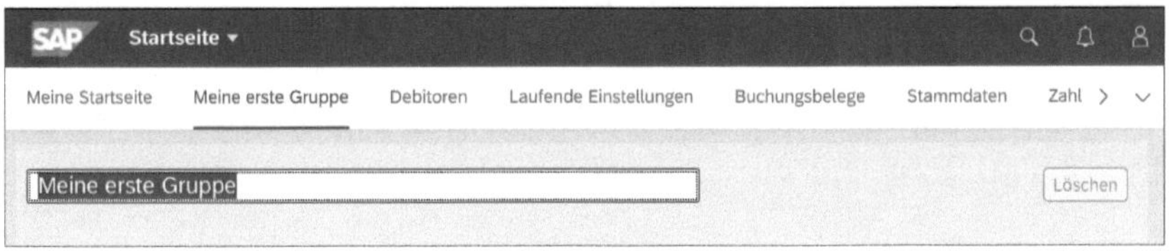

4 Löschen Sie den bestehenden Inhalt, geben Sie »Reports für Bestellungen« ein, und bestätigen Sie Ihre Eingabe mit der [↵]-Taste. Im Anschluss beenden Sie den Bearbeitungsmodus mit einem Klick auf **Schließen** in der Footer-Toolbar.

Eine Gruppe verschieben

Das Verschieben einer Gruppe funktioniert im Gegensatz zum Verschieben von Kacheln nur im Bearbeitungsmodus. Das Vorgehen dort entspricht dem Verschieben einer Kachel:

1 Klicken Sie auf der Startseite in der Shell Bar auf das Icon [👤] (**Benutzermenü**), und wählen Sie den Menüpunkt [✎] (**Startseite bearbeiten**). Damit befinden Sie sich wieder im Bearbeitungsmodus.

2 Mit gedrückter linker Maustaste ziehen Sie eine Gruppe nach oben oder nach unten an den gewünschten Platz und lassen – dort angekommen – die Maustaste wieder los.

   Beachten Sie, dass Sie keine Gruppe vor die erste Gruppe **Meine Startseite** verschieben können.

Da eine Gruppe immer die komplette Bildbreite verwendet, funktioniert das Verschieben der Gruppen natürlich nur vertikal.

Eine Gruppe löschen

Es haben sich unnötige Gruppen auf Ihrer Startseite angesammelt, und Sie verspüren Lust, einmal richtig aufzuräumen? Dann löschen Sie die Gruppen, die Sie nicht mehr brauchen! Das geht allerdings nur bei Gruppen, die Sie selbst angelegt haben.

1. Klicken Sie auf der Startseite in der Shell Bar auf das Icon (**Benutzermenü**), und wählen Sie den Menüpunkt (**Startseite bearbeiten**). Damit befinden Sie sich wieder im Bearbeitungsmodus.
2. Scrollen Sie zu der von Ihnen angelegten Gruppe, und klicken Sie rechts außen auf die Schaltfläche **Löschen**.

3. In einem eigenen Fenster können Sie den Vorgang bestätigen oder abbrechen. Wenn Sie sich sicher sind, klicken Sie auf die Schaltfläche **Löschen**.
4. Mit dem Klick auf **Löschen** verschwindet die Gruppe dauerhaft. Der erfolgreich durchgeführte Vorgang wird Ihnen in einem eigenen Fenster bestätigt.
5. Nun können Sie sich mit einem Klick auf **Schließen** das Ergebnis anzeigen lassen.

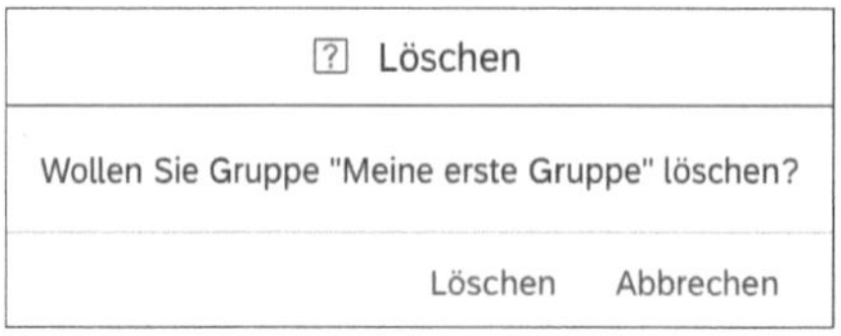

ACHTUNG

Sie sollten wirklich sicher sein!

Das Löschen von Gruppen lässt sich nicht rückgängig machen! Zudem werden damit alle in der Gruppe enthaltenen Kacheln automatisch entfernt. Wenn Sie aus Versehen eine Gruppe mit für Sie wichtigen Kacheln löschen, müssen Sie diese Kacheln erneut händisch Ihrer Fiori-Launchpad-Startseite hinzufügen. Selbst das Schließen des Browser-Fensters rettet die Gruppe nicht mehr.

Eine Gruppe ausblenden

Wie Sie eine *eigene* Gruppe erstellen und löschen, haben Sie gerade gelernt. Aber was machen Sie mit all jenen Gruppen, die Sie nicht brauchen und nicht löschen können? Hier ist die Lösung: Sie blenden sie einfach aus!

1. Klicken Sie auf der Startseite in der Shell Bar auf das Icon (**Benutzermenü**), und wählen Sie den Menüpunkt (**Startseite bearbeiten**). Damit befinden Sie sich wieder im Bearbeitungsmodus.
2. Scrollen Sie nun zu einer beliebigen Gruppe, und klicken Sie auf die Schaltfläche **Ausblenden**.

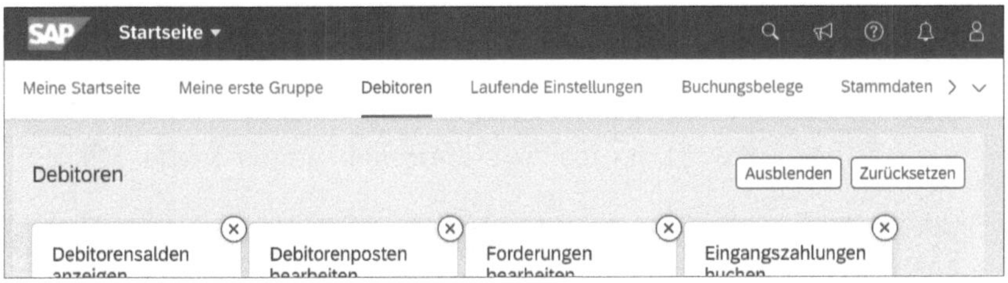

> **ACHTUNG**
>
> **Ich sehe keine Schaltfläche »Ausblenden«!**
>
> Wenn Sie die Schaltfläche **Ausblenden** nicht sehen, ist diese Funktion eventuell systemseitig deaktiviert. Dies gilt auch für das Trainingssystem Live Access.

3. Mit dem Klick auf **Ausblenden** verdunkelt sich automatisch der Hintergrund der Gruppe, und die Schaltfläche **Ausblenden** wird durch die Schaltfläche **Anzeigen** ersetzt.

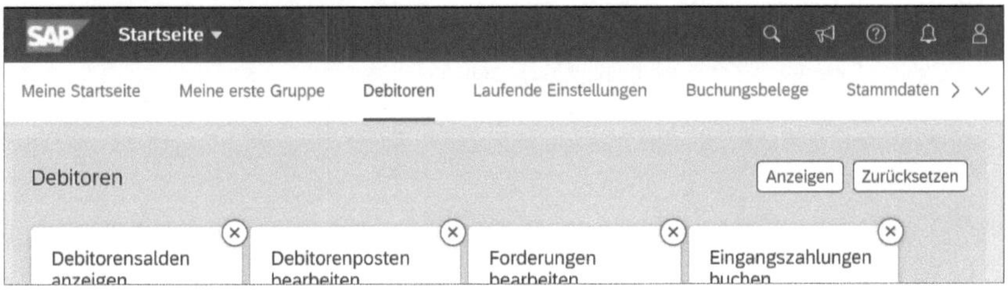

4. Sie sehen das Ergebnis auf der Startseite, sobald Sie in der Footer-Toolbar auf die Schaltfläche **Schließen** klicken.

> **INFO**
>
> **Gruppe einblenden**
>
> Wenn Sie die Gruppe wieder einblenden möchten, starten Sie einfach nochmals den Bearbeitungsmodus der Startseite und klicken für die jeweilige Gruppe auf die Schaltfläche **Anzeigen**.

Eine Gruppe zurücksetzen

Sie haben aus einer *nicht* selbst erstellten Gruppe eine oder mehrere Kacheln gelöscht und möchten dies rückgängig machen? Das funktioniert!

1. Starten Sie, wie oben beschrieben, den Bearbeitungsmodus Ihrer Startseite.
2. Löschen Sie aus einer Gruppe, die nicht Sie erstellt haben, eine beliebige Kachel, indem Sie auf das Icon ⊗ (**Entfernen**) an der Kachel klicken.

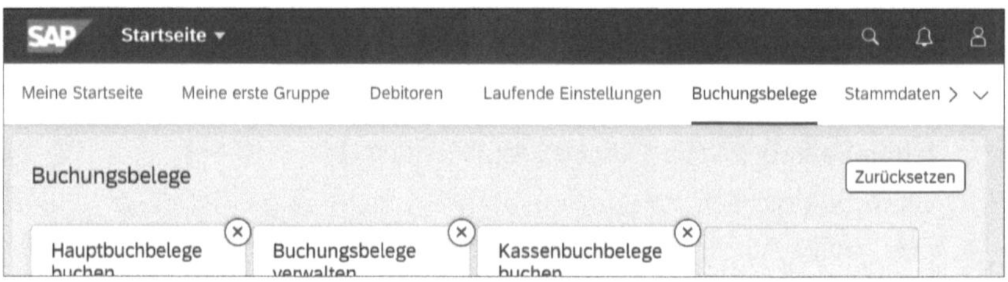

3. Klicken Sie dann auf die Schaltfläche **Zurücksetzen**.
4. Eine Abfrage erscheint. Bestätigen Sie den Vorgang mit einem Klick auf die Schaltfläche **Zurücksetzen**.

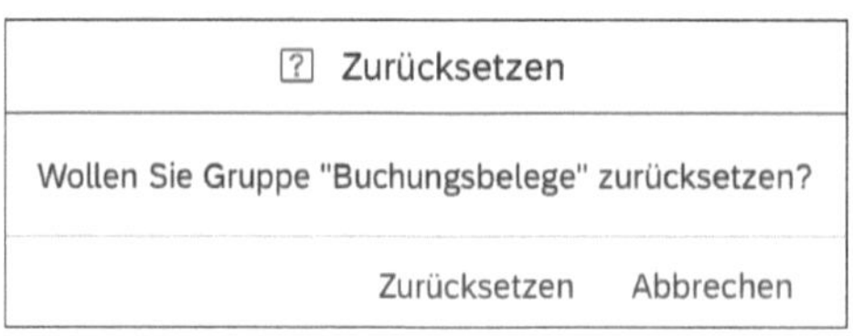

Voilà, die in Schritt 2 gelöschte Kachel ist wieder da. Nur drei Klicks, und alles ist wieder beim Alten!

> **INFO**
>
> **Was wird zurückgesetzt?**
>
> Alles! Nicht nur gelöschte Kacheln sind wieder da, auch die folgenden Aktionen werden zurückgenommen:

- Umbenennung einer Kachel
- Umwandlung einer Kachel in einen Link
- Umbenennung einer Kachelgruppe
- Verschieben einer Kachel innerhalb einer Gruppe

Haben Sie eine Kachel *in eine andere Gruppe* verschoben, bleibt sie dort erhalten und erscheint zusätzlich in der zurückgesetzten Gruppe.

9.2 Kacheln bearbeiten

9

Mit Kacheln können Sie mehr anfangen, als Sie vielleicht denken. Neben dem Hinzufügen, Verschieben und Löschen von Kacheln lassen sich Kacheln in platzsparende Links umwandeln, und die Kacheltexte können verändert werden.

Eine Kachel im Bearbeitungsmodus hinzufügen

Nun füllen Sie die von Ihnen neu angelegte Gruppe mit ein wenig Leben. Das Hinzufügen von Kacheln mit dem App Finder kennen Sie bereits aus Abschnitt 3.5, »SAP-Fiori-Apps hinzufügen und entfernen«. Der App Finder lässt sich auch im Bearbeitungsmodus starten.

VIDEO

Eine Kachel hinzufügen

Dieses Video zeigt Ihnen, wie Sie im Bearbeitungsmodus eine Kachel hinzufügen.

http://s-prs.de/v7389bk

1. Klicken Sie auf der Startseite in der Shell Bar auf das Icon (**Benutzermenü**), und wählen Sie den Menüpunkt (**Startseite bearbeiten**). Damit befinden Sie sich im Bearbeitungsmodus.
2. Zum Hinzufügen einer neuen Kachel navigieren Sie nun zur jeweiligen Gruppe. Wir verwenden die oberste Gruppe **Meine Startseite**. Dort klicken Sie auf die angedeutete Kachel mit dem Icon +. Diese Kachel gibt es in jeder Gruppe als jeweils letzte Kachel.

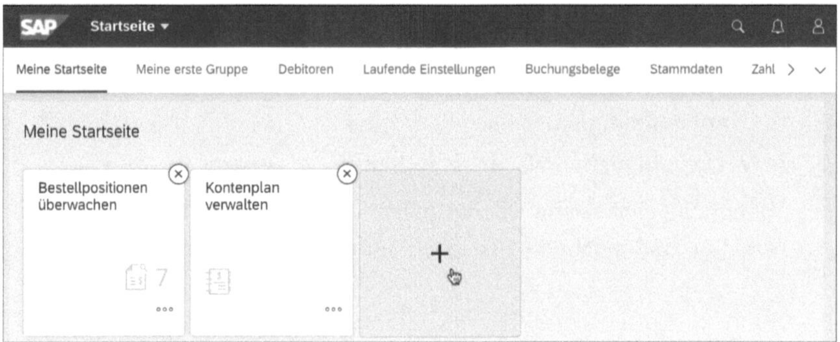

3 Nach dem Klick auf das Icon [+] sollte Ihnen das Bild bereits bekannt vorkommen. Richtig, es ist der App Finder! Das war zu erwarten, denn immerhin müssen Sie – bevor Sie eine App hinzufügen – diese erst einmal finden.

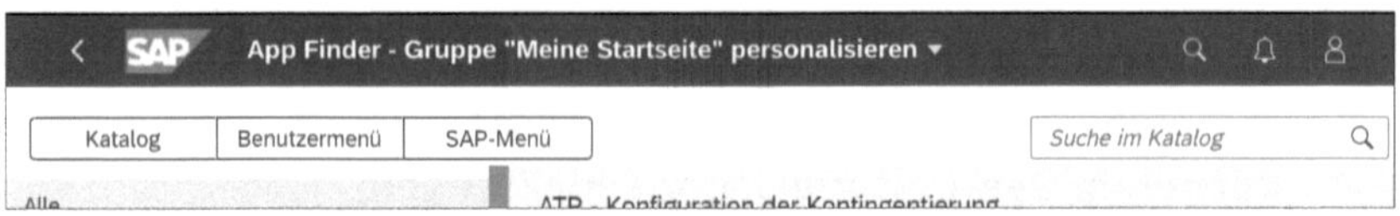

4 Suchen Sie, wie bereits in Abschnitt 3.4, »SAP-Fiori-Apps finden und ausführen«, beschrieben, mit dem Feld [Q] (**Suche im Katalog**) nach einer App Ihrer Wahl, z. B. **Bestellungen verwalten**.

Zur Erinnerung: Die Suche starten Sie nach der Eingabe eines Textes wie »Bestellungen« entweder mit einem Klick auf das Icon [Q] (**Suche im Katalog**) oder durch Drücken der [↵]-Taste.

5 Klicken Sie nicht vorschnell auf das angezeigte Ergebnis! Ein Klick auf die komplette Kachel startet nur die App, fügt sie aber nicht Ihrer Startseite hinzu!

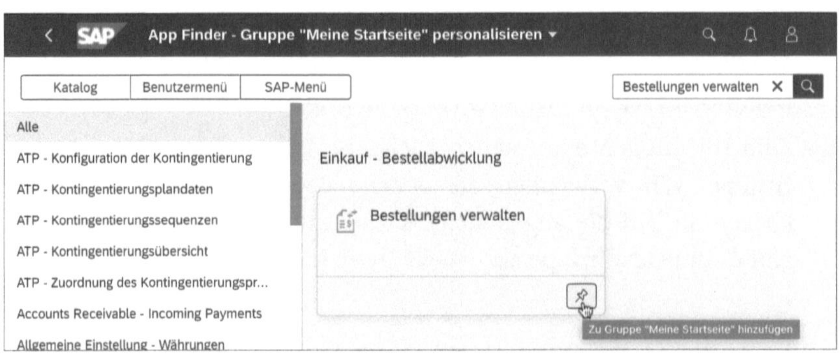

Wenn Sie stattdessen mit dem Mauszeiger über das Icon (**Zur Gruppe "Meine Startseite" hinzufügen**) fahren, sehen Sie mit 2 bis 3 Sekunden Verzögerung einen kleinen Hinweis. Diesem können Sie die jeweilige Launchpad-Gruppe entnehmen, zu der die App hinzugefügt wird. In diesem Beispiel ist das Ziel die Gruppe **Meine Startseite**.

6 Klicken Sie jetzt auf das Icon (**Zur Gruppe "Meine Startseite" hinzufügen**). Nach dem Klick wird die Meldung »›Bestellungen verwalten‹ wurde der Gruppe ›Meine Startseite‹ hinzugefügt« angezeigt. Voilà, Sie haben Ihrem SAP Fiori Launchpad eine neue Kachel hinzugefügt. Das erkennen Sie daran, dass das **Hinzufügen**-Icon jetzt eingefärbt ist: .

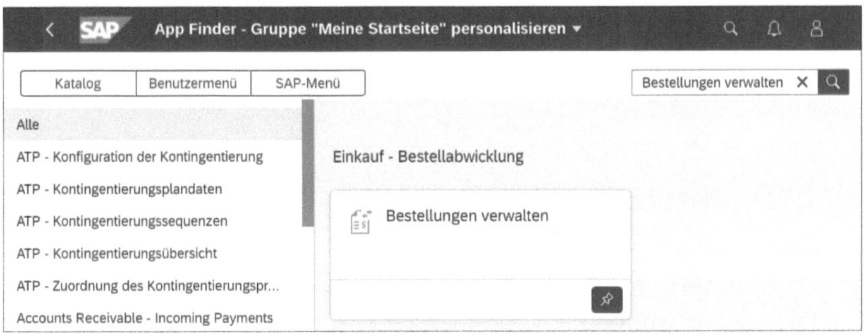

7 Sie können nun der zuvor ausgewählten Gruppe weitere Apps hinzufügen oder mithilfe des Icons (**Zurück**) aus der Shell Bar zum Bearbeitungsmodus zurückkehren.

8 Das Ergebnis Ihrer Arbeit sehen Sie auf der Startseite nach einem Klick auf die Schaltfläche **Schließen**.

Kacheln in Links umwandeln

Sie nutzen viele Kacheln, und Ihre Launchpad-Startseite ist Ihnen zu unübersichtlich? Sie müssen ständig nach oben und unten scrollen? Dann haben wir folgenden Vorschlag: »Schrumpfen« Sie selten benutze Kacheln zu platzsparenden Links. Denn Apps können nicht nur als Kacheln, sondern auch als Links visualisiert werden. Solche Links zeigen lediglich den Titel und Untertitel einer Kachel an. Demnach werden in Links keine KPIs, Mini-Diagramme oder Symbole wiedergegeben.

1 Klicken Sie auf der Startseite in der Shell Bar auf das Icon (**Benutzermenü**), und wählen Sie den Menüpunkt (**Startseite bearbeiten**). Damit befinden Sie sich im Bearbeitungsmodus.

2 Um eine beliebige Kachel in einen Link zu verwandeln, bewegen Sie den Mauszeiger auf diese Kachel. Drücken und halten Sie dann die linke Maustaste.

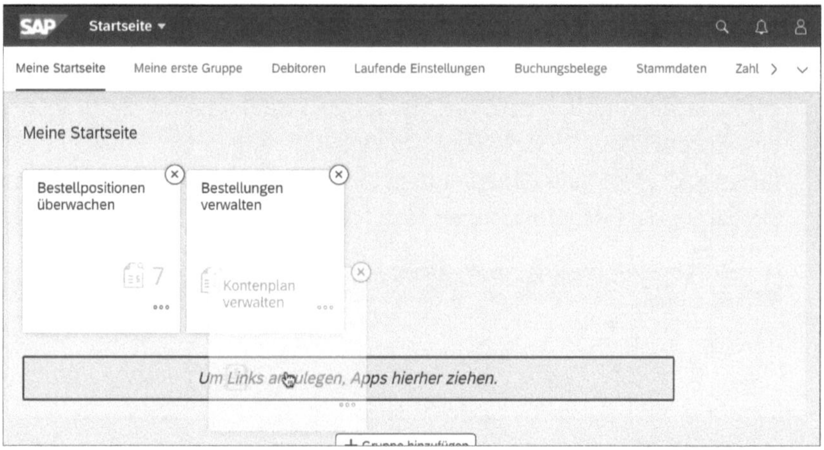

3 Ziehen Sie die Kachel mit gedrückter Maustaste in den Bereich mit dem Text **Um Links anzulegen, Apps hierher ziehen**. Diesen Bereich gibt es am Ende jeder Gruppe.

4 Lassen Sie die Maustaste los. Voilà, Sie haben eine Kachel in einen Link verwandelt!

Um den Link wieder in eine Kachel umzuwandeln, ziehen Sie einfach den Link zu den anderen Kacheln der Gruppe zurück.

5 Beenden Sie den Bearbeitungsmodus mit einem Klick auf die Schaltfläche **Schließen** unten rechts.

Kacheln und Links umbenennen

Sie haben die Überschrift schon richtig gelesen – man kann auch eine einzelne Kachel oder einen einzelnen Link personalisieren!

1 Klicken Sie auf der Startseite in der Shell Bar auf das Icon (**Benutzermenü**), und wählen Sie den Menüpunkt (**Startseite bearbeiten**). Damit befinden Sie sich im Bearbeitungsmodus.

2 Klicken Sie bei einer beliebigen Kachel auf das Icon ••• (**Kachelaktionen**) am unteren rechten Rand der Kachel.

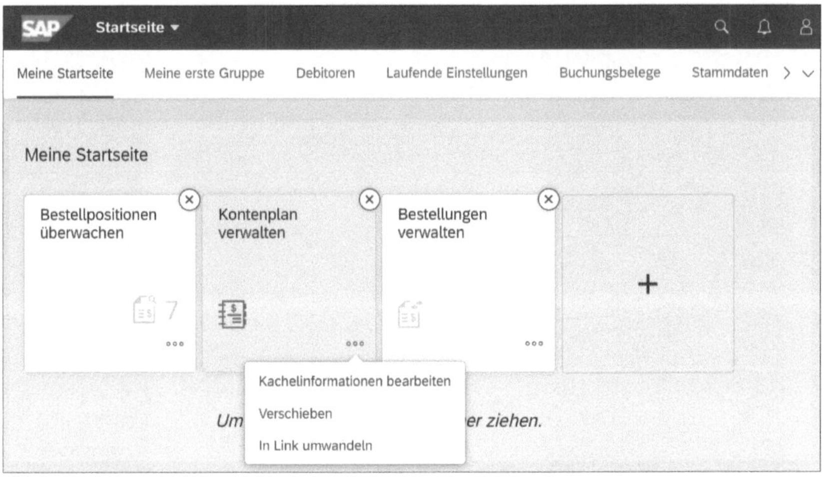

3 Im zugehörigen Menü klicken Sie auf **Kachelinformationen bearbeiten**. Es erscheint das Pop-up-Fenster **Kachelinformationen**.

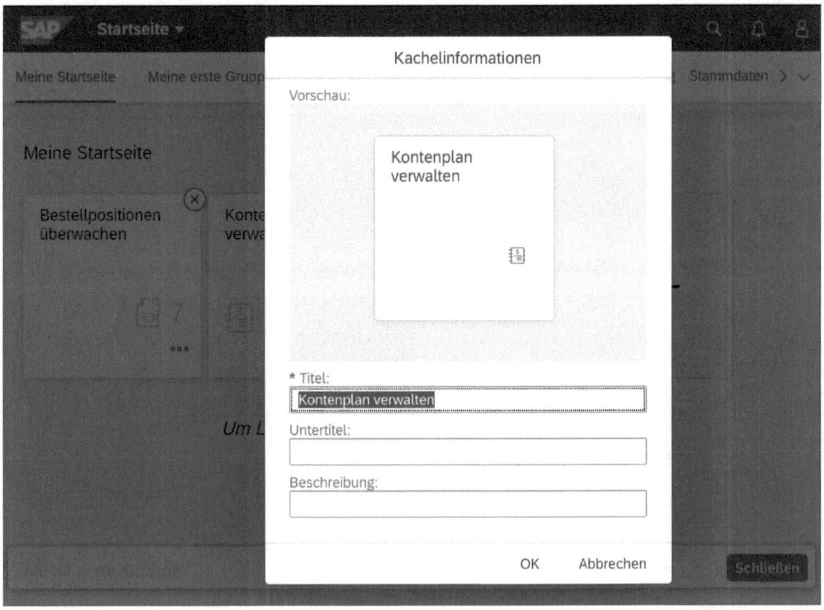

4 Wie unschwer zu erkennen, können Sie den Titel, den Untertitel und die Beschreibung selbst definieren – Ihrer Fantasie sind dabei keine Grenzen gesetzt. Die Vorschau darüber visualisiert Ihnen die fertige Kachel. In unserem Beispiel haben wir uns für folgende Inhalte entschieden:

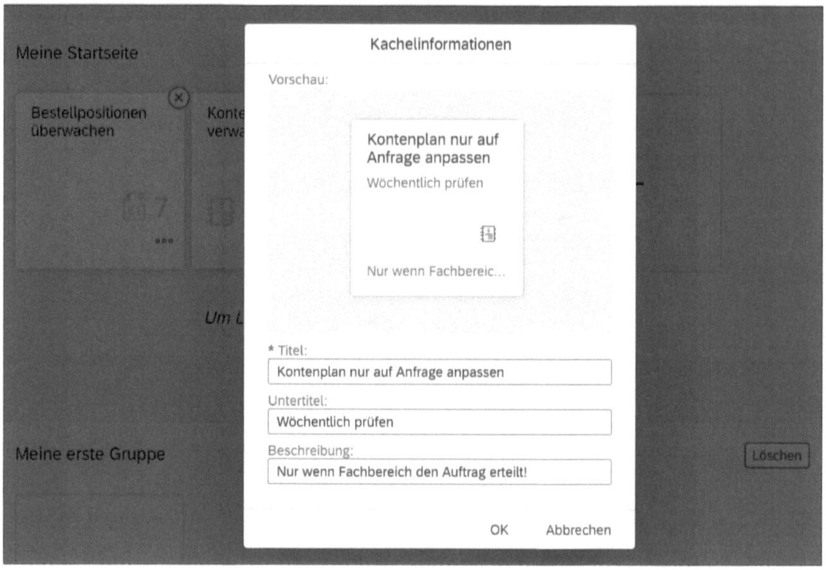

5 Mit einem Klick auf die Schaltfläche **OK** übernehmen Sie Ihre Änderungen. Um das Ergebnis in »voller Blüte« betrachten zu können, beenden Sie den Bearbeitungsmodus mit einem Klick auf die Schaltfläche **Schließen** unten rechts.

Beachten Sie, dass die Personalisierung der Kachelinformationen nicht bei allen Kachelarten möglich ist!

Beim Bearbeiten von Links ist die Vorgehensweise gleich: Hier wählen Sie nach dem Klick auf das Icon ••• die Option **Link-Daten bearbeiten** und dürfen danach den Titel und den Untertitel des betreffenden Links ändern.

TIPP

Bedienungsanleitung in die Kachel kopieren

Sie können auch größere Textmengen wie z. B. eine Bedienungsanleitung zur App in die Beschreibung oder in den Untertitel kopieren.

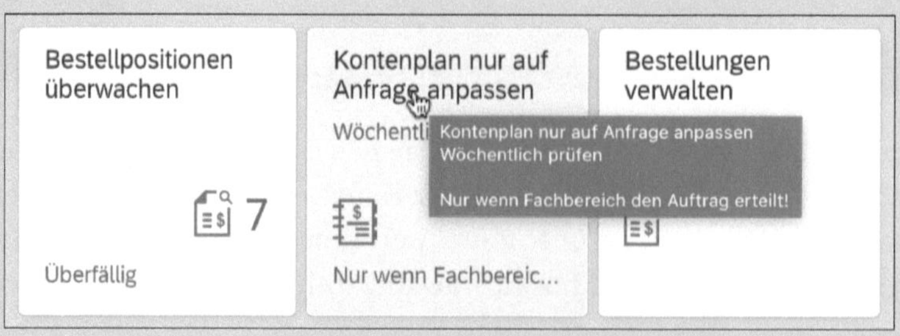

Zusätzlicher Text erscheint als Fensterchen über der Kachel.

> Längere Beschreibungen oder Untertitel einer Kachel werden nur in begrenztem Umfang auf der Startseite angezeigt. Wenn Sie aber den Mauszeiger etwas länger auf der Kachel positionieren, erscheint ein eigenes Fenster.
>
> Kopieren Sie einen größeren Text in den Untertitel eines Links, wird dieser Text komplett auf der Startseite angezeigt.

Kacheln und Links verschieben

Sie dürfen sowohl auf der normalen Startseite als auch im Bearbeitungsmodus mit Drag & Drop Ihre Kacheln und Links verschieben.

Doch stellen Sie sich vor, Sie haben 50 verschiedene Kacheln oder Links in zehn Gruppen einsortiert und wollen eine Kachel oder einen Link aus der ersten in die letzte Gruppe verschieben. Das macht mit Drag & Drop wenig Spaß, und es geht deshalb auch schneller und einfacher!

1. Klicken Sie auf der Startseite in der Shell Bar auf das Icon (**Benutzermenü**), und wählen Sie den Menüpunkt (**Startseite bearbeiten**). Damit befinden Sie sich im Bearbeitungsmodus.
2. Klicken Sie nun auf das Icon (**Kachelaktionen**) an der Kachel, die Sie verschieben wollen. Dieses Icon befindet sich immer im unteren rechten Eck jeder Kachel oder direkt rechts neben dem Titel eines Links. Nach dem Klick öffnet sich ein Menü.

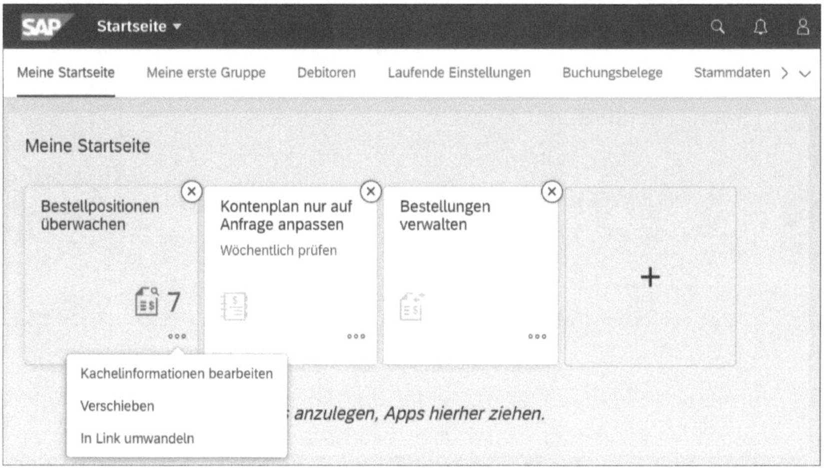

3 Wählen Sie **Verschieben** aus diesem Menü, erscheint ein eigenes Pop-up-Fenster. Darin dürfen Sie die Gruppe als Ziel der Verschiebung auswählen. Klicken Sie auf eine Gruppe, um sie zu verschieben. Eine Meldung bestätigt Ihnen das erfolgreiche Vorgehen.

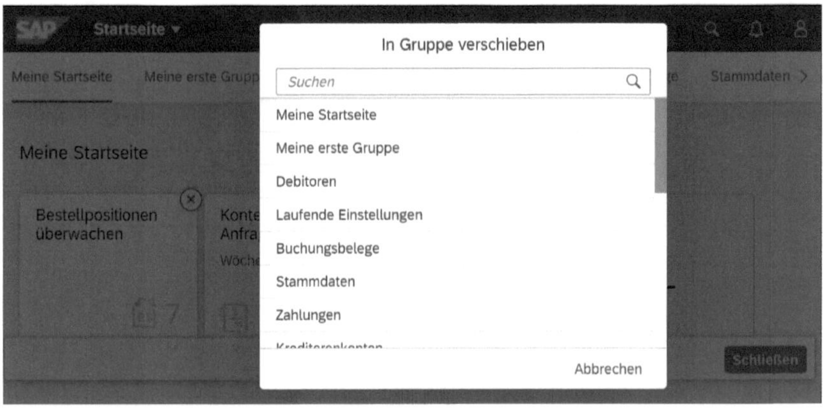

ACHTUNG

Einen Link vor die Kacheln verschieben? Geht nicht!

Links können per Definition nur am Ende der Gruppe nach den Kacheln positioniert werden. Ziehen Sie einen Link auf der normalen Startseite oder im Bearbeitungsmodus an eine Stelle oberhalb einer Kachel, verzaubert sich der Link wieder in eine Kachel.

Kacheln und Links löschen

Hier gibt es für Kacheln und Links die gleiche Vorgehensweise:

VIDEO

Eine Kachel löschen

In diesem Video sehen Sie, wie Sie eine Kachel aus einer Kachelgruppe löschen.

http://s-prs.de/v7389bm

1 Starten Sie, wie oben beschrieben, den Bearbeitungsmodus Ihrer Startseite.

2 Nun haben Sie die Qual der Wahl und können eine der angezeigten Kacheln oder einen der Links dazu bestimmen, von der Startseite zu verschwinden. Dazu klicken Sie auf das Icon ⊗ (**Entfernen**) im rechten oberen Eck der jeweiligen Kachel.

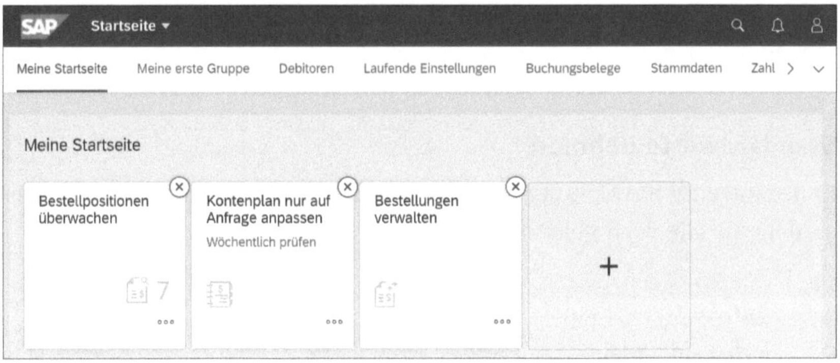

3 Wenn die Kachel verschwunden ist, sind Sie korrekt vorgegangen. SAP Fiori löscht die Kachel ohne jegliche Rück- oder Sicherheitsabfrage.

Sie dürfen nun über die Schaltfläche **Schließen** rechts am unteren Bildrand den Bearbeitungsmodus beenden.

ACHTUNG

Gelöscht ist gelöscht!

Wie beim Löschen von Kachelgruppen gilt auch beim Löschen von Kacheln: Was weg ist, ist weg! Auch das sofortige Schließen des Browsers unmittelbar nach dem Löschen rettet die gelöschte Kachel nicht.

Sie können jedoch eine versehentlich gelöschte Kachel wieder mit dem App Finder Ihrer Startseite hinzufügen – und in nicht selbst erstellten Gruppen gibt es eine zweite Möglichkeit: Die Funktion **Zurücksetzen** befördert die gelöschte Kachel wieder in die Gruppe zurück.

9.3 Standardwerte für »echte« SAP-Fiori-Apps einstellen

Haben Sie Abschnitt 8.2, »Mit Vorschlagswerten Tipparbeit sparen (Benutzerparameter)«, gelesen? Hier hatten wir Ihnen gezeigt, wie Sie sich im SAP GUI mit Benutzerparametern viel Tipperei ersparen können. In SAP Fiori gibt's dazu eine gute und eine schlechte Nachricht. Zuerst die gute Nachricht für alle, die Legacy-Apps bzw. fiorisierte Transaktionen in SAP Fiori verwenden: Die im SAP GUI eingestellten Vorschlagswerte gelten für die entsprechenden Apps auch in SAP Fiori.

Und jetzt die schlechte Nachricht: Bei »echten« Fiori-Apps gelten die Vorschlagswerte aus dem SAP GUI nicht. Dafür dürfen Sie in SAP Fiori für eine begrenzte Anzahl an Feldern Vorschlagswerte (Fiori-Bezeichnung: *Standardwerte*) vordefinieren. Diese Standardwerte gelten dann wie die Werte aus dem SAP GUI dauerhaft und speziell für Ihren Benutzer, jedoch nur in »echten« Fiori-Apps.

Standardwerte definieren

in der folgenden Anleitung zeigen wir Ihnen den zentralen Ort in SAP Fiori, an dem Sie alle verfügbaren Standardwerte definieren.

VIDEO

Standardwerte einstellen

In diesem Video erfahren Sie, wie Sie Standardwerte für Felder einstellen.

http://s-prs.de/v7389bn

1. Starten Sie SAP Fiori mit dem Browser Ihres Vertrauens, und öffnen Sie mit einem Klick auf das Icon (**Benutzermenü**) das Benutzermenü. Klicken Sie dann auf den Menüpunkt (**Einstellungen**); es öffnet sich das Pop-up-Fenster **Einstellungen**.
2. Lassen Sie sich in diesem Pop-up-Fenster mit einem Klick links unten auf **Standardwerte** die möglichen Felder anzeigen.
3. Sie sehen nun alle Felder im Klartext, für die Sie Standardwerte definieren können. Diese sind direkt den Modulen wie Controlling oder Finanzbuchhaltung zugeordnet. Sie brauchen somit im Gegensatz zum SAP GUI erfreulicherweise keine kryptischen Parameter-IDs. Mit dem Icon können Sie einen Wert suchen.

4. Geben Sie in das Feld **Buchungskreis** beispielsweise den Wert »1010« ein.
5. Speichern Sie die Vorgabe des Buchungskreises, indem Sie im Pop-up-Fenster **Einstellungen** auf die Schaltfläche **Sichern** klicken. SAP Fiori bestätigt Ihnen in einem kleinen Fenster die erfolgreiche Änderung.

> INFO
>
> **Zusätzliche Werte für Filter definieren**
>
> Im Gegensatz zum SAP GUI dürfen Sie in SAP Fiori auch Wertebereiche bzw. Intervalle festlegen. Dazu klicken Sie auf die Schaltfläche **Zusätzliche Werte**, die es nur für ausgewählte Felder gibt. Die Techniken entsprechen denen, die wir in Abschnitt 7.2, »Tabellen im Header filtern«, besprochen haben.
>
> Nur, was bringt Ihnen das überhaupt? Bei der Erfassung neuer Daten wie beispielsweise eines neuen Materials oder einer neuen Bestellung hilft es Ihnen nicht, denn hier benötigen Sie immer genau einen Einzelwert. Sinnvoll ist diese Option nur für das Filtern von Listen. Sind Sie beispielsweise speziell für die Kunden aus einem Nummernintervall zuständig, können Sie hier das entsprechende Nummernintervall vorgeben. Hierzu gibt es jedoch eine spannende Alternative, die Sie in Kapitel 11, »SAP-Fiori-Reports an Ihre Bedürfnisse anpassen«, kennenlernen werden.

Standardwerte nutzen

Sie glauben nichts, was Sie nicht selbst gesehen haben. Deshalb testen Sie nun die neuen Einstellungen. Suchen und starten Sie in diesem Sinne eine App wie beispielsweise **Bestellungen verwalten**, die das Feld **Buchungskreis** enthält. Wie bereits erwähnt, sollte es eine »echte« Fiori-App sein, denn nur hier werden die Standardwerte übernommen. Und voilà, Fiori hat das Feld **Buchungskreis** schon mit dem zuvor definierten Standardwert für Sie ausgefüllt!

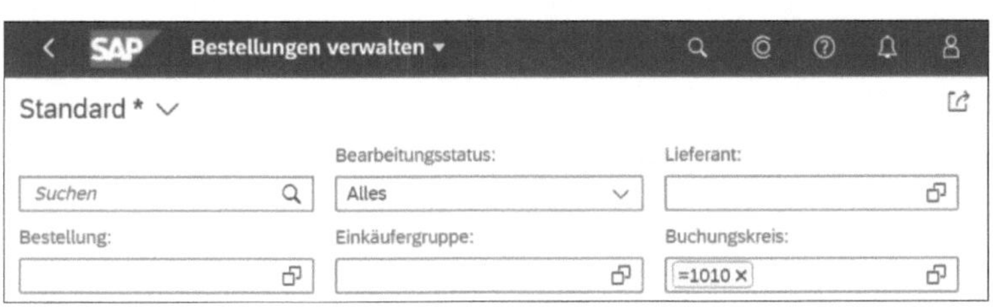

Die App »Bestellungen verwalten« mit dem Standardwert im Feld »Buchungskreis«

INFO

Der Standardwert fehlt?

Wie bereits erwähnt, ignorieren fiorisierte Transaktionen aus dem SAP GUI die in SAP Fiori definierten Standardwerte. (Ob es sich um eine fiorisierte Transaktion handelt, erkennen Sie mithilfe des Menüpunkts [i] (**Über**) im Benutzermenü, siehe Abschnitt 5.1, »Legacy-Apps und ›echte‹ SAP-Fiori-Apps«.) Darüber hinaus gibt es aber leider auch einige »echte« Fiori-Apps, die die gesetzten Standardwerte ignorieren.

9.4 Einstellungen für Legacy-Apps

Die meisten Einstellungen, die wir Ihnen in Kapitel 8, »Das SAP GUI personalisieren und optimieren«, gezeigt haben, werden erfreulicherweise in die entsprechenden Legacy-Apps in SAP Fiori übernommen. Dazu gehören:

- Vorschlagswerte, die im SAP GUI als Parameterwerte definiert wurden
- persönliche Wertelisten

Es gibt einige spezielle Einstellungen für Legacy-Apps, die nur in SAP Fiori vorgenommen werden können – und dazu gehört auch die Option für unsere Lieblingsmethode zum schnellen Aufruf von GUI-Transaktionen: die Eingabe von Transaktionscodes in das Befehlsfeld. Damit können Sie Legacy-Apps in SAP Fiori ohne entsprechende Kacheln starten, jedoch keine Fiori-Apps.

VIDEO

Das Befehlsfeld in SAP Fiori nutzen

In diesem Video zeigen wir Ihnen, wie Sie das Befehlsfeld für Legacy-Apps aktivieren und für den Transaktionsstart nutzen.

http://s-prs.de/v7389bo

1. Um das Befehlsfeld zu aktivieren, müssen Sie erst einmal eine beliebige Legacy-App starten. In unserem Beispiel starten wir die App **Geschäftspartner pflegen**.
2. Wählen Sie den Menüpfad **Mehr ▸ GUI-Aktionen und -Einstellungen ▸ Einstellungen**, der nur in Legacy-Apps angeboten wird.
3. Im Fenster **SAP GUI for HTML – Einstellungen** klicken Sie – wenn notwendig – auf das Register **Interaktionsdesign**. Hier setzen Sie für das Feld

OK-Code-Feld anzeigen ein Häkchen. Es entspricht dem Befehlsfeld aus dem SAP GUI und hat hier lediglich eine andere Bezeichnung.

4 Bestätigen Sie die Einstellung mit der Schaltfläche **Sichern** im Footer. Nun sehen Sie links oben das OK-Code-Feld, das auf die Eingabe des ersten Transaktionscodes wartet.

5 Geben Sie hier den Befehl »/nMMBE« zum Starten der Transaktion »Bestandsübersicht« ein, und betätigen Sie mit [↵]. Sie springen direkt in das Einstiegsbild der Bestandsübersicht. Cool!

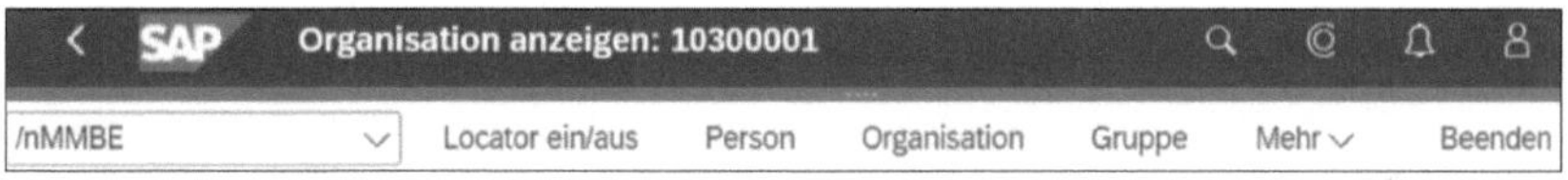

Mit diesem Kapitel haben Sie Ihr Wissen im Sinne der Personalisierung Ihrer SAP-Fiori-Umgebung maßgeblich erweitert. Nun sollten Sie dies auch konsequent umsetzen. Vergessen Sie dabei nicht: Sobald sich Ihre Anforderungen an das System z. B. aufgrund von neuen Aufgaben verändern, können Sie Ihre Einstellungen in SAP Fiori stetig anpassen und erweitern – dies ist ein dauerhafter Prozess.

10 SAP-GUI-Reports passend ändern

Erinnern Sie sich an die Adressliste aus Kapitel 6, »Reporting im SAP GUI«? Dort haben Sie eine fertige Standardauswertung genutzt. Jedoch sind Standardauswertungen wie Kleider von der Stange: Manchmal passen sie perfekt, oft aber eben auch nicht. Wenn nicht, bietet Ihnen das SAP-System viele Optionen, um mit wenig Aufwand aus einer Standardauswertung eine maßgeschneiderte Auswertung anzufertigen – ein weiteres Beispiel dafür, dass Sie viele Freiheiten haben, um das SAP GUI einzurichten wie Ihr Wohnzimmer.

Verwenden Sie – wie viele Anwender*innen – täglich oder wöchentlich die gleichen Reports? Dann lohnt sich dieses Kapitel ganz besonders für Sie, denn Sie erfahren hier, wie Sie Ihre Einstellungen für Ihre Reports dauerhaft abspeichern und mit wenigen Klicks abrufen können.

In diesem Kapitel lernen Sie,

- wie Sie Vorschlagswerte für das Selektionsbild in einer Reportvariante speichern,
- wie Sie Ihre Vorschlagswerte für das Selektionsbild schnell aktivieren, indem Sie die entsprechende Reportvariante aufrufen,
- wie Sie Ihre Reportvarianten ändern und löschen,
- wie Sie das Layout der Liste übersichtlich gestalten,
- wie Sie ein Layout speichern, damit Sie Ihre Einstellungen nicht verlieren,
- wie Sie vorgefertigte Layouts abrufen und verwenden.

10.1 Vorschlagswerte in einer Reportvariante speichern

Wie bereits in Abschnitt 8.2, »Mit Vorschlagswerten Tipparbeit sparen (Benutzerparameter)«, erwähnt, funktionieren Benutzerparameter als Vorschlagswerte oft nicht in Selektionsbildern von Reports. Warum? Weil es hier eine bessere Technik gibt: Sie speichern die Vorschlagswerte für Reports in sogenannten *Reportvarianten* (auch *Selektionsvarianten* genannt).

Der Einsatz von Reportvarianten hat mehrere Vorteile:

- Sie ersparen es sich, die Selektionskriterien beim Starten der Berichte jedes Mal neu einzugeben.
- Genaue Selektionen in den Reportvarianten führen dazu, dass die Listen nur die notwendigen Daten enthalten. Dadurch werden die Listen kürzer, übersichtlicher und sind schneller erstellt. Kürzere Listen haben wiederum den Nebeneffekt, dass das SAP-System weniger belastet ist und die Antwortzeiten des Systems kürzer ausfallen. Ihre Kolleg*innen werden es Ihnen danken!
- Oft ist der wichtigste Vorteil, dass Sie immer die richtigen Ergebnisse in Ihren Listen und Auswertungen erhalten, wenn Sie einmal die passenden Vorgaben in Reportvarianten abgespeichert haben und sie danach konsequent nutzen.

Nur drei Schritte sind notwendig, um eine Reportvariante zu erstellen:

1. Sie starten den Report.
2. Im Selektionsbild geben Sie Ihre Selektion ein.
3. Danach speichern Sie diese Selektion als Reportvariante.

In der folgenden Anleitung zeigen wir Ihnen am Beispiel der Adressliste aus Kapitel 6, »Reporting im SAP GUI«, den Ablauf zur Anlage und Verwendung einer Reportvariante.

Den Report starten und eine Selektion definieren

Eine Reportvariante enthält immer Ihre kompletten Selektionsvorgaben aus dem Selektionsbild. Die Vorarbeit besteht deshalb darin, nach dem Aufrufen des Reports erst einmal im Selektionsbild Ihre Vorgaben zu machen. In unserem Beispiel selektieren Sie für die Adressliste alle Kunden aus Deutschland, deren Postleitzahlen mit 3 beginnen.

VIDEO

Vorschlagswerte in einer Reportvariante speichern

In diesem Video zeigen wir Ihnen, wie Sie eine Reportvariante erstellen.

http://s-prs.de/v7389bp

1. Starten Sie die Transaktion in Ihren Favoriten mit einem Doppelklick auf den Transaktionseintrag **S_ALR_87012180**. (Sie finden diese Transaktion

nicht in Ihren Favoriten? Dann rufen Sie sie im SAP-Menü über den folgenden Pfad auf: **Rechnungswesen ▸ Finanzwesen ▸ Debitoren ▸ Infosystem ▸ Berichte zur Debitorenbuchhaltung ▸ Stammdaten**.)

Nach dem Start gelangen Sie in das Selektionsbild. Eine Reportvariante legen Sie immer ausgehend vom Selektionsbild des Berichts an.

2 Im Selektionsbild klicken Sie auf das Icon ▤ (**Freie Abgrenzungen**) bzw. auf die Schaltfläche **Freie Abgrenzungen**, um ein Postleitzahlengebiet vorzugeben.

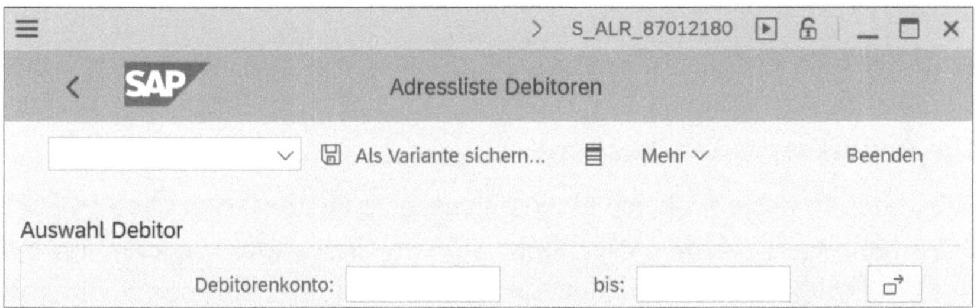

3 Geben Sie im oberen Bereich im *rechten* Fensterteil in das Feld **Land** »DE« und in das Feld **Postleitzahl** »3*« ein. Weiter unten markieren Sie die Ausgabeform **SAP List Viewer**, wenn diese nicht bereits aus einer früheren Verwendung der Liste markiert ist.

Testen Sie die Selektion mit einem Klick auf die Schaltfläche **Ausführen** in der Footer-Zeile.

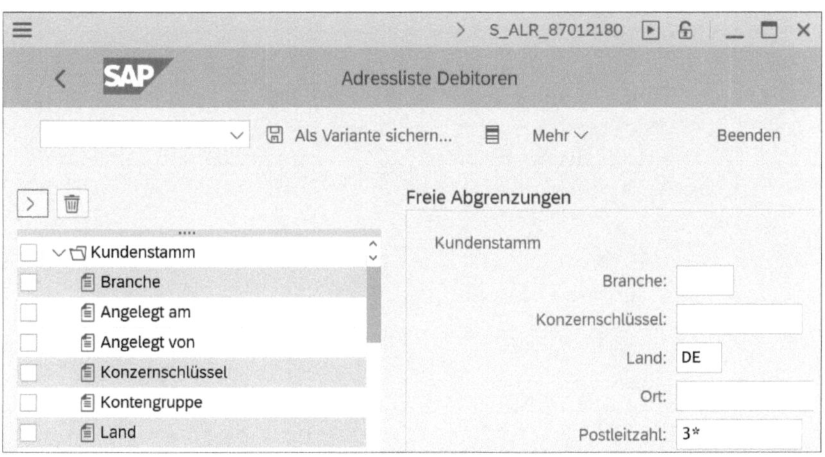

4 Bestätigen Sie mit ↵ die Frage nach der Anzahl der zu lesenden Datensätze.

5 Wenn alles zu Ihrer Zufriedenheit ausfällt, wechseln Sie mit einem Klick auf das Icon < (**Zurück**) von der Liste zurück in das Selektionsbild.

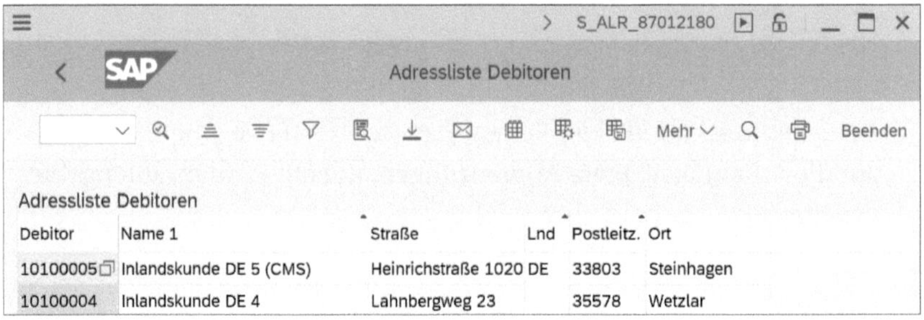

Die Reportvariante speichern

Wir gehen in unserem Beispiel davon aus, dass Sie diese Selektion in Zukunft öfter benötigen werden. Nachdem Sie Ihre Selektionsvorgaben im Selektionsbild vorgenommen haben, speichern Sie sie deshalb nun als Reportvariante.

1 Dazu klicken Sie im Selektionsbild in der Header-Zeile auf die Schaltfläche (**Als Variante sichern**). Es erscheint das Bild **Variantenattribute**.

2 Lassen Sie sich nicht von der Vielzahl der Einstellungsmöglichkeiten verwirren. Konzentrieren Sie sich auf den oberen Fensterbereich.

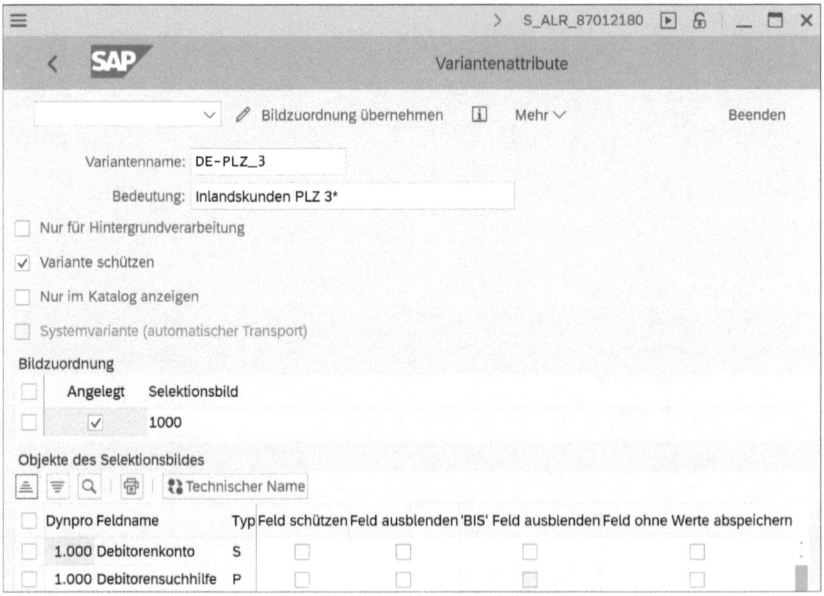

Sie nehmen nur Eingaben in den Feldern **Variantenname** und **Bedeutung** für die Kurzbeschreibung der Reportvariante vor. Darüber hinaus markieren Sie die Checkbox **Variante schützen**. Diese und alle weiteren Checkboxen sind optional.

TIPP

Schützen Sie Ihre wichtigen Varianten

Reportvarianten gelten benutzerübergreifend. Dies bedeutet, dass andere Benutzer Ihre Reportvarianten nicht nur aufrufen und verwenden, sondern auch ungeschützte Varianten ändern und löschen können. Um also eine Variante vor einer Bearbeitung zu schützen, aktivieren Sie das Kennzeichen **Variante schützen**. Wenn dieses Feld angekreuzt ist, können nur noch Sie die geschützte Reportvariante ändern und löschen.

3 Klicken Sie in der Footer-Zeile auf die Schaltfläche **Sichern**. Nach dem Sichern befinden Sie sich wieder im Selektionsbild. Die Reportvariante ist gespeichert, und eine entsprechende Meldung erscheint in der Footer-Zeile.

4 Klicken Sie auf das Icon < (**Zurück**), um in das Fenster **SAP Easy Access** zurückzukehren.

In der obigen Anleitung haben Sie in Schritt 2 nur die Felder **Variantenname** und **Bedeutung** ausgefüllt. Folgende Einstellungsmöglichkeiten wollen wir Ihnen an dieser Stelle aber nicht vorenthalten:

- Das Ankreuzen der Checkbox **Nur für Hintergrundverarbeitung** wäre nicht sinnvoll, denn dies hätte zur Folge, dass Sie die Variante nach dem Aufrufen des Reports nicht verwenden könnten. Denn sie stünde dann nur für die Reportausführung in der Hintergrundverarbeitung zur Verfügung.
- Außerdem können Sie im unteren Bildteil **Objekte des Selektionsbildes** Einstellungen für einzelne Felder des Selektionsbildes vornehmen. Die Felder sind hier zeilenweise aufgelistet. Zum Beispiel können einzelne Felder des Selektionsbildes gegen Änderungen geschützt oder ausgeblendet werden.

INFO

Kann ich mehrere Reportvarianten anlegen?

Sie können beliebig viele Varianten für einen Report anlegen. In unserem Fall können Sie für die Adressliste mehrere Reportvarianten, beispielsweise für unterschiedliche Postleitzahlengebiete oder Länder, anlegen.

10.2 Eine Reportvariante aufrufen

Nachdem Sie die Reportvariante gespeichert haben, können Sie sie im Selektionsbild verwenden. Eine Reportvariante starten Sie immer aus dem Selektionsbild des Berichts heraus:

1. Starten Sie nochmals die Transaktion S_ALR_87012180 (Adressliste), für die Sie gerade eben die Variante gespeichert haben.

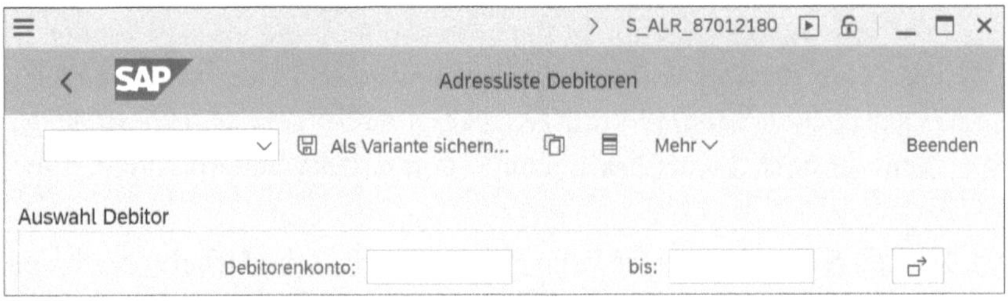

2. In der Header-Zeile des Selektionsbildes klicken Sie nun auf das Icon (**Variante holen**). Es erscheint das Fenster **ABAP: Variantenkatalog.**
3. Doppelklicken Sie im Fenster **ABAP: Variantenkatalog** auf die von Ihnen angelegte Reportvariante. Hier sehen Sie grundsätzlich alle Varianten für den aktuellen Report, inklusive der Varianten, die von anderen Benutzern angelegt wurden.

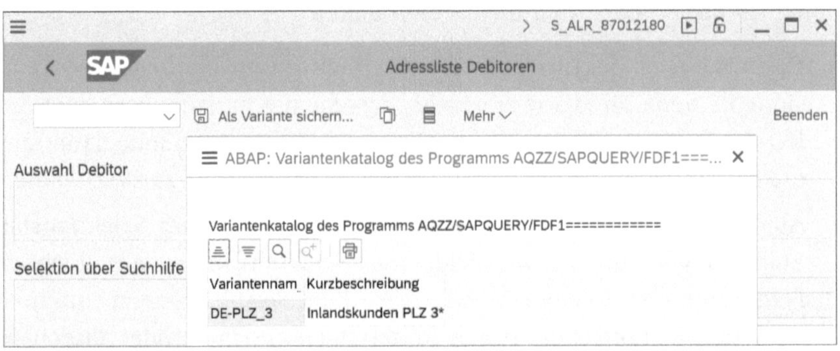

TIPP

Fehlt das Icon?

Das Icon (**Variante holen**) wird nur angezeigt, wenn es mindestens eine Variante für diesen Report gibt. Fehlt bei Ihnen dieses Icon, müssen Sie gemäß Abschnitt 10.1, »Vorschlagswerte in einer Reportvariante speichern«, erst eine Variante für diesen Report speichern.

4 Nach der Auswahl der Reportvariante sehen Sie im Selektionsbild die entsprechenden Selektionsvorgaben als Vorschlagswerte. In unserem Fall ist die Ausgabeform **SAP List Viewer** markiert, und neben dem Icon (**Freie Abgrenzungen**) sehen Sie den Eintrag **2 aktiv**. Dies sind Ihre Vorgaben für die Felder **Land** und **Postleitzahl**.

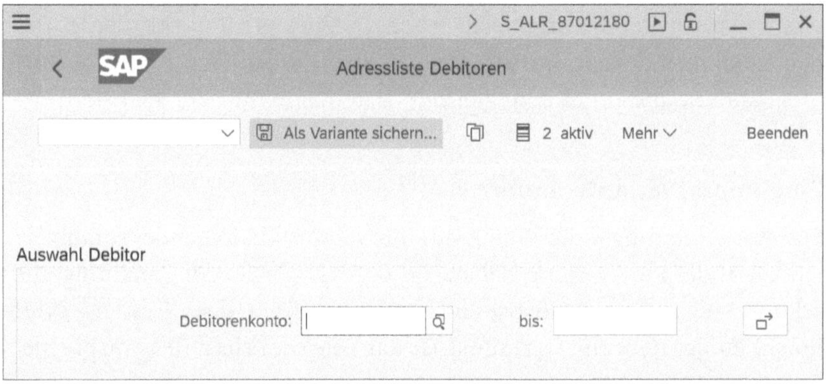

Dank Ihrer Variante ersparen Sie sich die erneute manuelle Eingabe dieser Selektionskriterien. Prima! Sie können nun auf die Schaltfläche **Ausführen** in der Footer-Zeile klicken und erhalten die entsprechende Liste auf dem Bildschirm. Klicken Sie in der Liste auf das Icon (**Zurück**), denn im Selektionsbild geht es gleich weiter.

INFO

Erscheint statt des Variantenkatalogs eine Suchhilfe?

Gibt es viele gespeicherte Varianten, erscheint in Schritt 3 statt eines Variantenkatalogs erst einmal eine Suchhilfe. In diesem Suchformular ist bereits Ihr Benutzername eingetragen. Bestätigen Sie das Suchformular mit der [↵]-Taste, zeigt das SAP-System alle mit Ihrem Benutzernamen gespeicherten Varianten.

INFO

Erscheint weder ein Variantenkatalog noch eine Suchhilfe?

Wenn Sie weder den Katalog noch die Suchhilfe sehen, schauen Sie auf Ihr Selektionsbild, denn dort wurden die gespeicherten Selektionswerte automatisch übernommen. Wie das?

Sie haben nur eine Variante erstellt. Und weil es nur eine Variante gibt, übernimmt das SAP-System schlauerweise ohne weitere Rückfrage die Werte aus dieser Variante in das Selektionsbild, wenn es dazu eine entsprechende Voreinstellung gibt.

10.3 Reportvarianten pflegen

Nichts ist so beständig wie der Wandel. Deshalb erfahren Sie in diesem Tipp, wie Sie nachträglich die Selektion in bereits gespeicherten Reportvarianten ändern, den Variantennamen anpassen und nicht mehr benötigte Reportvarianten löschen. Verwenden Sie hierzu die in Abschnitt 10.1, »Vorschlagswerte in einer Reportvariante speichern«, angelegte Reportvariante. Der Ablauf ist ähnlich dessen, wenn Sie in Microsoft Word eine Textdatei aufrufen, diese ändern und unter dem gleichen Dateinamen wieder speichern.

Eine Reportvariante ändern

Für eine Änderung einer Reportvariante gibt es die folgende Voraussetzung: Die zu ändernde Variante haben Sie bereits gemäß der Anleitung aus Abschnitt 10.2, »Eine Reportvariante aufrufen«, mit dem Icon (**Variante holen**) aufgerufen. Ihr Startpunkt ist das Selektionsbild des entsprechenden Reports.

1 Im Selektionsbild nehmen Sie die gewünschten Änderungen vor.

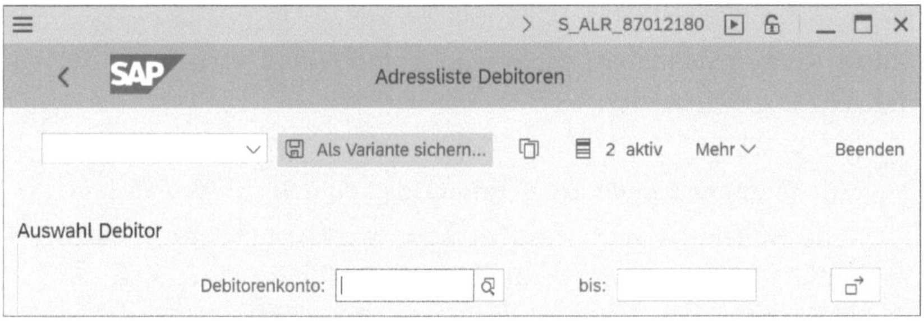

2 Klicken Sie anschließend in der Header-Zeile auf die Schaltfläche (**Als Variante sichern**). Das Bild **Variantenattribute** erscheint.

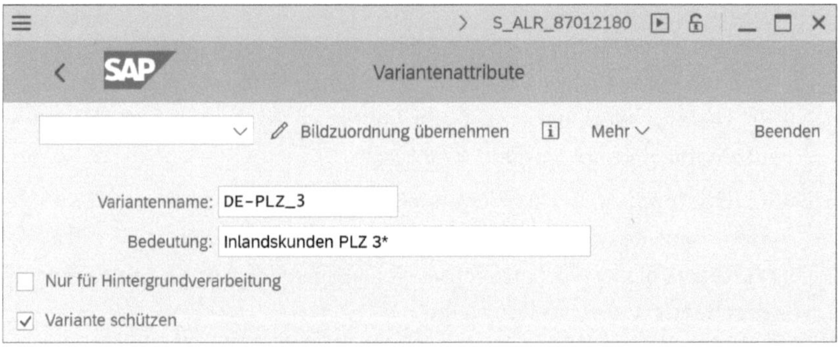

3. Klicken Sie in der Footer-Zeile auf die Schaltfläche **Sichern**.
4. Sie werden nun in einem Dialogfenster gefragt, ob die bestehende Variante überschrieben werden soll. Wenn Sie das möchten, klicken Sie auf die Schaltfläche **Ja**, anderenfalls legen Sie die Reportvariante unter einem veränderten Namen an.

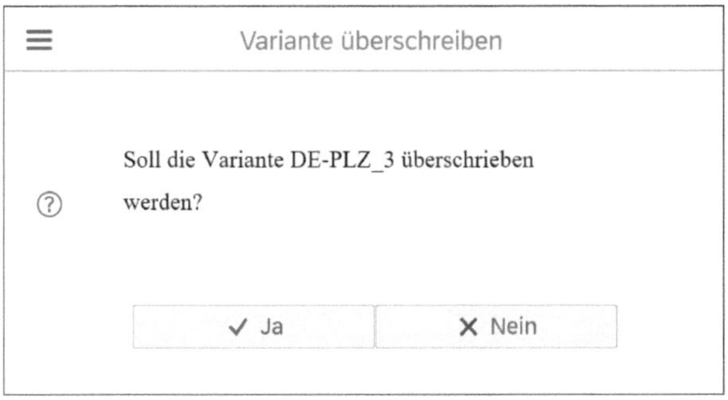

Damit sind die Änderungen gespeichert. Beim nächsten Aufruf der Reportvariante werden die geänderten Werte verwendet.

Den Variantennamen ändern

Für das Ändern von Variantennamen gibt es keine spezielle Funktion. Hierzu gibt es nur die folgende Methode: Sie speichern die Reportvariante unter dem neuen Namen und löschen danach die Reportvariante mit dem alten Namen.

Eine Reportvariante löschen

Löschen Sie Reportvarianten, die nur Sie nutzen, wenn Sie sie nicht mehr benötigen. Damit bleibt der Variantenkatalog übersichtlich, und es entsteht kein »Wildwuchs«.

Zum Löschen von Reportvarianten gehen Sie wie folgt vor:

1. Starten Sie den entsprechenden Report. Sie brauchen – anders als wenn Sie sie ändern möchten – die Reportvariante nicht extra vorher aufzurufen.
2. Im Selektionsbild wählen Sie den Menüpfad **Mehr ▸ Springen ▸ Varianten ▸ Löschen**.

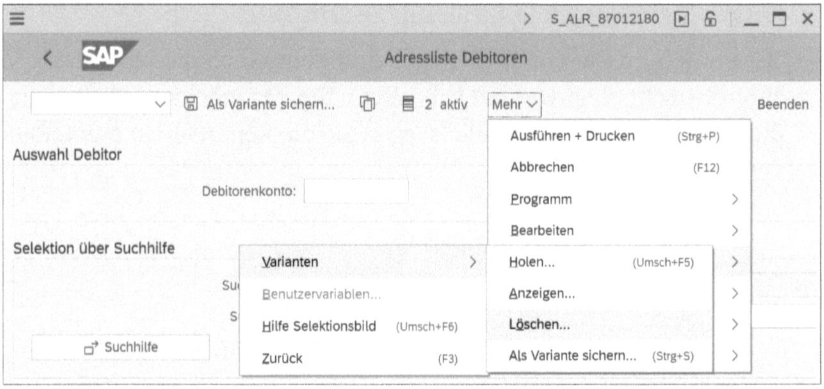

3 Das Fenster **Varianten löschen** erscheint. Doppelklicken Sie auf die Reportvariante, die Sie löschen möchten.

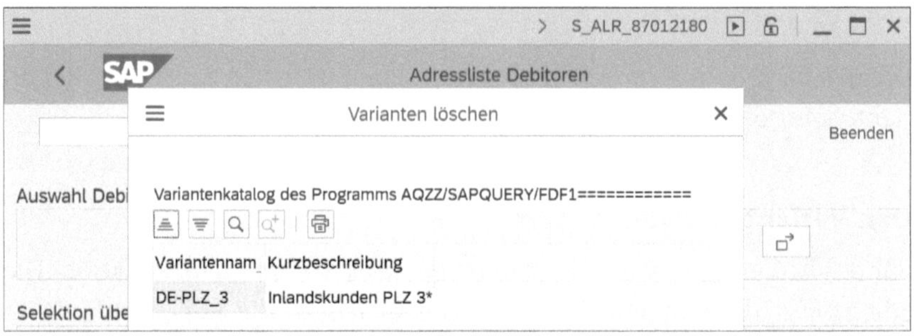

4 Das SAP-System fragt in einem Dialogfenster, ob die Löschung mandantenübergreifend vorgenommen werden soll. Markieren Sie den Radiobutton **Nur im aktuellen Mandanten**, und klicken Sie auf die Schaltfläche **Weiter**.

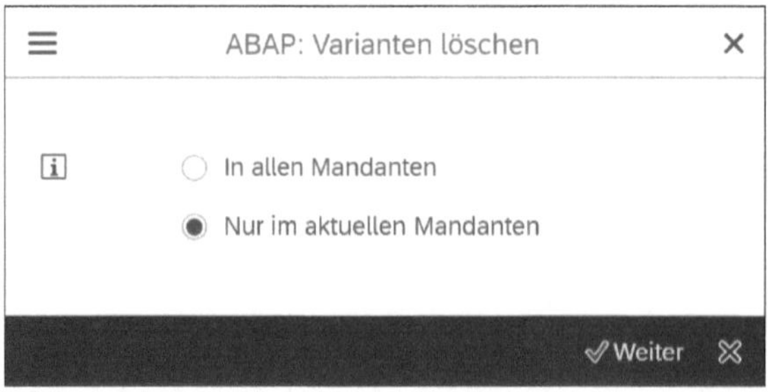

5 Es erscheint eine Sicherheitsabfrage. Bestätigen Sie mit einem Klick auf die Schaltfläche **Ja**, dass Sie die Reportvariante wirklich löschen wollen.

Die Reportvariante ist nun gelöscht und wird in der Auswahl nicht mehr angezeigt.

Abschließend noch eine allgemeine Anmerkung zum Thema Reportvarianten: Leider haben in einigen Unternehmen nicht Sie als Anwender*in die Berechtigung zum Anlegen von Reportvarianten, sondern nur Key-User*innen und SAP-Betreuer*innen. Sollte dies bei Ihnen der Fall sein, waren die letzten drei Abschnitte dennoch nicht umsonst, denn Sie kennen nun die Möglichkeiten. Auf dieser Basis können und dürfen Sie Ihre Key-User*innen bzw. Ihre SAP-Betreuer*innen ansprechen, damit sie Ihnen im Bedarfsfall entsprechende Reportvarianten erstellen.

10.4 Werden Sie kreativ: das Layout gestalten

Die vorgefertigten Standardberichte passen nicht, es gibt überflüssige Spalten in der Liste, oder es fehlen wichtige Informationen? Dann frisch ans Werk – Sie basteln jetzt eigene Listen mithilfe der Funktionen des SAP List Viewers.

SAP bezeichnet den *SAP List Viewer* (Abkürzung: ALV) als »ein flexibles Werkzeug zur Listendarstellung«. Das ist goldrichtig, denn er bietet Ihnen viele Möglichkeiten, um mit wenigen Klicks die Informationen exakt so zusammenzustellen, wie Sie sie brauchen.

TIPP

Vorgefertigte Layouts verwenden

Bevor Sie das Rad neu erfinden und eigene Layouts basteln überprüfen Sie mit einem Klick auf das Icon ▦ **(Layout auswählen)**, ob es bereits fertige Layouts gibt, die Ihren Wünschen entsprechen. Dieses Verfahren wird später noch in Abschnitt 10.6, »Ein Layout aufrufen«, beschrieben. In vielen Reports gibt es bereits fertige Layouts, die jemand für Sie erstellt hat. Diese*r Jemand kann SAP selbst sein oder ein netter Mensch aus Ihrem Unternehmen, z. B. eine Beraterin oder ein Key-User. Im Standardsystem gibt es für unsere Adressliste jedoch keine vorgefertigten Layouts. Sie dürfen also gleich hier weitermachen.

Für die entsprechenden Einstellungen rufen Sie eine Liste auf und nutzen die Icons aus der Header-Zeile sowie das Kontextmenü für Spaltenüberschriften. Als Beispiel verwenden Sie wieder die Adressliste für Kunden. Den Ausgangszustand sehen Sie in der folgenden Abbildung.

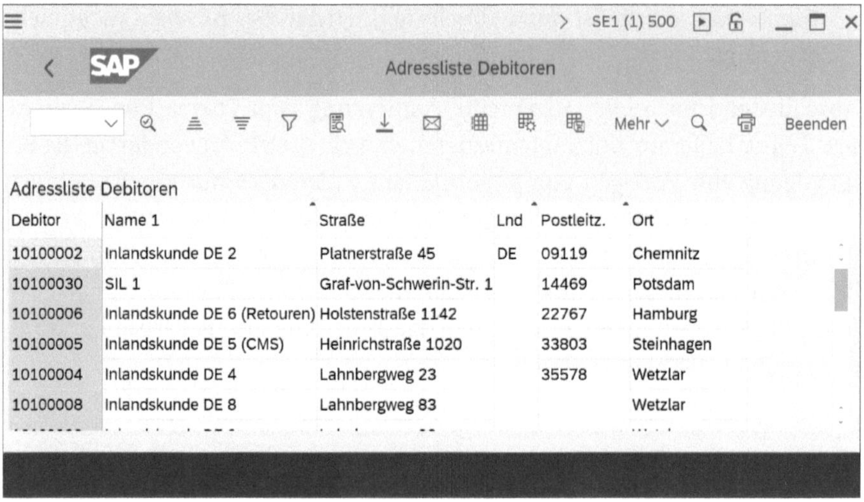

Adressliste für Kunden vor den Änderungen

Sie werden in dieser Beispieladressliste nun die folgenden Anpassungen vornehmen:

- Die Liste soll nach der Spalte **Name 1** sortiert werden.
- Die Spalte **Debitor** mit den Kundennummern soll ganz nach rechts verschoben werden.
- Die Spalten **Lnd** und **Straße** sollen ausgeblendet werden. Die Spalte **Lnd** ist überflüssig, da sie nach der Filterung überall den gleichen Eintrag enthält: »DE« als Länderkennzeichen für Deutschland.
- Die Spalte **Straße** soll danach wieder eingeblendet werden.

Die Summe dieser und weiterer Einstellungen wird auch als *Layout* oder *Anzeigeversion* bezeichnet. Wie Sie sie speichern, erfahren Sie in Abschnitt 10.5, »Ein Layout speichern«, damit Sie ein fertiges Layout – ähnlich wie eine Reportvariante – jederzeit mit wenigen Klicks abrufen können.

Die im Folgenden beschriebenen Anleitungen klappen im modernen Ausgabeformat **ALV Grid**. In dem älteren und seltener benutzten Format **ABAP Liste** (*ALV Classic*) gibt es teilweise andere Verfahren, die in diesem Grundkurs nicht beschrieben werden.

Das Layout gestalten

Öffnen Sie die Adressliste, die Sie auch für die Reportvarianten verwendet haben (siehe die Anleitung »Den Report starten und eine Selektion definieren« in Abschnitt 10.1, »Vorschlagswerte in einer Reportvariante speichern«).

> VIDEO
>
> **Das Layout gestalten**
>
> Dieses Video zeigt Ihnen, wie Sie das Layout einer ALV-Liste optimieren.
>
> *http://s-prs.de/v7389bq*

1. Doppelklicken Sie auf den Transaktionseintrag **S_ALR_87012180 – Adressliste.** (Sie haben die Transaktion nicht in Ihren Favoriten? Dann finden Sie sie im SAP-Menü über den folgenden Pfad: **Rechnungswesen ▸ Finanzwesen ▸ Debitoren ▸ Infosystem ▸ Berichte zur Debitorenbuchhaltung ▸ Stammdaten.**)
2. Nach dem Start gelangen Sie in das Selektionsbild. Hier geben Sie Ihre Selektion ein. Sie benötigen eine Liste aller Kunden aus Deutschland. Klicken Sie also zuerst auf das Icon (**Freie Abgrenzungen**).

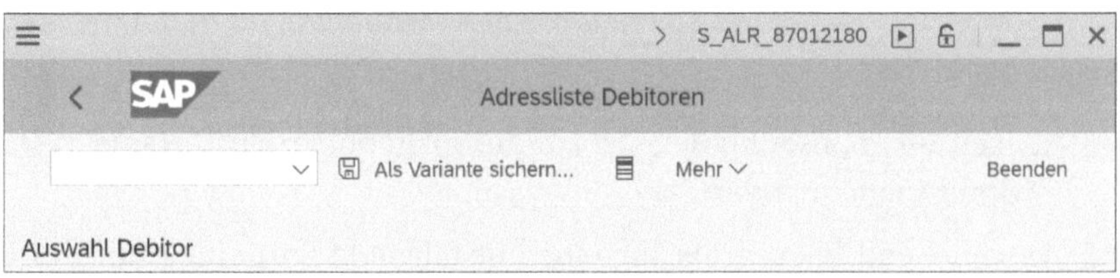

3. Im oberen Bereich geben Sie im *rechten* Fensterteil in das Feld **Land** »DE« ein. Wichtig ist, dass Sie weiter unten im Bild die Ausgabeform **SAP List Viewer** markieren, denn in der Standardeinstellung **ABAP Liste** gelten andere Regeln für die Layoutgestaltung.

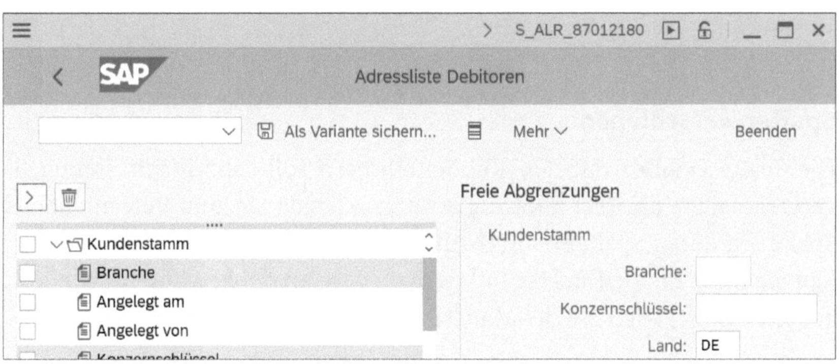

4 Klicken Sie auf die Schaltfläche **Ausführen** in der Footer-Zeile. Erscheint eine Abfrage nach der Anzahl der zu lesenden Datensätze, bestätigen Sie diese mit ↵.

Das Ergebnis ist Ihre Adressliste. In dieser Liste werden Sie gemäß den folgenden Anleitungen nun sortieren, Spalten verschieben, Spaltenbreiten ändern sowie Spalten ein- und ausblenden.

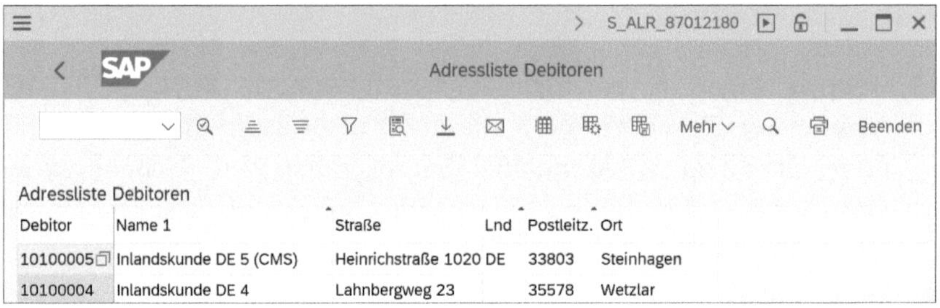

Sortieren

Eine Sortierung nach einer Spalte erreichen Sie, indem Sie zuerst die Sortierspalte markieren.

1 Klicken Sie in unserem Beispiel auf die Spaltenüberschrift **Name 1**. Damit ist diese Spalte markiert.

2 Anschließend klicken Sie für eine aufsteigende Sortierung auf das Icon (**Sortieren aufsteigend**) – und schon ist die Liste sortiert. Die Sortierspalte wird mit einem kleinen roten Dreieck rechts oberhalb der Spaltenüberschrift markiert.

Eine absteigende Sortierung erhalten Sie nach der Markierung der entsprechenden Spaltenüberschrift und einem Klick auf das Icon (**Sortieren absteigend**).

Spalten verschieben

Die Spalte **Debitor** mit den Kundenummern soll ganz rechts stehen. Dazu verwenden Sie die Technik Drag & Drop. Klicken Sie zum Verschieben einer Spalte auf deren Spaltenüberschrift – in unserem Fall auf **Debitor** – und ziehen Sie diese mit gedrückter linker Maustaste an die gewünschte Stelle. Dort angekommen lassen Sie die Maustaste wieder los.

Die Abbildung zeigt das aktuelle Aussehen unserer Liste.

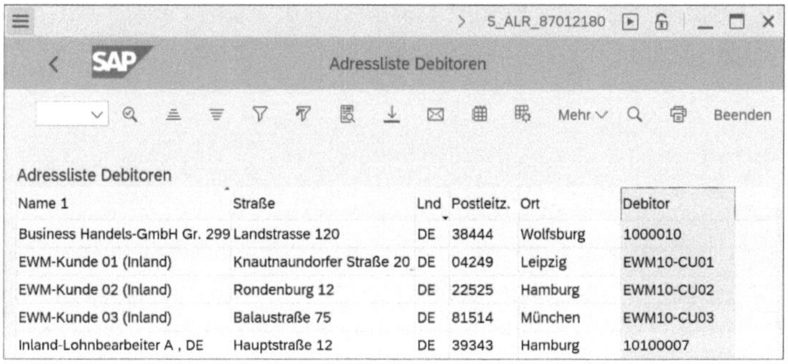

Kundenadressliste nach der Sortierung und dem Verschieben einer Spalte

Die Spaltenbreite verändern

Spalten sind oft überflüssig breit. Ziehen Sie den Trennstrich zwischen zwei Spaltenüberschriften nach links, um die Spaltenbreite zu verkleinern, oder nach rechts, um die Spalte zu verbreitern. Dazu noch ein kleiner Kniff: Mit einem Doppelklick auf den Trennstrich erhalten Sie – wie in Microsoft Excel – die optimale Spaltenbreite entsprechend dem längsten Eintrag.

Spalten ausblenden

Um eine Spalte auszublenden, klicken Sie mit der rechten Maustaste auf deren Spaltenüberschrift, in unserem Fall **Lnd**. Daraufhin öffnet sich, wie in der Abbildung dargestellt, das Kontextmenü für Spaltenüberschriften.

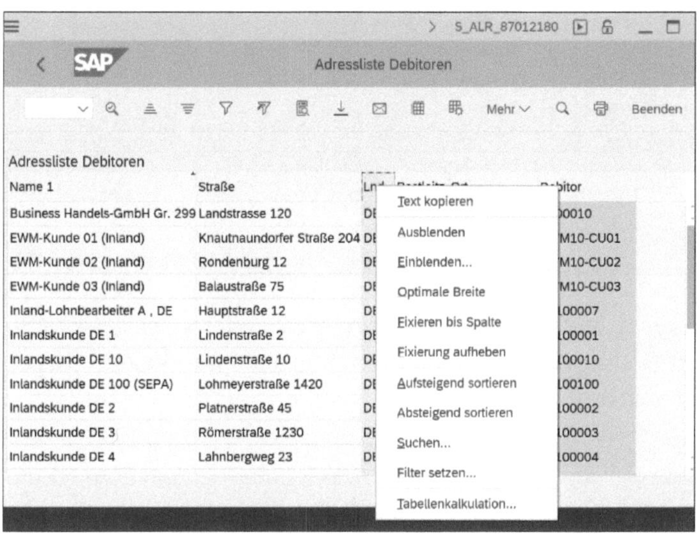

Kontextmenü für eine Spaltenüberschrift

Im Kontextmenü wählen Sie den Befehl **Ausblenden**. Blenden Sie auf die gleiche Weise nun zusätzlich die Spalte **Straße** aus.

Spalten einblenden

Zum einen blenden Sie mit dieser Funktion eine Spalte wieder ein, die Sie zuvor ausgeblendet haben. Zum anderen gibt es in vielen Reports, jedoch nicht in unserer Adressliste, viele zusätzliche, standardmäßig ausgeblendete und damit nicht sichtbare Spalten. Diese enthalten oft wertvolle Zusatzinformationen, die nur darauf warten, von Ihnen genutzt zu werden.

1. Klicken Sie mit der rechten Maustaste auf eine beliebige Spaltenüberschrift.
2. Wählen Sie im Kontextmenü den Befehl **Einblenden**. Daraufhin erscheint das neue Fenster **Layout ändern**.

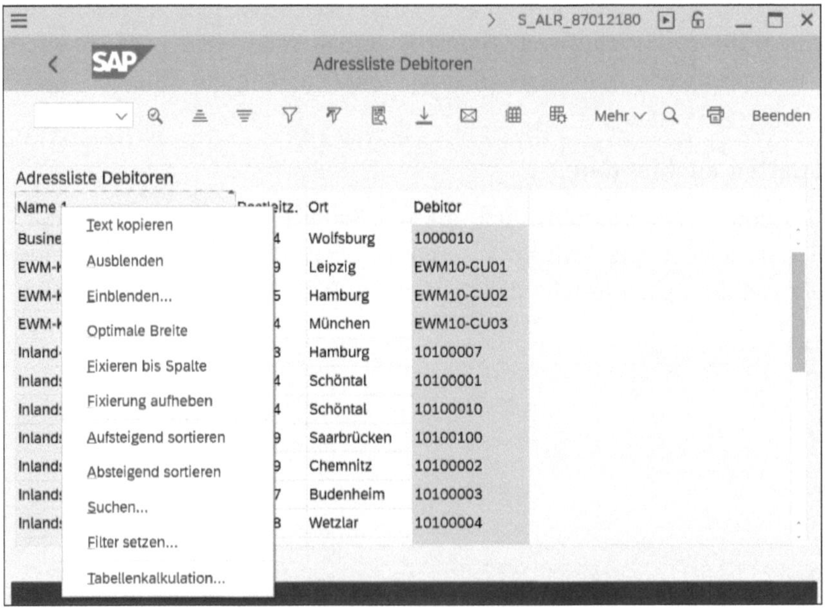

3. Im Fenster **Layout ändern** finden Sie vier verschiedene Registerkarten. Zum Ein- und Ausblenden der Spalten benötigen Sie nur die erste Registerkarte **Spaltenauswahl**.

- Die Spalten, die momentan in der Liste eingeblendet sind, sehen Sie im linken Fensterteil **Angezeigte Spalten**.
- Der rechte Fensterteil, der mit **Spaltenvorrat** betitelt ist, zeigt die ausgeblendeten Spalten.

Um eine Spalte einzublenden, markieren Sie im rechten Fensterteil **Spaltenvorrat** mit einem Klick ihren Namen und klicken in der Mitte auf das Icon ‹. Den Spaltennamen finden Sie danach im linken Fensterteil **Angezeigte Spalten**.

Blenden Sie mit dieser Methode auch die Spalte **Straße und Hausnummer** wieder ein.

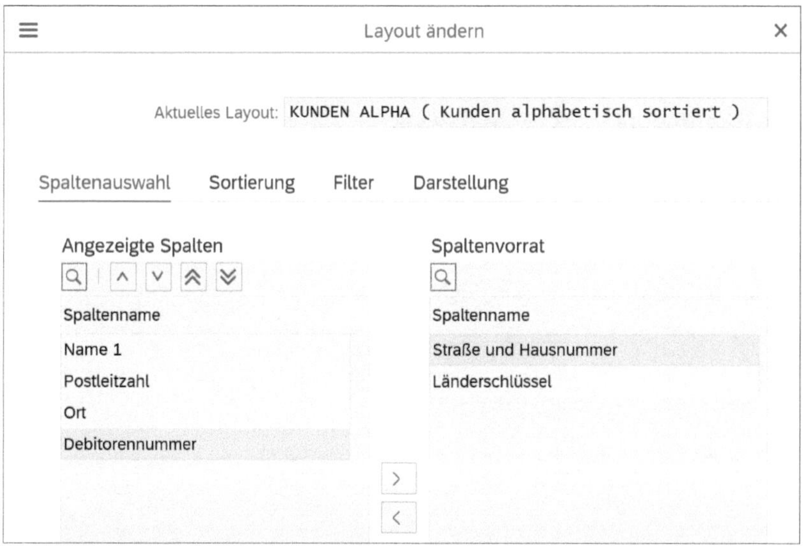

TIPP

Spaltenreihenfolge verändern

Wenn wir schon einmal hier sind, können Sie im Fenster **Layout ändern** auch die Reihenfolge für alle Spalten verändern. Dazu klicken Sie im linken Fensterteil **Angezeigte Spalten** auf den Spaltennamen und verschieben ihn mit einem Klick auf ∧ oder ∨ gemäß der gewünschten Reihenfolge. Das Verschieben des Spaltennamens funktioniert auch oft per Drag & Drop.

4. Aktivieren Sie Ihre Änderungen mit der ↵-Taste. Das Fenster **Layout ändern** wird ausgeblendet, und Sie sehen die Änderungen sofort in der Liste.
5. Ziehen Sie, wie im Kasten »Spaltenreihenfolge verändern« beschrieben, die Spalte **Straße und Hausnummer** vor die Spalte **Debitorennummer**.

10.5 Ein Layout speichern

Sobald Sie Layouteinstellungen geändert haben und die Liste verlassen, vergisst das SAP-System Ihre schönen Einstellungen. Sie wollen aber natürlich nicht jedes Mal, wenn Sie die Liste aufrufen, wieder von vorne beginnen. Deshalb speichern Sie jetzt Ihre Layouteinstellungen, um sie bei Bedarf schnell abrufen zu können.

VIDEO

Ein Layout speichern

In diesem Video lernen Sie, wie Sie Ihre Änderungen an einem Layout speichern.

http://s-prs.de/v7389br

Ein persönliches Layout speichern

1. Klicken Sie in der Liste auf das Icon (**Layout sichern**). In einigen anderen Listen gibt es dieses Icon jedoch nicht, dann wählen Sie in der Header-Zeile den Menüpfad **Mehr ▸ Einstellungen ▸ Anzeigevariante ▸ Sichern.**

   Nun erscheint das Fenster **Sichern als.**

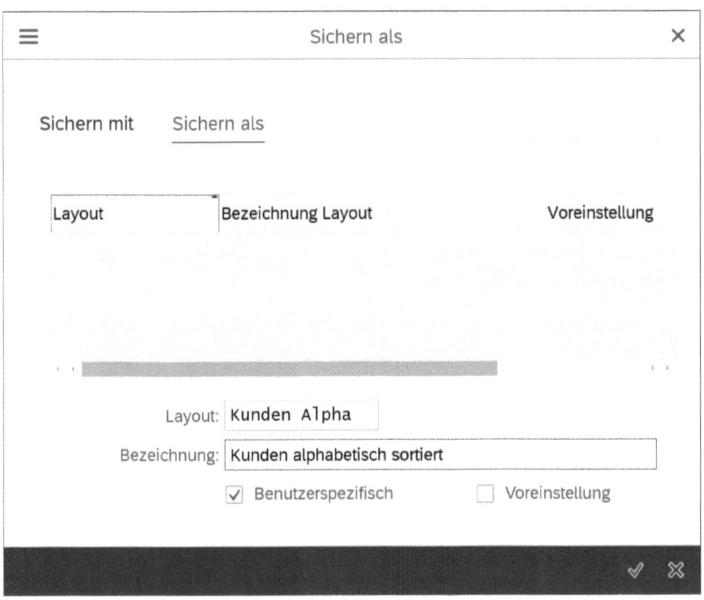

2 Im Fenster **Sichern als** werden im mittleren Bildteil bereits gespeicherte Layouts angezeigt, sofern es welche gibt. Im unteren Bildteil nehmen Sie folgende Festlegungen vor:

- Geben Sie einen Kurznamen im Feld **Layout** an; dieser muss bei einem benutzerspezifischen Layout mit einem Buchstaben (A bis Z) beginnen.
- Geben Sie einen Langnamen im Feld **Bezeichnung** an.
- Markieren Sie das Feld **Benutzerspezifisch**, da das Layout nur von Ihnen genutzt wird.
- Das Feld **Voreinstellung** markieren Sie, wenn Ihr Report sofort nach der Ausführung in diesem Layout dargestellt werden soll. Wir setzen hier keine Markierung.

3 Drücken Sie im Fenster **Sichern als** die Taste [↵]. Damit ist die Sicherung abgeschlossen, und Sie haben Ihre Einstellungen gerettet.

Ein zweites Layout erstellen

Für die Anleitung in Abschnitt 10.6, »Ein Layout aufrufen«, brauchen Sie zwei verschiedene Layouts; daher verändern Sie das erste Layout nun ein wenig und speichern es dann noch einmal ab. Sie können dazu beispielsweise mit dem Icon [icon] (**Sortieren aufsteigend**) nach der Spalte **Postleit** sortieren und diese so wie die Spalte **Ort** per Drag & Drop an den Beginn der Liste ziehen, wie in der Abbildung dargestellt.

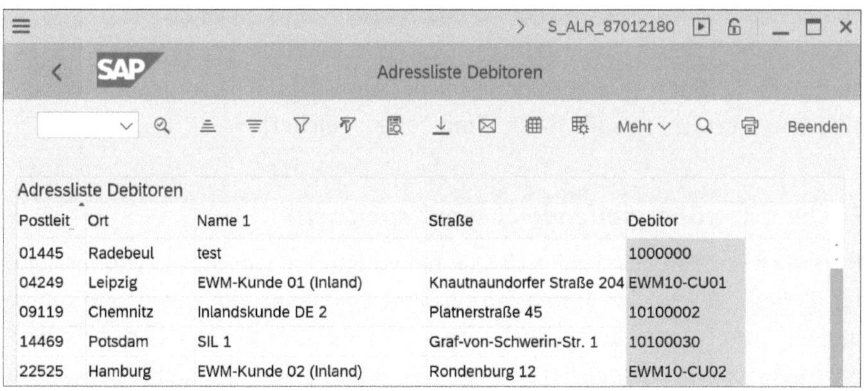

Unsere Adressliste nach den Änderungen

Danach führen Sie die vorangehende Anleitung »Ein persönliches Layout speichern« zum benutzerspezifischen Speichern nochmals aus. Die einzigen Abweichungen sind dabei folgende: Sie speichern das Layout diesmal unter dem Kurznamen »Kunden PLZ« und mit einer anderen Bezeichnung. Außerdem aktivieren Sie in dieser Runde das Kennzeichen **Voreinstellung**.

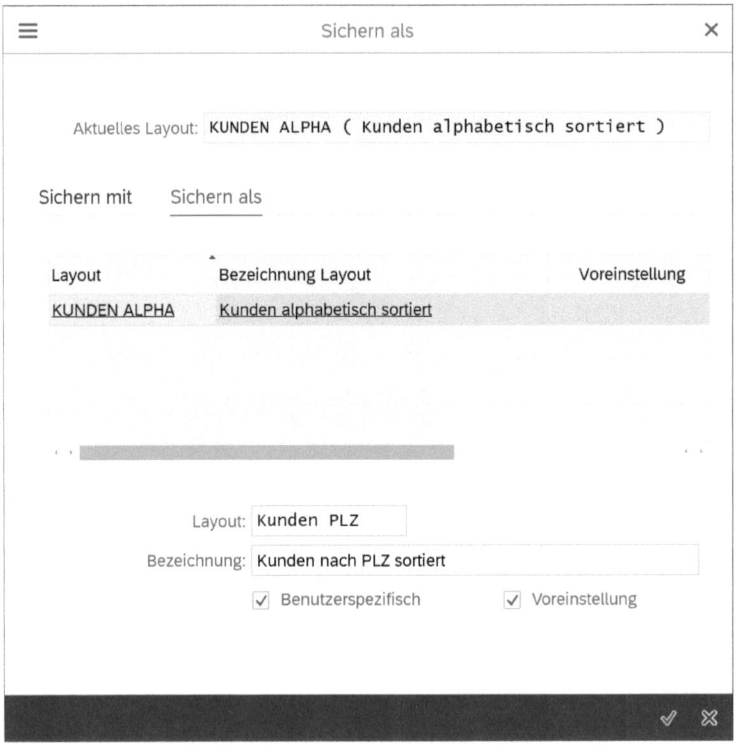

Einstellungen bei der Speicherung des zweiten Layouts »Kunden PLZ«

Nachdem Sie **Enter** gedrückt oder auf das Icon (**Sichern**) geklickt haben, sind nun zwei Layouts für Ihren Benutzer gespeichert.

Ein benutzerübergreifendes Layout speichern

Und noch ein Fall aus der Praxis: Sie haben ein fantastisches Layout erstellt, ein Kollege kommt bei Ihnen vorbei, und er möchte Ihr Layout gern auch nutzen. Dies funktioniert jedoch nur, wenn Sie das Layout als *benutzerübergreifendes Layout* abspeichern. In der Anleitung »Ein persönliches Layout speichern« hatten wir Sie allerdings noch gebeten, das Kennzeichen **Benutzerspezifisch** zu aktivieren.

In der Praxis haben Anwender*innen oft keine Berechtigung, um benutzerübergreifende Layouts (anderer Begriff: *Standardlayouts*) zu speichern. In diesem Fall gibt es nur einen offiziellen Weg, damit Ihr Kollege Ihr Layout nutzen kann: Ein*e Key-User*in oder Anwendungsbetreuer*in muss Ihnen die Berechtigung zum Speichern benutzerübergreifender Layouts geben.

Versuchen Sie aber einfach einmal, das aktuelle Layout zusätzlich als benutzerübergreifendes Layout zu speichern. Wenn Sie in einem Trainingssystem unterwegs sind, gibt es gute Chancen, dass Sie dazu die Berechtigung haben (falls nicht, erhalten Sie eine Fehlermeldung).

1. Klicken Sie in der Liste auf das Icon (**Layout sichern**).
2. Vergeben Sie im Feld **Layout** den Kurznamen, aber schreiben Sie dieses Mal einen Schrägstrich davor (das Zeichen für das benutzerübergreifende Layout): »/Standard«.
3. Kreuzen Sie keines der Kennzeichen **Benutzerspezifisch** und **Voreinstellung** an.

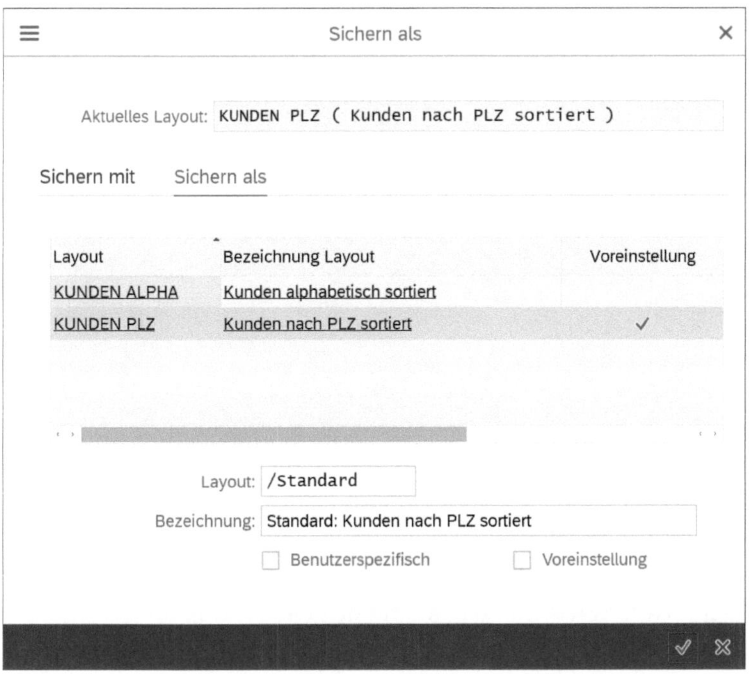

Einstellungen bei der Speicherung des dritten Layouts »/Standard«

Nachdem Sie **Enter** gedrückt oder auf das Icon (**Sichern**) geklickt haben, wurde nun auch ein benutzerübergreifendes Layout gespeichert. Ihr Kollege kann es dann gemäß der Anleitung aus dem nächsten Abschnitt aufrufen.

10.6 Ein Layout aufrufen

Haben Sie mitgemacht? Dann haben Sie nach dem letzten Abschnitt mindestens zwei gespeicherte Layouts in der Adressliste. In der folgenden Anleitung zeigen wir Ihnen, wie Sie das Layout wechseln.

> VIDEO
>
> **Ein Layout aufrufen**
>
> In diesem Video zeigen wir Ihnen, wie Sie ein zuvor gespeichertes Layout aufrufen.
>
> *http://s-prs.de/v7389bs*

1. Klicken Sie in der Adressliste auf das Icon (**Layout auswählen**) in der Header-Zeile. (In manchen Reports fehlt das Symbol. In diesem Fall wählen Sie aus der Header-Zeile den Menüpfad **Mehr ▸ Einstellungen ▸ Anzeigevariante ▸ Auswählen**, oder Sie probieren es mit der Tastenkombination `Strg` + `F9`.)

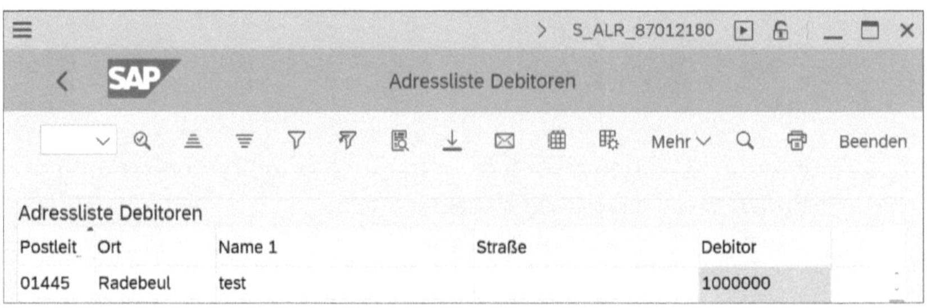

2. Egal, welchen Weg Sie wählen, Sie erhalten eine Liste der Layouts zur Auswahl. Im Fenster **Layout auswählen** sollten Sie erst einmal sicherstellen, dass die Layouts aller Layoutarten angezeigt werden. Wenn im obersten Feld **Layouteinstellung** nicht **Alle** eingetragen ist, öffnen Sie mit dem Icon am Feld die Liste und wählen den Eintrag **Alle**. (Die Layoutarten erläutern wir im Folgenden noch einmal genau.)

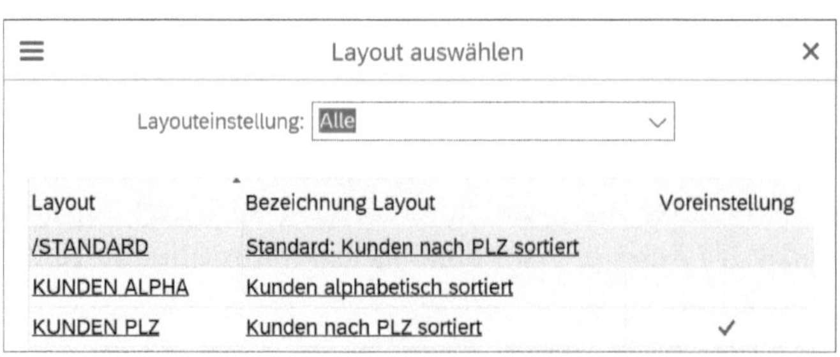

3 Klicken Sie weiter unten auf das gewünschte Layout, hier z. B. **/STANDARD**. Damit wird das Fenster **Layout auswählen** geschlossen, und die Darstellung der Liste wird sofort angepasst.

Nun zu den Layoutarten, die im Feld **Layouteinstellung** zur Auswahl stehen. Wie weiter oben schon erwähnt, gibt es unterschiedliche Layoutarten:

- **Benutzerspezifische Layouts**
  Benutzerspezifische Layouts (anderer Begriff: Benutzerlayouts) sind Layouts, die Sie selbst erstellt haben und die nur mit Ihrem Benutzer aufgerufen werden können. Andere Benutzer sehen diese Layouts nicht. Diese Layouts beginnen immer mit einem Buchstaben.
- **Benutzerübergreifende Layouts**
  Benutzerübergreifende Layouts (auch *Standardlayouts* genannt) sind Layouts, die in Ihrem Unternehmen beispielsweise durch eine*n Key-User*in erstellt wurden und von allen Mitarbeiter*innen verwendet werden können. Sie alle sehen diese Layouts. Diese beginnen immer mit dem Zeichen »/«, z. B. »/Standard«.
- **SAP-Layouts**
  Eine spezielle Art von benutzerübergreifenden Layouts sind *SAP-Layouts* (auch *SAP-Default-Anzeigevarianten* genannt). Dies sind Layouts, die von SAP selbst erstellt und mitgeliefert wurden. Davon gibt es über 1.000 Stück, jedoch nicht in jedem Report. Die Namen der SAP-Layouts beginnen immer mit einer Zahl, z. B. »1SAP«.

10.7 Layouts pflegen

Sie haben unterschiedliche Layouts erstellt? Hier erfahren Sie, wie Sie Ihre Layouts verändern und löschen und wie Sie die Voreinstellungen ändern können.

Das voreingestellte Layout ändern

In Abschnitt 10.5, »Ein Layout speichern«, haben Sie erfahren, dass Sie beim Speichern eines Layouts das Kennzeichen **Voreinstellung** aktivieren können. Dies bewirkt, dass das betreffende Layout automatisch für Ihre Liste gilt und diese sofort nach der Ausführung in dem gewünschten Layout erscheint.

Sie sollten das Kennzeichen **Voreinstellung** also bei dem Layout aktivieren, das Sie am häufigsten benötigen.

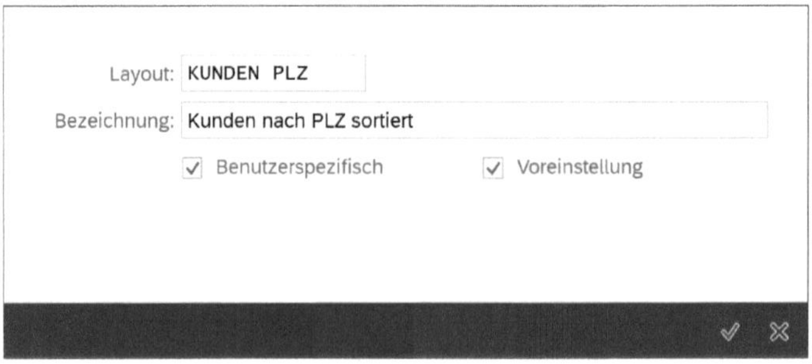

Das Kennzeichen »Voreinstellung« im Fenster »Sichern als«

In der folgenden Anleitung zeigen wir Ihnen das offizielle Verfahren, um diese Voreinstellung zu ändern.

VIDEO

Das voreingestellte Layout ändern

In diesem Video zeigen wir Ihnen, wie Sie ein anderes Layout als Voreinstellung auswählen.

http://s-prs.de/v7389bt

1. In der Adressliste wählen Sie aus der Header-Zeile den Pfad **Mehr ▸ Einstellungen ▸ Layout ▸ Verwaltung der Layouts** oder **Standardlayout**. (In anderen Listen verwenden Sie einen abweichenden, aber ähnlichen Pfad, beispielsweise **Mehr ▸ Einstellungen ▸ Anzeigevariante ▸ Verwaltung**.)

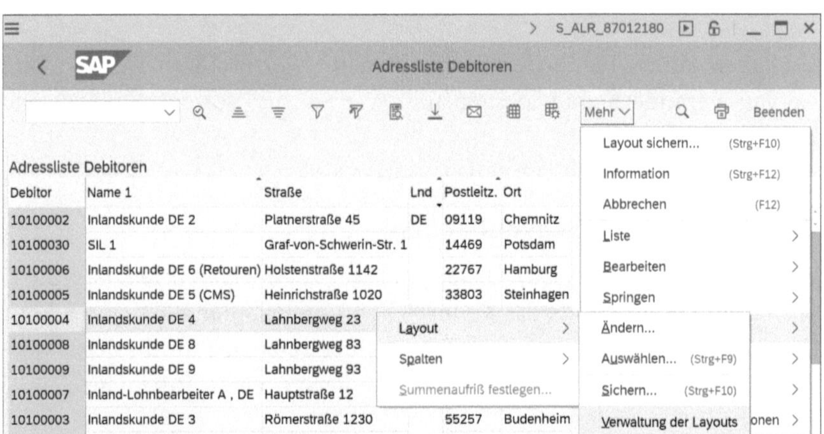

2. Es erscheint in allen Fällen das Fenster **Layout: Verwaltung**. Hier werden entweder nur benutzerübergreifende Standardlayouts *oder* Benutzerlayouts gezeigt. Sehen Sie in der Header-Zeile die Schaltfläche **Benutzerlayout**, klicken Sie darauf.

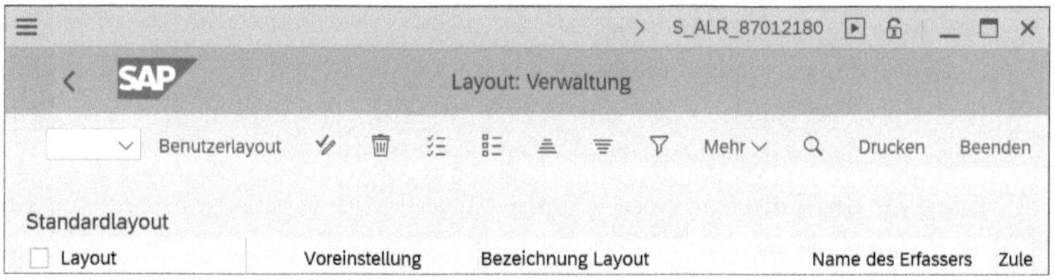

Mit diesem Klick werden Ihre Benutzerlayouts angezeigt, und die Schaltfläche heißt nun **Standardlayout**. Mit ihr wird zwischen Standard- und Benutzerlayouts hin- und hergeschaltet.

3. Klicken Sie in der Zeile mit dem gewünschten Layout in das grün gefärbte Feld in der Spalte **Voreinstellung**. Daraufhin erscheint dort ein grünes Häkchen.
4. Speichern Sie Ihre Voreinstellung in der Footer-Leiste mit einem Klick auf die Schaltfläche **Sichern**.
5. Das war's, Sie dürfen das Fenster **Layout: Verwaltung** verlassen. Klicken Sie hierzu auf das Icon < (**Zurück**).

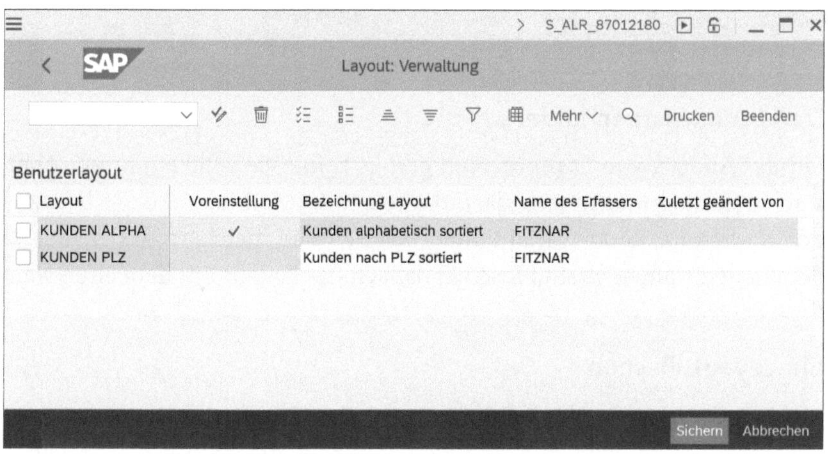

Nun testen Sie Ihre neue Voreinstellung, indem Sie die Liste mit einem Klick auf das Icon < (**Zurück**) verlassen und sie im Selektionsbild mit einem Klick auf die Schaltfläche **Ausführen** neu starten.

ACHTUNG

Benutzerlayout sticht Standardlayout

Haben Sie ein Standardlayout voreingestellt, und das SAP-System ignoriert Ihre Einstellung? Dies kann folgenden Grund haben: Sie können sowohl in der Ansicht **Benutzerlayout** als auch in der Ansicht **Standardlayout** eine Voreinstellung vornehmen. Damit haben Sie zwei Voreinstellungen, nur welche davon gilt? In einem solchen Fall entscheidet sich das SAP-System für das voreingestellte Benutzerlayout und ignoriert das voreingestellte Standardlayout. Beseitigen Sie die Voreinstellung für das Benutzerlayout, wenn Sie ein Standardlayout voreingestellt haben möchten.

Ein Layout ändern

Benötigen Sie beispielsweise eine andere Sortierung oder eine andere Spaltenreihenfolge? Der Ablauf zum Ändern eines Layouts ist der gleiche wie beim Ändern einer Reportvariante:

1. Rufen Sie das Layout auf.
2. Ändern Sie die Einstellungen, beispielsweise die Sortierung oder die Spaltenreihenfolge.
3. Speichern Sie die Änderungen unter dem gleichen Layoutnamen. Dabei bestätigen Sie die Sicherheitsabfrage, dass das bestehende Layout überschrieben werden soll.

Den Layoutnamen ändern

Für das Ändern von Layoutnamen gibt es keine spezielle Funktion. Aber Sie sind ja flexibel und nutzen dazu die folgende Methode, die Sie bereits von den Namen für Reportvarianten her kennen: Sie speichern das Layout unter dem neuen Namen ab und löschen danach das Layout mit dem alten Namen.

Ein Layout löschen

Löschen Sie Layouts, die Sie nicht mehr brauchen, damit die Auflistung der Layouts übersichtlich bleibt. Von einem übersichtlichen Auswahlfenster profitieren Sie insbesondere beim schnellen Wechsel in ein anderes Layout.

Beim Löschen von Layouts ist es wichtig, dass Sie nicht aus Versehen ein benutzerübergreifendes Layout löschen (das absichtliche Löschen dieser Layouts bleibt den Key-User*innen vorbehalten). Es kann aber leicht passieren, denn im Ablauf gibt es eine kleine Falle: Es gibt es keine Sicherheitsfrage, bevor die Löschung endgültig gespeichert wird.

1. In der ALV-Liste wählen Sie aus der Header-Zeile den Pfad **Mehr ▸ Einstellungen ▸ Layout ▸ Verwaltung** oder **Mehr ▸ Einstellungen ▸ Anzeigevariante ▸ Verwaltung der Layouts.** In beiden Fällen erscheint das Fenster **Layout: Verwaltung.**

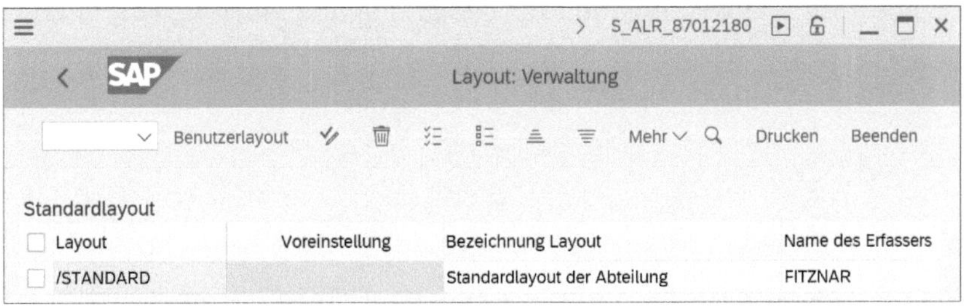

2. Im Fenster **Layout: Verwaltung** werden zuerst eventuell nur Standardlayouts aufgelistet. Klicken Sie in diesem Fall in der Anwendungsleiste auf die Schaltfläche **Benutzerlayout.**
3. Daraufhin werden nur Ihre benutzerspezifischen Layouts aufgelistet. Markieren Sie links außen mit einem Klick auf das Markierungskästchen ☑ das Layout, das Sie löschen möchten.

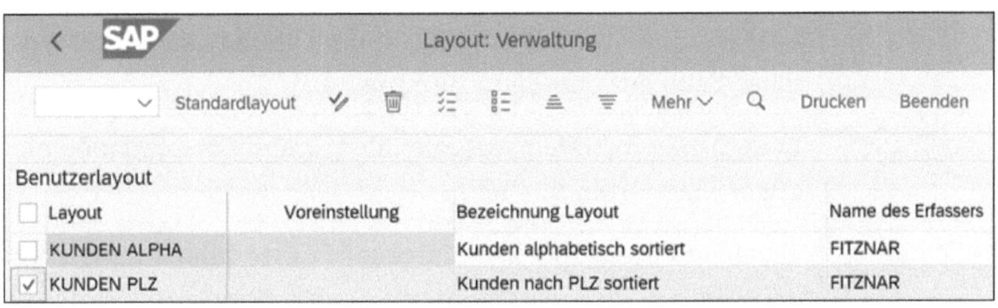

4. Treten Sie das Layout mit einem Klick auf das Icon (**Layout löschen**) in die Tonne. Daraufhin wird die entsprechende Zeile ohne weitere Rückfrage aus der Tabelle gelöscht.

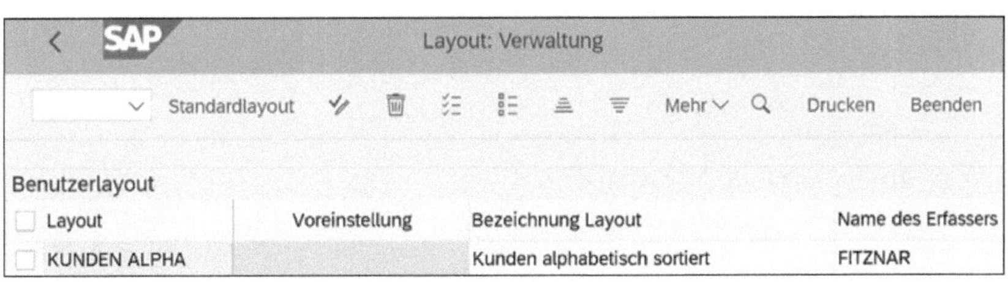

5 Speichern Sie Ihre Änderungen mit einem Klick auf die Schaltfläche **Sichern** in der Footer-Zeile.

6 Verlassen Sie das Fenster **Layout: Verwaltung** per Klick auf das Icon  (**Zurück**).

Übersicht über die Funktionen des SAP List Viewers

Es gibt noch mehr Funktionen zur Gestaltung und Nutzung von Listen. Die meisten Funktionen starten Sie mit den Icons aus der Header-Zeile.

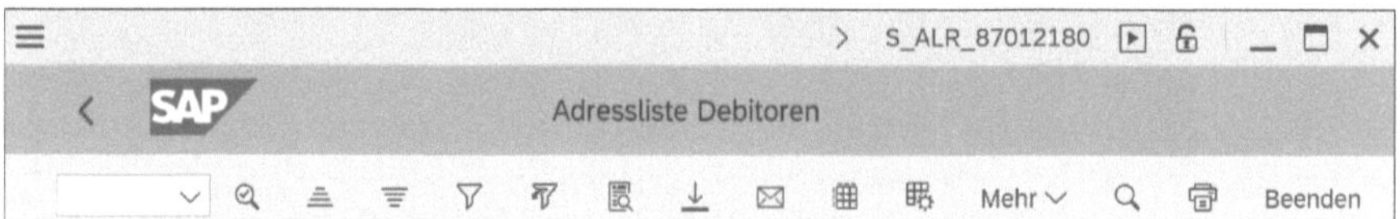

Header-Zeile der Adressliste mit Funktionen für den SAP List Viewer

In der folgenden Tabelle finden Sie einen Überblick für die bisher behandelten sowie weitere Icons und ihre Funktionen.

Icon	Funktion
	Das Icon **Details anzeigen** zeigt in Form einer Karteikarte Details zur aktuellen Zeile. Diese Funktion ist nur bei sehr breiten Listen spannend, in denen nicht alle Informationen zu einer Zeile auf den Bildschirm passen.
, 	Diese Icons sortieren auf- oder absteigend entsprechend einer zuvor markierten Spalte.
	Das Icon **Filter** führt in ein eigenes Fenster, in dem Sie zusätzliche Selektionen durchführen können, ohne dafür in das Selektionsbild zurückzukehren.
	Mit dem Icon **Druckvorschau** wird die Tabelle als Druckvorschau angezeigt.
	Das Icon **Lokale Datei** überträgt die Datensätze auf den PC in eine lokale Datei, z. B. in eine Textdatei oder in die Zwischenablage.

Standardfunktionen im SAP List Viewer

Icon	Funktion
	Das Icon **Tabellenkalkulation** überträgt die Datensätze an Microsoft Excel.
	Mit dem Icon **Mail-Empfänger** versenden Sie die dargestellte Tabelle als E-Mail.
	Das Icon **Layout ändern** führt in ein eigenes Fenster, in dem Sie Spalten einblenden und diverse weitere Layoutänderungen wie beispielsweise Mehrfachsortierungen durchführen können.
	Das Icon **Layout auswählen** aktiviert gespeicherte Darstellungen für das Layout.
	Das Icon **Layout sichern** speichert Einstellungen wie die Sortierung und Spaltenauswahl in einem Layout, das später aktiviert werden kann.
	Dieses Icon informiert über die Funktionen des SAP List Viewers.
	Das Icon **Auffrischen** aktualisiert die anzeigten Daten (siehe dazu den Beispielkasten »Wozu das Auffrischen der Anzeige?« auf der folgenden Seite).
, 	Die Icons **Summe** für Gesamtsumme bzw. **Zwischensumme** funktionieren natürlich nur für numerische Spalten. Zur Berechnung einer Gesamtsumme markieren Sie zuerst die numerische Spalte und klicken danach auf das Icon  (**Summe**). Zur Berechnung von Zwischensummen berechnen Sie zuerst eine Gesamtsumme. Danach markieren Sie die Spalte, für die die Zwischensummen berechnet werden sollen, und klicken auf das Icon  (**Zwischensumme**).

Standardfunktionen im SAP List Viewer (Forts.)

Wundern Sie sich nicht, wenn Sie verschiedene Listen aufrufen: Nicht in jeder Liste gibt es den vollen Funktionsumfang gemäß der obigen Tabelle, und andersherum gibt es manchmal auch zusätzliche listenspezifische Funktionen. Die angebotenen Icons in der Header-Zeile sind von Report zu Report unterschiedlich.

BEISPIEL

Wozu das Auffrischen der Anzeige?

Dazu ein kleines Beispiel aus der Praxis: Kollegin Meier hat die Liste der Aufträge geöffnet und vermisst dort einen Auftrag für eine Auswertung. Sie bittet den Kollegen Müller, diesen Auftrag schnellstmöglich zu erfassen, was dieser auch tut. Nach einer halben Stunde blickt Frau Meier wieder in die Liste und sieht noch immer keinen neuen Auftrag, obwohl Herr Müller schwört, dass er den Auftrag erfasst hat. Warum? Darum: Daten werden nicht automatisch, sondern erst nach dem Klick auf das Icon (**Auffrischen**) aktualisiert.

Jedoch fehlt in einigen Listen dieses Icon oder eine entsprechende Menüfunktion. Dann gibt es nur einen Weg, um eine Liste zu aktualisieren: Verlassen Sie die Liste per Klick auf das Icon (**Zurück**), und rufen Sie sie mit der Schaltfläche **Ausführen** nochmals neu auf.

Beachten Sie auch die Funktionen, die Ihnen im Kontextmenü und im **Mehr**-Menü für Ihre Listen angeboten werden. Hier finden Sie manchmal zusätzliche Funktionen.

11 SAP-Fiori-Reports an Ihre Bedürfnisse anpassen

Im SAP GUI haben Sie mit den Reportvarianten und den Layouts gesehen, dass sich Ihre Reports ohne die Hilfe von Key-User*innen oder Programmierer*innen sehr flexibel an Ihre Begehrlichkeiten anpassen lassen – und genauso stehen Ihnen diese Techniken in fiorisierten Transaktionen zur Verfügung.

Erfreulicherweise gibt es auch in »echten« SAP-Fiori-Apps ähnliche Techniken, die teilweise sogar noch einfacher umzusetzen sind. Diese haben in »echten« Fiori-Apps neue Bezeichnungen erhalten: Sowohl Reportvarianten als auch Layouts werden hier als *Ansichten* bezeichnet.

In diesem Kapitel lernen Sie,

- wie Sie Filtereinstellungen als Ansichten speichern, damit Sie beim Start eines Reports nicht jedes Mal die Filterwerte erneut eintippen oder die Filterfelder neu zusammenstellen müssen,
- wie Sie Tabelleneinstellungen wie Sortierungen, Zusammenstellungen von Spalten und Gruppierungen erstellen, damit Sie einen besseren Überblick über Ihre Daten haben,
- wie Sie Tabelleneinstellungen dauerhaft als Ansichten speichern,
- wie Sie spezielle Voreinstellungen für Tabellen in analytischen Apps durchführen und speichern,
- und – als Highlight des Kapitels – wie Sie ruckzuck eigene Kacheln für Ihre voreingestellten Reports erstellen.

11.1 Ansichten für Filter

Das Vorgehen zum Setzen von Filtern in »echten« Fiori-Apps kennen Sie bereits aus Abschnitt 7.2, »Tabellen im Header filtern«. Hier haben Sie folgende Aktionen durchgeführt:

- mit dem Icon in einem Feld einzelne und mehrere *Werte* (anderer Begriff: *Elemente*) zur Filterung bestimmt
- mit der Schaltfläche **Filter anpassen** zusätzliche Felder für die Filterung gesucht und definiert

Was Sie noch nicht wissen ist, dass diese Filter auch als *Ansicht* gespeichert werden können! Aber was ist das? Im Grunde entspricht eine Ansicht für Filter einer Reportvariante aus dem SAP GUI. Gespeichert werden folgende Einstellungen:

- Filterwerte wie beispielsweise die Nummer eines Werkes
- alle Einstellungen, die Sie mit der Schaltfläche **Filter anpassen** durchführen

Später können Sie dieses Paket an Voreinstellungen ruckzuck erneut aufrufen und direkt anwenden. Dieses Vorgehen lohnt sich vor allem, wenn Sie gewisse Filterungen häufig benötigen. Mit diesem Vorgehen können Sie im Arbeitsalltag viel Zeit sparen!

Filter als Ansicht speichern

In der folgenden Anleitung erstellen wir eine Ansicht. In der Praxis können Sie für eine App beliebig viele Ansichten erstellen.

Wir verwenden als Beispiel die SAP-Fiori-App **Bestellungen verwalten**. Sie dürfen gerne auch eine andere »echte« Fiori-App verwenden.

VIDEO

Filter als Ansicht speichern

In diesem Video zeigen wir Ihnen, wie Sie Ihre Filter in einer Ansicht speichern.

http://s-prs.de/v7389bu

1. Starten Sie die App **Bestellungen verwalten**.
2. Filtern Sie über eines der Felder **Werk** oder **Buchungskreis**, und nehmen Sie falls nötig zusätzliche Filterungen mithilfe der Schaltfläche **Filter anpassen** vor (siehe dazu den Unterabschnitt »Mit zusätzlichen Feldern filtern« in Abschnitt 7.2, »Tabellen im Header filtern«).

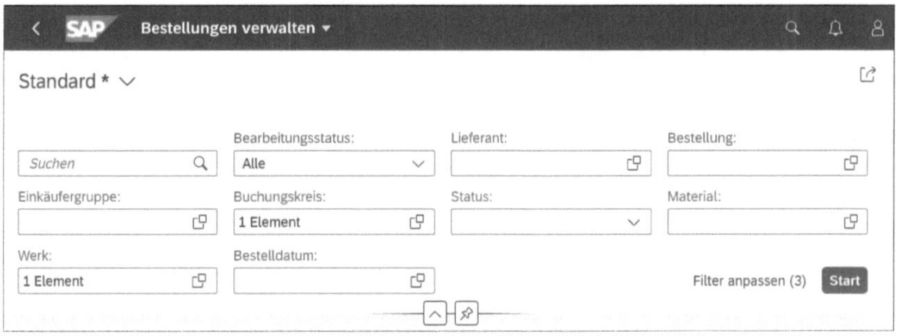

3 Klicken Sie links oben direkt unter der Shell Bar auf das Icon ☐ (**Ansicht auswählen**). Es öffnet sich ein Fenster, in dem die bereits vorhandenen Ansichten gezeigt werden. In unserem Fall gibt es nur die Ansicht **Standard**. Diese wurde von SAP angelegt; sie ist gegen Änderungen geschützt und kann auch nicht gelöscht werden.

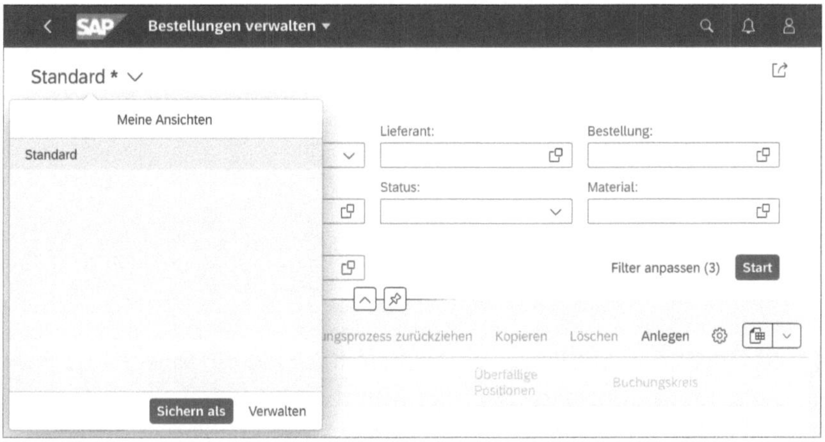

4 Klicken Sie in diesem Fenster rechts unten auf die Schaltfläche **Sichern als**. Es erscheint das Fenster **Ansicht sichern**.

5 Geben Sie die Bezeichnung »meine erste Ansicht« in das Feld **Ansicht** ein.

Die darunterliegenden Auswahlfelder bieten Ihnen folgende spannende Funktionen:

– Mit **Als Standard festlegen** werden die von Ihnen gesetzten Filter immer automatisch direkt nach dem Aufruf der SAP-Fiori-App **Bestellung verwalten** gesetzt. Prima! Diese Funktion würden wir uns auch im SAP GUI wünschen, denn dort funktioniert eine entsprechende Voreinstellung nur mit einem speziellen Trick. (Solche und andere

Tricks haben wir übrigens in unserem Buch »SAP für Anwender – Tipps & Tricks« für fortgeschrittene Anwender*innen zusammengestellt (SAP PRESS 2020).)

- Mit **Öffentlich** ermöglicht ein*e Key-User*in die übergreifende Nutzung dieser Ansicht. Für unser Beispiel lassen wir diese Option deaktiviert, damit nur Sie die Ansicht sehen und verwenden können.
- Mit **Automatisch anwenden** wird die Filterung sofort beim Aufruf der App durchgeführt. Sie ersparen sich damit den Klick auf die Schaltfläche **Start**. Diese Option wird normalerweise verwendet, wenn keine Anpassungen an den Filtern vorgenommen werden müssen. Auch diese hilfreiche Funktion gibt es im SAP GUI leider nicht in dieser Form.

Aktivieren Sie die Kennzeichen **Als Standard festlegen** und **Automatisch anwenden**.

6 Bestätigen Sie Ihre Eingabe mit einem Klick auf die Schaltfläche **Sichern**. Sie befinden sich daraufhin direkt in der von Ihnen erstellten Ansicht. Links oben steht immer die Bezeichnung der aktuellen Ansicht.

7 Klicken Sie zur Rückkehr auf die Startseite des SAP Fiori Launchpads in der Shell Bar auf das Icon < (**Zurück**).

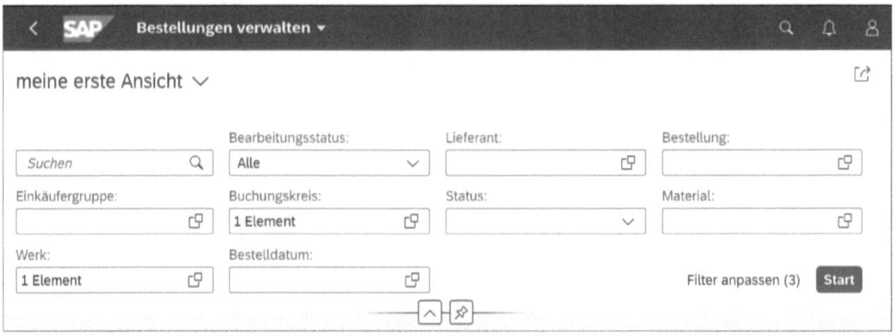

INFO

Auch im Fenster »Filter anpassen« kann manchmal eine Ansicht gespeichert werden

Die Schaltfläche **Filter anpassen** haben Sie bereits in Abschnitt 7.2, »Tabellen im Header filtern«, verwendet, um weitere Felder als Filter zu definieren. Auch in diesem Fenster können Sie in einigen Apps wie **Bestellungen verwalten** mit der Schaltfläche **Sichern** die neuen Einstellungen als Ansicht speichern. Damit diese Schaltfläche aktiv ist, müssen Sie mindestens eine Änderung für die Filter durchgeführt haben.

Eine Ansicht aufrufen

Wenn Sie die vorangegangene Anleitung umgesetzt haben, stehen Ihnen nun mindestens zwei Ansichten zur Auswahl. Neben der von Ihnen erstellten Ansicht bzw. den von Ihren Kolleg*innen als öffentlich freigegebenen Ansichten gibt es auch immer die Ansicht **Standard**.

Oft benötigen Sie in der Praxis mehrere Ansichten. Zum Beispiel zeigen Sie mit der einen Ansicht nur die Bestellungen mit dem Status **Entwurf** und mit einer anderen Ansicht Bestellungen mit dem Status **In Genehmigung** an.

Dies setzt voraus, dass Sie zwischen verschiedenen Ansichten hin- und herwechseln können. Wie Sie bequem zwischen Ansichten wechseln, lernen Sie jetzt.

1. Starten Sie die SAP-Fiori-App **Bestellungen verwalten**. Die App startet nun aufgrund der in der obigen Anleitung »Filter als Ansicht speichern« aktivierten Option **Als Standard festlegen** sofort mit der Ansicht **meine erste Ansicht**. Dank der oben ebenfalls aktivierten Option **Automatisch anwenden** haben Sie sich den Klick auf die Schaltfläche **Start** gespart, und die Bestellungen werden sofort angezeigt.
2. Klicken Sie links unterhalb der Shell Bar in der Filterleiste auf das Icon ☑ (**Ansicht auswählen**). Das Pop-up-Fenster **Meine Ansichten** öffnet sich.

TIPP

Woran erkennt man die aktuell ausgewählte Ansicht?

Direkt unterhalb der Shell Bar steht der Name der aktuell ausgewählten Ansicht gleich links neben dem Icon ☑ (**Ansicht auswählen**). Zudem ist jeweils die aktuell ausgewählte Ansicht im Pop-up-Fenster **Meine Ansichten** farblich hinterlegt.

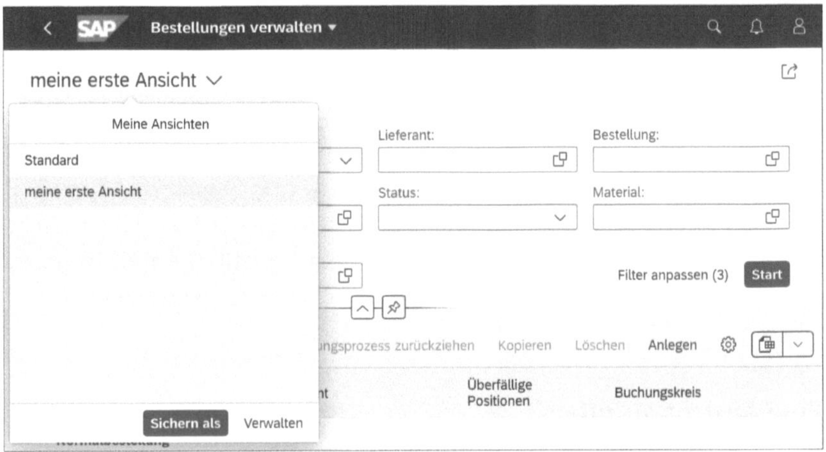

3 Um eine andere Ansicht auszuwählen, klicken Sie auf die gewünschte Ansicht. Wir wechseln in unserem Beispiel zur Ansicht **Standard**. Das Fenster **Meine Ansichten** verschwindet und die in der ausgewählten Ansicht gepflegten Einstellungen werden gesetzt.

4 Nach einem Klick auf die Schaltfläche **Start** sehen Sie das gefilterte Ergebnis in der Liste, wenn das Kennzeichen **Automatisch anwenden** nicht aktiviert wurde.

Filter für eine Ansicht ändern

Was man liebt, sollte man pflegen. Um die Ansichten Ihrer Filter an sich wandelnde Anforderungen anzupassen, sollten Sie sie regelmäßig anpassen. Wie Sie das tun können, zeigen wir Ihnen in der nächsten Anleitung:

1 Starten Sie, wenn notwendig, die Fiori-App **Bestellungen verwalten**.

2 Rufen Sie über die Filterleiste die Ansicht **meine erste Ansicht** auf.

INFO

Muss ich eine Ansicht ausgewählt haben, um sie zu ändern?

Bevor Sie eine Ansicht ändern können, müssen Sie sie auswählen. Es funktioniert wie im SAP GUI bei Reportvarianten: Bei einer Änderung überspeichern Sie eine bestehende Ansicht mit dem aktualisierten Stand.

3 Nehmen Sie eine Änderung vor. Setzen Sie beispielsweise einen zusätzlichen Filter für das Feld **Status**, etwa den Status **Folgebelege**, oder ändern Sie eine Einstellung über die Schaltfläche **Filter anpassen**.

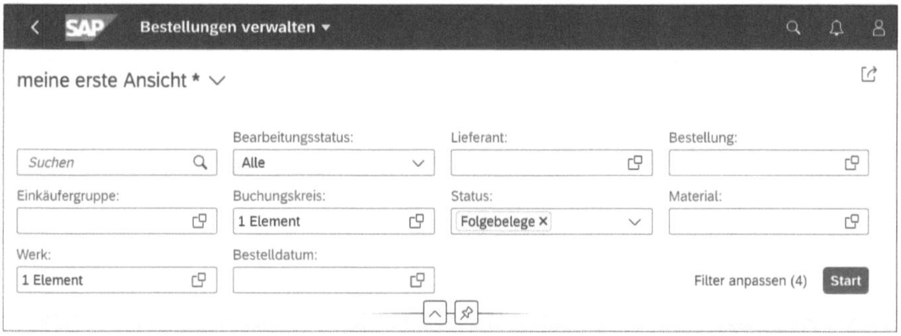

> **INFO**
>
> **Woran erkenne ich, dass ich eine Änderung vorgenommen habe?**
>
> Werfen Sie einen Blick auf den Namen der Ansicht links unterhalb der Shell Bar. Sobald Sie irgendwelche Änderungen an der aktuell ausgewählten Ansicht vorgenommen haben, wird er um ein Sternchen ergänzt: meine erste Ansicht *. Mit dem Sichern Ihrer Änderungen verschwindet das Sternchen wieder.

4 Klicken Sie im Anschluss auf das Icon (**Ansicht auswählen**) links unterhalb der Shell Bar. Es öffnet sich, wie bereits gewohnt, das Fenster **Meine Ansichten**.

5 Klicken Sie im Fenster **Meine Ansichten** auf die Schaltfläche **Sichern**. Mit dem nächsten Aufruf der Ansicht wird Ihre Änderung berücksichtigt.

> **INFO**
>
> **Hilfe, bei mir gibt es die Schaltfläche »Sichern« nicht!**
>
> Wenn Sie keine Schaltfläche zum Speichern sehen, gibt es dafür zwei mögliche Ursachen:
>
> - Sie haben zuvor keine Änderung vorgenommen. Dann gibt es nichts zu sichern und deshalb auch keine entsprechende Schaltfläche.
> - Für eine Änderung der Ansicht **Standard** erscheint nur die Schaltfläche **Sichern als**, denn diese Ansicht ist gegen Änderungen geschützt und kann deshalb nur unter einem neuen Namen abgespeichert werden.

Den Namen einer Ansicht ändern

Vielleicht hatten Sie den Gedanken auch schon: Der Name **meine erste Ansicht** ist nicht wirklich praxistauglich. Deshalb lernen Sie in diesem Abschnitt, wie Sie den Namen einer Ansicht ändern.

1 Starten Sie, wenn notwendig, die App **Bestellungen verwalten**.

2 Klicken Sie in der **Filterleiste** auf das Icon (**Ansicht auswählen**) links unterhalb der Shell Bar. Das Fenster **Meine Ansichten** erscheint.

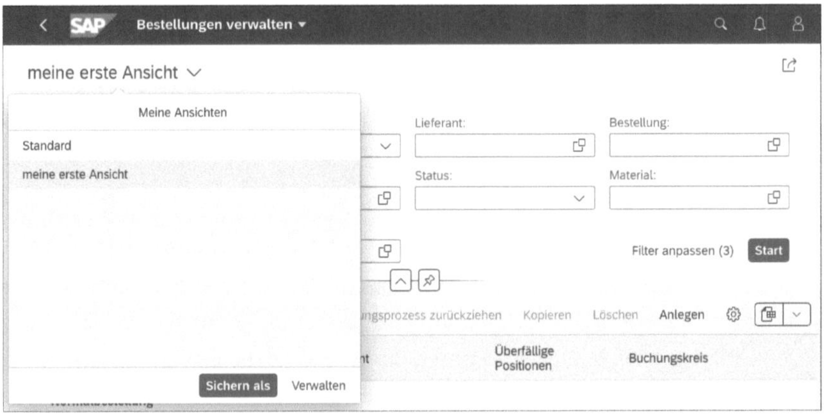

3 Klicken Sie im Fenster **Meine Ansichten** auf die Schaltfläche **Verwalten**. Daraufhin öffnet sich das Fenster **Ansichten verwalten**.

In diesem Fenster sehen Sie alle von Ihnen erstellten und gegebenenfalls weitere Ansichten, die beispielsweise Ihr*e Key-User*in erstellt und freigegeben hat.

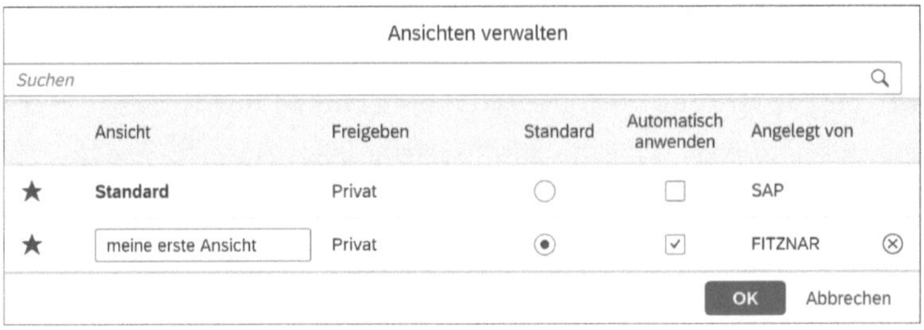

4 Klicken Sie in das Feld mit dem Inhalt **meine erste Ansicht**. Überschreiben Sie den bestehenden Text beispielsweise mit »Prüfung der Folgebelege«, und bestätigen Sie Ihre Eingabe mit der Schaltfläche **OK**.

Ansicht ein-/ausblenden

Ihr*e Key-User*in hat mehrere Ansichten gebastelt, die Sie nicht benötigen? Oder gibt es eine Ansicht, die Sie bis auf Weiteres nicht mehr benötigen, jedoch auch nicht löschen wollen? Nicht benötigte Ansichten dürfen Sie ausblenden.

1. Starten Sie, wenn notwendig, die App **Bestellungen verwalten**.
2. Öffnen Sie das Fenster **Meine Ansichten**, indem Sie in der Filterleiste auf das Icon (**Ansicht auswählen**) links unterhalb der Shell Bar klicken. Klicken Sie in diesem Fenster auf die Schaltfläche **Verwalten**.
3. In der Tabelle des Fensters **Ansichten verwalten** sehen Sie vor jeder Ansicht das Icon ★ (**Aus Favoriten entfernen**). Klicken Sie in der Zeile der Ansicht **Standard** auf dieses Icon. Wie unschwer zu erkennen, wird der zuvor noch ausgefüllte Stern nun »leer« dargestellt (☆).

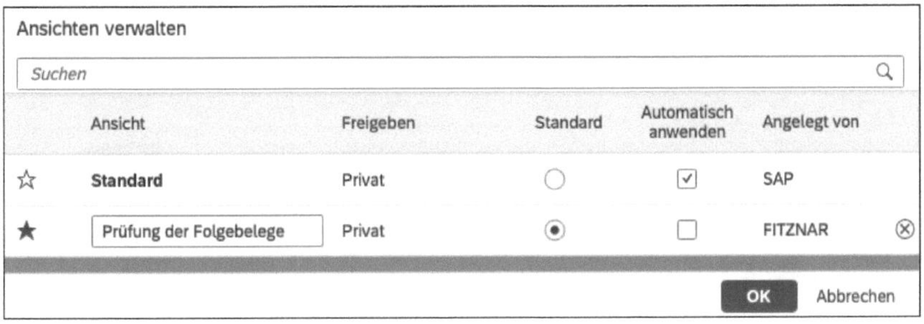

4. Bestätigen Sie Ihre Änderung mit einem Klick auf die Schaltfläche **OK**.
5. Sobald Sie nun auf das Icon (**Ansicht auswählen**) klicken, wird die zuvor ausgeblendete Ansicht nicht länger gelistet.

   Um eine Ansicht erneut einzublenden, gehen Sie vor, wie in den vorherigen Schritten beschrieben, klicken zum Schluss aber auf das Icon ☆ (**Als Favorit hinzufügen**).

TIPP

Warum klappt das Umstellen auf das Icon ☆ nicht?

Wenn die Ansicht in der dritten Spalte **Standard** aktiviert ist, kann sie nicht ausgeblendet werden. In einem solchen Fall aktivieren Sie vor dem Klick auf das Icon ★ (**Aus Favoriten entfernen**) in der Spalte **Standard** eine andere Ansicht, indem Sie deren Radiobutton anklicken.

Ansicht löschen

Es kommt vor, dass bestimmte Ansichten dauerhaft überflüssig werden. Um den Überblick zu behalten, räumen Sie auf und löschen nicht mehr benötigte Ansichten. Als normale*r Anwender*in können Sie in der Regel nur Ihre selbst erstellten Ansichten löschen. Die Ansicht **Standard** kann generell nicht gelöscht werden.

1 Starten Sie, wenn notwendig, die App **Bestellungen verwalten**.

2 Öffnen Sie das Fenster **meine Ansichten**, indem Sie in der Filterleiste auf das Icon ⌵ (**Ansicht auswählen**) links unterhalb der Shell Bar klicken. Klicken Sie in diesem Fenster auf die Schaltfläche **Verwalten**.

3 Um eine Ansicht zu löschen, klicken Sie in der jeweiligen Zeile ganz rechts auf das Icon ⊗ (**Ansicht löschen**).

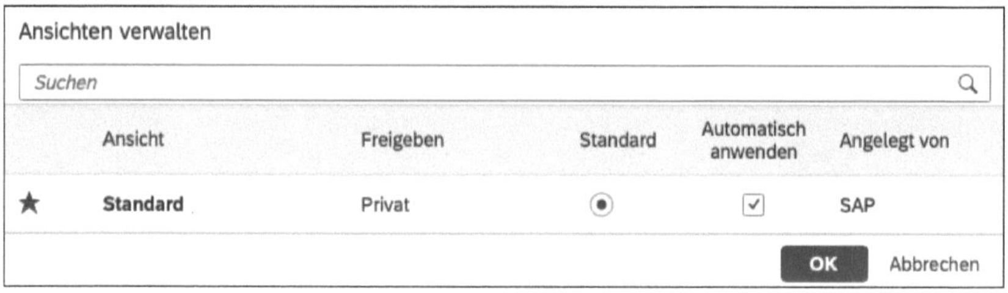

4 Um den Löschvorgang zu bestätigen, würden Sie nun auf die Schaltfläche **OK** klicken. (Sie sollten wirklich sicher sein, denn es besteht keine Möglichkeit, um die Ansicht nach dem Löschen wiederherzustellen!)

Sind sind nicht sicher? Dann klicken Sie auf **Abbrechen**. (Auch in unserem Beispiel klicken Sie auf **Abbrechen**, da Sie die Beispielansicht später nochmals benötigen.)

Überblick der Funktionen

In der folgenden Tabelle finden Sie nochmals alle Funktionen aus dem Fenster **Ansichten verwalten**, mit denen Sie Ihre Ansichten pflegen.

Funktion	Auswirkungen
🔍	Das Icon **Suchen** filtert über das Eingabefeld die vorhandenen Ansichten.
★	Das Icon **Aus Favoriten entfernen** entfernt die Ansicht aus dem Auswahlfenster **Meine Ansichten**.
☆	Das Icon **Als Favorit hinzufügen** fügt die Ansicht zum Auswahlfenster **Meine Ansichten** hinzu.
Standard	Bestimmt, welche Ansicht direkt nach dem Aufruf der App verwendet werden soll.

Funktionen im Fenster »Ansichten verwalten«

Funktion	Auswirkungen
Automatisch anwenden	Bestimmt, ob die Liste der Datensätze sofort und ohne Klick auf die Schaltfläche **Start** erscheinen soll.
	Das Icon **Ansicht löschen** ermöglicht die dauerhafte Löschung einer Ansicht.

Funktionen im Fenster »Ansichten verwalten« (Forts.)

11.2 Tabellen in transaktionalen Apps anpassen

Die von SAP oder innerhalb Ihres Unternehmens definierten Standardeinstellungen für Tabellen reichen Ihnen nicht? Sie brauchen eine andere Sortierung der Inhalte, eine andere Gruppierung, eine andere Reihenfolge der Spalten, und vielleicht ist die eine Spalte überflüssig, aber die andere fehlt und so weiter ...? Das ist der Normalfall! Sie haben es selbst in der Hand, Ihre eigene optimale Tabelle zu gestalten.

In diesem Abschnitt lernen Sie die umfangreichen Möglichkeiten von SAP Fiori zur Tabellengestaltung kennen. Diese Funktionen gelten nur für Tabellen aus »echten« Fiori-Apps. Für Legacy-Apps nutzen Sie die SAP-GUI-Funktionen (siehe Kapitel 10, »SAP-GUI-Reports passend ändern«).

INFO

Lässt sich diese Personalisierung speichern?

Natürlich können Sie nicht nur für Filter, sondern auch für Tabellen oder Diagramme Ansichten erstellen, pflegen, freigeben und löschen. Das Vorgehen entspricht hier dem generellen Arbeiten mit Ansichten.

Für unser Beispiel greifen wir erneut auf die Ihnen bereits bekannte Fiori-App **Bestellungen verwalten** zurück. Sie dürfen aber gerne auch eine andere »echte« transaktionale Fiori-App verwenden.

VIDEO

Tabellen in transaktionalen SAP-Fiori-Apps anpassen

In diesem Video lernen Sie, wie Sie Einstellungen für Tabellen in transaktionalen Fiori-Apps vornehmen.

http://s-prs.de/v7389bv

1 Starten Sie die App **Bestellungen verwalten**, und klicken Sie im Anschluss in der Filterleiste auf die Schaltfläche **Start**.

2 Um die Bearbeitung der Tabelle im unteren Bildschirmteil zu starten, klicken Sie auf das Icon [⚙] (**Einstellungen**). In den folgenden Anleitungen zeigen wir Ihnen, wie Sie mithilfe des Pop-up-Fensters **Anzeigeeinstellungen**, das sich nun öffnet, Spalten der Tabelle verschieben, Spalten ein- und ausblenden, die Tabelle sortieren und Datensätze gruppieren.

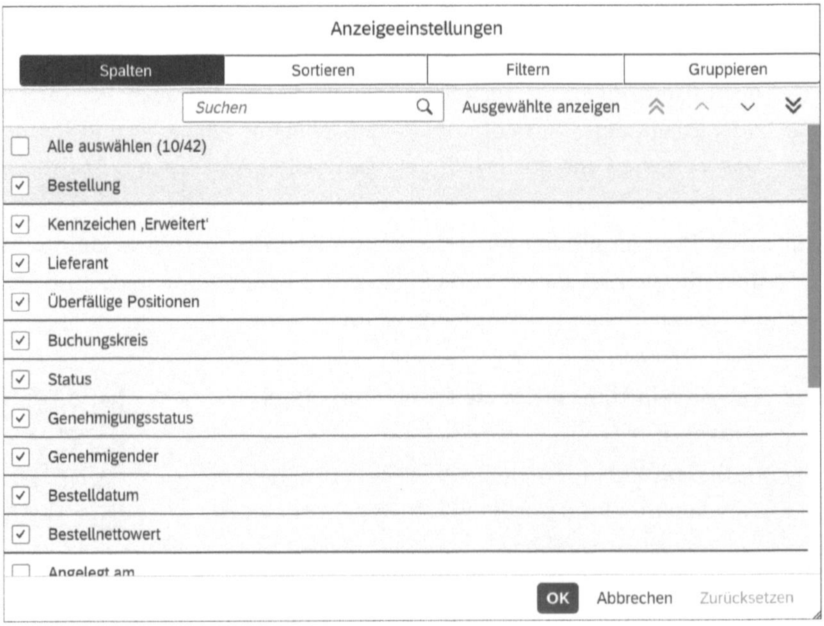

Spalten verschieben

Haben Sie eine Tabelle, in der am unteren Fensterrand horizontal gescrollt werden kann? In unserer Beispiel-App **Bestellungen verwalten** gibt es so etwas nicht, aber in anderen Apps wie u. a. in der App **Kontenplan verwalten**. Stellen Sie hier die optimale Spaltenreihenfolge ein. Sortierspalten und häufig benötigte Spalten gehören nach links, damit Sie weniger scrollen müssen! Auch für unsere App nutzen Sie nun diese Funktion, um die Tabelle zu optimieren.

1 Im Fenster **Anzeigeeinstellungen** wechseln Sie – wenn notwendig – in das erste Register **Spalten**. Die in diesem Register **Spalten** gezeigten Einträge repräsentieren jeweils eine Spalte der Tabelle. So gibt die Reihenfolge der Einträge auch die Reihenfolge der Spalten wieder. Demnach wird in unserem Beispiel die Spalte **Bestellung** an erster und die Spalte **Kennzeichen ›Erweitert‹** an zweiter Stelle gezeigt.

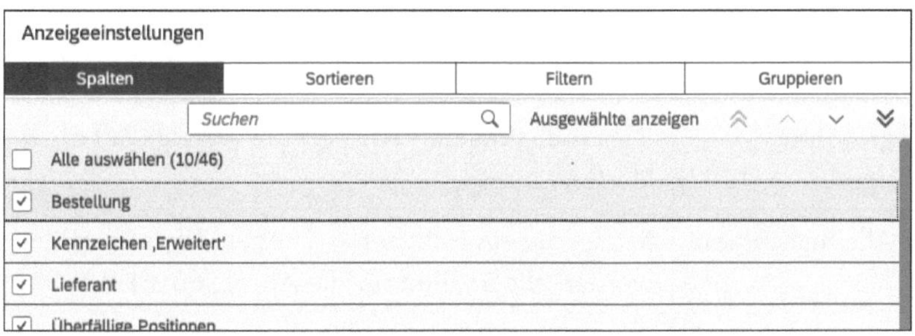

2 Zum Verschieben einer Spalte klicken Sie zuerst auf den Spaltennamen, in unserem Fall auf den Eintrag **Lieferant**. Die damit gesetzte Markierung erkennen Sie an dem farblichen Hintergrund.

3 Da Sie die Spalte **Lieferant** als erste Spalte sehen möchten, klicken Sie rechts oben auf das Icon ⩓ (**Nach ganz oben verschieben**). Mit den Icons ^ (**Nach oben verschieben**) und ∨ (**Nach unten verschieben**) verschieben Sie die Spalten hingegen um jeweils eine Position.

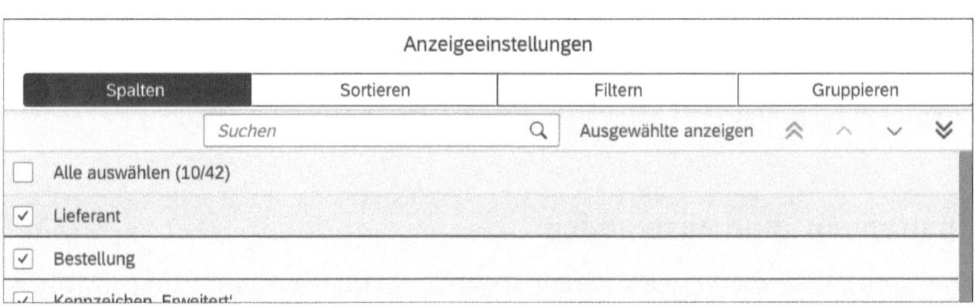

4 Um die Änderungen zu betrachten, klicken Sie in der unteren rechten Ecke des Fensters **Anzeigeeinstellungen** auf die Schaltfläche **OK**. Sie sehen daraufhin die neue Darstellung der Tabelle in der App.

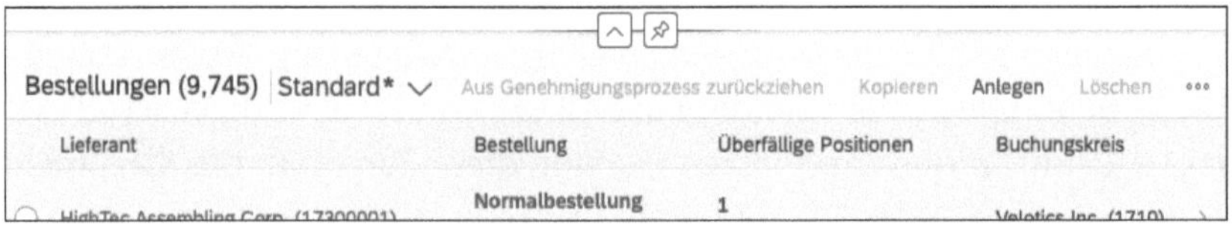

In manchen Apps, z. B. **Kontenplan verwalten**, klappt das Verschieben auch per Drag & Drop mit der Spaltenüberschrift in der Tabelle.

In der folgenden Tabelle finden Sie einen Überblick über die Funktionen des Registers **Spalten** im Fenster **Anzeigeeinstellungen**.

Icon/Schaltfläche	Funktion
	Das Icon **Suchen** ermöglicht Ihnen das Durchsuchen und schnelle Finden von Feldern.
Ausgewählte anzeigen	Diese Schaltfläche reduziert die Anzeige auf die markierten Einträge.
Alle auswählen	Setzen Sie ein Häkchen neben **Alle auswählen**, werden alle Spalten für die Anzeige markiert.
	Das Icon **Nach ganz oben verschieben** platziert die markierte Spalte ganz links am Anfang der Tabelle.
	Das Icon **Nach oben verschieben** verschiebt die markierte Tabellenspalte um eine Position nach links.
	Das Icon **Nach unten verschieben** verschiebt die markierte Tabellenspalte um eine Position nach rechts.
	Das Icon **Nach ganz unten verschieben** platziert die markierten Spalte ganz rechts am Ende der Tabelle.

Funktionen des Registers »Spalten«

Spalten ein- und ausblenden

Die optimale Tabelle zeigt genau so viele Spalten an wie nötig. Dafür blenden Sie überflüssige Spalten einfach aus. Auf der anderen Seite bieten viele

Apps wertvolle Informationen, die standardmäßig ausgeblendet sind und nur darauf warten, angezeigt zu werden.

In der folgenden Anleitung blenden Sie beispielhaft die Spalte **Angelegt am** ein und die Spalte **Überfällige Positionen** aus.

1. Sie befinden sich in der Tabelle der Fiori-App **Bestellungen verwalten** (mit dem Stand des vorhergehenden Abschnitts »Spalten verschieben«). Klicken Sie auf das Icon ⚙ (**Einstellungen**).
2. Im Register **Spalten** des Pop-up-Fensters **Anzeigeeinstellungen** klicken Sie zum Einblenden der Spalte **Angelegt am** auf das dazugehörige Icon ☐. Nach dem Klick ist das leere Quadrat mit einem Häkchen ☑ befüllt.
3. Zum Ausblenden der Spalte **Überfällige Positionen** klicken Sie auf das dazugehörige Icon ☑. Nach dem Klick ist das Häkchen aus dem Quadrat getilgt: ☐.
4. Um die Änderungen zu betrachten, klicken Sie zu guter Letzt in der unteren rechten Ecke des Fensters **Anzeigeeinstellungen** auf die Schaltfläche **OK**.

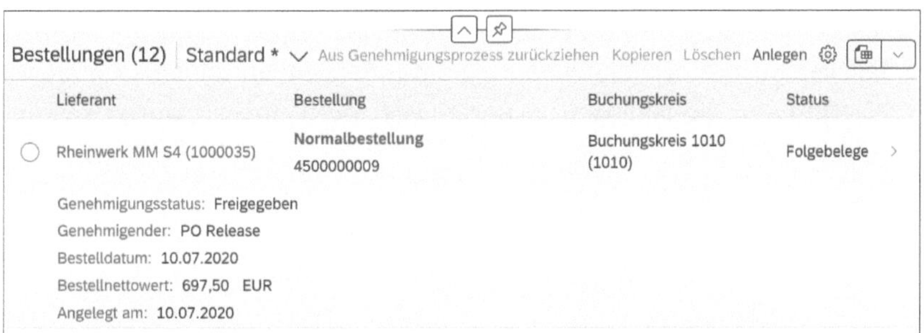

> **TIPP**
>
> **»Kirschen pflücken« ...**
>
> Sie befinden sich in einer transaktionalen App und sehen im Fenster **Anzeigeeinstellungen** viele, viele Felder, die nicht angezeigt werden. Nun rätseln Sie bei mehreren Feldnamen, wie beispielsweise **Belegartbezeichnung**, welche Inhalte sich dahinter verstecken.
>
> Sie sehen am schnellsten, was Sie in der Tabelle anzeigen können, wenn Sie ein Häkchen im Kästchen neben ☑ **Alle auswählen** setzen und auf die Schaltfläche **OK** klicken. Nun zeigt Ihnen die Tabelle alle verfügbaren Inhalte an. Sie gehen »Kirschen pflücken«, indem Sie sich die Spalten notieren, die Sie in Ihrer optimalen Tabelle sehen wollen.

Danach blenden Sie diese im Fenster **Anzeigeeinstellungen** ein. Mit dieser Methode entgeht Ihnen keine Spalte, und Sie finden so manchen verborgenen Schatz.

Sortieren

Für Sortierungen gibt es im Fenster **Anzeigeeinstellungen** ein eigenes Register. Dieses nutzen Sie, um die Tabelle nach dem Feld **Status** zu sortieren.

1. Sie befinden sich in der Tabelle der App **Bestellungen verwalten**. Klicken Sie hier auf das Icon (**Einstellungen**), und wechseln Sie im Pop-up-Fenster **Anzeigeeinstellungen** in das Register **Sortieren**.

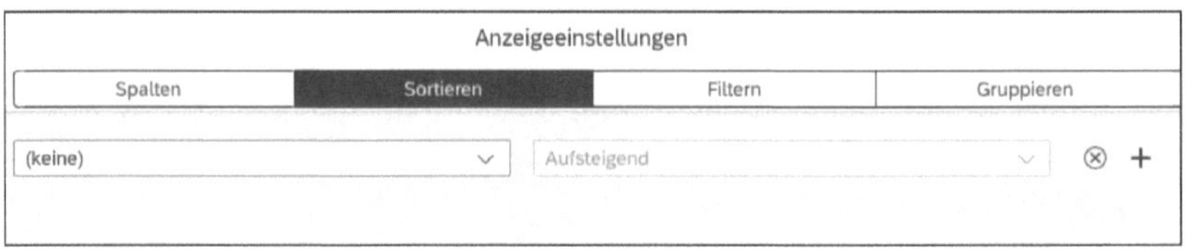

2. Um eine neue Sortierung nach den Inhalten einer Spalte hinzuzufügen, klicken Sie auf das Icon im Feld mit dem Inhalt **(keine)**. Sie sehen daraufhin eine alphabetisch sortierte Liste aller Felder, inklusive der ausgeblendeten Felder.

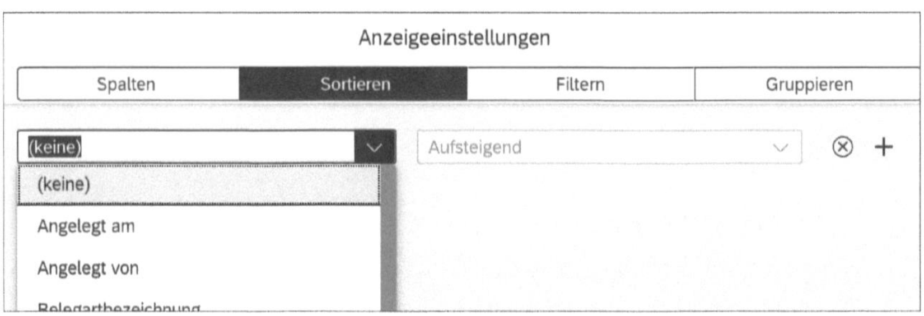

3. Wählen Sie z. B. das Feld **Status** aus. Um die angebotenen Felder zu durchsuchen, geben Sie das Wort »Status« in das Feld ein, in dem bislang der Inhalt **(keine)** angezeigt wird. Nach jeder Eingabe eines weiteren Buchstabens werden die angezeigten Felder entsprechend gefiltert.

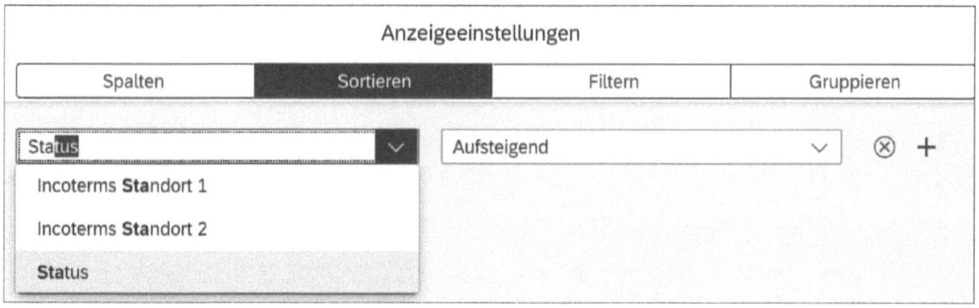

4. Um zwischen einer auf- oder absteigenden Sortierung zu wählen, ändern Sie die Vorgabe im zweiten Feld in **Aufsteigend** oder **Absteigend**.
5. Klicken Sie in der unteren rechten Ecke des Fensters **Anzeigeeinstellungen** auf die Schaltfläche **OK**, um die Änderungen zu betrachten.

Wo und welche Sortierung in einer Tabelle gesetzt ist, erkennen Sie anhand des in der Spaltenüberschrift platzierten Icons. Das Icon steht für eine absteigende und das Icon für eine aufsteigende Sortierung.

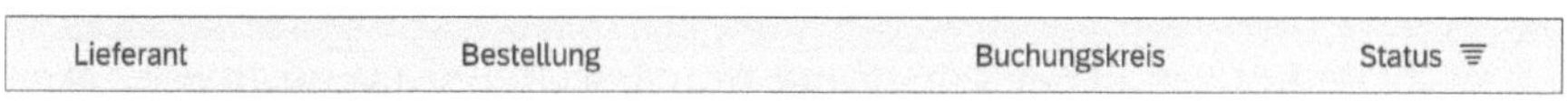

Spaltenüberschrift »Status« mit Markierung der Sortierspalte

In der folgenden Tabelle finden Sie weitere Funktionen des Registers **Sortieren**.

Icon	Funktion
+	Das Icon **Sortierkriterium hinzufügen** ermöglicht Ihnen das Hinzufügen weiterer Sortierfelder für eine Mehrfachsortierung.
⊗	Das Icon **Sortierkriterium entfernen** ermöglicht Ihnen das Entfernen bestehender Kriterien.

Weitere Funktionen des Registers »Sortieren«

TIPP

Schneller sortieren und Klicks sparen

Wollen Sie nach nur *einer* Spalte sortieren? Dafür brauchen Sie nicht extra über das Icon (**Einstellungen**) in das Fenster **Anzeigeeinstellungen** zu wechseln. Klicken Sie einfach in der Tabelle auf die Spaltenüberschrift. Damit erscheint für die meisten Spalten jeweils ein kleines Fenster.

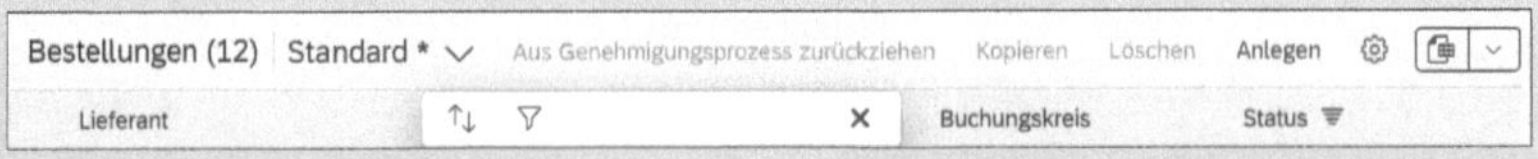

Fenster nach dem Klick auf eine Spaltenüberschrift

Nach einem Klick auf das Icon [↑↓] (**Sortieren**) sortieren Sie die angeklickte Spalte absteigend ([≡]). Auf die gleiche Weise erhalten Sie danach eine aufsteigende Sortierung.

Benötigen Sie eine Mehrfachsortierung in verschiedenen Spalten? Das klappt mit dieser Methode nicht. Hierzu brauchen Sie das Fenster **Anzeigeeinstellungen** dann doch.

Gruppieren

Eine Gruppierung entspricht einer Zusammenfassung von zusammengehörigen Datensätzen. Dazu gehen Sie so vor:

1. Sie befinden sich in der Tabelle der App **Bestellungen verwalten**. Klicken Sie hier auf das Icon [⚙] (**Einstellungen**), und wechseln Sie im Pop-up-Fenster **Anzeigeeinstellungen** in das letzte Register **Gruppieren**.

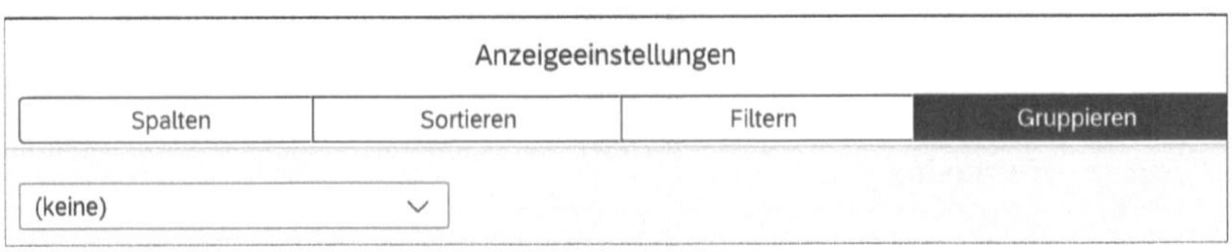

2. Um die angebotenen Felder für Gruppierungen zu sehen, klicken Sie auf das Icon [∨] im Feld mit dem Inhalt **(keine)**. Klicken Sie in der Liste auf das Feld **Angelegt am**.

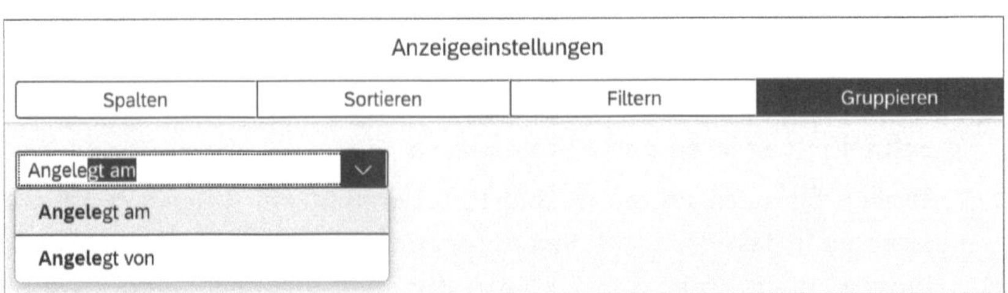

3. Um die Änderungen betrachten zu können, klicken Sie in der unteren rechten Ecke des Fensters **Anzeigeeinstellungen** auf die Schaltfläche **OK**.

Was ist passiert? Die Liste wird nach dem Gruppierungsfeld **Angelegt am** sortiert. Sie finden die Datumswerte des Gruppierungsfelds **Angelegt am** als Zwischenüberschriften für jeweils eine Gruppe.

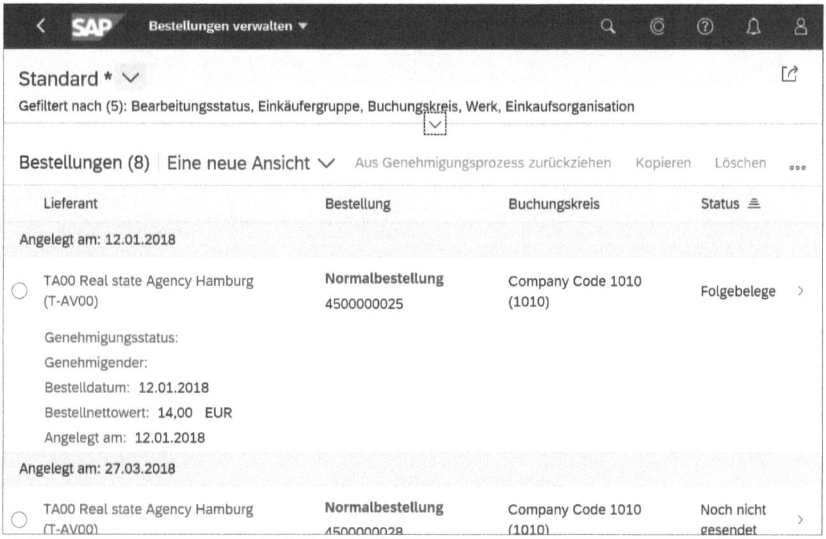

INFO

Das Register »Gruppierung« fehlt?

Leider wird die Gruppierungsfunktion nicht in jeder Tabelle einer transaktionalen Fiori-App angeboten. Sie fehlt z. B. in der App **Buchungsbelege verwalten**.

Tabelleneinstellungen speichern und verwalten

Die vielen Einstellungen, die Sie bis hier gemacht haben, dürfen Sie nun als Ansicht speichern. Die Methoden zum Speichern, Aufrufen und Verwalten dieser Ansichten entsprechen denen, die wir Ihnen weiter vorne in diesem Kapitel in Abschnitt 11.1, »Ansichten für Filter«, gezeigt haben. Deshalb erhalten Sie an dieser Stelle nur eine Kurzanleitung.

VIDEO

Tabelleneinstellungen als Ansicht speichern

In diesem Video zeigen wir Ihnen, wie Sie Ihre Tabelleneinstellungen als Ansicht speichern.

http://s-prs.de/v7389bx

1 Sie befinden in der Tabelle der SAP-Fiori-App **Bestellungen verwalten**. Klicken Sie direkt oberhalb der Tabelle auf das Icon ☐ (**Ansicht auswählen**). Es öffnet sich ein Fenster, in dem die bereits vorhandenen Ansichten gezeigt werden.

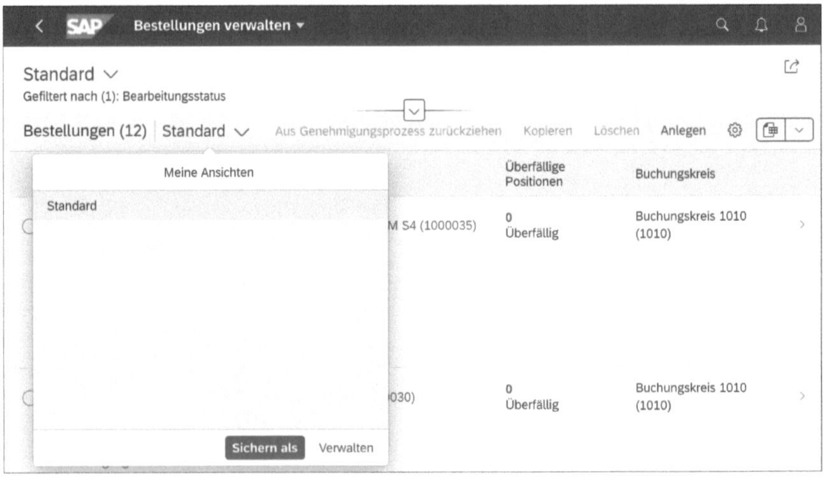

2 Klicken Sie in diesem Fenster rechts unten auf die Schaltfläche **Sichern als**. Daraufhin erscheint das Fenster **Ansicht sichern**.

3 Geben Sie in das Feld **Ansicht** einen Namen ein, und markieren Sie optional das Feld **Als Standard festlegen**, wenn dies Ihre neue Voreinstellung sein soll.

4 Bestätigen Sie Ihre Eingabe mit einem Klick auf die Schaltfläche **Sichern**.

Der Aufruf und die Verwaltung der Ansichten für Tabelleneinstellungen erfolgen genauso wie bei den Ansichten für Filter.

INFO

Vermissen Sie Funktionen?

Besonders wenn Sie bereits mit dem Reporting im SAP GUI vertraut sind, werden Sie einige Funktionen vermissen. Im Vergleich zum SAP GUI fehlen in transaktionalen Fiori-Apps noch einige Funktionen, beispielsweise das Fixieren von Spalten, Summierungen, die individuelle Einstellung von Spaltenbreiten und vieles andere mehr.

Lesen Sie einfach weiter. Was Sie hier in den transaktionalen Fiori-Apps nicht »gebacken bekommen«, klappt in vielen Fällen in den Tabellen der analytischen Apps. Wobei wir uns natürlich freuen würden, wenn SAP diese Funktionen bald auch für die transaktionalen Apps nachliefern würde ...

11.3 Tabellen in analytischen SAP-Fiori-Apps anpassen

Warum machen wir nun erneut das Fass »Tabellen« auf? Nun, wir drücken hier nicht einfach die Repeat-Taste! Denn einige Funktionen von Tabellen in analytischen Apps unterscheiden sich von denen der transaktionalen Apps.

Grundlegende Funktionen sind identisch mit denen aus »echten« transaktionalen Fiori-Apps wie **Bestellungen verwalten**. Und andere Funktionen erwecken Déjà-vu-Erlebnisse aus dem SAP GUI. Wie bereits angekündigt, bietet Ihnen SAP Fiori in analytischen Apps mehr Möglichkeiten an als in transaktionalen Apps. Natürlich stehen die bereits bekannten Möglichkeiten des Fensters **Anzeigeeinstellungen** auch hier zur Verfügung. Da ihre Verwendung in analytischen Apps nicht von der Verwendung in transaktionalen Apps abweicht, lassen wir sie hier außer Acht und verweisen Sie auf den Abschnitt 11.2, »Tabellen in transaktionalen Apps anpassen«.

Zum Nachvollziehen der folgenden Anleitungen suchen Sie sich eine schöne analytische App aus. Wir nutzen in unserem Beispiel die Fiori-App **Bestellpositionen überwachen**.

VIDEO

Tabellen in analytischen Apps anpassen

In diesem Video nehmen wir Einstellungen für Tabellen in analytischen Apps vor.

http://s-prs.de/v7389by

1 Starten Sie eine analytische App wie **Bestellpositionen überwachen**.

2. Nehmen Sie gegebenenfalls mithilfe der Filter eine Selektion vor, und klicken Sie auf die Schaltfläche **Start**. Für die SAP-Fiori-App **Bestellpositionen überwachen** müssen Sie mindestens im Feld **Anzeigewährung** den Eintrag »EUR« vornehmen.

Spalten verschieben

Die Spalte **Lieferant** mit den Lieferantennamen soll ganz links stehen. Hierzu brauchen Sie nicht das Icon ⚙ (**Einstellungen**). Stattdessen dürfen Sie wie im SAP GUI die Technik Drag & Drop verwenden.

1. Klicken Sie zum Verschieben einer Spalte auf deren Spaltenüberschrift, in unserem Fall auf das Wort **Lieferant**, und halten Sie die Maustaste gedrückt.
2. Ziehen Sie die markierte Spalte mit gedrückter linker Maustaste an die gewünschte Stelle. Dort angekommen, lassen Sie die Maustaste wieder los. In der Abbildung sehen Sie den aktuellen Stand.

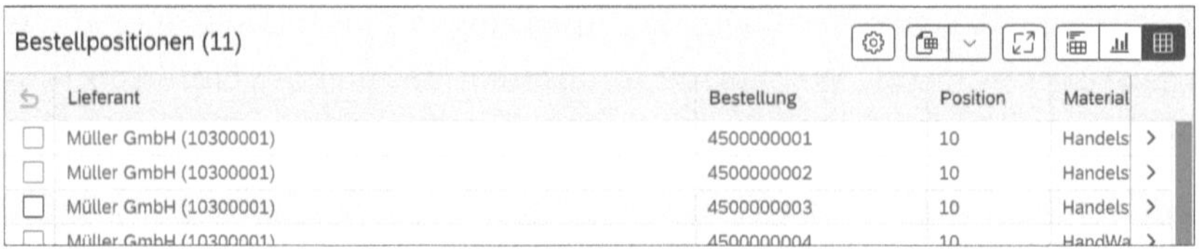

Spaltenbreite anpassen

Spalten sind oft überflüssig breit. Ziehen Sie den Trennstrich zwischen zwei Spaltenüberschriften mit gedrückter Maustaste nach links, um die Spaltenbreite zu verringern, oder nach rechts, um die Spalte breiter zu machen.

TIPP

Die optimale Spaltenbreite

Auch in analytischen Fiori-Apps funktioniert folgende elegante Methode aus dem SAP GUI (oder auch aus Microsoft Excel): Mit einem Doppelklick auf den Trennstrich zwischen zwei Spaltenüberschriften erhalten Sie die optimale Spaltenbreite, passend zum längsten Eintrag.

Sortieren

Das Sortieren funktioniert in analytischen Apps, genauso wie in transaktionalen Apps, normalerweise über das Icon (**Einstellungen**). Beim Sortieren einer Spalte direkt in der Tabelle gibt es jedoch eine kleine Abweichung, die auch bei einigen transaktionalen Fiori-Apps zu finden ist:

11

1. Klicken Sie in unserem Beispiel auf die Spaltenüberschrift **Lieferant**. Jetzt erscheint ein kleines Fenster, das Ihnen mehrere Optionen anbietet.

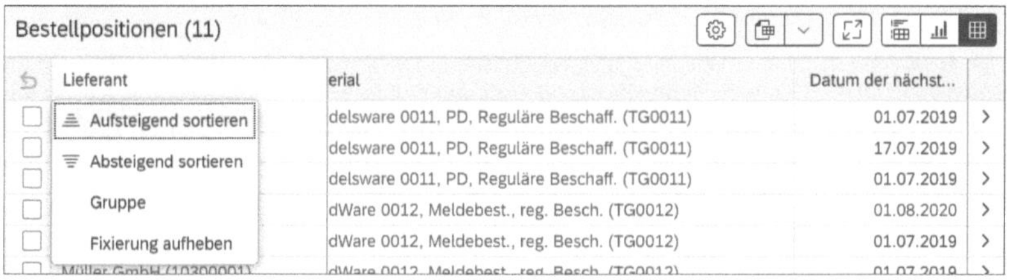

2. Klicken Sie für eine aufsteigende Sortierung auf (**Aufsteigend sortieren**) und für eine absteigende Sortierung auf (**Absteigend sortieren**).

Gruppieren

Jetzt gruppieren wir richtig! Nicht nur mit Zwischenüberschriften wie bei transaktionalen Fiori-Apps, sondern mit einer Drilldown-Funktion. Kennen Sie nicht? Kein Problem, das ändern wir jetzt!

1. Klicken Sie in unserem Beispiel auf die Spaltenüberschrift **Lieferant**. Im Anschluss erscheint ein kleines Fenster, das mehrere Optionen anbietet.

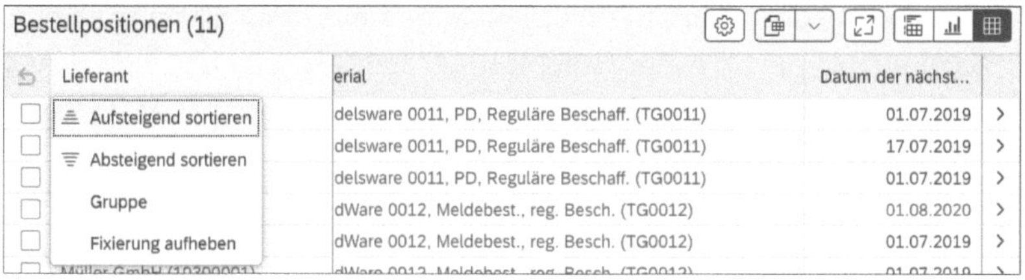

2 Wählen Sie mit einem Klick die Option **Gruppe**. SAP Fiori gruppiert daraufhin alle Bestellpositionen, die den gleichen Lieferanten beinhalten.

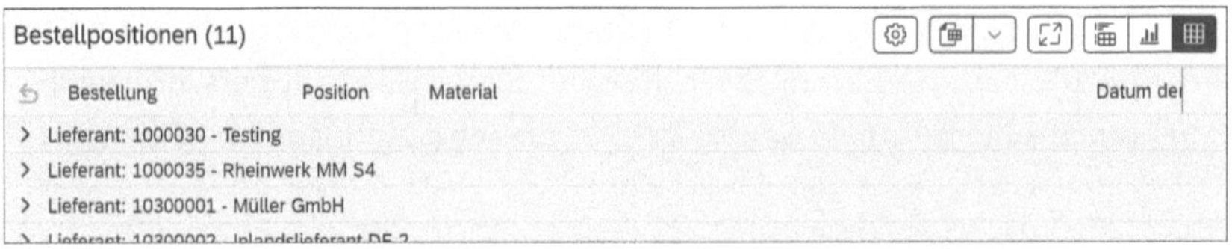

3 Um z. B. alle Bestellpositionen mit dem Lieferanten **Müller GmbH** einsehen zu können, öffnen Sie mit einem Klick auf das Icon [>] die entsprechende Gruppierung. Diese Technik wird als *Drilldown* bezeichnet.

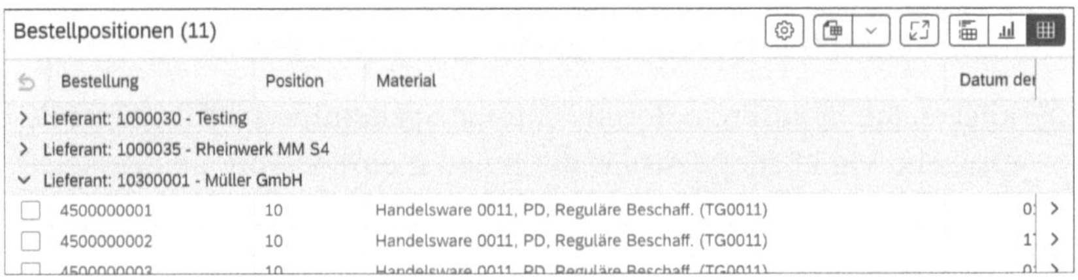

Wenn Sie nach rechts scrollen, sehen Sie weitere Angaben, etwa das Feld **Nettobestellwert** mit der Summe je Lieferant (entspricht im SAP GUI den Zwischensummen) sowie ganz unten die Gesamtsumme aller Bestellpositionen dieses Lieferanten. Sie können auch mehrstufige Drilldowns erstellen, indem Sie die Schritte 1 bis 3 dieser Anleitung für weitere Spalten wiederholen.

Die Gruppierungen sehen Sie nach einem Klick auf das Icon ⚙ (**Einstellungen**) auch auf dem Reiter **Gruppieren**. Dort haben Sie folgende Optionen für eine Gruppierung:

- Entfernen einer Gruppierung mit dem Icon ⊗
- Hinzufügen einer weiteren Gruppierung mit dem Icon [+]
- Einstellung, ob das Feld als Spalte angezeigt werden soll

INFO

Kann ich diese Einstellungen speichern?

Sie können die Tabelleneinstellungen erfreulicherweise als Ansicht speichern, jedoch nur als Paket zusammen mit den Filtereinstellungen. Dazu nutzen Sie links oben direkt unter der Shell Bar das Icon [∨] (**Ansicht auswählen**). Der Ablauf entspricht dem Speichern einer Ansicht

> für einen Filter (siehe dazu den Unterabschnitt »Tabelleneinstellungen speichern und verwalten« in Abschnitt 11.2, »Tabellen in transaktionalen Apps anpassen«).

Haben Sie noch etwa zehn Minuten Zeit? Prima, denn im nächsten Abschnitt kommt noch ein hochspannendes Thema.

11.4 Eigene SAP-Fiori-Apps erstellen

Willkommen zur Königsdisziplin der Personalisierung! Eigene Apps erstellen – und das in einem Grundlagenbuch? Da passt doch was nicht, oder? Aber keine Sorge, hier wird nicht codiert oder programmiert!

Im Grunde ist die Überschrift eine Übertreibung, und wir entschuldigen uns gleich an dieser Stelle dafür. In Wirklichkeit erstellen Sie eine eigene Kachel, mit der Sie z. B. eine personalisierte Auswertung mit eigener Filterliste und eigenen Tabelleneinstelllungen anlegen können. Einfach, schnell und komfortabel! Und das Ergebnis kommt Ihnen vor wie eine eigene App.

1. Starten Sie eine »echte« Fiori-App Ihrer Wahl, z. B. die App **Bestellungen verwalten**.
2. Klicken Sie auf die Schaltfläche **Start**. Wird die richtige Ansicht mit den gewünschten Filter- und Tabelleneinstellungen angezeigt? Wenn ja, dürfen Sie Schritt 3 überspringen und gleich bei Schritt 4 weitermachen.
3. Benötigen Sie spezielle Filter- und Tabelleneinstellungen? Dann nehmen Sie sie jetzt vor und speichern sie als Ansicht (siehe den Unterabschnitt »Tabelleneinstellungen speichern und verwalten« in Abschnitt 11.2, »Tabellen in transaktionalen Apps anpassen«).
4. Klicken Sie auf das Icon [↗] (**Teilen**). Rechts oben erscheint ein kleines Menü.

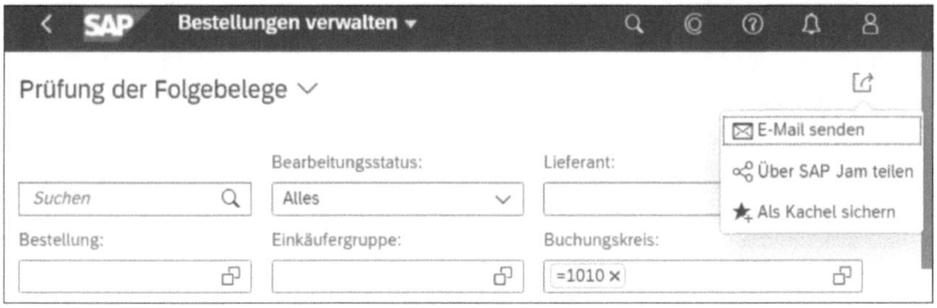

INFO

Sie finden das Teilen-Icon nicht?

Das Icon [Icon] (**Teilen**) befindet sich in einigen Transaktionen nicht oben, sondern unten rechts im Fenster. Oder haben Sie versehentlich eine fiorisierte Transaktion und keine »echte« Fiori-App gestartet? Für fiorisierte Transaktionen steht die **Teilen**-Funktion leider generell nicht zur Verfügung. Es gibt allerdings auch diverse »echte« Fiori-Apps, beispielsweise **Eingangszahlungen buchen** oder **Forderungsliste bearbeiten**, in denen das Icon [Icon] nicht zur Verfügung steht.

5 Klicken Sie in diesem Menü auf das Icon [Icon] (**Als Kachel sichern**). Das Pop-up-Fenster **Als Kachel sichern** erscheint.

6 Im Fenster **Als Kachel sichern** bestimmen Sie mindestens den Titel und ganz unten die Kachelgruppe, in der Ihre neue Kachel erscheinen soll. Klicken Sie im Anschluss auf **OK**.

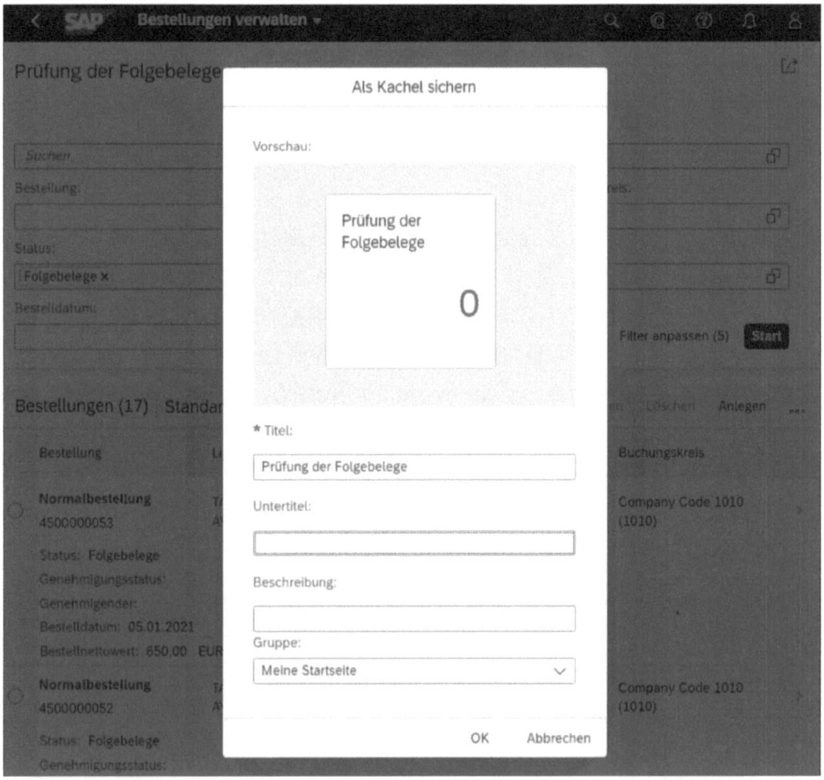

INFO

Andere Optionen im Fenster »Als Kachel sichern«

In analytischen Apps stehen im Fenster **Als Kachel sichern** in der Regel zusätzliche Optionen für KPI-Kennzahlen zur Verfügung. Transaktionale Apps wie **Bestellungen verwalten** haben neben der Vorschau nur die Optionen **Titel**, **Untertitel**, **Beschreibung** und **Gruppe**.

7 Wenn Sie nun zur Startseite Ihres SAP Fiori Launchpads zurückkehren und in die jeweilige Gruppe wechseln, finden Sie dort die von Ihnen erstellte Kachel. Als Bonus sehen Sie auf dieser Kachel die Kennzahl mit der Anzahl der Datensätze, die gemäß den Filtereinstellungen selektiert werden. Prima!

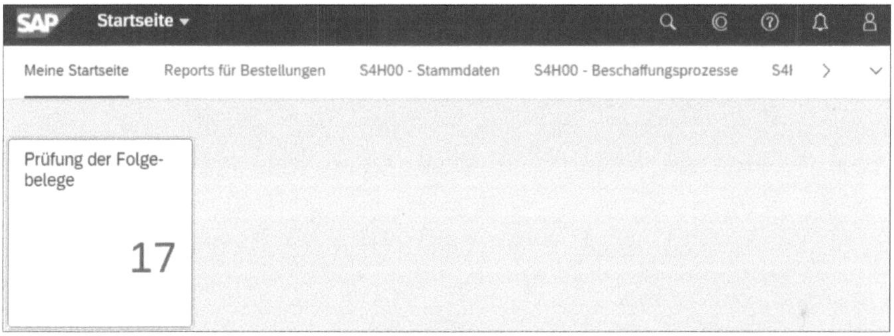

Sie können auf diesem Weg auch mehrere Kacheln für eine Fiori-App erstellen. Damit kommen Sie mit einem einzigen Klick aus der Launchpad-Startseite immer genau zu den Informationen, die Sie brauchen. Eine fantastische Funktion! Sie hat uns so gut gefallen, dass wir den oder die Erfinder*innen dieser Funktion in einen Münchner Biergarten oder auch ins Restaurant Ace of Clubs[1] in St. Leon-Rot einladen möchten – Sie dürfen sich gerne bei uns melden (unter *fitznar@gmx.net*).

1 Das Restaurant gehört zum Golfclub St. Leon-Rot, der durch den ehemaligen SAP-Vorstandsvorsitzenden Dietmar Hopp gegründet wurde.

Teil III

Fallbeispiele aus der Praxis

Wie geht es Ihnen nach den ersten beiden Buchteilen? Hoffentlich gut! Oder ist alles noch ein bisschen nebulös? Bis hierher haben Sie nur die wichtigsten Regeln und Werkzeuge zur allgemeinen Bedienung kennengelernt, die aber ja lediglich einzelne Puzzleteile eines großen Gesamtbildes sind. Nun benötigen Sie einen Einblick in die Prozesse und Übung mit konkreten Abläufen wie Beschaffung oder Verkauf. In diesem dritten Buchteil zeigen wir Ihnen deshalb Prozesse aus der Praxis und deren Handling im System.

*SAP ist Teamarbeit! Auch wenn Sie in der Praxis diese Vorgänge natürlich nicht alle selbst erledigen: Sie sollten über Ihren Tellerrand hinausblicken und ein Grundverständnis dafür entwickeln, was Ihre Kolleg*innen tun und wohin die von Ihnen erfassten Daten wandern. Die Kapitel bauen teilweise aufeinander auf; daher empfiehlt es sich, sie vollständig und chronologisch zu lesen.*

Wenn Sie im Finanzwesen oder im Controlling tätig sind, gilt für Sie die Redewendung »den Letzten beißen die Hunde« ganz besonders, denn Sie gehören zu den letzten »Abnehmern« der Daten in den hier beschriebenen Prozessen aus der Logistik. Sie werden oft über Probleme stolpern, die aus fehlerhaften oder unvollständigen Eingaben aus Materialwirtschaft oder Vertrieb resultieren. Deshalb unsere Empfehlung: Nehmen auch Sie die Informationen aus Kapitel 12, »Materialwirtschaft: Die Beschaffung koordinieren«, und Kapitel 13, »Vertrieb: Vom Auftrag bis zur Faktura«, mit.

12 Materialwirtschaft: Die Beschaffung koordinieren

Die Beschaffung ist ein wichtiger Bestandteil des Moduls Materialwirtschaft (MM). Auf ein paar Seiten können wir hier natürlich nicht das komplette Modul vorstellen.

Jedoch erhalten Sie einen Einblick in dieses Modul, und wir vermitteln Ihnen ein grundlegendes Verständnis für die Abläufe in SAP S/4HANA. Gleichzeitig sammeln Sie wertvolle Praxiserfahrung beim Handling der Apps.

Worauf dürfen Sie sich in diesem Kapitel also freuen? Wir behandeln hier das Grundgerüst des Beschaffungsprozesses, den Prozess *Purchase-to-Pay*, der oft mit P2P abgekürzt wird. Da Sie ohne gepflegte Stammdaten keinen Geschäftsprozess durchführen können, überprüfen Sie zuerst die Lieferanten- und Materialstammdaten, die Sie im Prozess *Purchase-to-Pay* benötigen. Danach erfassen Sie eine Bestellung, den zugehörigen Wareneingang sowie die Lieferantenrechnung. Den »Pay«-Teil des Prozesses, also die Bezahlung der Rechnung, behandeln wir in Kapitel 14, »Finanzwesen: Geschäftsvorfälle buchen und auswerten«.

In diesem Kapitel lernen Sie,

- aus welchen Teilprozessen der Prozess *Purchase-to-Pay* besteht,
- wie Sie die Lieferantendaten eines Geschäftspartners (Business Partner) anzeigen und ändern,
- wie Sie Materialdaten und Materialbestände anzeigen,
- wie Sie eine Bestellung anlegen und als PDF ausgeben,
- wie Sie einen Wareneingang mit Bezug zu einer Bestellung erfassen,
- wie Sie eine Eingangsrechnung erfassen.

12.1 Der Prozess »Purchase-to-Pay«

Eine Beschaffung ist ein Vorgang, der sich aus einer Reihe von *Aktivitäten* zusammensetzt. Diese Aktivitäten werden auch als *Teilprozesse* bezeichnet. Bei der Durchführung dieser Teilprozesse entstehen *Belege*.

Die folgende Abbildung zeigt Ihnen den grundlegenden Ablauf und die Belege des Geschäftsprozesses *Purchase-to-Pay*, in dem ein Lagermaterial eingekauft wird.

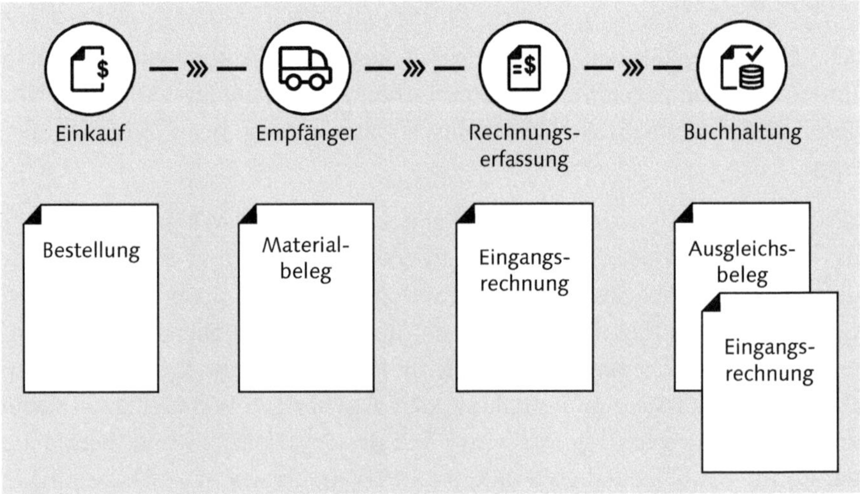

Teilprozesse und Belege des Geschäftsprozesses »Purchase-to-Pay«

Zu unserem Beispiel-Geschäftsprozess und seinen Belegen haben wir eine kleine Geschichte. Sie beginnt damit, dass in Ihrem Lager der Bestand an Reifen zu niedrig ist und dringend nachbestellt werden muss.

1 Im Einkauf wird eine *Bestellung* in SAP S/4HANA eingegeben. Die Bestellung gelangt danach zum Lieferanten, entweder automatisch auf elektronischem Wege, per E-Mail als PDF-Datei oder als Fax.

In der Bestellung erfasste Daten müssen in *Folgebelegen* wie Wareneingang oder Eingangsrechnung nicht nochmals erfasst werden. Der Vorteil: Eine zeitaufwendige und fehleranfällige Mehrfacheingabe von Daten entfällt, wenn einmal erfasste Daten durchgängig in allen Abteilungen genutzt werden.

2 Im zweiten Schritt folgt die *Lieferung*, und im Lager wird ein *Wareneingang* als *Materialbeleg* erfasst.

3 Nun wird – mit Bezug zur Bestellung – die *Eingangsrechnung* erfasst und geprüft. Entsprechen Wareneingang und Rechnung der Bestellung, und gibt es nichts zu beanstanden, wird die Rechnung zur Bezahlung freigegeben.

Gleichzeitig mit dem Rechnungsbeleg für das Modul Materialwirtschaft (MM) entsteht beim Speichern der Rechnung automatisch ein *Rechnungsbeleg* für das Modul Finanzwesen (FI). Dieser wird später für die Bezahlung der Rechnung benötigt.

4 Nun befinden wir uns in der *Kreditorenbuchhaltung* (FI-AP), andere Bezeichnung: *Lieferantenbuchhaltung*, die die Bezahlung der Rechnung veranlasst und damit einen *Ausgleichsbeleg* erstellt. Dies erfolgt in der Praxis normalerweise weitgehend automatisch in einem *Zahllauf*. Weitere Eingaben sind nicht notwendig. Was ist mit der Bankverbindung oder anderen Daten? Diese müssen nicht eingegeben werden, denn sie stehen in den Lieferantenstammdaten und im Vorgängerbeleg *Rechnung*.

Betroffen von diesem Prozess sind die in der Tabelle aufgeführten Komponenten.

Teilprozess	Komponente (in Klammern die englische Bezeichnung)	Abkürzung der Komponente
Bestellung	Einkauf (Purchasing)	MM-PUR
Wareneingang	Bestandsführung (Inventory Management)	MM-IM
Rechnungserfassung	Rechnungsprüfung (Invoice Verification)	MM-IV
Bezahlung der Rechnung	Kreditorenbuchhaltung (Accounts Payable)	FI-AP

Komponenten im Geschäftsprozess »Purchase-to-Pay«

12.2 Organisationseinheiten für die Beschaffung

In der Einleitung haben Sie in Abschnitt 1.3, »Aufbau eines Unternehmens im SAP-System«, bereits erfahren, welche grundlegenden Organisationseinheiten es gibt. Dort haben wir Ihnen versprochen, dass wir sie Ihnen in diesem Buchteil genauer vorstellen – und versprochen ist versprochen und wird nicht gebrochen!

Als Erstes benötigen Sie als Unternehmen den *Buchungskreis*, denn jede Bestellung muss einem Unternehmen zugeordnet werden. Darüber hinaus gibt es noch die im Folgenden aufgeführten Organisationseinheiten aus der Logistik.

Werk

Für jede Bestellung muss ein *Werk* angegeben werden. Gibt es eine Hauptverwaltung, wird auch diese in SAP S/4HANA als Werk definiert. Ein Werk muss damit nicht zwangsläufig eine Produktionsstätte sein. Für unsere Bestellung verwenden wir das Werk 1010 in Hamburg.

Einkaufsorganisation

Als Einkaufsabteilungen kann es verschiedene *Einkaufsorganisationen* geben, die entweder nur für einzelne Werke, nur für einzelne Buchungskreise oder als zentraler Einkauf bzw. Konzerneinkauf übergreifend für alle Buchungskreise zuständig sind. Für unsere Bestellung verwenden wir die Einkaufsorganisation 1010 mit der Bezeichnung »Purch. Org. 1010«. Diese ist dem Buchungskreis 1010 zugeordnet.

Lagerort

Jedes Werk hat eigene *Lagerorte*, z. B. einen für Rohstoffe und einen anderen für Fertigprodukte. Besteht ein Werk aus unterschiedlichen Hallen, kann es pro Halle einen oder mehrere Lagerorte geben. Mit Lagerorten werden folglich die Materialbestände innerhalb eines Werkes verwaltet und unterschieden.

Im Trainingssystem Live Access gibt es beispielsweise folgende Lagerorte:

- 101A (Std. storage 1) für Lagerung und Versand von Fertigprodukten
- 101C (Raw mat.stoloc.) für Lagerung und Wareneingang von Rohstoffen

Bei der Materialbestellung können Einkäufer*innen optional einen Lagerort vorgeben. Spätestens beim Wareneingang eines bestandsgeführten Materials *muss* ein Lagerort angegeben werden, damit der Bestand am entsprechenden Lagerort erhöht wird. Unser Wareneingang erfolgt in den Lagerort 101C.

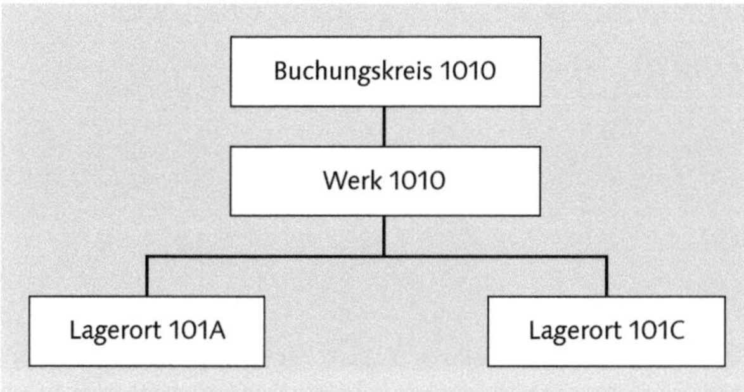

Buchungskreis 1010 mit dem Werk 1010 und mehreren Lagerorten

12.3 Voreinstellungen und Trainingsdaten

Der Trend geht natürlich zu SAP Fiori, und deshalb zeigen wir Ihnen in diesem Buchteil Beispiele für diese Prozesse nur in SAP Fiori.

Standardwerte für »echte« SAP-Fiori-Apps setzen

Wir möchten, dass Sie die Fiori-Apps komfortabel bedienen können. Deshalb – und das müssen Sie uns versprechen – nehmen Sie zunächst einige Voreinstellungen vor, die Ihnen überflüssiges Tippen ersparen – hier für die Materialwirtschaft.

VIDEO

Standardwerte für den Prozess »Purchase-to-Pay« definieren

In diesem Video zeigen wir Ihnen, wie Sie Standardwerte für den Prozess *Purchase-to-Pay* definieren.

http://s-prs.de/v7389bz

1. Öffnen Sie in SAP Fiori das Benutzermenü mit einem Klick auf das Icon (**Benutzermenü**), und klicken Sie danach auf das Icon (**Einstellungen**). Es öffnet sich das Fenster **Einstellungen**.
2. Klicken Sie links unten auf **Standardwerte**.
3. Sie sehen nun rechts die Felder, für die Sie Standardwerte festlegen können. Wenn Sie das Trainingssystem Live Access nutzen, dürfen Sie die Werte verwenden, die wir hinter den Feldnamen eingetragen haben. Über das Icon im jeweiligen Feld können Sie Werte aus einer Werteliste suchen.

Scrollen Sie weiter nach unten, bis Sie die folgenden Felder sehen:

- Feld **Buchungskreis**: 1010
- Feld **Steuer rechnen**: Ja
- Feld **Werk**: 1010
- Feld **Lagerort**: 101C
- Feld **Einkaufsorg**: 1010
- Feld **Einkäufergrp**: Z##; ersetzen Sie ## durch Ihre Teilnehmernummer.

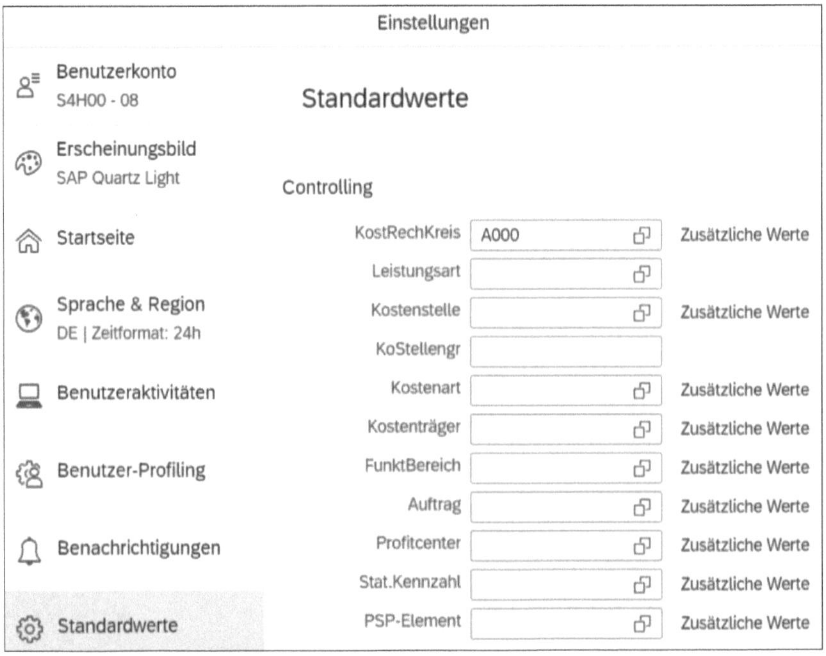

4 Speichern Sie Ihre Vorgaben mit einem Klick auf die Schaltfläche **Sichern**.

Legacy-Apps ignorieren die in SAP Fiori definierten Standardwerte, hierfür definieren Sie Ihre Vorschlagswerte mit der GUI-Transaktion SU3 (Benutzer eigene Daten pflegen). Darüber hinaus gibt es leider auch einige »echte« Fiori-Apps, die sich nicht für die gesetzten Standardwerte interessieren.

Trainingsdaten

Nun noch eine wichtige Info zu den Trainingsdaten: Für die Abläufe im System benötigen Sie Stammdaten und Organisationseinheiten. Wir haben für diesen Buchteil ein Live-Access-System verwendet, das uns SAP freundlicherweise zur Verfügung gestellt hat. Es wird auch bei den SAP-Bildungspartnern eingesetzt und bietet prima Trainingsdaten.

Hier gibt es je Teilnehmer*in durchnummerierte Stammdaten. Wir haben die Nummer 08 erhalten. Unsere Nummern sind also entsprechend T-AV08 für den Lieferanten oder T-R508 für ein Material (Sie sehen sie in unseren Abbildungen). Sie verwenden dann im Trainingssystem statt 08 einfach Ihre eigene Nummer.

Haben Sie kein Live Access, sondern befinden Sie sich in einem Trainingssystem Ihres Unternehmens? Dann suchen Sie dort geeignete Stammdaten wie Geschäftspartner oder Materialien. Sie finden diese in der Regel mit den Werte- bzw. Eingabehilfen oder in Listen – wir unterstützen Sie dabei.

Wir haben außerdem einige Apps integriert, die nicht auf dem SAP Fiori Launchpad des Trainingssystems Live Access verfügbar sind. Jedoch können alle von uns verwendeten Apps gemäß dem S4H00-Training »Überblick über SAP S/4HANA« auf der Basis der Schulungsversion S4H00_Col14 über den App Finder aufgerufen werden. Verwenden Sie den App Finder, um diese Apps zu starten. Er wurde in Kapitel 3, »Und so begrüßt Sie SAP Fiori«, ausführlich beschrieben.

Wenn Sie unsere Beispiele außerhalb von Live Access am System durchführen und für gewisse Apps keine Berechtigung haben, sehen Sie sich unsere Videos an, in denen wir Ihnen die Abläufe Klick für Klick vorführen.

Wenn's mal nicht weitergeht ...

... sehen Sie erst einmal in der Footer-Zeile nach, ob dort eine Meldung oder ein Meldungshinweis zu sehen ist. Wenn ja, klicken Sie darauf, um mehr Infos zu erhalten. Wenn das nicht hilft, schauen Sie sich unsere Videos an, denn dort sehen Sie jeden Klick und jede Eingabe!

Und noch ein letzter Tipp: Sie erhalten hier nicht nur ein Grundverständnis für Prozesse, Sie bekommen dadurch auch mehr Übung im Handling von Apps. Deshalb unsere Empfehlung: Klicken Sie die Beispiele einfach durch!

12.4 Der Lieferant als Geschäftspartner

Nun zurück zu unserer eingangs erwähnten Geschichte. Sie beginnt damit, dass sich ein Kollege bei Ihnen gemeldet hat, weil viel zu wenig Bestand des

Materials »Reifen und Schlauch« auf Lager ist. Es muss dringend nachbestellt werden, und dazu wollen Sie beim Lieferanten anrufen, ob das Material sofort geliefert werden kann. Sie brauchen dafür die Telefonnummer und die Mindestbestellmenge aus den Lieferantenstammdaten.

Aufbau eines Geschäftspartnerstammsatzes – das Rollenspiel

Alle beteiligten Abteilungen der *Beschaffung* wie Einkauf, Lager, Rechnungsprüfung, Kreditorenbuchhaltung oder Controlling verwenden die gleichen Lieferantenstammdaten, denn alle benutzen den gleichen Lieferantenstamm aus dem Geschäftspartnerstammsatz.

Der gleiche Stammsatz unter der gleichen Nummer kann auch Kundendaten enthalten, die im *Vertrieb* (SD) und von der *Debitorenbuchhaltung* (FI-AR), anderer Begriff: *Kundenbuchhaltung*, genutzt werden, denn ein Lieferant kann gleichzeitig auch Kunde sein. Mit anderen Worten: Der gleiche *Geschäftspartner* kann in einem Beschaffungsprozess als Lieferant und in einem Vertriebsprozess als Kunde fungieren.

Die vielen Daten eines Geschäftspartners werden in *Rollen* gegliedert. Für den kompletten Beschaffungsprozess benötigen Sie einen Geschäftspartner mit mindestens diesen beiden Rollen:

- **Lieferant**
  Die Rolle **Lieferant** umfasst Informationen für den Einkauf wie beispielsweise Incoterms, Mindestbestellwert oder Zahlungsbedingungen. Diese Lieferantendaten werden je *Einkaufsorganisation* geführt. Gibt es mehrere Einkaufsorganisationen in einem Mandanten, kann jede Einkaufsorganisation ihre eigenen Einkaufsdaten anlegen. Bevor eine Bestellung für einen Lieferanten erstellt werden kann, müssen die Daten für die Rolle **Lieferant** erfasst sein.
- **Lieferant (Finanzbuchh.)**
  Die Rolle **Lieferant (Finanzbuchh.)** für die Kreditorenbuchhaltung enthält beispielsweise Angaben zum Zahlungsverkehr wie ein möglicher Bankeinzug. Diese Daten werden je *Buchungskreis* getrennt verwaltet. Gibt es mehrere Buchungskreise, pflegt die Buchhaltung jedes Buchungskreises ihre eigenen Daten zu einem Lieferanten. Bevor eine Eingangsrechnung eines Lieferanten erfasst werden kann, müssen dessen Daten mit der Rolle **Lieferant (Finanzbuchh.)** erfasst sein.

> INFO
>
> **Eine Rolle für alle ...**
>
> Es gibt Daten, die jede*r Mitarbeiter*in braucht und sieht – egal ob in der Beschaffung oder im Vertrieb. Dazu gehören der Firmenname, die Adressen oder die Bankverbindungen. Diese Daten gehören zur Rolle **GP (Geschäftspartner) allgemein** und werden immer angelegt. Die Informationen gelten mandantenweit, also für alle Buchungskreise sowie für alle Einkaufs- und Verkaufsorganisationen.

Drei Wege zu den Daten der Geschäftspartner

Es gibt drei Methoden, um Informationen zu Geschäftspartnern wie Lieferanten oder Kunden anzuzeigen:

- Mit einer der »echten« Fiori-Apps **Geschäftspartner verwalten**, **Lieferantenstammdaten verwalten** oder **Kundenstammdaten verwalten** erhalten Sie eine Liste der entsprechenden Geschäftspartner und wechseln von dort in eine ausführliche Anzeige der entsprechenden Stammdaten. Diese Apps funktionieren fast gleich.
- Über die Enterprise Search können Sie sehr schnell einige wenige Grundinformationen wie die Postadresse und den Lieferanten- oder Kundennamen anzeigen (siehe Abschnitt 5.8, »Enterprise Search für die globale Suche«).
- Mit der Transaktion BP (Geschäftspartner) bzw. mit der entsprechenden Legacy-App **Geschäftspartner pflegen** können sowohl Lieferanten- als auch Kundenstammdaten gepflegt werden. Die Abkürzung BP steht für die englische Bezeichnung für Geschäftspartner: *Business Partner*.

In diesem Kapitel zeigen wir Ihnen zunächst nur den erstgenannten Weg über die »echte« Fiori-App **Lieferantenstammdaten verwalten**. In Kapitel 13, »Vertrieb: Vom Auftrag bis zur Faktura«, erforschen Sie die beiden anderen Methoden.

Lieferantenstammdaten anzeigen und ändern

Gesagt, getan! Sie überprüfen nun die Daten eines Stammsatzes und informieren sich über die Telefonnummer eines Lieferanten und über einen eventuellen Mindestbestellwert. Hierzu nutzen Sie die »echte« Fiori-App **Lieferantenstammdaten verwalten**.

VIDEO

Lieferantenstammdaten anzeigen und ändern

In diesem Video zeigen wir Ihnen, wie Sie Lieferantenstammdaten anzeigen lassen und ändern können.

http://s-prs.de/v7389ca

1 Starten Sie die App **Lieferantenstammdaten verwalten**. Im Trainingssystem Live Access benutzen Sie dazu den App Finder.

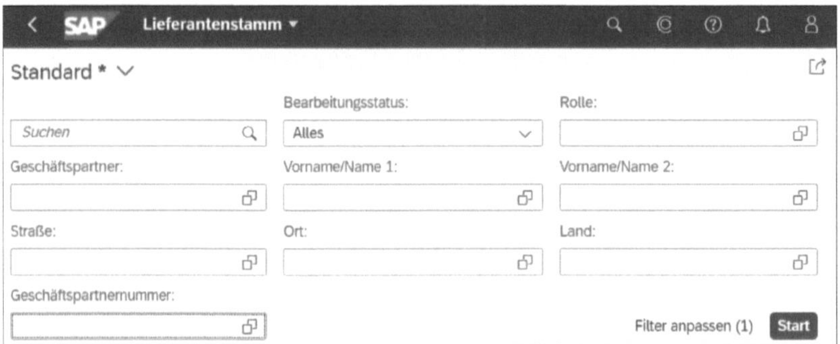

ACHTUNG

Kennen Sie eine Lieferantennummer?

Wenn Sie die Lieferantennummer kennen, tragen Sie sie gleich in das Feld **Geschäftspartnernummer** ein. Im Trainingssystem Live Access gibt es den vorbereiteten Lieferanten mit der Nummer T-AV##. Sie könnten also nun gleich rechts außen auf **Start** klicken. Danach können Sie die nächsten Schritte überspringen und bei Schritt 6 wieder einsteigen. Es schadet nicht, wenn Sie dennoch die folgenden Schritte komplett mitmachen.

2 Nun beginnt das »Rollenspiel«! Klicken Sie im Feld **Rolle** auf das Icon [icon]. Es erscheint eine lange Liste möglicher Rollen. Sollten andere Einträge als **Lieferant** markiert sein, entmarkieren Sie diese.

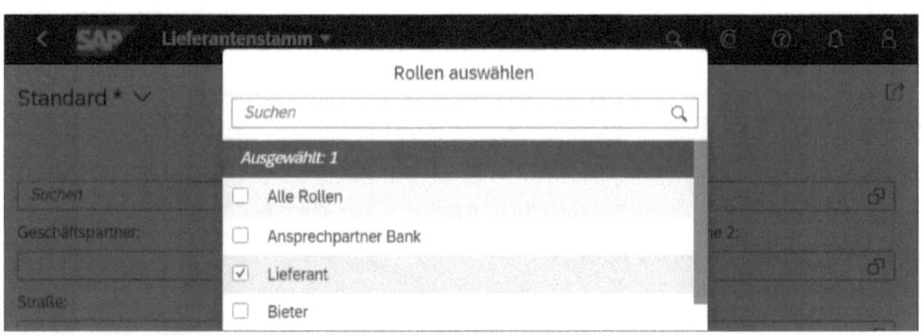

> **INFO**
>
> **Warum muss ich eine Rolle auswählen?**
>
> Sie wählen die Rolle **Lieferant** aus, damit Ihnen nur Geschäftspartner mit Lieferantendaten angezeigt werden. Wie Sie zu Beginn des Abschnitts erfahren haben, sind auch Kunden Geschäftspartner, nur finden Sie bei dieser Rolle keine Lieferantendaten, und genau diese brauchen Sie ja hier.

3. Geben Sie im oberen Feld **Suchen** die Buchstabenfolge »Lief« ein, und bestätigen Sie die Eingabe mit der [↵]-Taste.
4. Erstaunlicherweise erscheint im Trainingssystem Live Access zweimal der Eintrag **Lieferant**. Markieren Sie in diesem Fall in der Liste beide Einträge. Klicken Sie anschließend auf die Schaltfläche **OK**.

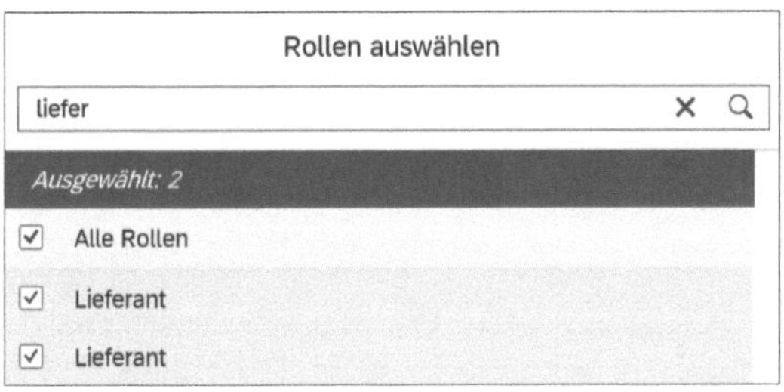

5. Im Feld **Rolle** sind nun beide ausgewählten Einträge zu sehen. Klicken Sie auf die Schaltfläche **Start**, um eine Liste der entsprechenden Geschäftspartner zu erhalten.

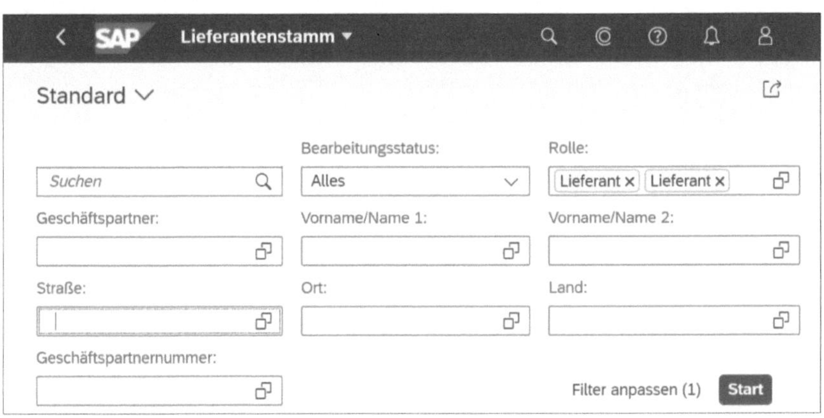

6. In Ihrer Liste sehen Sie wahrscheinlich rechts außen die Spalte **Rolle**. In unserer Abbildung finden Sie diese Angabe jedoch links unter der Lieferantennummer, da wir das Bild für Sie vergrößert haben, damit Sie keine

Lupe brauchen. Unser Lieferant hat sowohl die Rolle **FI Kreditor FLVN00** mit den Buchhaltungsdaten als auch die Rolle **Lieferant FLVN01** mit den Einkaufsdaten. Unser Lieferant benötigt beide Rollen, wenn Sie mit ihm den Prozess *Procure-to-Pay* komplett durchführen wollen.

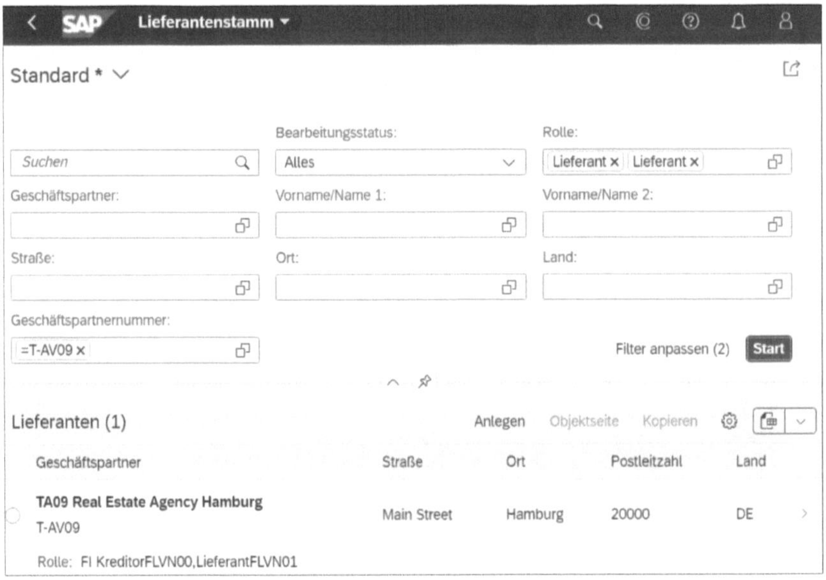

7 Wollen Sie mehr Lieferantendaten sehen? Dann klicken Sie rechts außen in der Zeile eines Lieferanten auf das Icon [>].

Sie befinden sich nun im Stammsatz des Geschäftspartners. Links oben sehen Sie den Namen und die Nummer des Geschäftspartners und darunter den Geschäftspartnertyp **Organisation**.

> INFO
>
> **Was ist ein Geschäftspartnertyp?**
>
> Bei der Erfassung eines neuen Geschäftspartners muss dieser mit einem *Geschäftspartnertyp* versehen werden. Es gibt folgende Geschäftspartnertypen:
>
> - Person: Privatperson
> - Gruppe: Ehepaar oder Wohngemeinschaft
> - Organisation: Unternehmen (juristische Person)
>
> Je nach gewähltem Geschäftspartnertyp können spezielle Daten erfasst werden. Zum Beispiel kann nur mit dem Geschäftspartnertyp **Organisation** eine Rechtsform oder ein Gründungsdatum erfasst werden. Ihr Vorteil: Sie haben nur die Felder auf dem Bildschirm, die Sie brauchen.

8 Im Stammsatz gibt es verschiedene Register, in denen die Daten des Geschäftspartners verteilt sind. Klicken Sie in der Registerleiste auf den Eintrag **Adresse**. Sie sehen die Daten auch, indem Sie nach unten scrollen.

Zunächst sehen Sie die Informationen zur Postanschrift. Wenn Sie noch ein bisschen weiter nach unten scrollen, finden Sie unter der Überschrift **Standardkommunikation** die Felder für die Telefonnummern, die in unserem Fall nicht gefüllt sind.

9 Klicken Sie in der Registerleiste auf den Eintrag **Einkaufsorganisationen**. Nun sehen Sie die Einkaufsabteilungen, die mit diesem Lieferanten zu-

sammenarbeiten und hierfür Daten angelegt haben. Ihr Platz ist in der Einkaufsorganisation 1010 – und hinter der Einkaufsorganisation verstecken sich auch spezielle Lieferantendaten wie der Mindestbestellwert.

> **INFO**
>
> **Eigene Daten zum gleichen Lieferanten**
> Die Daten der Einkaufsorganisationen dürfen voneinander abweichen. Es kann durchaus sein, dass z. B. eine Einkaufsorganisation in einem anderen Land zu demselben Lieferanten andere Incoterms oder einen anderen Mindestbestellwert erfasst hat als die Einkaufsorganisation, zu der Sie gehören.

10 Klicken Sie auf das Icon [>] rechts neben der Einkaufsorganisation. Nun sehen Sie die einkaufsspezifischen Daten, die auf die Register **Allgemeine Daten** und **Einkauf** verteilt sind.

11 Klicken Sie auf das Register **Einkauf**, oder scrollen Sie einfach weiter nach unten. Nun sehen Sie die speziellen Einkaufsdaten. Erfreut stellen Sie hier fest, dass beim Mindestbestellwert kein bestimmter Betrag angegeben ist.

12 Klicken Sie einmal auf das Icon < (**Zurück**) in der Header-Zeile. Damit gelangen Sie wieder zur Hauptseite der Lieferantenstammdaten.

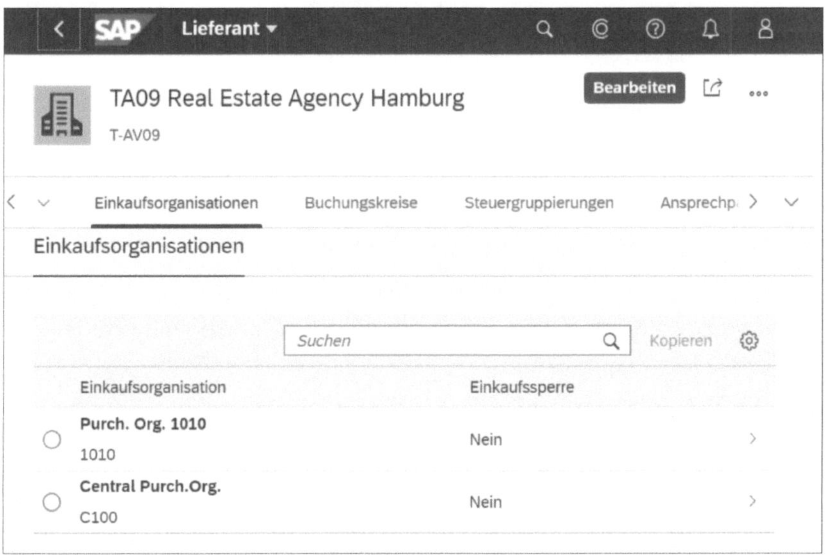

TIPP

So erhalten Sie am schnellsten weitere Informationen

Vielleicht ist Ihnen das Icon ⚙ (**Einstellungen**) auf der rechten Seite vieler Register aufgefallen. Als zukünftiger Profi nutzen Sie dieses Icon, über das Sie bei Bedarf viele weitere häufig benötigte Felder (z. B. **Incoterms**, **Mindestbestellwert** oder **Planlieferzeit**) für die Tabelle der Einkaufsorganisationen einblenden können. Dies erspart Ihnen für die Zukunft die Klickerei zu den Detaildaten (siehe dazu auch Teil II, »Die Benutzeroberflächen personalisieren«).

13 Mit einem Klick auf die Schaltfläche **Bearbeiten** schalten Sie im Stammsatz auf den Änderungsmodus um, um Daten zu korrigieren oder zu ergänzen. Das klappt jedoch nur hier im Hauptbild und nicht in den weiteren Bildern.

14 Klicken Sie auf das Icon SAP in der Shell Bar, um wieder zur Startseite zu kommen.

Lieferantendaten werden gemeinsam von Buchhaltung und Einkauf genutzt. Oft werden zuerst die Einkaufsdaten mit der Rolle **Lieferant** angelegt und später die Buchhaltungsdaten mit der Rolle **Lieferant (Finanzbuchh.)** ergänzt. Manchmal gibt es auch eigene Abteilungen zur Stammdatenpflege, die für alle Daten verantwortlich sind. Letzteres wird als *zentrale Datenpflege* bezeichnet.

INFO

Umsteigen von SAP ERP auf SAP S/4HANA

Alles neu beim Lieferantenstamm! Im SAP GUI gibt es noch ältere Transaktionscodes für Lieferantenstammdaten, die mit FK0, XK0, oder MK0 beginnen. Jedoch werden Sie in SAP S/4HANA bei Aufruf dieser Transaktionen nach der Bestätigung im Einstiegsbild direkt weiter in die Transaktion BP (Geschäftspartner) geschickt.

Die neuen Felder für den Geschäftspartnertyp und die Rollen haben Sie bereits in der Anleitung gesehen. Weitere grundlegende Neuerungen sind, dass mehrere Adressen erfasst und auch zeitbezogen unter der Angabe einer Gültigkeitsdauer gepflegt werden können – und ganz besonders freuen wir uns über die moderne und komfortable App **Lieferantenstammdaten verwalten**, mit der – im Gegensatz zum SAP GUI – flexible Listen über Stammdaten erstellt werden können.

> Darüber hinaus nutzen wir in dieser App sehr gern die umfangreichen Einstellmöglichkeiten für Tabellen über das Icon ⚙ (**Einstellungen**), die es so im SAP GUI nicht gibt.

12.5 Einkaufsdaten im Materialstamm anzeigen

Im Unternehmen ist der *Materialstamm* die zentrale Quelle zum Abrufen materialspezifischer Informationen wie Bezeichnung, Größe, Abmessung oder Mengeneinheit. Im Materialstamm ist festgelegt, wie ein Material eingekauft, eingelagert, hergestellt, vertrieben und kalkuliert wird.

Die Grundphilosophie ist die gleiche wie bei den Geschäftspartnern: Die gesamten Materialdaten aus allen Abteilungen werden jeweils in einem einzigen Stammsatz unter einer Materialnummer gemeinsam gespeichert und genutzt.

Drei Wege zu den Materialdaten ...

Wie beim Lieferantenstamm gibt es auch beim Materialstamm eine große Auswahl an Methoden, wie Sie zu den Informationen gelangen:

- Über die Enterprise Search können Sie sehr schnell einige wenige Grundinformationen wie das Gewicht oder den Hersteller anzeigen. Mithilfe von Links wechseln Sie von dort in die Legacy-App **Material anzeigen**.
- Mit der Legacy-App **Material anzeigen** zeigen Sie direkt alle Informationen des Materialstamms an.
- Mit der »echten« Fiori-App **Produktstammdaten verwalten** erhalten Sie eine Liste von Materialien und wechseln von dort aus in eine ausführliche, jedoch nicht komplette Anzeige der Materialstammdaten.

Materialdaten mit Enterprise Search anzeigen

Grundlegende Materialdaten können Sie ruckzuck mit der Enterprise Search anzeigen:

1. Öffnen Sie die Enterprise Search mit einem Klick auf das Icon 🔍 (**Suchen**) in der Shell Bar.
2. Klicken Sie in der Shell Bar auf das Icon ⌄ rechts neben **Alle**. Damit öffnen Sie die Objektliste.

3 Klicken Sie in der Objektliste auf den Eintrag **Materialien**.

4 Geben Sie Nummer eines Materials ein, und drücken Sie die [↵]-Taste.

5 Nun werden einige grundlegende Materialdaten wie beispielsweise die Materialbezeichnung oder das Gewicht angezeigt.

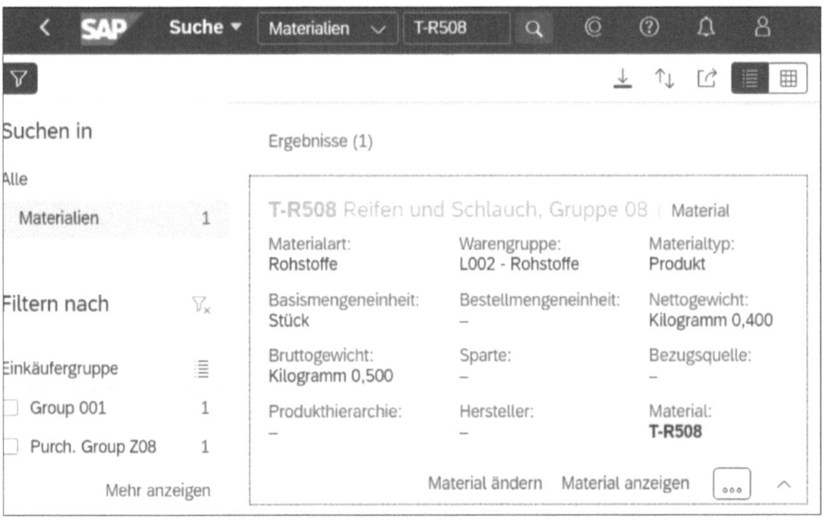

6 Fehlt hier die gewünschte Information? Mit einem Klick auf die farbig hinterlegte Schaltfläche **Material anzeigen** in der untersten Zeile gelangen Sie in das Einstiegsbild der Legacy-App **Material anzeigen**. Und dort sehen Sie (fast) alles, aber dazu später mehr ...

Aufbau des Materialstamms

Wie bereits erwähnt, wird der Materialstammsatz durch viele Abteilungen genutzt. Die Bestandteile des Materialstammsatzes werden als *Sichten* bezeichnet. Genauso wie bei den Lieferantenstammdaten mit ihren Rollen gibt es auch bei den Materialdaten Sichten für unterschiedliche Fachbereiche, beispielsweise für:

- Einkauf
- Lager
- Produktion
- Vertrieb
- Buchhaltung

SAP S/4HANA stellt jeder Abteilung Sichten zur Verfügung, in denen die abteilungsspezifischen Daten gepflegt und abgerufen werden können. Diese Daten können je Werk oder je Lagerort unterschiedlich sein.

Materialdaten mit einer Legacy-App anzeigen

In unserem Beispiel wird ein Reifen als Lagermaterial beschafft. Sie überprüfen nun den entsprechenden Materialstammsatz mit der Legacy-App **Material anzeigen**. Im SAP GUI verwenden Sie dazu die Transaktion MM03 (Material anzeigen), die nach dem gleichen Muster funktioniert.

VIDEO

Den Materialstamm mit einer Legacy-App anzeigen
In diesem Video lernen Sie, sich mit der Legacy-App **Material anzeigen** über Materialstammdaten für die Beschaffung zu informieren.
http://s-prs.de/v7389cb

1. Starten Sie die App **Material anzeigen**.
2. Im Einstiegsbild geben Sie die Materialnummer ein. Danach klicken Sie oben links auf die Schaltfläche **Sichtenauswahl**, oder Sie drücken die [↵]-Taste.

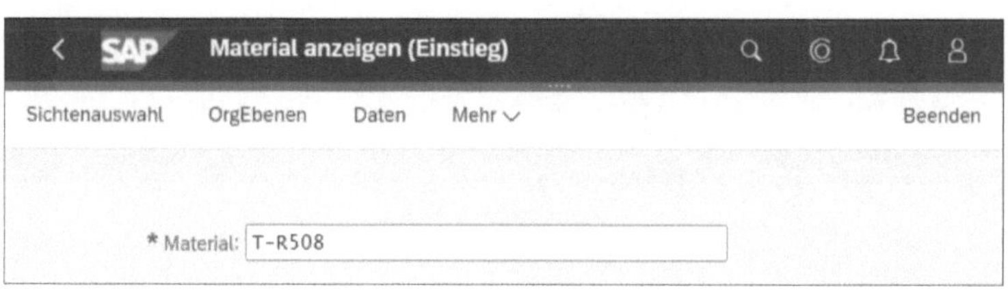

3. SAP S/4HANA zeigt Ihnen nun die Sichten, die für dieses Material angelegt wurden. In unserem Beispiel gehören Sie zum Einkaufsteam. Deshalb markieren Sie im Fenster **Sichtenauswahl** die Sichten **Grunddaten 1** und **Einkauf**. Danach bestätigen Sie Ihre Auswahl mit der [↵]-Taste.

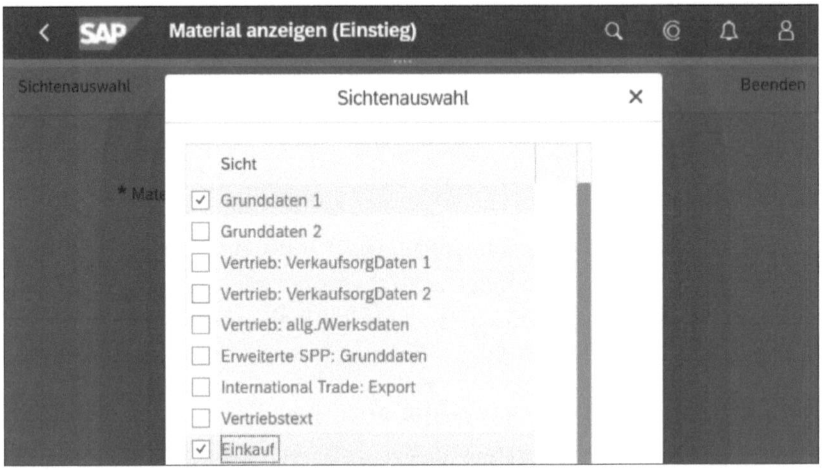

INFO

Zwei Sichten für alle

Die ersten beiden Sichten **Grunddaten 1** und **Grunddaten 2** sind für alle Abteilungen gleich. Sie enthalten bereichsübergreifende Informationen wie die Materialnummer und den Kurztext als Materialbezeichnung sowie weitere Angaben, etwa die Basismengeneinheit (Stück, Liter usw.) oder das Gewicht. Egal ob in einem Werk in Deutschland, Japan, Südafrika oder Mexiko: Diese Angaben sind auf der ganzen Welt gleich und gelten somit für alle Organisationseinheiten im gesamten Mandanten!

4 Die Einkaufsdaten können von Werk zu Werk unterschiedlich sein und getrennt abgespeichert werden. Deshalb verlangt SAP S/4HANA nun die Eingabe Ihrer Werksnummer. Geben Sie sie in das Feld **Werk** ein, und bestätigen Sie mit [↵].

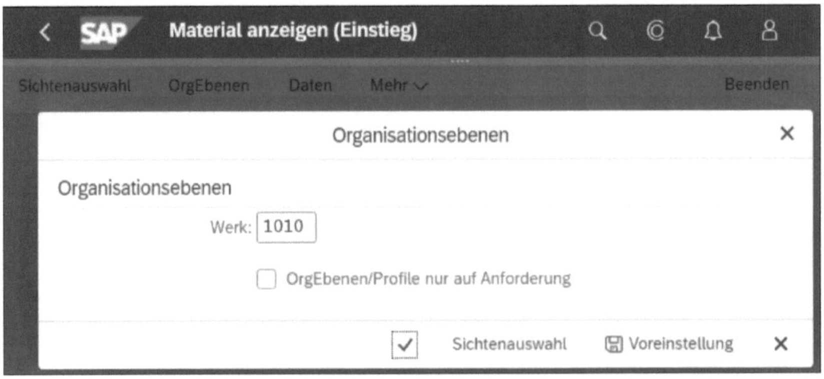

5 Daraufhin erscheinen alle Sichten, die es für das gewählte Material gibt, als Registerkarten. Die Register für die zuvor ausgewählten Sichten sind mit einem interessanten Icon ( ) gekennzeichnet.

Angezeigt wird zuerst das Register **Grunddaten 1**. Diese Daten wie beispielsweise die Basismengeneinheit oder weiter unten das Gewicht gelten für den gesamten Mandanten, also für alle Buchungskreise, Einkaufsorganisationen oder Werke.

> TIPP
>
> **Interessieren Sie sich für einzelne Felder?**
>
> Lassen Sie sich die Feldinfo anzeigen! In Legacy-Apps wie unserer Beispiel-App klicken Sie einfach in das Feld, das Sie interessiert, und nach dem Drücken der Taste [F1] sehen Sie Hintergrundinformationen dazu, was dieses Feld beinhaltet.
>
> Beinhaltet ein Feld das Icon , wie beispielsweise das Feld **Warengruppe**, klicken Sie darauf. Anhand der Werteliste sehen Sie oft, für welchen Zweck das jeweilige Feld erfunden wurde.

6 Im Gegensatz zu den »echten« Fiori-Apps können Sie in Legacy-Apps nicht zu den anderen Daten nach unten scrollen, sondern Sie müssen die Registerkarten nutzen. Drücken Sie also die [↵]-Taste, um zur nächsten Registerkarte zu gelangen, oder klicken Sie weiter rechts auf das Register **Einkauf**. Das sehen Sie nicht? Dann klicken Sie in der Registerleiste rechts außen auf das Icon [>].

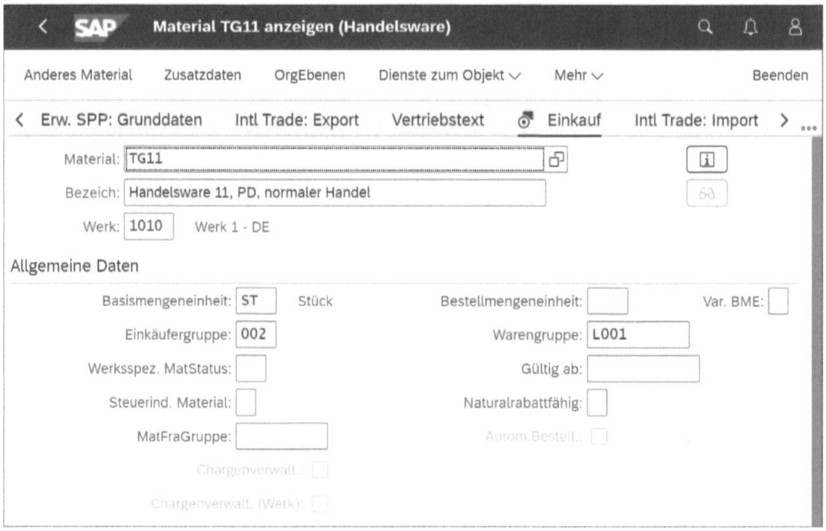

7 Klicken Sie auf das Icon SAP in der Shell Bar. Sie befinden sich nun wieder auf der Startseite.

> **INFO**
>
> **Felder im Register »Einkauf«**
>
> Einige Felder des Registers **Einkauf** sind spannend für unseren Geschäftsprozess *Purchase-to-Pay*, beispielsweise:
>
> - Das Feld **Bestellmengeneinheit** definiert eine vom Feld **Basismengeneinheit** abweichende Mengeneinheit speziell für Bestellungen, z. B. Palette statt Stück. SAP S/4HANA verlangt dann ein Umrechnungsverhältnis, etwa 1 Palette = 120 Stück. Bleibt das Feld leer, gilt die Basismengeneinheit auch als Bestellmengeneinheit.
> - Das Feld **Einkäufergruppe** zeigt, welche Abteilung oder welche Person für die Materialbeschaffung zuständig ist. In der Praxis wird dieses Feld oft für den Namen der Einkäufer*innen verwendet.
>
> Die entsprechenden Werte werden beim Anlegen einer Bestellung in selbige übernommen.

Materialdaten mit der SAP-Fiori-App »Produktstammdaten verwalten« aufrufen

Benötigen Sie eine Übersichtsliste für Ihre Materialien? Diese Funktion gibt es in der Legacy-App **Material anzeigen** nicht. Hier hilft Ihnen stattdessen die »echte« Fiori-App **Produktstammdaten verwalten**.

VIDEO

Den Materialstamm mit der SAP-Fiori-App »Produktstammdaten verwalten« anzeigen

In diesem Video zeigen wir Ihnen, wie Sie Sie sich mit der Fiori-App **Produktstammdaten verwalten** über Materialstammdaten informieren.

http://s-prs.de/v7389cc

1 Starten Sie die App **Produktstammdaten verwalten**.

2 Geben Sie links oben in das Feld **Suchen** einen Teil der Materialbezeichnung ein, z. B. »Schlauch«, und klicken Sie im Anschluss auf die Schaltfläche **Start**.

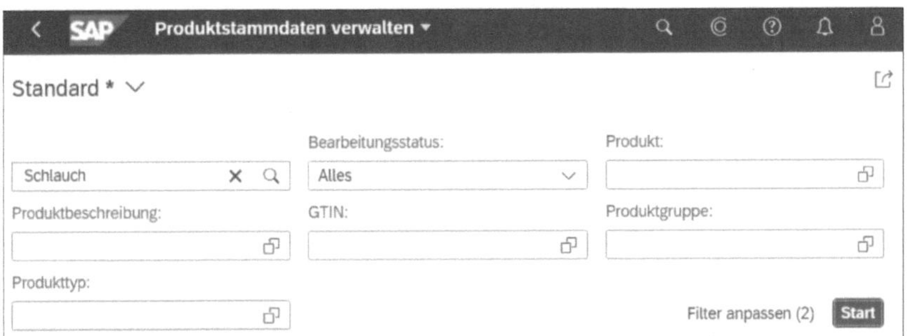

3 Nun erscheint die Liste der entsprechenden Materialien. Um sich weitere Materialinformationen anzeigen zu lassen, klicken Sie in der Liste rechts außen auf das Icon [>].

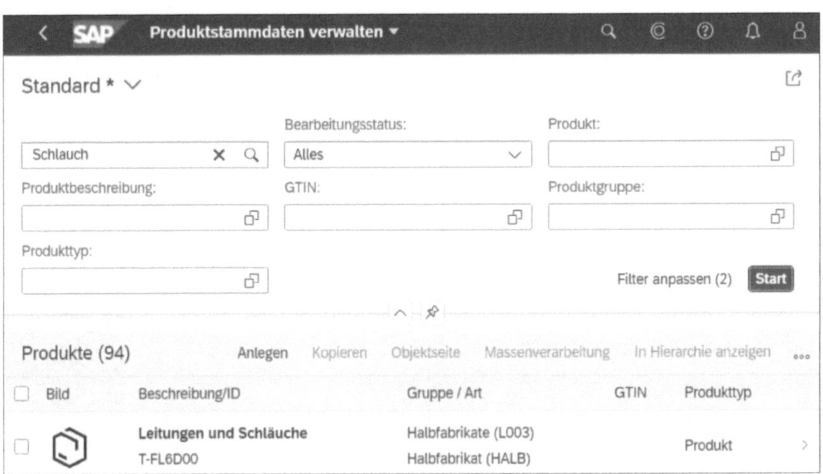

4. Nun sehen Sie die Detailinformationen. Sie dürfen auf die verschiedenen Register klicken oder können hier auch wieder einfach nach unten scrollen, denn Sie befinden sich ja in einer »echten« Fiori-App.

   Die Gruppierung der Materialdaten weicht von den Sichten der Legacy-App **Material anzeigen** ab.

5. Mit einem Klick auf das Icon verlassen Sie die Anzeige der Materialdaten und gelangen wieder zur Startseite des SAP Fiori Launchpads.

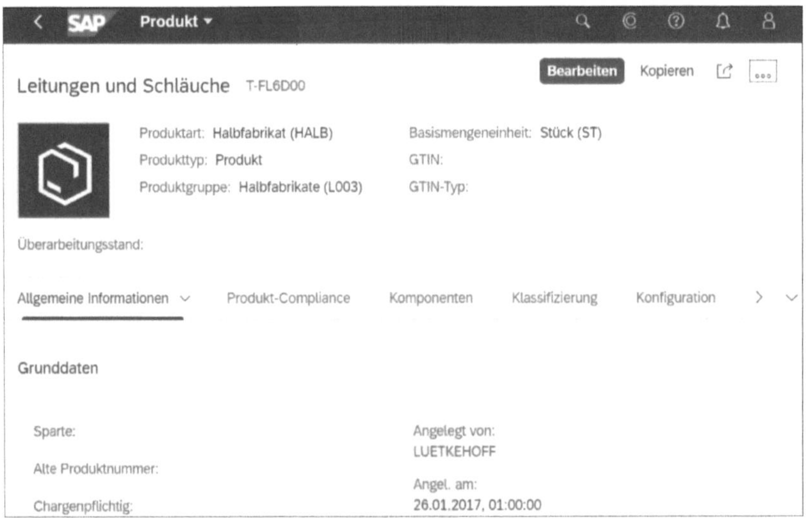

12.6 Den Materialbestand anzeigen

Vertrauen ist gut, Kontrolle ist besser! Bevor Sie bestellen, überprüfen Sie den Materialbestand. Hierzu verwenden Sie im SAP GUI die Transaktion MMBE (Bestandsübersicht), die in SAP Fiori als Legacy-App **Bestandsübersicht anzeigen** zur Verfügung steht. Wir zeigen Ihnen den Ablauf nachfolgend jedoch mit der »echten« Fiori-App **Bestand – Einzelmaterial**.

VIDEO

Den Materialbestand anzeigen

In diesem Video lernen Sie, wie Sie mit der App **Bestand – Einzelmaterial** die Bestandsanzeige aufrufen.

http://s-prs.de/v7389cd

1. Starten Sie die App **Bestand – Einzelmaterial** mit dem App Finder (siehe dazu Abschnitt 3.4, »SAP-Fiori-Apps finden und ausführen«).

2 Geben Sie die Materialnummer ein, und bestätigen Sie diese mit der [↵]-Taste.

3 Nun sehen Sie die *Bestandsübersicht*. Sie zeigt alle Bestände im Mandanten, also für alle Buchungskreise, Werke und Lagerorte an. Die Anzeige erfolgt getrennt nach den einzelnen Bestandsarten. Notieren Sie sich den aktuellen Bestand des Materials im Lagerort **Raw mat. stoloc.**, damit Sie nach dem Wareneingang den Bestandszugang kontrollieren können.

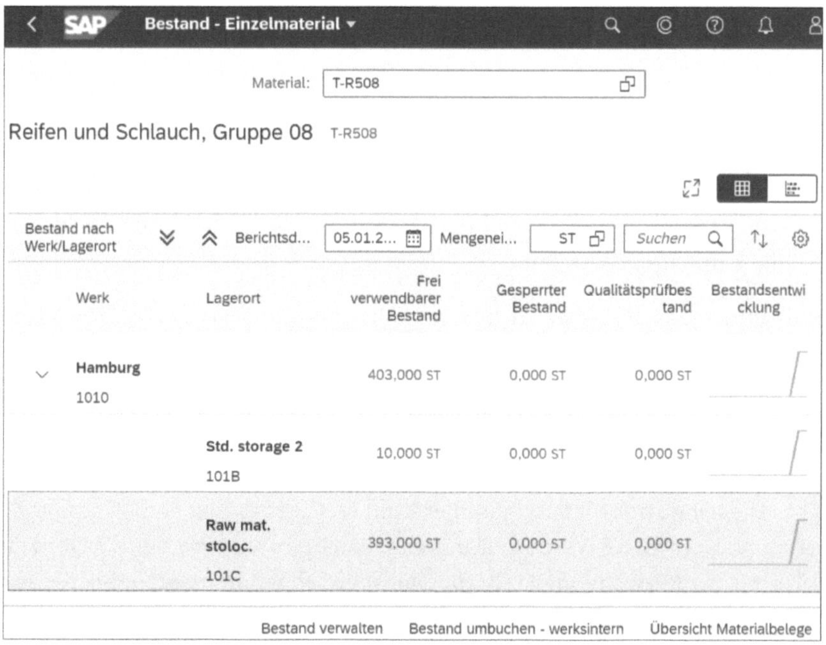

12

INFO

Was sind Bestandsarten?

In SAP S/4HANA gibt es u. a. folgende *Bestandsarten*:

- *frei verwendbaren Bestand*: Materialien, die sich im Lager befinden und sofort entnommen werden können
- *gesperrten Bestand*: Materialien, die zwar im Lager liegen, aber beispielsweise aufgrund eines Qualitätsmangels gesperrt sind und deshalb nicht entnommen werden können
- *Qualitätsprüfbestand*: Materialien, die sich in der Qualitätsprüfung befinden und deshalb nicht entnommen werden können

4 Spannend: Wenn Sie ganz nach rechts scrollen, sehen Sie eine grafische Bestandsentwicklung der letzten Monate, die sich mit einem Klick auf die Mikrografik vergrößern und bildschirmfüllend anzeigen lässt.

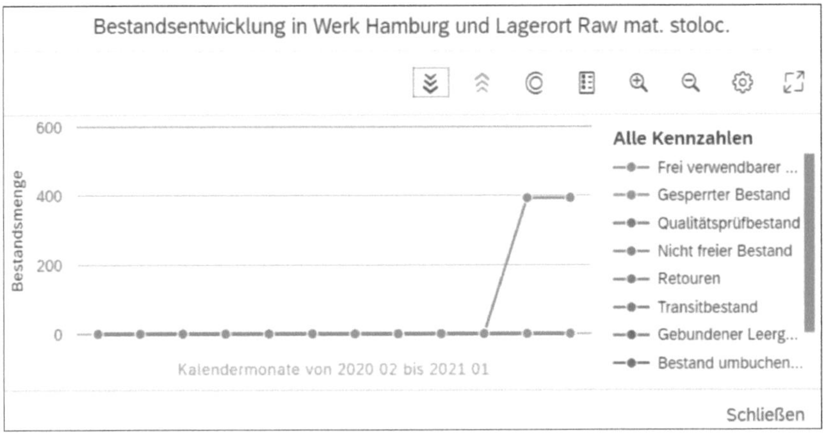

5 Klicken Sie in der grafischen Bestandsentwicklung rechts unten auf die Schaltfläche **Schließen** und danach auf das Icon SAP zur Rückkehr auf die Launchpad-Startseite.

Hier endet das Vorspiel zu unserem Prozess *Purchase-to-Pay*. Im nächsten Abschnitt geht es endlich los mit Ihrer ersten Bestellung.

INFO

Umsteigen von SAP ERP auf SAP S/4HANA

Beim Materialstamm gibt es nur wenige grundlegende Neuerungen. Die Länge der Materialnummer kann im Customizing von 18 auf 40 Zeichen erweitert werden. Darüber hinaus gibt es eine neue Materialart mit der Bezeichnung SERV für Dienstleistungsstammdaten. Bei der Nutzung dieser Materialart werden Register und Felder ausgeblendet, die für Dienstleistungen nicht benötigt werden.

12.7 Eine Bestellung anlegen

In unsere Bestellung geben wir Daten wie Kunden- und Materialnummer manuell ein. Das wäre nicht notwendig, wenn Sie einen anderen Beleg wie beispielsweise eine Bestellanforderung (Banf) hätten, aus dem Sie diese Daten kopieren könnten. Das Kopieren wird in SAP S/4HANA manchmal auch als *Anlegen mit Bezug* bezeichnet. In der Praxis können *Bestellungen mit Bezug* zu folgenden anderen Belegen erfasst werden:

- Bestellanforderungen
- Angebote
- Bestellungen
- Kontrakte

Der Vorteil: Wird eine Bestellung mit Bezug zu einem der anderen genannten Belege erstellt, werden dessen Daten wie beispielsweise Materialdaten, Lieferantendaten und Preise in die neue Bestellung übernommen. Soll heißen: Sie ersparen sich viel Tipperei. Nur haben Sie in unserem Beispiel leider keinen anderen Beleg. Aber jede*r fängt mal klein an.

TIPP

Welche Daten verwende ich im nächsten Ablauf?

Haben Sie kein Live-Access-Trainingssystem? Dann ist es clever, Daten aus bereits erfolgreich durchgeführten Bestellungen zu verwenden. Aber wie finden Sie diese?

Starten Sie die App **Bestellpositionen überwachen**, bestimmen Sie **EUR** als Anzeigewährung, und setzen Sie den Filter **Vollständig geliefert und abgerechnet** auf **Ja**.

Notieren Sie folgende Felder: Werk, Einkaufsorganisation, Einkäufergruppe, **Buchungskreis**, **Lieferant** und **Material**.

Sie erfassen nun eine Bestellung mit der »echten« Fiori-App **Bestellungen verwalten**. Im SAP GUI verwenden Sie dazu die Transaktion ME21N (Bestellung anlegen), die in SAP Fiori als Legacy-App **Bestellung anlegen – Erweitert** zur Verfügung steht.

VIDEO

Eine Bestellung anlegen

In diesem Video zeigen wir Ihnen, wie Sie Sie eine neue Bestellung anlegen.

http://s-prs.de/v7389ce

1. Starten Sie die App **Bestellungen verwalten**. Sie sehen nun die Filter und darunter eine leere Tabelle. Prima! In den Filtern finden Sie die Standardwerte, die Sie bei der Lektüre von Abschnitt 12.3, »Voreinstellungen und Trainingsdaten«, definiert hatten.

2 Klicken Sie direkt unter dem Header auf die Schaltfläche **Anlegen**. Nun erscheint das Bestellformular.

Und jetzt beginnt die Tipperei? Nicht unbedingt. Sie geben nur die Lieferantennummer ein, und wenn Sie danach ins nächste Feld wechseln, werden in der Regel viele weitere Felder automatisch gefüllt, z. B. die Felder **Währung**, **Einkaufsorganisation** und **Buchungskreis**.

3 Füllen Sie alle Felder der Bereiche **Grunddaten** und **Organisation**. Falls Sie links oben das Feld **Bestellart** sehen, wählen Sie hierfür den Eintrag **Normalbestellung**.

4 Was fehlt noch? Materialnummer, Preis und Menge. Diese Angaben werden als *Bestellpositionen* erfasst. Klicken Sie dazu im Bereich **Positionen** auf die Schaltfläche **Anlegen**. Wenn Sie die Schaltfläche **Anlegen** nicht sehen, klicken Sie auf das Icon [ooo] und danach auf den Menüeintrag **Anlegen**.

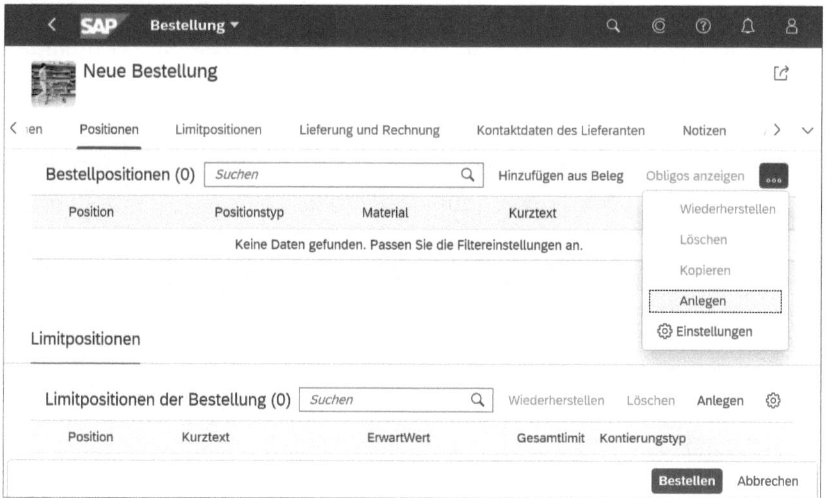

5 Damit öffnen sich die wichtigsten Positionsfelder. Hier machen Sie Eingaben in den Feldern **Material**, **Werk** und **Bestellmenge**. Das Material muss natürlich für das entsprechende Werk gepflegt sein.

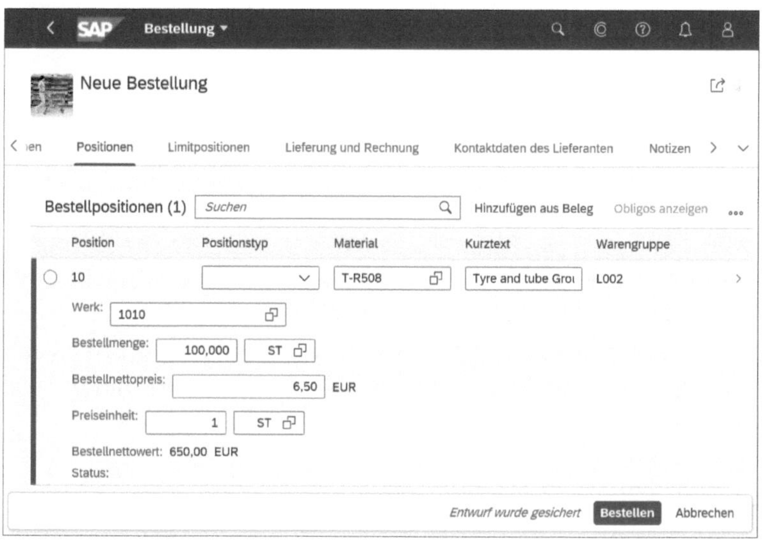

INFO

Weitere Positionen

Eine Bestellung kann natürlich weitere Positionen mit weiteren Materialien enthalten. In diesem Fall legen Sie mit der Schaltfläche **Anlegen** weitere Positionen an. Wir begnügen uns hier mit einer Position.

6 Klicken Sie rechts unten auf die Schaltfläche **Bestellen**. Damit ist die Bestellung gespeichert. Danach sehen Sie eine Anzeige der Bestellung und links oben die Belegnummer der Bestellung. Notieren Sie sich diese Belegnummer und den auf der rechten Seite sichtbaren Nettowert.

Die Belegnummer benötigen Sie im nächsten Schritt beim Wareneingang und den Wert bei der Rechnungserfassung.

7 Mit einem Klick auf das Icon SAP gelangen Sie wieder auf die Launchpad-Startseite.

So, das wäre erledigt! Nach dem Speichern der Bestellung wird diese an den Lieferanten übermittelt. Bei der entsprechenden Voreinstellung in SAP S/4HANA erfolgt dies automatisch über EDI (Electronic Data Interchange). Alternativ dazu kann natürlich auch eine PDF-Datei erstellt werden, die per E-Mail an den Lieferanten verschickt wird.

TIPP

Ähnliche Bestellung vorhanden? Einfach kopieren!

Sehen Sie vor der Erfassung in der Liste der App **Bestellungen verwalten** eine ähnliche Bestellung? Dann markieren Sie diese links außen und klicken danach auf die Schaltfläche **Kopieren** unter dem Header. Damit wechseln Sie in das Erfassungsformular und sehen die Daten der kopierten Bestellung, die Sie dort anpassen können. Dies lohnt sich insbesondere bei größeren Bestellungen mit mehreren Positionen.

12.8 Die Bestellung anzeigen und als PDF ausgeben

Mit der »echten« Fiori-App **Bestellungen verwalten** können Sie eine Bestellung zuerst in der Liste und mit einem Klick auf die entsprechende Bestellnummer auch im Detail anzeigen. Im SAP GUI verwenden Sie hierzu die Transaktion ME23N (Bestellung anzeigen).

VIDEO

Eine Bestellung anzeigen und als PDF ausgeben
In diesem Video lernen Sie, wie Sie Ihre Bestellung anzeigen und daraus eine PDF-Datei erstellen.
http://s-prs.de/v7389cf

1. Starten Sie die App **Bestellungen verwalten.**
2. Sie dürfen jetzt sofort rechts außen auf die Schaltfläche **Start** klicken.

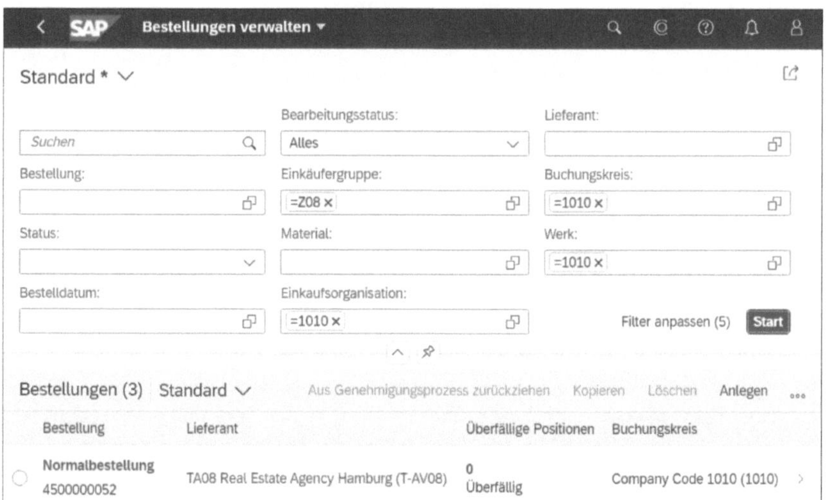

3. Mit einem Klick auf die Bestellnummer links außen in der Liste, die in unserem Fall mit »45« beginnt, zeigt SAP S/4HANA die Bestellung an.
4. Die Bestellung soll per E-Mail als PDF zum Lieferanten geschickt werden. Die PDF wird im Trainingssystem Live Access automatisch erstellt. Wählen Sie zur PDF-Anzeige das Register **Ausgabeverwaltung**. Wird das Re-

gister nicht angezeigt, öffnen Sie rechts außen die Registerübersicht und klicken auf die Menüoption **Ausgabeverwaltung**.

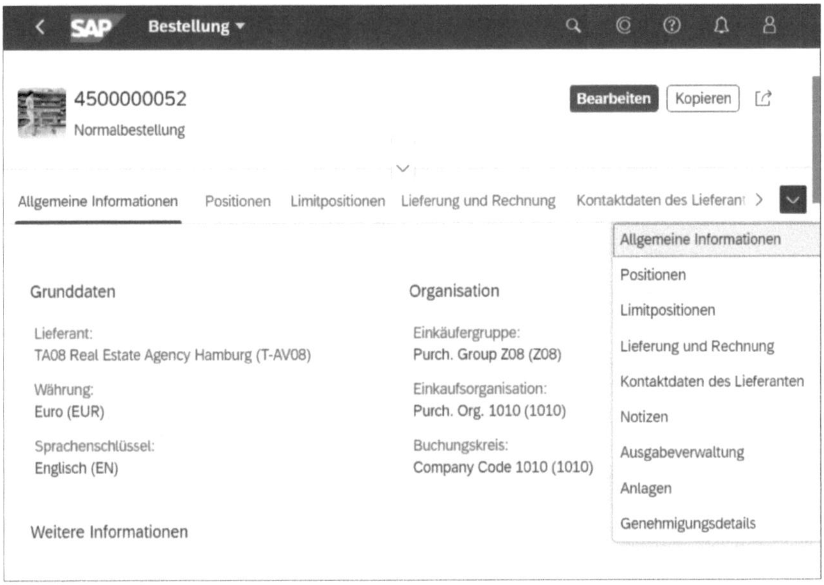

5 In der Tabelle unter der Überschrift **Ausgabeverwaltung** klicken Sie auf das Icon [PDF-Icon] (**PDF erstellen**).

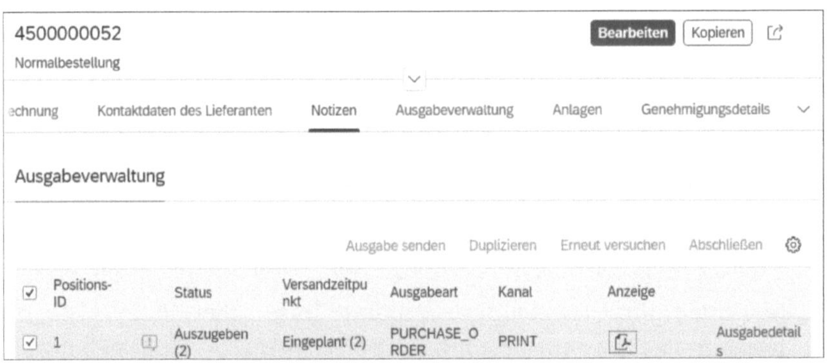

6 Nun zeigt Ihnen SAP S/4HANA das PDF in einem zusätzlichen Tab Ihres Browsers an. Aus der PDF-Anzeige heraus können Sie per Rechtsklick einen Download oder einen Ausdruck durchführen.

1/1

Purchase Order: 4500000052

TA08 Real Estate Agency Hamburg
Main Street 199
20000 Hamburg

Purchase Order: 4500000052
Created on: Dec 30, 2020
Contact Person: Purch. Group Z08
E-Mail: purchaser08@precom.de
Supplier ID: T-AV08

Ship-to Address:
Company
Werk Hamburg
Hamburg
Alsterdorf
Alsterdorfer Strasse 13
22299 Hamburg

Item	ID	Description	Quantity	Delivery Date / Service Period	Net Price	Net Value
00010	T-R508	Tyre and tube Group 08	100 PC	Jan 4, 2021	6.50 EUR per 1 PC	650.00 EUR

Total Value: 650.00 EUR

7 Schließen Sie den neuen Tab, und klicken Sie auf das Icon SAP oben links, um zur Startseite des SAP Fiori Launchpads zurückzukehren.

12.9 Einen Wareneingang erfassen

Job Rotation! Sie haben sich von der Einkaufsabteilung verabschiedet und sind ins Lager gewechselt. Dort steht das vom Lieferanten versendete Paket auf Ihrem Tisch, und die Kolleg*innen aus der Produktion würden es am liebsten gleich mitnehmen, denn der Bestand ist inzwischen auf null gesunken. Dieser Warenausgang kann jedoch erst bearbeitet werden, nachdem der Wareneingang erfasst worden ist. Sonst hätten Sie einen Minusbestand, und einen negativen Bestand kann es auf Bankkonten geben, jedoch nicht in der SAP-Bestandsführung für ein Material!

INFO

Warenbewegungen

Wir begrüßen Sie nun in der Komponente Material Management – Inventory Management (MM-IV), zu Deutsch: *Bestandsführung*. Hier werden alle Warenbewegungen erfasst und dokumentiert. Dazu gehört neben Warenausgängen oder Umlagerungen auch das, was wir jetzt brauchen: ein Wareneingang zu unserer Bestellung.

Wareneingänge sind Warenbewegungen, mit denen der Erhalt von Materialien von einem externen Lieferanten oder auch aus der Produktion gebucht wird. Ein Wareneingang führt zur Erhöhung des Lagerbestands und zur Erstellung eines Materialbelegs.

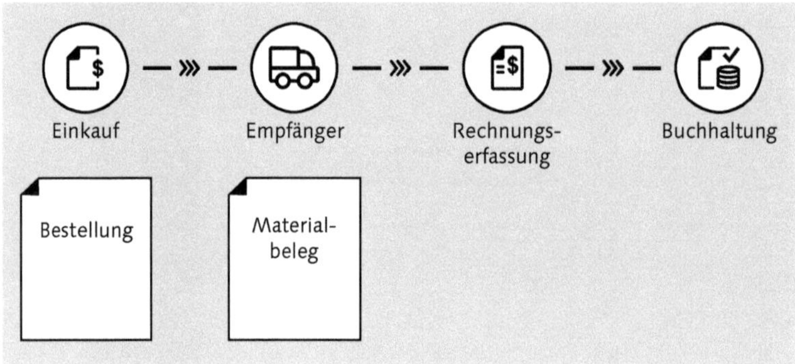

Der Materialbeleg zum Wareneingang ist der zweite Beleg unseres Geschäftsprozesses »Purchase-to-Pay«

Für die folgende Anleitung verwenden Sie die »echte« Fiori-App **Wareneingang zum Einkaufsbeleg buchen**. Im SAP GUI nutzen Sie stattdessen die Transaktion MIGO (Warenbewegung), die in SAP Fiori wiederum auch als Legacy-App **Warenbewegung buchen** zur Verfügung steht.

Noch ein gute Nachricht, bevor Sie starten: Es ist hier nur wenig Tipperei nötig. In der Regel sind es nur zwei Eingaben: die jeweilige Bestellnummer und die Lieferscheinnummer. Die restlichen Daten wie Lieferant, Materialnummer und Bestellmenge übernimmt SAP S/4HANA aus der Bestellung in den Wareneingangsbeleg.

VIDEO

Den Wareneingang erfassen

In diesem Video wird der Wareneingang zu einer Bestellung erfasst.

http://s-prs.de/v7389cg

1. Starten Sie die Fiori-App **Wareneingang zur Bestellung buchen.**
2. Geben Sie in das Feld **Bestellung** die Nummer der Bestellung ein, die Sie in den vorangegangenen Abschnitten angelegt haben. (Die Nummer haben Sie sich notiert.)

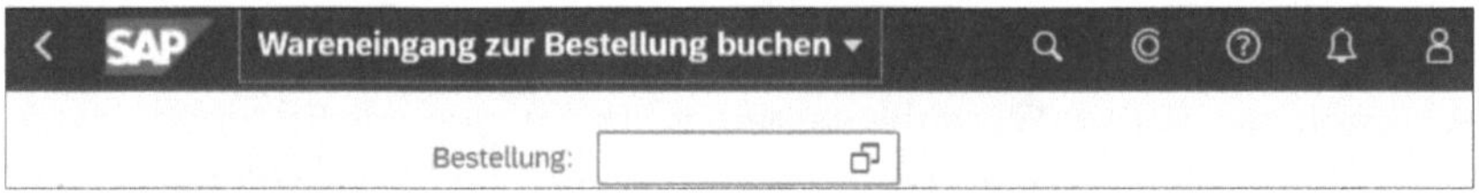

TIPP

Wie finde ich meine Bestellnummer?

Was, Sie haben sich die Bestellnummer nicht notiert? Kein Problem, Sie haben mehrere Möglichkeiten, um sie herauszufinden:

- Geben Sie einen Teil des Lieferantennamens in das Feld **Einkaufsbeleg** ein. Damit werden alle entsprechenden Bestellungen aufgelistet. Mit der Bezeichnung des Materials klappt das leider nicht.
- Wenn das nicht hilft, klicken Sie im Feld **Einkaufsbeleg** auf das Icon, um die Bestellung über einen Suchtext zu finden (die Eingabehilfen haben wir in Kapitel 5, »SAP-Fiori-Apps für die Datenanzeige und -pflege nutzen«, erläutert).
- Wenn auch das nicht hilft, verwenden Sie für die Suche die App **Bestellungen verwalten**. Hierin können Sie links oben im Feld **Suchen** mit der Vorgabe Ihres Benutzernamens alle selbst angelegten Bestellungen und deren Nummern suchen.
- Und die letzte Methode (Sie kennen sie vielleicht ebenfalls noch aus Kapitel 5): Wenn Sie beispielsweise die Materialnummer, die Materialbezeichnung oder die Lieferantennamen kennen, verwenden Sie einfach die Funktion **Enterprise Search** in der Shell Bar!

12

3 Nach der Bestätigung der Bestellnummer erscheint die Maske für den Wareneingang. Scrollen Sie nach unten zu den Positionen.

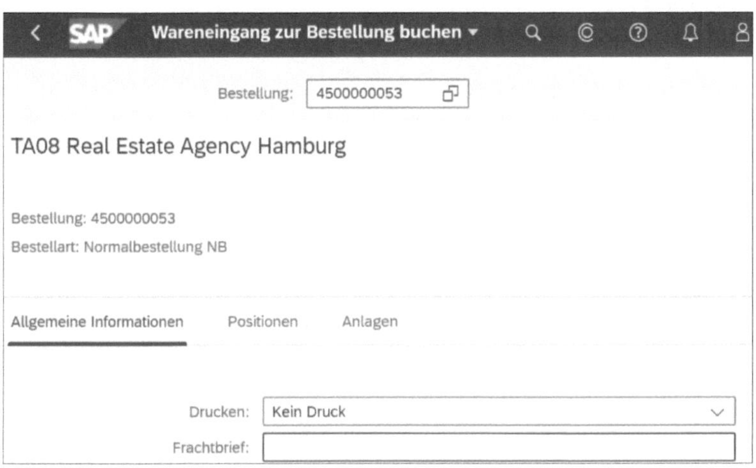

4 Setzen Sie links außen ein Häkchen für die gelieferte(n) Position(en). Die bestellte Menge ist bereits im Feld **Geliefert** eingetragen.

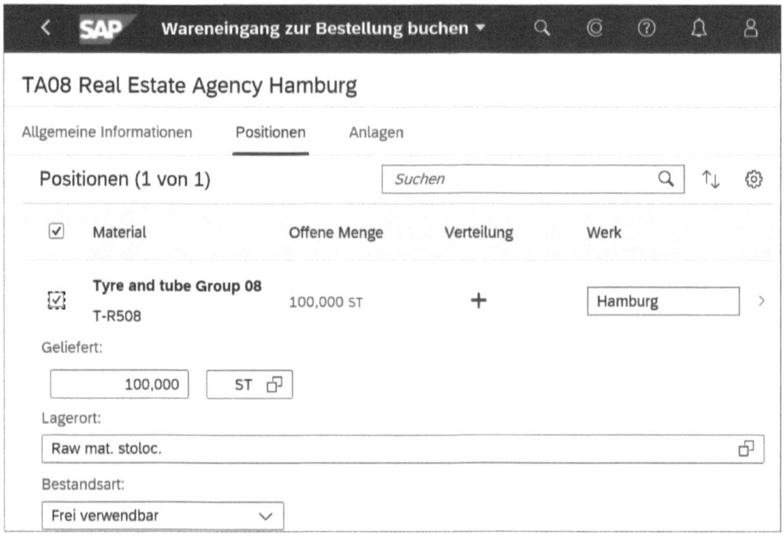

INFO

Weitere Felder

In der Praxis besteht häufig eine Eingabepflicht für das Feld **Lieferschein**, in das die Lieferscheinnummer übertragen wird.

Bei einer Teillieferung ändern Sie die Menge im Feld **Geliefert**.

Im Feld **Lagerort** können Sie den empfangenden Lagerort aus der Bestellung anpassen.

Soll das Material nicht entnommen werden, weil beispielsweise vor der Entnahme noch dessen Qualität geprüft werden muss, stellen Sie im Feld **Bestandsart** die Lagerbestandsart von **Frei verwendbar** auf **Gesperrt** oder **Qualitätsprüfung** um.

Darüber hinaus finden Sie weitere Felder im Detailbild zu jeder Position, in das Sie mit einem Klick auf das Icon > rechts außen gelangen.

5 Bestätigen Sie Ihre Angaben mit der Schaltfläche **Buchen** unten rechts. Nach dem Speichern erscheint eine Meldung mit der Angabe zur Materialbelegnummer.

6 Bestätigen Sie diese freundliche Meldung mit [↵] oder per Klick auf die Schaltfläche **OK**.

7 Mit einem Klick auf das Icon SAP schließen Sie die App zur Erfassung des Wareneingangs.

Durch den Wareneingang hat sich der Bestand erhöht. Wenn Sie auf Nummer sicher gehen und den Erfolg des Wareneingangs überprüfen möchten, folgen Sie der Anleitung aus Abschnitt 12.6, »Den Materialbestand anzeigen«. Dort hatten Sie sich den Bestand des Materials vor dem Wareneingang (hoffentlich) notiert.

Mit der »echten« Fiori-App **Materialbelegübersicht** zeigen Sie die erfassten Wareneingänge in der Liste und mit einem Klick auf die entsprechende Materialbelegnummer auch im Detail an. Im SAP GUI verwenden Sie hierzu die Transaktion MB51 (Materialbelege anzeigen).

INFO

Umsteigen von SAP ERP auf SAP S/4HANA

Folgende Transaktionen aus SAP ERP gibt es in der Bestandsverwaltung mit SAP S/4HANA nicht mehr: MB01, MB02, MB03, MB04, MB05, MB0A, MB11, MB1A, MB1B, MB1C, MB31, MBNL, MBRL, MBSF, MBSL, MBST und MBSU. Sie wurden durch die Universal-Warenbewegungs-Transaktion MIGO oder durch entsprechende Apps ersetzt.

12.10 Eine Lieferantenrechnung erfassen

Achtung, jetzt geht's ums Geld: die *Lieferantenrechnung* (anderer Begriff: *Eingangsrechnung*) ist da, wird geprüft und erfasst. Bei der Prüfung unterstützt Sie SAP S/4HANA, denn es berücksichtigt die bereits gespeicherte Bestellung bzw. den Wareneingang. Durch diesen Bezug wird sichergestellt, dass nur das bezahlt wird, was bestellt bzw. geliefert wurde.

Als Ergebnis der Rechnungsbuchung erzeugt SAP S/4HANA zwei Belege:

- einen Beleg zur Eingangsrechnung für die Materialwirtschaft
- zusätzlich einen Buchhaltungsbeleg für die Kreditoren- und Hauptbuchhaltung im Finanzwesen. Der Buchhaltungsbeleg wird später im Finanzwesen zum Begleichen der Eingangsrechnung verwendet.

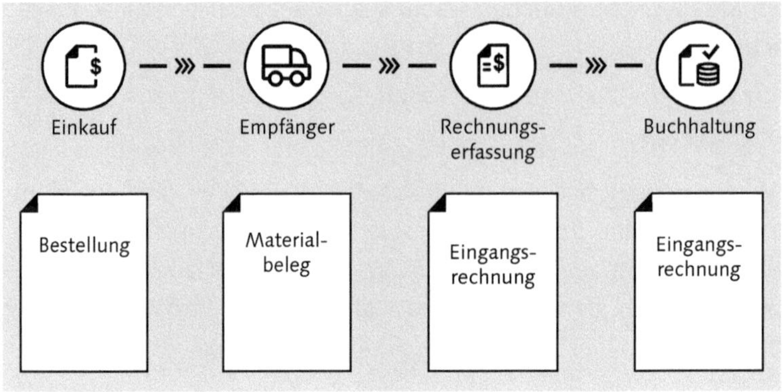

Zwei Belege nach der Erfassung der Eingangsrechnung

INFO

Was tun bei Abweichungen?

SAP S/4HANA weist Sie auf Mengen- und Preisabweichungen hin. Bei Abweichungen zwischen Bestellung oder Wareneingang und Rechnung zeigt SAP S/4HANA eine Warnung, und je nach Systemkonfiguration wird die Buchung verweigert oder die Rechnung für die Zahlung gesperrt.

Sie erfassen nun die Eingangsrechnung mit der »echten« Fiori-App **Lieferantenrechnung anlegen**. Im SAP GUI wird dazu die Transaktion MIRO (Lieferantenrechnung) verwendet, die in SAP Fiori wiederum als Legacy-App **Lieferantenrechnung – Erweitert** zur Verfügung steht.

VIDEO

Eine Lieferantenrechnung erfassen

In diesem Video lernen Sie, eine neue Lieferantenrechnung anzulegen.

http://s-prs.de/v7389ch

1. Starten Sie die App **Lieferantenrechnung anlegen**.
2. Machen Sie im obersten Bereich **Grunddaten** Eingaben in folgenden Feldern:
   - **Rechnungsdatum**: Hier tragen Sie das aktuelle Datum ein.
   - **Buchungskreis**: Tragen Sie den Buchungskreis ein, der in der Bestellung angegeben wurde.

- **Bruttobetrag**: Hier erfassen Sie den Bruttobetrag der Rechnung; multiplizieren Sie hierzu den Nettobetrag aus der Bestellung mit 1,19.
- **Referenz**: Hier geben Sie die Rechnungsnummer des Lieferanten an.

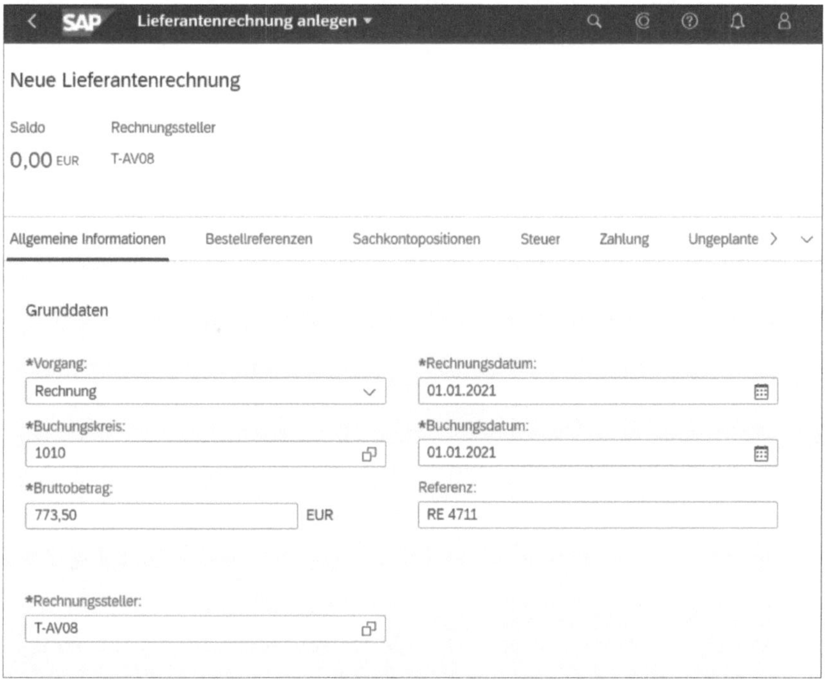

TIPP

Wissen Sie den Rechnungsbetrag nicht mehr?

Das folgende Vorgehen gilt nur für das Training und nicht für die Praxis! Wenn Sie den Rechnungsbetrag nicht kennen, lassen Sie das Feld **Bruttobetrag** auf dem Vorschlagswert »0,00« stehen. Führen Sie Schritt 3 mit der Eingabe der Bestellnummer durch. Nach der Bestätigung mit [↵] sehen Sie links oben die Abweichung zum Bestellbetrag im Feld **Saldo**. Dieser Wert, jedoch natürlich positiv und nicht als Minusbetrag, ist der Bruttobetrag aus der Bestellung.

3 Scrollen Sie nach unten, und nehmen Sie unter der Überschrift **Bestellreferenzen** Eingaben in den folgenden Feldern vor:

- **Referenzbelegtyp**: Hier wählen Sie **Bestellung/Lieferplan** aus der Liste.
- **Bestellung**: Hier tragen Sie die Nummer der Bestellung ein.

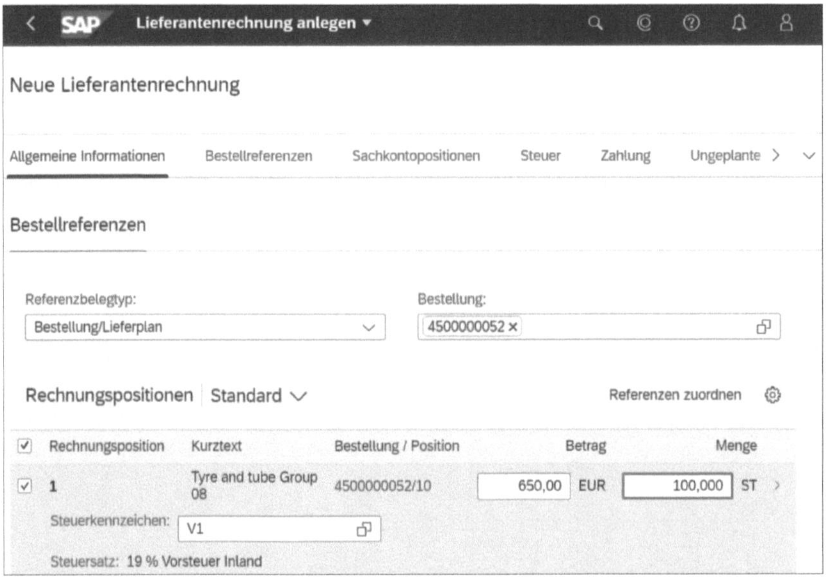

4 Nach der Bestätigung mit [↵] werden weitere Felder wie **Rechnungssteller** (entspricht dem Geschäftspartner) automatisch befüllt und darunter die Positionen mit Angaben von Material, Preis und Menge angezeigt.

Klicken Sie im Anschluss auf die Schaltfläche **Prüfen** im Footer.

5 Alles gut? Dann erscheint die Meldung »Die Rechnung wurde erfolgreich geprüft«, und Sie dürfen auf die Schaltfläche **Buchen** klicken.

6 Nach dem Abschluss der Buchung werden Sie gefragt, ob Sie eine weitere Rechnung erfassen wollen. Klicken Sie hier auf **Nein**.

INFO

Für Buchhalter*innen: Wo ist das Soll?

Buchhalter*innen werden jetzt stutzig, weil eine Buchung aus Soll *und* Haben bestehen sollte. Die Angaben zum Rechnungsbetrag und zum Rechnungssteller entsprechen der Haben-Buchung. Die Soll-Buchung auf die entsprechenden Hauptbuchkonten sehen Sie hier nicht. Sie erfolgt automatisch im Hintergrund, wie Sie später in Kapitel 14, »Finanzwesen: Geschäftsvorfälle buchen und auswerten«, sehen werden. Wenn Sie aber neugierig sind, klicken Sie im Footer der Erfassungsmaske auf die Schaltfläche **Simulieren**.

12.11 Eine Lieferantenrechnung anzeigen

Mit der App **Liste der Lieferantenrechnungen** lassen Sie sich die Rechnungsbelege der Materialwirtschaft anzeigen (der Buchhaltungsbeleg wird Ihnen in Kapitel 14, »Finanzwesen: Geschäftsvorfälle buchen und auswerten«, noch begegnen).

VIDEO

Eine Lieferantenrechnung anzeigen

In diesem Video sehen Sie, wie Sie sich eine Lieferantenrechnung anzeigen lassen.

http://s-prs.de/v7389ci

1. Starten Sie die App **Liste der Lieferantenrechnungen.**
2. Nach dem Start der App filtern Sie z. B. nach dem Buchungsdatum. Haben Sie den Beleg heute gebucht, geben Sie in das Feld **Buchungsdatum** das aktuelle Datum ein.
3. Nach einem Klick auf die Schaltfläche **Start** sehen Sie die Liste der entsprechenden Rechnungen.

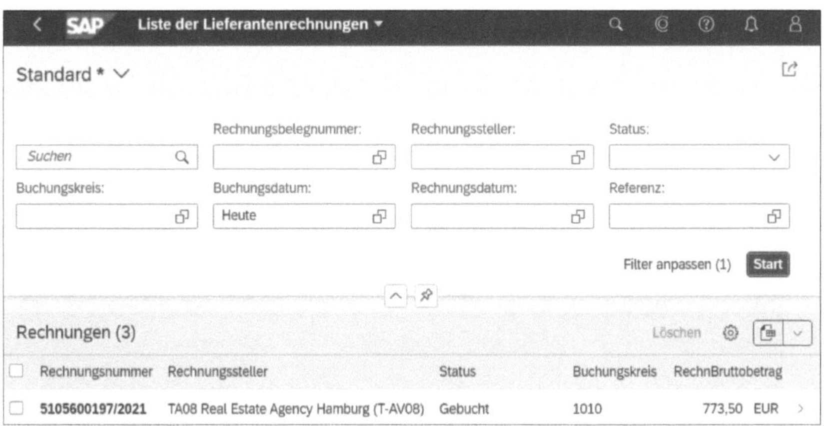

TIPP

So sparen Sie sich das Eintippen von Datumswerten

In einem Datumsfeld genügt die Eingabe von »H«. Der Buchstabe H wird automatisch durch das Wort »heute« ersetzt. Danach nehmen Sie sofort weitere Eingaben vor oder klicken auf die Schaltfläche **Start**. Dieser Trick klappt genauso mit der Eingabe von »G« für »gestern« oder von »M« für »morgen«.

Brauchen Sie die Rechnungen aus einem Zeitraum, beispielsweise aus den zurückliegenden sieben Tagen? Dann tippen Sie einfach eine Zahl ein, beispielsweise »7«, und SAP S/4HANA schlägt den Eintrag **Letzte 7 Tage** vor.

4 Wenn Sie in der Liste auf eine Rechnungsnummer klicken, sehen Sie anschließend die detaillierten Infos zu eben dieser Rechnung.

5 Klicken Sie rechts oben auf die Schaltfläche **Buchungsbelege**. In Ihrem Browser öffnet sich ein neuer Tab, in dem der Prozessablauf mit seinen Belegen dargestellt wird, wobei jedoch der Materialbeleg für den Wareneingang unterschlagen wird.

> **TIPP**
>
> **So kommen Sie schneller in den Prozessablauf**
>
> Für die Prozessabläufe gibt es auch direkt aufrufbare Apps. Die App **Prozessablauf anzeigen – Kreditorenbuchhaltung** zeigt Belege des Prozesses *Purchase-to-Pay*, und die App **Prozessablauf anzeigen – Debitorenbuchhaltung** zeigt die Belege des Prozesses *Order-to-Cash*.
>
> Nach dem Start dieser Apps brauchen Sie nur eine beliebige Belegnummer einzugeben, wie beispielsweise eine Auftragsnummer oder eine Bestellnummer, diese mit der Schaltfläche **Start** zu bestätigen, und schon sehen Sie das jeweilige Prozessdiagramm.

6 Klicken Sie auf die Nummer des Belegs unter dem Punkt **Buchhaltung** (rechts).

7 Nun werden weitere Informationen zu diesem Buchhaltungsbeleg eingeblendet, z. B. das Fälligkeitsdatum der Rechnung.

8 Klicken Sie auf die Schaltfläche **Schließen** und danach auf das Icon SAP oben links. Damit sind Sie wieder auf der Startseite des SAP Fiori Launchpads.

Bravo, nun haben Sie einen ersten vollständigen Prozess durchgespielt! Den Beschaffungsprozess gibt es jedoch in vielen Varianten, beispielsweise als Bestellung von Dienstleistungen oder mit einem Lieferabruf zu einem Lieferplan. Das alles würden wir Ihnen gerne zeigen, es würde jedoch den Rahmen eines Grundlagenbuchs sprengen. Unser Ziel war es, Ihnen am Beispiel eines gängigen Prozesses ein grundlegendes Verständnis für Abläufe in SAP S/4HANA zu vermitteln und Ihnen gleichzeitig die Möglichkeit zu geben, Praxiserfahrung beim Handling der Apps zu sammeln.

INFO

Mehr zum Thema Materialwirtschaft ...

... erfahren Sie im Buch »Einkauf mit SAP: Der Grundkurs für Einsteiger und Anwender« von Tobias Then (SAP PRESS 2014).

13 Vertrieb: Vom Auftrag bis zur Faktura

Haben Sie das letzte Kapitel mit dem Prozess *Purchase-to-Pay* (P2P) durchexerziert? Dann werden Sie sich in diesem Kapitel mit dem Prozess *Order-to-Cash* (Abkürzung: O2C) leichter tun. Er verläuft ähnlich, nur »spiegelverkehrt«! Statt einer Bestellung erfassen Sie einen *Auftrag*, statt einem Wareneingang einen *Warenausgang* und anstelle einer Eingangsrechnung eine *Ausgangsrechnung*.

Als Erfasser*in sollten Sie wissen, dass Ihr Auftrag die Grundlage für die Lieferung und die spätere Faktura ist – und umgekehrt sollten Buchhalter*innen verstehen, dass die Daten der zu verbuchenden Kundenrechnung aus dem ursprünglichen Auftrag kommen. Alle sollten über ihren Tellerrand hinausblicken, denn so lassen sich Fehler vermeiden und Unstimmigkeiten besser klären. Deshalb klicken Sie bitte die Anleitungen mit, auch wenn einige Themen nicht zu Ihrem Fachbereich gehören. Um Wiederholungen zu vermeiden, gehen wir in diesem Kapitel außerdem davon aus, dass Sie das letzte Kapitel kennen.

In diesem Kapitel lernen Sie,

- aus welchen Teilprozessen der Prozess *Order-to-Cash* besteht,
- wie Sie die Kundendaten eines Geschäftspartners (Business Partner) anzeigen und ändern,
- wie Sie die Verkaufsdaten eines Materials anzeigen,
- wie Sie einen Auftrag anlegen,
- wie Sie eine Auslieferung durchführen,
- wie Sie eine Ausgangsrechnung erstellen.

13.1 Der Prozess »Order-to-Cash«

Die folgende Abbildung zeigt Ihnen den grundlegenden Ablauf und die Belege des Geschäftsprozesses *Order-to-Cash*, in dem ein Lagermaterial verkauft wird.

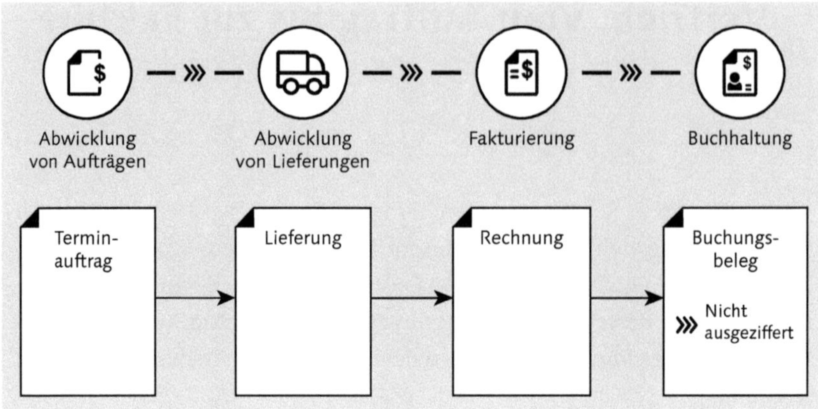

Teilprozesse und Belege des Geschäftsprozesses »Order-to-Cash«

Auch hier haben wir wieder eine kleine Geschichte, die Sie durch die folgenden Abschnitte begleiten wird. Unser Unternehmen hat auf ein Angebot den Zuschlag erhalten, und die schriftliche Bestellung des Kunden liegt vor.

Kundenanfragen und Angebote als Presales-Belege könnten auch mit dem Modul Vertrieb (SD) erstellt und verwaltet werden. In der Praxis wird hierzu jedoch häufiger eine spezielle CRM-Software eingesetzt. CRM steht für *Customer Relationship Management*.

1 Unser Beispiel beginnt im *Verkauf* mit der Auftragserfassung. Viele Daten müssen nicht eingegeben werden, in der Regel nur die Kunden- und die Materialnummer sowie die Menge. Auf der Basis der Kunden- und Materialstammdaten ergänzt SAP S/4HANA viele weitere Daten wie die Materialbezeichnung und die Anlieferadresse.

2 Damit Sie das Material versenden können, legen Sie eine *Auslieferung* an.

3 Nach der Bereitstellung für den Versand wird das Material im Auslieferungsbeleg kommissioniert. Kommissionierung bedeutet, dass es aus dem Lagerplatz entnommen wurde und versandfertig ist.

4 Auf der Basis des Auslieferungsbelegs erfolgt der *Warenausgang*. Hierbei entsteht ein Materialbeleg und wie beim Wareneingang zusätzlich ein Buchhaltungsbeleg. Beide Belege werden im obigen Prozessdiagramm von SAP leider nicht dargestellt.

5 Nun erfolgt die *Abrechnung*. Bei der Faktura wird die *Ausgangsrechnung* (Debitorenrechnung) an den Kunden (Debitor) erstellt. Dazu brauchen Sie die im Auftrag erfassten Daten natürlich nicht noch einmal neu einzu-

geben. SAP S/4HANA holt sich die hierzu erforderlichen Daten aus den Kundenstammdaten, den Materialstammdaten und den Auftragsdaten.

Gleichzeitig mit dem Rechnungsbeleg für das Modul Vertrieb (SD) entsteht beim Speichern der Rechnung automatisch ein zweiter Beleg für das Modul Finanzwesen (FI). Dieser wird später für die Bezahlung der Rechnung benötigt.

6 Jetzt ist die *Debitorenbuchhaltung* (FI-AR), andere Bezeichnung: *Kundenbuchhaltung*, am Zug: Sie überwacht die Bezahlung, erstellt gegebenenfalls Mahnungen und bucht die Zahlung Ihrer Ausgangsrechnung. Solange keine Zahlung erfolgt ist, ist der Beleg noch nicht ausgeziffert.

Betroffen von diesem Prozess sind die in der Tabelle aufgeführten Komponenten.

Teilprozess	Komponente (in Klammern die englische Bezeichnung)	Abkürzung der Komponente
Auftragserfassung	Verkauf (Sales)	SD-SLS
Auslieferung und Kommissionierung	Versand (Shipping)	SD-SHP
Warenausgang	Bestandsführung (Inventory Management)	MM-IM
Ausgangsrechnung	Faktura (Billing)	SD-BIL
Mahnung und Bezahlung der Rechnung	Debitorenbuchhaltung (Accounts Receivable)	FI-AR

Komponenten im Geschäftsprozess »Order-to-Cash«

13.2 Organisationseinheiten

Aus Abschnitt 1.3, »Aufbau eines Unternehmens im SAP-System«, in der Einleitung kennen Sie bereits den *Buchungskreis*, der einem Unternehmen entspricht, und die *Verkaufsorganisation*. Gibt es mehrere Vertriebsregionen, können diese nach Verkaufsorganisationen untergliedert werden. Jede Verkaufsorganisation kann wiederum aus mehreren Abteilungen bestehen, die sich nach den Organisationseinheiten *Vertriebsweg* und *Sparte* unterscheiden lassen.

Vertriebsweg

Die Organisationseinheit *Vertriebsweg* kennzeichnet den Weg, auf dem die Produkte zu den Kunden gelangen, z. B. über den Direktverkauf oder den Großhandel.

Sparte

Die Sparte wird im Hinblick auf die vertriebliche Zuständigkeit oder Gewinnverantwortung von Produktgruppen gebildet. Beispiele für Sparten sind Motorräder, Dienstleistungen oder Nahrungsmittel.

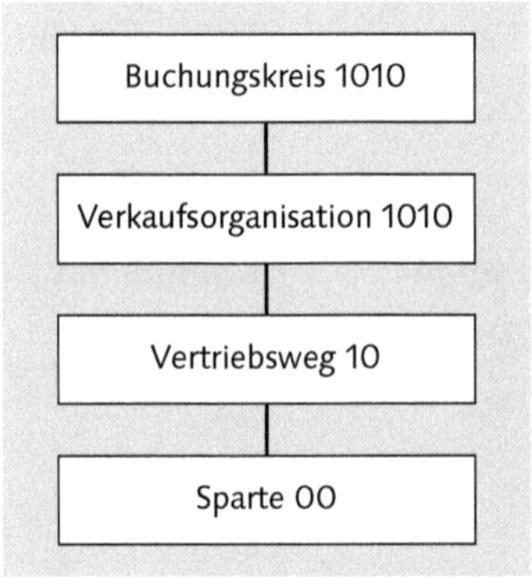

Buchungskreis 1010 mit den Organisationseinheiten Verkaufsorganisation, Vertriebsweg und Sparte

Vertriebsbereich

Ein *Vertriebsbereich* ergibt sich aus einer kompletten Kombination von Verkaufsorganisation, Vertriebsweg und Sparte. Er entspricht einer einzelnen Verkaufsabteilung. Stellen Sie sich jeden Vertriebsbereich als eigene Verkaufsabteilung vor, die unterschiedliche Daten für den Kunden in SAP S/4HANA pflegen kann, z. B. unterschiedliche Zahlungsbedingungen oder auch unterschiedliche Preise.

Sie fragen sich vielleicht, wofür es diese ganzen Unterteilungen in den Organisationseinheiten gibt. Ein wichtiger Grund ist, dass das Unternehmen auf der Basis dieser Unterteilungen genaue Auswertungen vornehmen kann: Umsatzanalysen und Verkaufsstatistiken in beliebigen Kombinationen, getrennt nach Verkaufsorganisationen, Sparten und Vertriebswegen. Damit diese Auswertungen möglich sind, zwingt Sie SAP S/4HANA bei der Erfassung von Aufträgen zur Angabe dieser Organisationseinheiten.

INFO

Ihre Organisationseinheiten im Vertrieb

Wir möchten Ihnen ein Beispiel geben, das den Organisationseinheiten im Trainingssystem Live Access entspricht. Der Vertriebsbereich 1010/10/00 setzt sich aus folgenden Organisationseinheiten zusammen:

- Verkaufsorganisation 1010 – Deutschland
- Vertriebsweg 10 – Direktverkauf
- Sparte 00 – spartenübergreifend

13.3 Voreinstellungen

Wie in Kapitel 12, »Materialwirtschaft: Die Beschaffung koordinieren«, nehmen Sie nun einige Voreinstellungen vor, die Ihren Tippaufwand reduzieren. Zur Erfassung von Aufträgen nutzen Sie eine fiorisierte Transaktion (Legacy-App), nur werden dort die Standardwerte aus SAP Fiori leider nicht berücksichtigt. Deshalb erfolgen die Voreinstellungen dieses Mal in den Benutzervorgaben der SAP-GUI-Transaktion SU3 (Benutzer eigene Daten pflegen). Für diese Transaktion gibt es jedoch im Standardsystem keine App, die Sie aufrufen könnten. Müssen Sie dazu also extra ins SAP GUI? Nein, denn mit dem folgenden Trick starten Sie SAP-GUI-Transaktionen auch ohne Kacheln direkt in SAP Fiori!

Das Befehlsfeld einblenden

Vielleicht erinnern Sie sich an Abschnitt 9.4, »Einstellungen für Legacy-Apps«, in dem wir Ihnen bereits gezeigt haben, wie Sie das Befehlsfeld für Legacy-Apps aktivieren.

VIDEO

Standardwerte für den Prozess »Order-to-Cash« definieren

In diesem Video sehen Sie, wie Sie Standardwerte für den Prozess *Order-to-Cash* definieren.

http://s-prs.de/v7389cj

1 Starten Sie eine beliebige Legacy-App in SAP Fiori. In unserem Beispiel nutzen wir die App **Kundenaufträge anlegen**.

2 Im Einstiegsbild sollen die Felder **Auftragsart**, **Verkaufsorganisation**, **Vertriebsweg** und **Sparte** vorbelegt werden. Hierzu benötigen Sie die SAP-GUI-Transaktion SU3 (Benutzer eigene Daten pflegen).

Damit Sie diese in SAP Fiori starten können, blenden Sie – falls notwendig – das Befehlsfeld ein. Wählen Sie hierzu den Menüpfad **Mehr ▸ GUI-Aktionen und -Einstellungen ▸ Einstellungen**.

3 Im Fenster **SAP GUI for HTML – Einstellungen** klicken Sie – wenn notwendig – auf das Register **Interaktionsdesign** und je nach Version zusätzlich auf **Visualisierung**. Hier setzen Sie für das Kennzeichen **OK-Code-Feld anzeigen** ein Häkchen. Es entspricht dem Befehlsfeld aus dem SAP GUI und hat hier lediglich eine andere Bezeichnung.

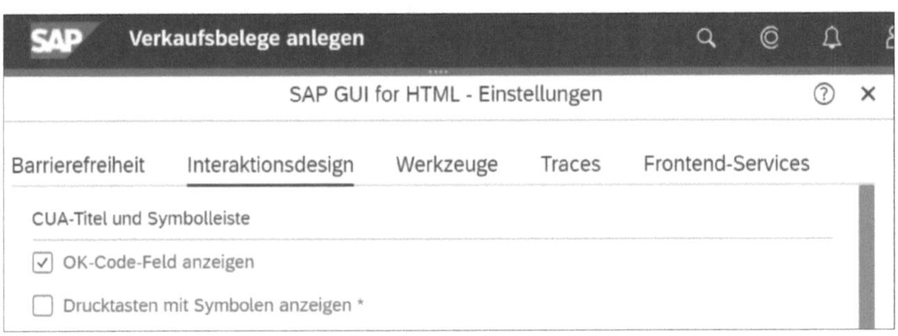

4 Bestätigen Sie die Einstellung im Footer mit der Schaltfläche **Sichern**.

Nun sehen Sie links oben das Feld **OK-Code**, das auf die Eingabe des ersten Transaktionscodes wartet.

Vorschlagswerte für Legacy-Apps setzen

1. Geben Sie links oben in das Feld **OK-Code** »/nSU3« ein, und bestätigen Sie dies mit [↵].
2. Klicken Sie auf das rechte Register mit der Bezeichnung **Parameter**.

3. Auf dem Register **Parameter** klicken Sie links in der Spalte **Set-/Get-Parameter-Id** in das erste freie Feld. Tragen Sie hier folgende Parameter-IDs und Parameterwerte ein:
   - Feld **Auftragsart**: Parameter-ID »AAT«, Parameterwert »TA«
   - Feld **Verkaufsorg.**: Parameter-ID »VKO«, Parameterwert »1010«
   - Feld **Vertriebsweg**: Parameter-ID »VTW«, Parameterwert »10«
   - Feld **Sparte**: Parameter-ID »SPA«, Parameterwert »00«
   - Feld **Buchungskreis**: Parameter-ID »BUK«, Parameterwert »1010«
   - Feld **Steuer rechnen**: Parameter-ID »XTX«, Parameterwert »X«
   - Feld **Werk**: Parameter-ID »WRK«, Parameterwert »1010«
4. Betätigen Sie die [↵]-Taste. Nun zeigt SAP S/4HANA in der dritten Spalte **Kurzbeschreibung** die Bedeutung der Parameter-IDs.
5. Speichern Sie Ihre Eingaben mit einem Klick auf die Schaltfläche **Sichern** rechts unten in der Footer-Zeile.

Auch für dieses Kapitel gelten unsere Hinweise zu den Trainingsdaten aus Abschnitt 12.3, »Voreinstellungen und Trainingsdaten«.

13.4 Der Kunde als Geschäftspartner

Den Geschäftspartnerstammsatz haben Sie bereits in Kapitel 12, »Materialwirtschaft: Die Beschaffung koordinieren«, kennengelernt. Deshalb konzentrieren wir uns hier speziell auf die Geschäftspartnerdaten, die als Kundendaten für den Vertrieb wichtig sind.

Wie Sie wissen, werden die vielen Daten eines Geschäftspartners mithilfe von *Rollen* auseinandergehalten. Diesmal nutzen Sie die Rolle **Geschäftspartner Kunde**.

Sie haben bereits die »echte« SAP-Fiori-App **Lieferantenstammdaten verwalten** kennengelernt, mit der Sie eine Liste der entsprechenden Geschäftspartner erhalten. Das Gegenstück dazu ist die App **Kundenstammdaten verwalten**, die nach den gleichen Regeln funktioniert und die wir deshalb hier nicht behandeln. Diesmal nutzen wir zum Anzeigen der Kundenstammdaten folgende Methoden:

- die Funktion Enterprise Search, mit der Sie sehr schnell einige wenige Grundinformationen wie die Postadresse und den Kundennamen anzeigen und von dort weiter in detaillierte Daten einer Objektseite verzweigen
- die Legacy-App **Geschäftspartner pflegen**, die der SAP-GUI-Transaktion BP (Geschäftspartner) entspricht

Kundendaten in der Objektseite anzeigen

Sie verwenden zur Anzeige von Kundendaten natürlich zuerst die schnelle Methode: die Anzeige einer speziellen *Objektseite* für Kunden mit der Enterprise-Search-Funktion:

1. Öffnen Sie die Enterprise Search mit einem Klick auf das Icon (**Suchen**) in der Shell Bar.
2. Klicken Sie in der Shell Bar auf das Icon . Damit öffnen Sie die Objektliste.

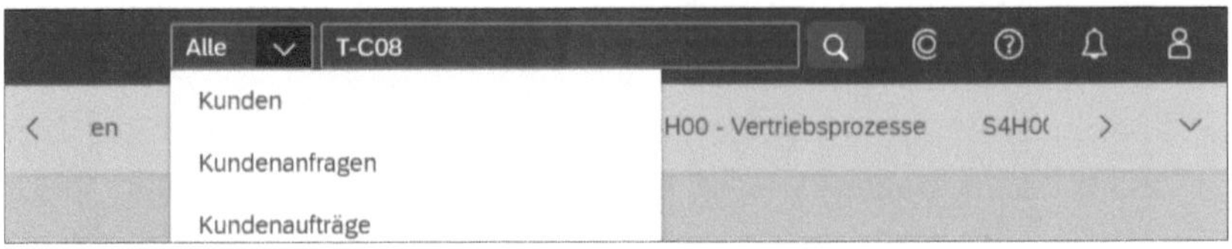

3 In der Liste scrollen Sie nach unten und klicken auf den Eintrag **Kunden**.

4 Geben Sie rechts daneben die Nummer des Kunden ein, und drücken Sie die [↵]-Taste.

5 Nun werden einige grundlegende Kundendaten angezeigt. Mit einem Klick auf den farbig hinterlegten Namen des Kunden oder auf dessen Nummer wechseln Sie in die Objektseite, die Ihnen viele weitere Informationen anzeigt.

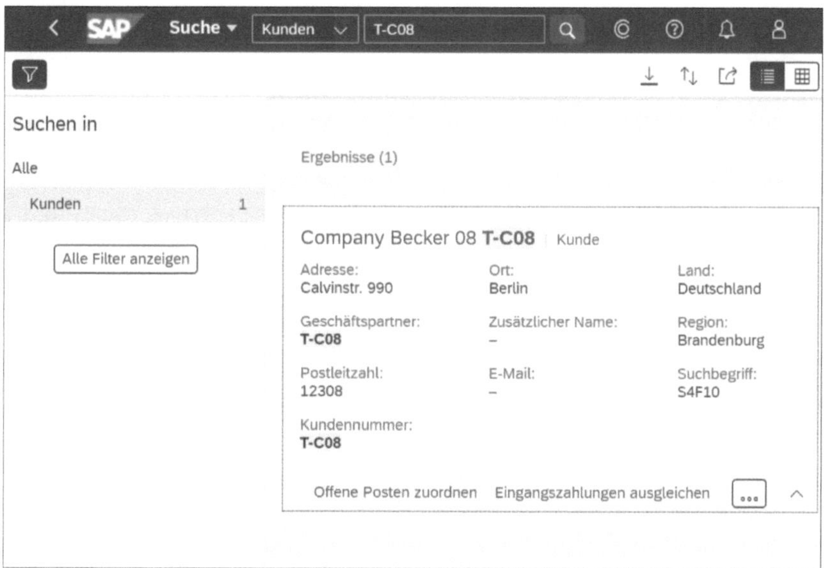

6 Über die Registerleiste oder indem Sie scrollen navigieren Sie zu den gewünschten Informationen:

- Im Register **Allgemeine Informationen** sehen Sie beispielsweise die Adresse oder Telefonnummern.
- Im Register **Vertriebsbereich** finden Sie mit den Angaben zu Verkaufsorganisation, Vertriebsweg und Sparte die Verkaufsabteilungen, die den Kunden betreuen.
- Das Register **Buchungskreis** zeigt Informationen für die Kolleg*innen in der Buchhaltung an.

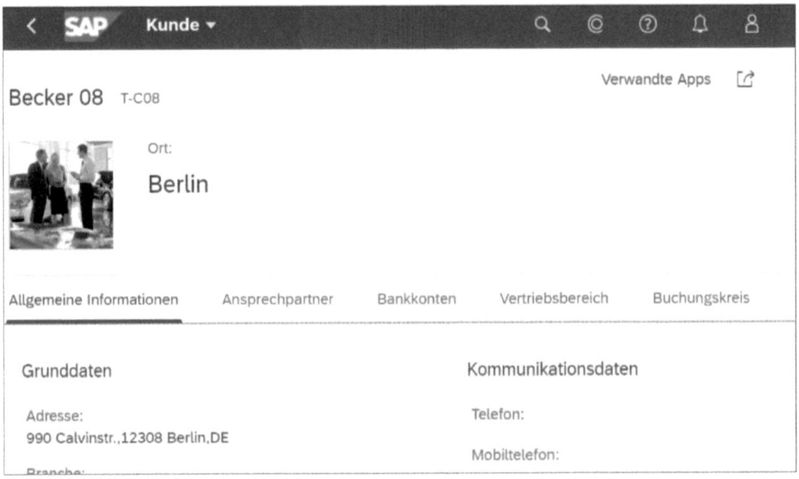

7 Mit einem Klick auf das Icon SAP verlassen Sie die Objektseite und gelangen zurück zur Launchpad-Startseite.

In der Objektseite können jedoch keine Daten geändert werden – das geht nur im Geschäftspartnerstammsatz. Kundendaten statt über die Objektseite im Geschäftspartnerstammsatz anzuzeigen, ist etwas aufwendiger. jedoch manchmal notwendig, denn die Objektseite zeigt nicht alle Informationen des Geschäftspartnerstammsatzes, u. a. sehen Sie hier keine Zahlungsbedingungen.

Kundendaten mit einer Legacy-App anzeigen und ändern

Lassen Sie uns diesmal die Legacy-App **Geschäftspartner pflegen** nutzen, die im SAP GUI der Transaktion BP (Geschäftspartner) entspricht.

VIDEO

Kundenstammdaten anzeigen und ändern

In diesem Video sehen Sie, wie Sie mit der SAP-Fiori-App **Geschäftspartner pflegen** Kundenstammdaten anzeigen und ändern.

http://s-prs.de/v7389ck

1 Starten Sie die App **Geschäftspartner pflegen**.

2 Wenn Sie links die Register **Arbeitsvorrat** und **Suche** sehen, klicken Sie links oben auf die Schaltfläche **Locator ein/aus**. So schalten Sie den linken Bildteil mit der Bezeichnung **Locator** aus und haben den gleichen Stand wie in unserem Buch.

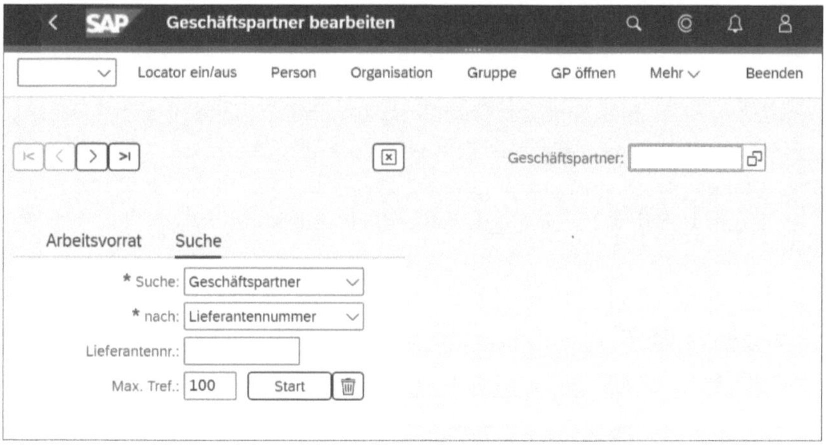

3 Geben Sie im Feld **Geschäftspartner** die Kundennummer ein, oder suchen Sie sich mit dem Icon [icon] am rechten Feldrand eine Nummer heraus.

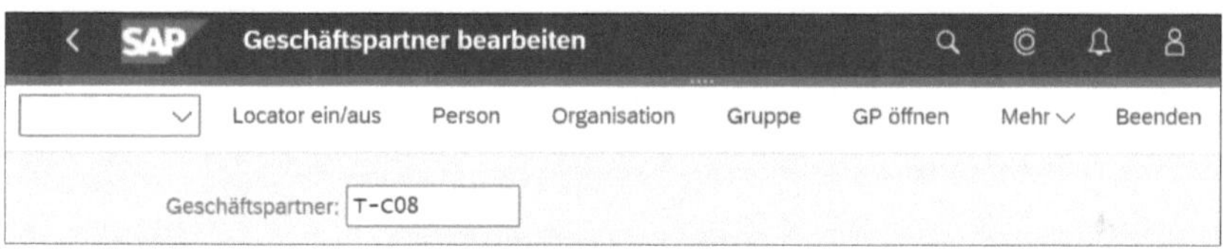

4 Bestätigen Sie die Nummer mit der [↵]-Taste. Damit befinden Sie sich in der Maske mit den Detaildaten. Hier sehen Sie die allgemeinen Daten, wie Sie am Eintrag im zweitobersten Feld **Anzeigen in GP-Rolle** erkennen können.

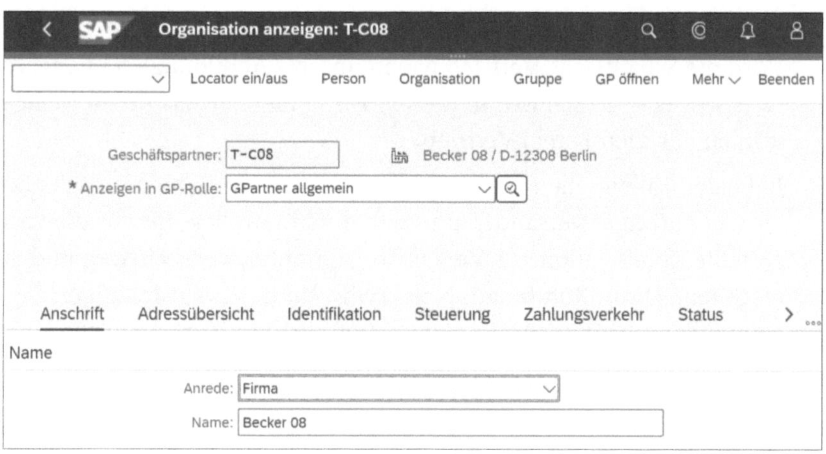

INFO

Was waren nochmal allgemeine Daten?

Den Begriff *allgemeine Daten* kennen Sie vielleicht noch aus Abschnitt 12.4, »Der Lieferant als Geschäftspartner«. Es handelt sich hierbei um die Daten, die – wie beispielsweise die Hauptadresse – für alle Abteilungen gleich sind. Im Gegensatz dazu gibt es die *Vertriebsdaten*, die für jeden Vertriebsbereich unterschiedlich sein können.

5 Um die Vertriebsdaten zu sehen, klicken Sie rechts neben dem Feld **Anzeigen in GP-Rolle** auf das Icon ☑ und wählen aus der Liste den Eintrag **Kunde**.

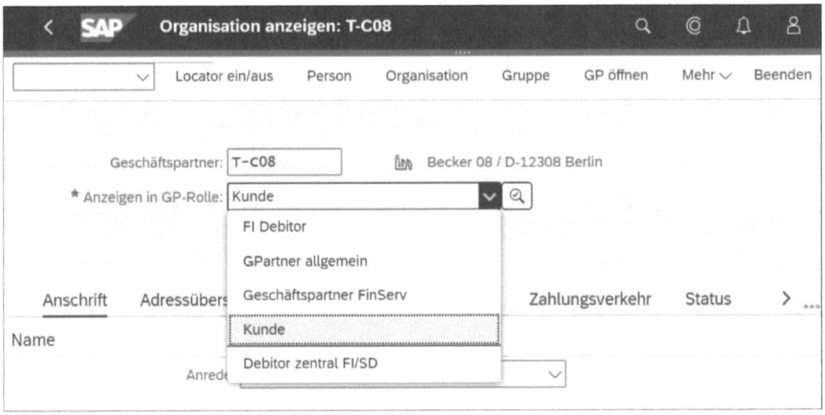

6 Unser »Rollenspiel« ist noch nicht zu Ende, denn Sie wollen ja die Vertriebsdaten der Rolle **Kunde** sehen. Erst mit einem Klick auf die Schaltfläche **Vertrieb** im Header bzw. die Option **Vertrieb** im **Mehr**-Menü zeigt Ihnen SAP S/4HANA die entsprechenden Daten an.

Wird die Schaltfläche **Vertrieb** wie in unserer Abbildung nicht angezeigt, ist das Fenster zu schmal. In diesem Fall öffnen Sie das Menü **Mehr** und wählen dort den Befehl **Vertrieb**.

In beiden Fällen sehen Sie unten nun mehrere vertriebsspezifische Register wie **Aufträge**, **Versand**, **Faktura** und **Partnerrollen**, die für die voreingestellte Kombination aus Verkaufsorganisation, Vertriebsweg und Sparte gelten. Diese Kombination ist Dank Ihrer Voreinstellungen bereits ausgefüllt, und sie sehen Sie unter Überschrift **Vertriebsbereich**.

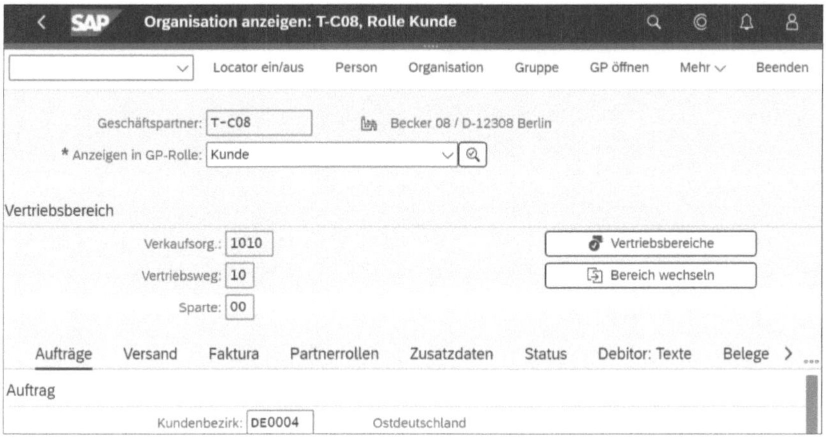

7 Klicken Sie auf das Register **Faktura**. Dieses Register zeigt die *Incoterms* sowie weiter unten die *Zahlungsbedingungen*. Diese Angaben sowie weitere Felder werden später in den Auftrag übernommen.

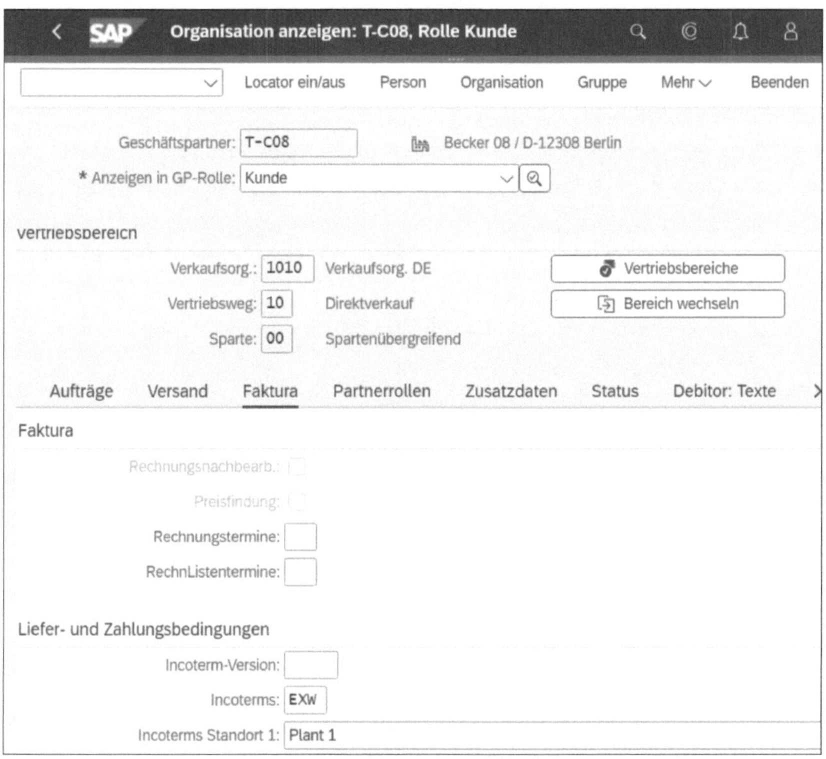

8 Klicken Sie auf das Register **Partnerrollen**. Hier sehen Sie, dass der Auftraggeber auch gleichzeitig der Warenempfänger und Regulierer ist.

INFO

Partnerrollen

Dazu ein Beispiel: Sie schenken Ihrer Schwiegermutter einen Blumenstrauß und bestellen diesen bei einem Blumenversender wie Fleurop. Sie haben bei Fleurop die Partnerrollen **Auftraggeber** und **Regulierer**. Die Schwiegermutter hat die Rolle **Warenempfänger**, da hierfür eine eigene Adresse benötigt wird. Für diese Rolle wird ein eigener Kundenstammsatz angelegt, und dessen Stammsatznummer wird hier im Register **Partnerrollen** eingetragen.

9 Mit der App **Geschäftspartner pflegen** und der entsprechenden SAP-GUI-Transaktion BP (Geschäftspartner) können Sie Daten sowohl anzeigen als auch ändern und neu anlegen.

Standardmäßig befinden Sie sich im Anzeigemodus. In den Änderungsmodus wechseln Sie mithilfe des Menüpfads **Mehr ▸ Geschäftspartner ▸ Anzeigen <-> Ändern**. Hierzu müssen Sie bereits Geschäftspartnerstammdaten anzeigen. Im Änderungsmodus angekommen, wandert Ihr Blick in die untere rechte Fensterecke. Hier sehen Sie die zwei zusätzlichen Schaltflächen **Sichern** und **Abbrechen**, mit denen Sie die Änderung abschließen oder zurücksetzen können.

10 Klicken Sie zum Abschluss auf das Icon SAP in der Shell Bar. Damit befinden Sie sich wieder auf der Startseite des SAP Fiori Launchpads.

Kundendaten werden gemeinsam von Buchhaltung und Vertrieb genutzt. In der Regel werden zuerst die Vertriebsdaten mit der Rolle **Kunde** angelegt und die Buchhaltungsdaten mit der Rolle **Kunde (Finanzbuchh.)** später ergänzt. Oft gibt es auch eigene Abteilungen zur Stammdatenpflege, die für alle Daten verantwortlich sind. Letzteres wird als *zentrale Datenpflege* bezeichnet.

INFO

Umsteigen von SAP ERP auf SAP S/4HANA

Im Vorgängersystem SAP ERP mussten Kunden- und Lieferantenstammdaten separat und mit verschiedenen Transaktionen gepflegt werden. Gab es dort einen Lieferanten, der gleichzeitigt Kunde war, wurden zwei unterschiedliche Stammsätze mit jeweils einer eigenen Kunden- und Lieferantennummer erfasst. Änderte sich beispielweise die Adresse, musste diese an beiden Stellen nachgepflegt werden. Umständlich!

In SAP S/4HANA können Kunden- und Lieferantenstammdaten desselben Geschäftspartners zentral unter einer Geschäftspartnernummer verwaltet und in einer Transaktion gepflegt werden. Ein Geschäftspartner kann in Prozessen unter der gleichen Nummer sowohl als Lieferant als auch als Kunde verwendet werden.

Im SAP GUI gibt es die Transaktionscodes für Kundenstammdaten, die mit FD0, XD0, oder VD0 beginnen, zwar noch, jedoch werden Sie bei Aufruf dieser Transaktionen normalerweise direkt in die Transaktion BP (Geschäftspartner) geleitet.

13

Kundendaten über die Liste anzeigen und ändern

In Abschnitt 12.4, »Der Lieferant als Geschäftspartner«, haben Sie die »echte« Fiori-App **Lieferantenstammdaten verwalten** verwendet. Genauso gibt es eine App **Kundenstammdaten verwalten**. Neben abweichenden Feldern sind gegenüber den Lieferantendaten nur zwei grundlegende Unterschiede im Ablauf zu verzeichnen:

- Direkt nach dem Aufrufen der App filtern Sie die Geschäftspartner mithilfe der Rolle **Kunde**.

- In den Details nutzen Sie anstelle des Registers **Einkaufsorganisationen** das Register **Vertriebsbereiche**, um dort mit dem Icon [>] zu den vertriebsspezifischen Daten zu wechseln.

13.5 Vertriebsdaten im Materialstamm anzeigen

Bevor Sie Ihren ersten Auftrag anlegen, wollen Sie sich über das Material informieren, das Sie in diesem Auftrag verkaufen. Wie Sie bereits aus Abschnitt 12.5, »Einkaufsdaten im Materialstamm anzeigen«, wissen, führen drei Wege in den Materialstamm:

- Mit der »echten« Fiori-App **Produktstammdaten verwalten** erhalten Sie eine Liste von Materialien.
- Über die Enterprise Search können Sie einige wenige Grundinformationen wie das Gewicht oder den Hersteller anzeigen.
- Mit der Legacy-App **Material anzeigen** zeigen Sie alle Informationen für einen Materialstamm an.

Die einzelnen Bestandteile des Materialstammsatzes werden als *Sichten* bezeichnet. Im Prozess *Order-to-Cash* sind folgende Sichten interessant, die Sie gleich danach zur Anzeige aufrufen:

- **Vertrieb: VerkaufsorgDaten 1** mit Informationen zu Sparte, Auslieferungswerk und Ausgangssteuer
- **Vertrieb: allg./Werk** mit Informationen zu Gewicht, Versanddaten und Verfügbarkeitsprüfung

In SAP Fiori zeigen wir Ihnen mit der Legacy-App **Material anzeigen**, wie Sie vertriebsrelevante Daten anzeigen. Im SAP GUI verwenden Sie dazu die Transaktion MM03 (Material anzeigen), die nach dem gleichen Muster funktioniert.

VIDEO

Den Materialstamm mit einer Legacy-App anzeigen
In diesem Video zeigen wir Ihnen, wie Sie sich mit der Legacy-App **Material anzeigen** über Materialstammdaten für den Vertrieb informieren.
http://s-prs.de/v7389cm

1 Starten Sie die App **Material anzeigen**.

2 Im Einstiegsbild geben Sie die Materialnummer ein und bestätigen diese mit der [↵]-Taste.

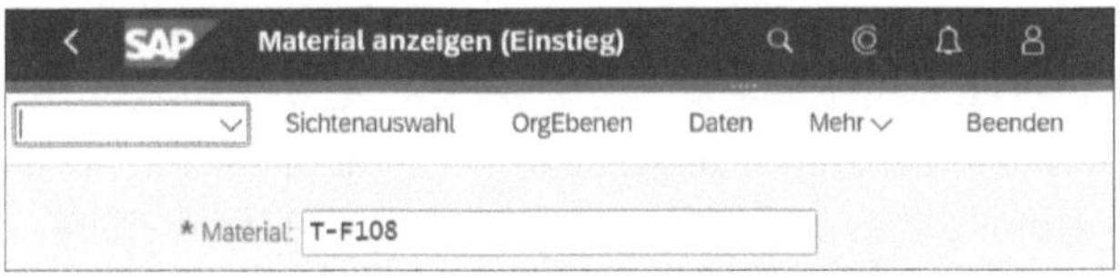

3 SAP S/4HANA zeigt Ihnen die Sichten, die für dieses Material angelegt wurden. Im Fenster **Sichtenauswahl** markieren Sie die Sichten **Vertrieb: VerkaufsorgDaten 1** und **Vertrieb: allg./Werksdaten**. Danach bestätigen Sie Ihre Auswahl mit der [↵]-Taste.

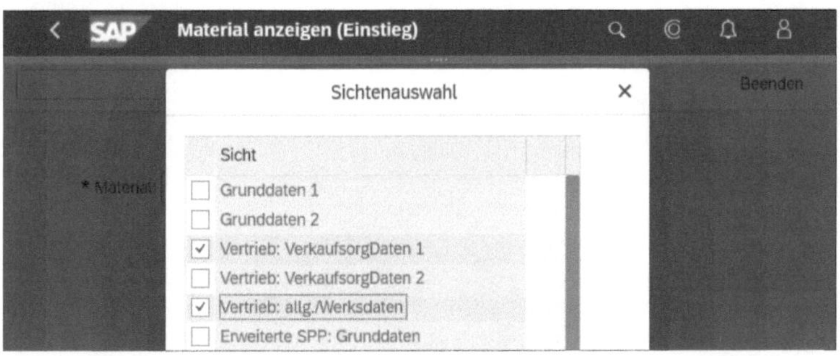

4 SAP S/4HANA verlangt nun die Eingabe der *Organisationsebenen* (ein anderer Begriff für Organisationseinheiten). Geben Sie »1010« in das Feld **Werk**, »1010« in das Feld **Verkaufsorganisation** und »10« in das Feld **Vertriebsweg** ein. Auch diese Eingaben bestätigen Sie mit [↵].

TIPP

So finden Sie die Organisationseinheiten mit gepflegten Materialstammdaten ...

Materialstammdaten sind nicht immer für alle Organisationseinheiten gepflegt. Wenn Sie beispielsweise wissen wollen, durch welche Verkaufsorganisationen ein Material verkauft werden kann, klicken Sie einfach in dieses Feld und danach auf das Icon [⧉] für die Eingabehilfe.

5 SAP S/4HANA zeigt das Register **Vertrieb: VerkOrgDaten 1** mit Informationen zu Sparte, Mengeneinheiten, Auslieferungswerk und weiter unten zur Ausgangssteuer an. Nach Betätigung der [↵]-Taste ...

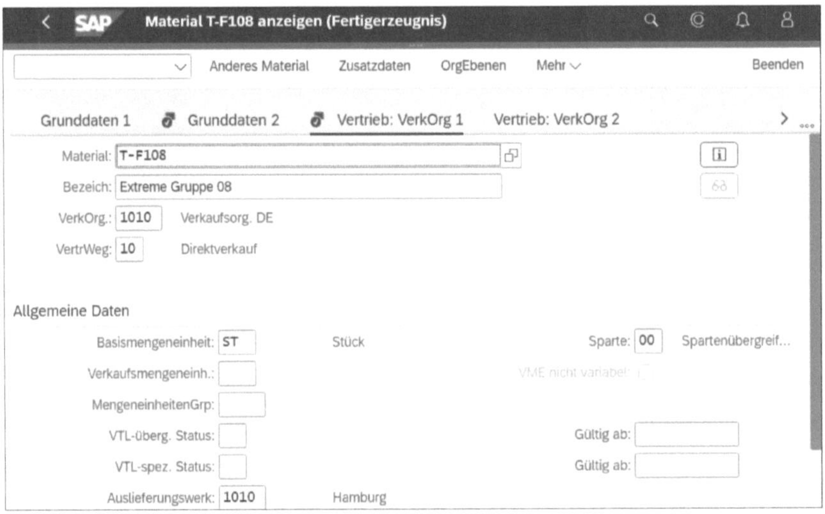

6 ... sehen Sie das Register **Vertrieb: allg./Werk** mit Informationen zu Gewicht und Verfügbarkeitsprüfung sowie weiter unten zu den Versand- und Verpackungsdaten.

INFO

Materialstammdaten zum Vertrieb in der SAP-Fiori-App »Produktstammdaten verwalten«

Auch die »echte« Fiori-App **Produktstammdaten verwalten** zeigt die oben genannten Materialstammdaten zum Vertrieb. Die Daten sind dort jedoch anders gruppiert als in der App **Material anzeigen**. Nachdem Sie aus der Liste in ein einzelnes Material gewechselt sind, finden Sie die entsprechenden Informationen dort z. B. auf den Registern **Verkauf** und **Vertriebslinien**. Bei diesen Registern klicken Sie auf das Icon [>], um zu den gewünschten Daten zu gelangen.

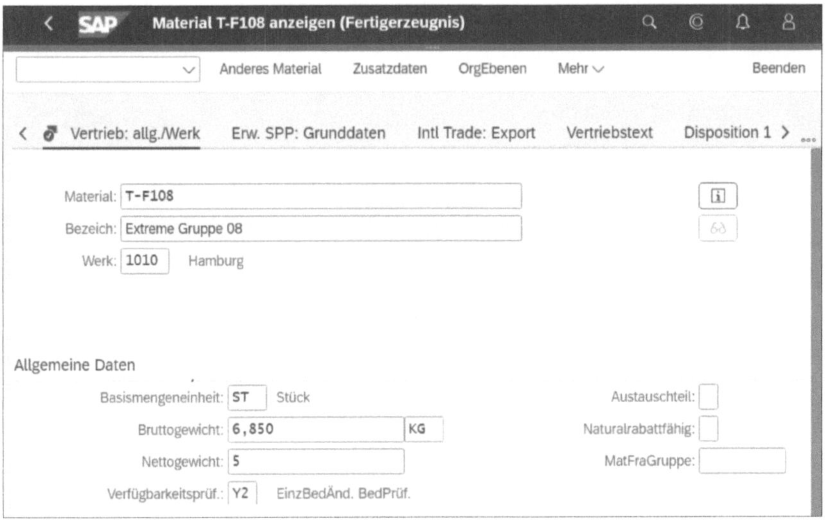

7 Klicken Sie auf das Icon SAP in der Shell Bar, und Sie befinden sich wieder auf der Launchpad-Startseite.

13.6 Einen Kundenauftrag anlegen

Das Erfassen des Kundenauftrags erfordert nicht viel Tippaufwand, wenn Sie gut gepflegte Stammdaten und Vorschlagswerte haben. Sie benötigen folgende Daten:

- die Auftragsart, die bestimmt, ob der Auftrag beispielsweise ein Terminauftrag mit einer Lieferung, ein Barverkauf ohne Lieferung oder ein Reparaturauftrag ist
- die Organisationseinheiten Verkaufsorganisation, Vertriebsweg und Sparte, die in der Praxis meistens gleich sind, weshalb Sie hierfür Vorschlagswerte einstellen konnten
- die Kunden- und die Materialnummer sowie die Menge des Materials, anhand derer viele weitere Auftragsfelder mit Daten aus den Stammsätzen gefüllt werden
- die Nummer und das Datum der Kundenbestellung

Nun starten wir die Erfassung des Auftrags mit der Legacy-App **Kundenaufträge anlegen**, die im SAP GUI der gleichnamigen Transaktion VA01 (Kundenaufträge anlegen) entspricht.

VIDEO

Einen Kundenauftrag anlegen

In diesem Video sehen Sie, wie Sie einen neuen Kundenauftrag erstellen.

http://s-prs.de/v7389cn

1 Starten Sie die App **Kundenaufträge anlegen**.

2 Im Einstiegsbild benötigen Sie in unserem Beispiel im Feld **Auftragsart** den Eintrag »TA« für Terminauftrag. Darunter bestimmen Sie in den Feldern **Verkaufsorganisation**, **Vertriebsweg** und **Sparte** die Organisationseinheiten, zu denen der Auftrag gehört. Bei entsprechender Voreinstellung sind alle Felder vorbelegt.

INFO

Anlegen mit Bezug

Genauso wie Bestellungen können auch Aufträge mit Bezug zu anderen Belegen erfasst werden, aus denen die Informationen in den Auftrag kopiert werden. Dazu gehören folgende Belege:

- Anfragen und Angebote
- andere Aufträge oder Fakturen (Ausgangsrechnungen); dies lohnt sich insbesondere bei Aufträgen mit vielen Positionen
- Verkaufskontrakte oder Vertriebslieferpläne, aus den Lieferungen abgerufen werden können

In unserem Beispiel haben Sie jedoch noch keinen Beleg, zu dem Sie einen Bezug herstellen können.

3. Bestätigen Sie die Eingaben mit der Schaltfläche **Weiter**. Damit gelangen Sie in die Erfassungsmaske **Terminauftrag anlegen**.

4. Hier geben Sie oben erst einmal im Feld **Auftraggeber** die Kundennummer ein. Das Feld **Warenempfänger** dürfen Sie leer lassen.

   In das Feld **Kundenreferenz** geben Sie eine beliebige Nummer als Bestellnummer des Kunden ein, und in das Feld **Kundenref.datum** das aktuelle Datum als Bestelldatum. (By the way: Kennen Sie den Trick für Legacy-Apps und SAP-GUI-Transaktionen, wie Sie ruckzuck das aktuelle Datum bestimmen? Sie drücken einfach nacheinander die Tasten [F4] und [F2]!) Bestätigen Sie Ihre bisherigen Eingaben mit der [↵]-Taste.

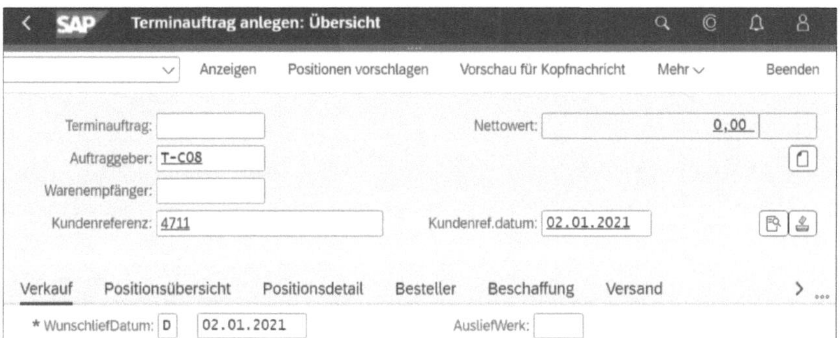

> **INFO**
>
> **Was passiert nach der Bestätigung?**
>
> Mit der Bestätigung durch [↵] werden auf der Basis der Kundenstammdaten viele weitere Felder wie **Warenempfänger**, **Zahlungsbeding.** und **Incoterms** durch SAP S/4HANA automatisch ausgefüllt – alles Felder, die Sie bei gut gepflegten Stammdaten nicht selbst ausfüllen müssen.

5. Scrollen Sie nun – wenn notwendig – ganz nach unten. Dort sehen Sie eine Tabelle mit der Überschrift **Alle Positionen** (siehe die Abbildung auf der nächsten Seite). Ignorieren Sie die vielen Spalten. Sie brauchen hier nur die Materialnummer in der Spalte **Material** und die Stückzahl in der Spalte **Auftragsmenge** einzutragen.

6. Mit einem Klick auf die Schaltfläche **Sichern** im Footer speichern Sie den Auftrag. Das war's auch schon! Nach dem Speichern erscheint die Erfolgsmeldung »Terminauftrag ### wurde gesichert«. Notieren Sie sich die Auftragsnummer, die Ihnen im Footer angezeigt wird.

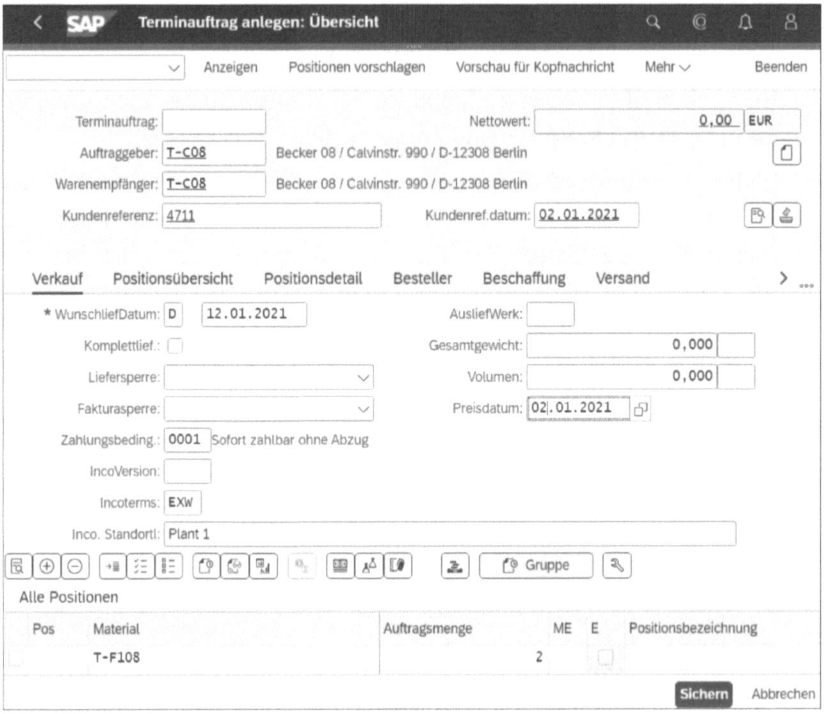

7 Wechseln Sie mit dem Icon SAP zurück auf Ihre Launchpad-Startseite.

13.7 Auftragsliste und Auftragsbestätigung anzeigen

Ihr Kunde wartet auf Ihre Auftragsbestätigung. Die entsprechende PDF-Datei finden Sie in der Auftragsanzeige. Diese wird im Trainingssystem Live Access auf der Basis einer entsprechenden Voreinstellung automatisch erstellt.

Mit der »echten« Fiori-App **Aufträge verwalten** zeigen Sie einen Auftrag zuerst in der Liste und mit einem Klick auf die entsprechende Auftragsnummer auch im Detail an. Im SAP GUI verwenden Sie zur Anzeige der Liste die Transaktion VA05 (Liste Aufträge) und zur Anzeige eines einzelnen Auftrags die Transaktion VA03 (Auftrag anzeigen).

In der folgenden Anleitung sehen Sie beide Darstellungen: zuerst eine echte Fiori-Anzeige mit einem Prozessdiagramm, auf das Sie sich jetzt schon freuen dürfen, und eine klassische Darstellung auf der Basis von Transaktion VA03 (Auftrag anzeigen).

VIDEO

Auftragsliste und Auftragsbestätigung anzeigen
In diesem Video lernen Sie, wie Sie eine Auftragsliste und eine Auftragsbestätigung anzeigen.
http://s-prs.de/v7389co

1. Starten Sie die App **Kundenaufträge verwalten.**
2. Geben Sie in das Feld **Auftraggeber** die Kundennummer oder alternativ in das Feld **Kundenauftrag** die Auftragsnummer ein.

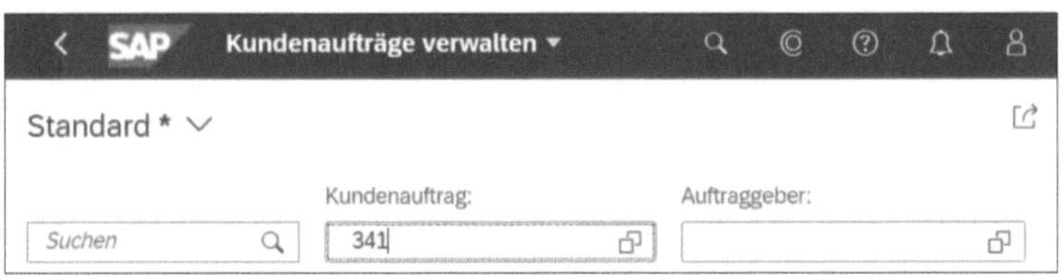

3. Klicken Sie anschließend rechts außen auf die Schaltfläche **Start**. Nun erscheint die Auftragsliste.

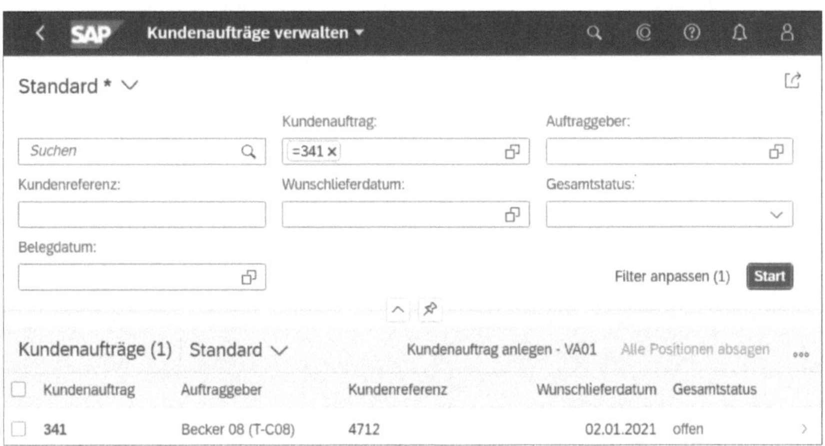

4. Klicken Sie links auf die Nummer des Kundenauftrags und in einem kleinen Zusatzfenster nochmals auf die gleiche Auftragsnummer. SAP S/4HANA zeigt Ihnen im Fiori-Design Informationen zum Auftrag.

5 Spannend zu sehen ist der Prozessstatus. Klicken Sie hierzu auf das Register **Prozessablauf**, oder scrollen Sie ganz nach unten.

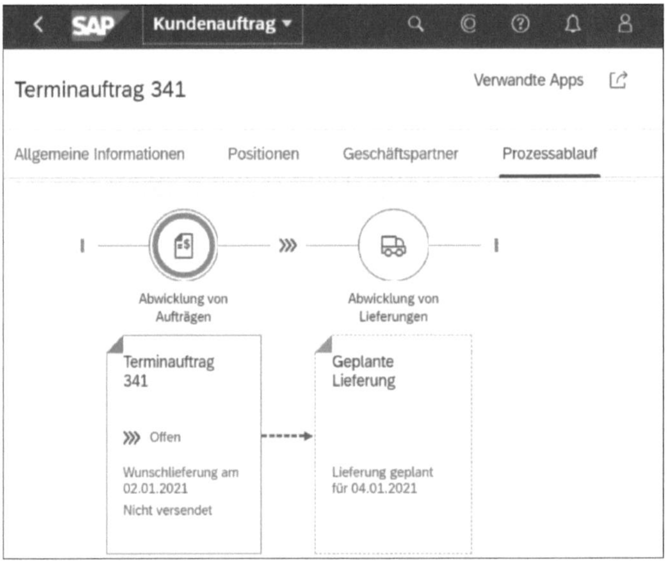

BEISPIEL

Wofür nutze ich den Prozessablauf?

Hierzu ein Beispiel aus der Praxis: Ihr Kunde wartet dringend auf die Lieferung, ein*e Mitarbeiter*in ruft bei Ihnen an und will wissen, ob das Paket bereits losgeschickt wurde. Vielen Dank, liebe SAP-Entwickler*innen! In diesem sehr schönen und übersichtlichen Prozessdiagramm sehen Sie, für wann die Lieferung geplant ist oder ob die Lieferung bereits kommissioniert oder verschickt wurde.

Und noch ein Beispiel: Ein Kunde hat die Rechnung erhalten, hat aber Rückfragen. Mit einem Klick auf den später hier angezeigten Rechnungsbeleg sehen Sie die Details zur Rechnung. Darüber hinaus finden Sie hier die Information, ob die Rechnung bereits bezahlt wurde.

6 Klicken Sie links oben auf das Icon < (**Zurück**). Sie befinden sich wieder in der Auftragsliste.

7 Wir wechseln nun aus der Auftragsliste in die Anzeige der Legacy-App, die der SAP-GUI-Transaktion VA03 (Auftrag Anzeigen) entspricht. In der Auftragsliste klicken Sie hierzu in der Auftragszeile rechts außen auf das Icon >.

8 Nun sehen Sie den Auftrag in einer Maske, die der Maske aus der Auftragserfassung entspricht. Um die Auftragsbestätigung zu sehen, klicken Sie in der Zeile mit dem Feld **Kundenreferenz** rechts außen auf das Icon (**Drucken**).

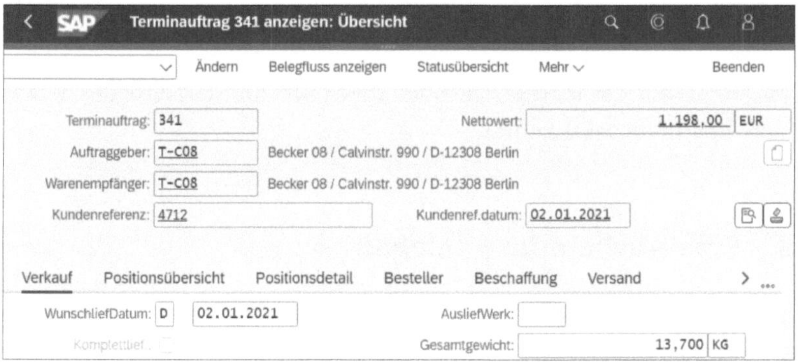

> **INFO**
>
> **Wie ändere ich einen Auftrag?**
>
> Das Leben ist dynamisch. Kurz nachdem Sie den Auftrag erfasst haben, kommt schon die nächste E-Mail Ihres Kunden: Er möchte die doppelte Menge haben. Diese Auftragsänderung können Sie an dieser Stelle nach einem Klick auf die Schaltfläche **Ändern** durchführen.

9 In der Ausgabeverwaltung klicken Sie auf die Schaltfläche **PDF-Dokument anzeigen**. Voilà, nun sehen Sie die Auftragsbestätigung als PDF! Aus dieser PDF-Anzeige heraus kann auch der Download erfolgen.

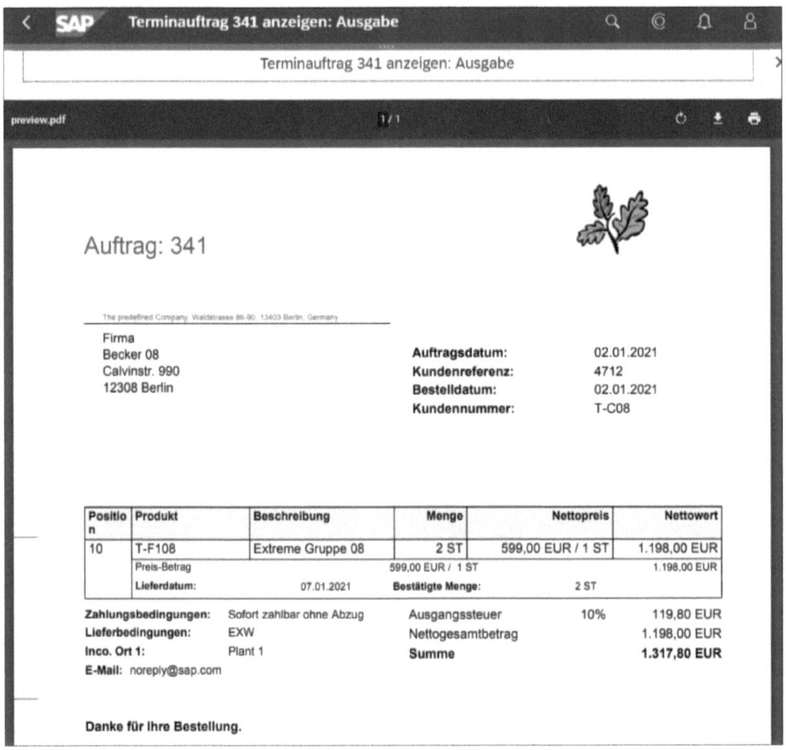

10 Klicken Sie auf das Icon SAP oben links, um zur Startseite des SAP Fiori Launchpads zurückzukehren.

13.8 Eine Auslieferung anlegen

Damit im Lager die Materialien zur Lieferung bereitgestellt werden können, legen Sie nun eine *Auslieferung* zu Ihrem Auftrag an. Achtung Verwechslungsgefahr: Direkt nach der Erstellung der Auslieferung gibt es einen Auslieferungsbeleg, jedoch noch keinen Warenausgang. Eine Auslieferung ist nur die »Botschaft« an die Lagermitarbeiter*innen, das Material versandfertig zu machen.

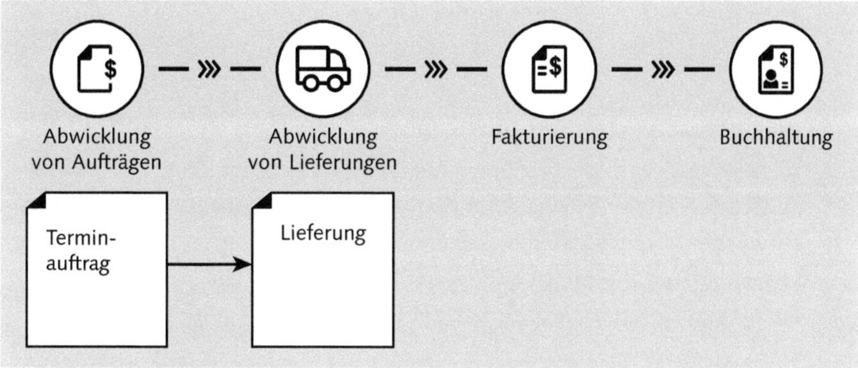

Prozessdiagramm mit Auftrag und Auslieferung

Bei entsprechender Systemeinstellung können Auslieferungsbelege auch automatisch erstellt werden. Doch wir lassen uns diesen Spaß nicht entgehen und erstellen die Auslieferung manuell. Denn hier brauchen Sie fast keine Eingaben wie Materialnummern oder Mengen zu machen, da diese Daten aus dem Kundenauftrag in den Auslieferungsbeleg kopiert werden.

Sie verwenden hierzu die »echte« Fiori-App **Auslieferungen anlegen – Aus Kundenaufträgen**. Die App zum Anlegen einer einzelnen Auslieferung entspricht im SAP GUI der Transaktion VL01N (Auslieferung anlegen).

VIDEO

Eine Auslieferung anlegen

In diesem Video sehen Sie, wie man eine Auslieferung zu einem Auftrag erfasst.

http://s-prs.de/v7389cp

1. Starten Sie die App **Auslieferungen anlegen – Aus Kundenaufträgen**.
2. Geben Sie in das Feld **Warenempfänger** die Kundennummer ein, und löschen Sie die Datumsbeschränkung im Feld **Geplantes Anlegedatum**. Zusätzlich können Sie in das Feld **Verkaufsbeleg** die Auftragsnummer aus dem letzten Abschnitt eintragen. Klicken Sie im Anschluss auf die Schaltfläche **Start**.

> **INFO**
>
> **Was genau ist eine Versandstelle?**
>
> In der Praxis wird oft der Filter **Versandstelle** genutzt. Eine Versandstelle ist innerhalb eines Werks für den Versand der Ware zum Kunden verantwortlich. Versandstellen können beispielsweise eine Laderampe für LKWs, ein Güterbahnhof oder eine Poststelle sein. Die Versandstelle im Trainingssystem Live Access hat die Nummer 1010.

3 Nun sehen Sie Ihren Auftrag in einer Liste. Die Liste entspricht dem Arbeitsvorrat für Auslieferungen. Markieren Sie Ihren Auftrag, und klicken Sie anschließend auf die Schaltfläche **Lieferungen anlegen**.

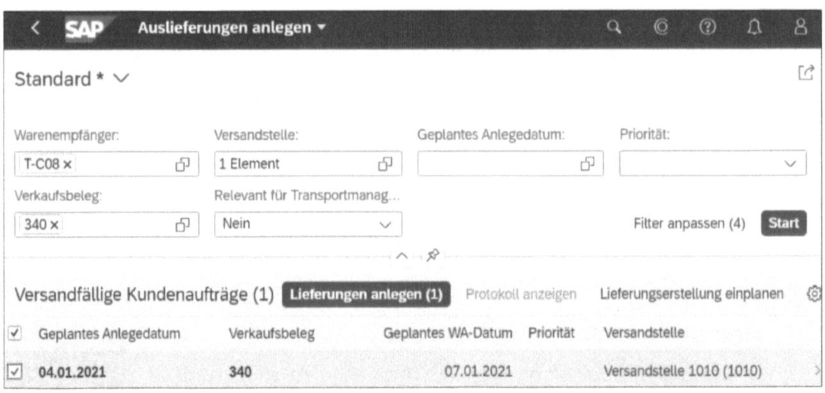

> **INFO**
>
> **Muss für jeden Auftrag immer genau eine Lieferung angelegt werden?**
>
> Es muss nicht für jeden Auftrag immer genau eine Lieferung geben. Sie haben alle Möglichkeiten:
>
> - Auslieferungen dürfen auch Teillieferungen sein, die nicht die komplette Auftragsmenge umfassen.
> - Mehrere einzelne Aufträge können zu einer Auslieferung zusammengefasst werden.

4 Der Auftrag verschwindet aus der Liste, und der Auslieferungsbeleg wird gespeichert. Um die Nummer des Auslieferungsbelegs zu sehen, klicken Sie auf die Schaltfläche **Protokoll anzeigen**.

Im Protokoll sehen Sie unten links unter der Überschrift **Lieferung** die Nummer des Auslieferungsbelegs. Notieren Sie sich diese Nummer.

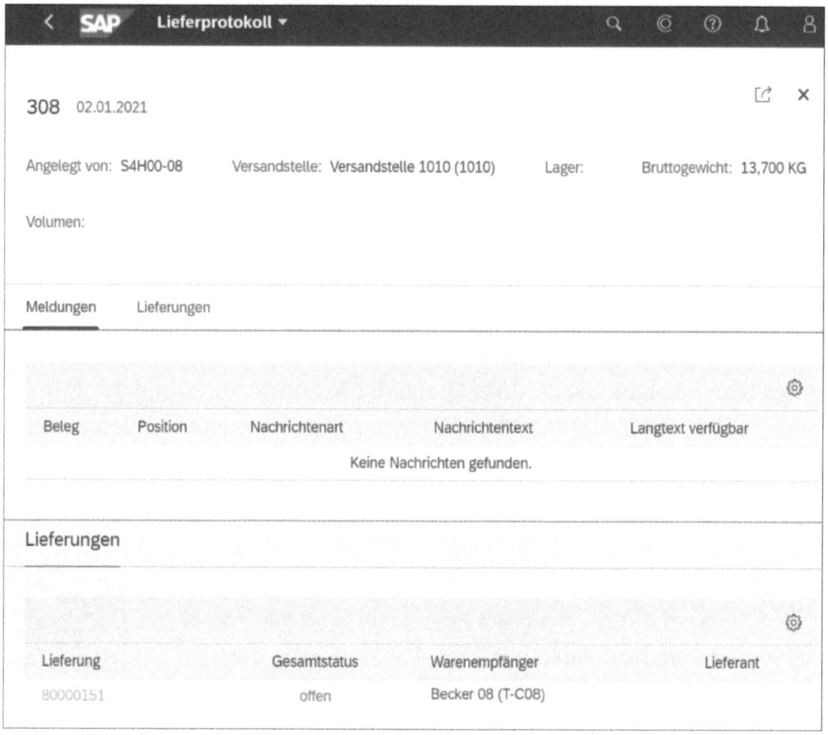

5 Mit einem Klick auf das Icon SAP links oben wechseln Sie wieder auf die Launchpad-Startseite.

Der Auslieferungsbeleg, den Sie gerade erstellt haben, ist die Basis für alle weiteren Versandaktivitäten. Hierzu gehören die Kommissionierung, die Verpackung, der Transport und der Warenausgang.

Im nächsten Abschnitt besprechen wir nur die zwingend notwendigen Aktivitäten des Versands, und dies sind die Kommissionierung und der Warenausgang.

13.9 Kommissionierung bestätigen und Warenausgang buchen

Wir verlassen die Verkaufsabteilung und wechseln ins Lager, denn nach der Erstellung des Auslieferungsbelegs beginnt dort die Arbeit. Die angeforderten Materialien werden aus dem Lagerregal geholt und für die Lieferung vorbereitet.

Die *Kommissionierung* erfolgt im Lagerverwaltungssystem. Damit wird ein Transport des Materials zum Kommissionierbereich geplant und ausgeführt. In diesem Bereich werden die Materialien z. B. verpackt und für den Versand vorbereitet. Sobald dieser Vorgang abgeschlossen ist, wird dies im Auslieferungsbeleg dokumentiert. Und genau diesen letzten Vorgang führen Sie jetzt mit der »echten« Fiori-App **Auslieferung kommissionieren** durch. Im SAP GUI bestätigen Sie die Kommissionierung in der Transaktion VL02N (Auslieferung ändern).

Im gleichen Ablauf erfolgt direkt nach der Kommissionierung der *Warenausgang*, wobei alle Daten für den Warenausgang aus dem Auslieferungsbeleg übernommen werden.

VIDEO

Kommissionierung bestätigen und Warenausgang buchen

In diesem Video zeigen wir Ihnen, wie Sie die Kommissionierung bestätigen und den Warenausgang buchen.

http://s-prs.de/v7389cq

1. Starten Sie die App **Auslieferung kommissionieren**.
2. Geben Sie im Feld **Auslieferung** die Nummer Ihrer Auslieferung aus dem vorangegangenen Abschnitt ein, und bestätigen Sie sie mit der [↵]-Taste.

INFO

Wie finde ich die Nummer der Auslieferung?

Klicken Sie auf das Icon [Icon] im Feld **Lieferung**, um die Eingabehilfe zu öffnen. Danach tragen Sie die Kundennummer in das Feld **Warenempfänger** ein. Nach einem Kick auf die Schaltfläche **Start** sehen Sie die Nummern der entsprechenden Auslieferungen.

3 Geben Sie im unteren Teil des Fensters **Auslieferung kommissionieren** in das Feld **Kommissioniermenge** die gleiche Menge ein, die im Feld **Liefermenge** angezeigt wird. Drücken Sie die [↵]-Taste, und klicken Sie anschließend im Footer auf die Schaltfläche **Sichern**.

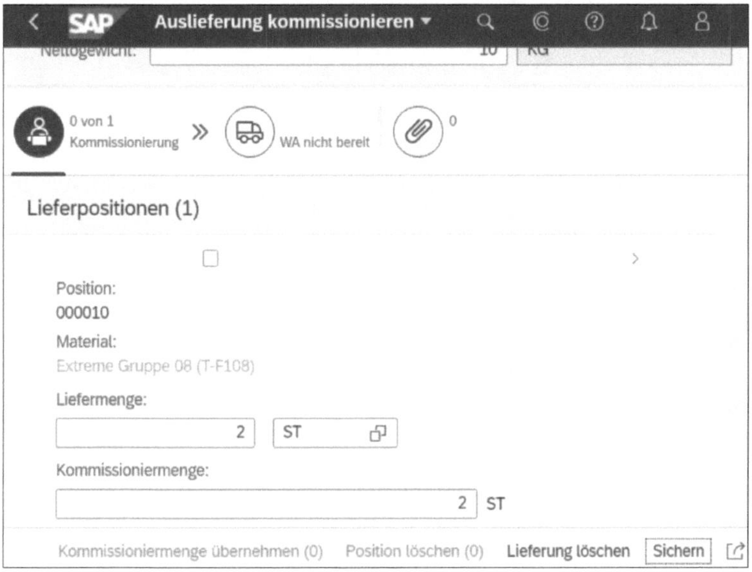

> **INFO**
>
> **Gibt es einen eigenen Kommissionierbeleg?**
>
> Nein. Mit dem Speichern der Kommissioniermenge ergänzen Sie lediglich den Auslieferungsbeleg; Sie erstellen damit keinen neuen Beleg.

4 Damit verbleiben Sie im gleichen Fenster. Oben erscheint die Meldung **WA bereit**.

Klicken Sie im Footer auf die Schaltfläche **WA buchen** (Die Abkürzung WA steht für Warenausgang.)

5 Nach der Buchung erscheint die Erfolgsmeldung **WA gebucht**.

Mit einem Klick auf das Icon SAP wechseln Sie wieder zur Launchpad-Startseite.

Durch den Klick auf die Schaltfläche **WA buchen** haben Sie gleich zwei neue Belege erstellt:

- einen *Materialbeleg*, der im Modul Materialwirtschaft (MM) den Warenausgang und die Bestandsminderung in der Logistik dokumentiert
- einen *Buchhaltungsbeleg*, der im Finanzwesen eine Bestandsminderung auf dem entsprechenden Sachkonto bucht, damit in der Bilanz später der richtige Bestandswert steht. Dieses Sachkonto wird auch als *Bestandskonto* bezeichnet und befindet sich in der Materialbuchhaltung.

Mit der Buchung des Warenausgangs reduziert sich der Lagerbestand, und gleichzeitig verringern sich damit die Bedarfe.

Nun haben Sie es fast geschafft: Der letzte Schritt in der Logistik ist noch die Faktura, und danach treffen wir uns im Finanzwesen wieder.

13.10 Faktura: Die Ausgangsrechnung erstellen

Im Modul Vertrieb (SD) wird mit Bezug auf die Auslieferung eine Faktura, also eine Ausgangsrechnung, angelegt. Sie haben keinen Tippaufwand, da die Daten aus der Auslieferung in die Rechnung übernommen werden. Prima! Gab es mehrere Auslieferungen, kann eine Faktura natürlich auch mit Bezug zu mehreren Auslieferungsbelegen erstellt werden.

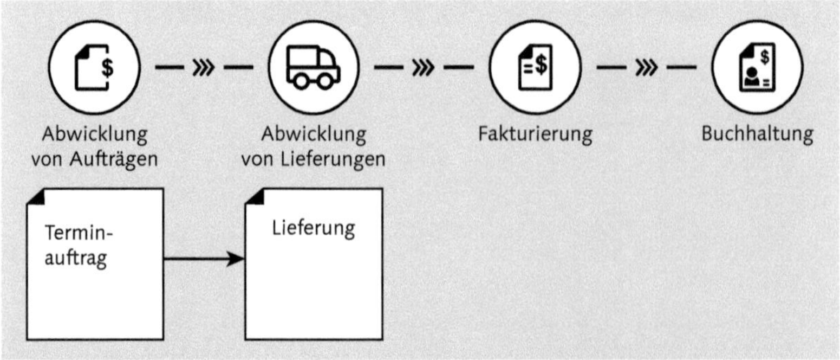

Prozessdiagramm vor der Faktura mit Auftrag und Auslieferung

Für die Erstellung der Ausgangsrechnung nutzen wir die Legacy-App **Fakturen anlegen**, die im SAP GUI der Transaktion VF04 (Fakturavorrat bearbeiten) entspricht.

VIDEO

Eine Ausgangsrechnung erfassen

Lernen Sie mithilfe dieses Videos, wie Sie eine Ausgangsrechnung anlegen.

http://s-prs.de/v7389cr

1. Starten Sie die App **Fakturen anlegen**.
2. Geben Sie die Kundennummer in das Feld **Auftraggeber** ein. Weiter unten sollte im Bereich **zu selektierende Belege** außerdem das Kennzeichen **Lieferbezogene** markiert sein. Klicken Sie nun auf die Schaltfläche **Fakturavorrat anlegen** im Footer.

3. Nun befinden Sie sich im *Fakturavorrat*. Markieren Sie – wenn notwendig – die Zeile mit Ihrer Auslieferung aus dem letzten Abschnitt. Die Auslieferungsnummer finden Sie in der Spalte **Vertr.Bel.**.

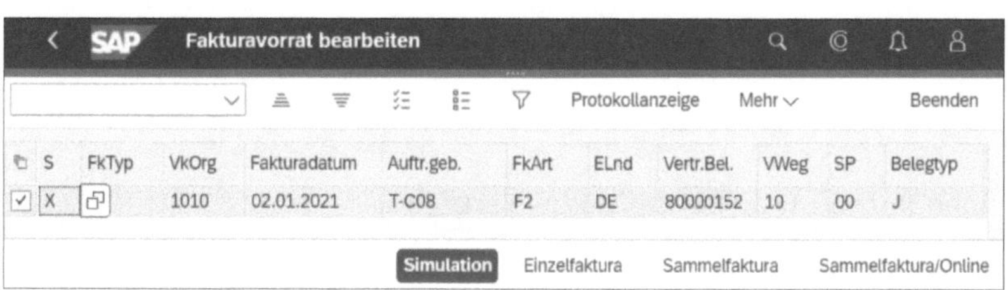

> INFO
>
> **Welche Möglichkeiten bietet der Fakturavorrat?**
>
> Im Fakturavorrat finden Sie im Footer gleich mehrere Schaltflächen:
>
> - Die Schaltfläche **Einzelfaktura** erstellt für jede Lieferung eine einzelne Rechnung.
> - Die Schaltfläche **Sammelfaktura** fasst mehrere Lieferungen zu einer Rechnung zusammen, wenn Sie den gleichen Kunden als Regulierer beinhalten.
> - Mit der Schaltfläche **Simulation** erhalten Sie eine Übersicht der möglichen Fakturen. SAP S/4HANA versucht, wie bei einer Sammelfaktura, die Lieferungen mit demselben Kunden auf einer Sammelrechnung auszugeben.

4 Klicken Sie im Footer auf die Schaltfläche **Einzelfaktura**. Es erscheint das Fenster **Übersicht – Fakturapositionen** mit Angaben zu Material, Menge und Betrag.

5 Wir hatten Ihnen versprochen, dass Sie nichts tippen müssen. Deshalb klicken Sie im Footer jetzt gleich auf die Schaltfläche **Sichern**. Danach finden Sie links unten mit der Angabe der Belegnummer die Bestätigung, dass gesichert wurde.

6 Mit einem Klick auf das Icon SAP wechseln Sie wieder zurück auf die Launchpad-Startseite.

Mit dem Sichern der Faktura haben Sie zwei Belege erstellt:

- einen Rechnungsbeleg im Modul Vertrieb

- einen Buchhaltungsbeleg mit einem offenen Posten – also einer unbezahlten Rechnungsposition –, mit dem das Finanzwesen eine Mahnung erstellen und die Bezahlung verbuchen kann. Mit diesem Buchhaltungsbeleg wird gleichzeitig der Umsatzerlös für die Gewinn- und Verlustrechnung (GuV) dokumentiert.

Diese beiden Belege sehen Sie auch im Prozessdiagramm, das in der Abbildung dargestellt ist.

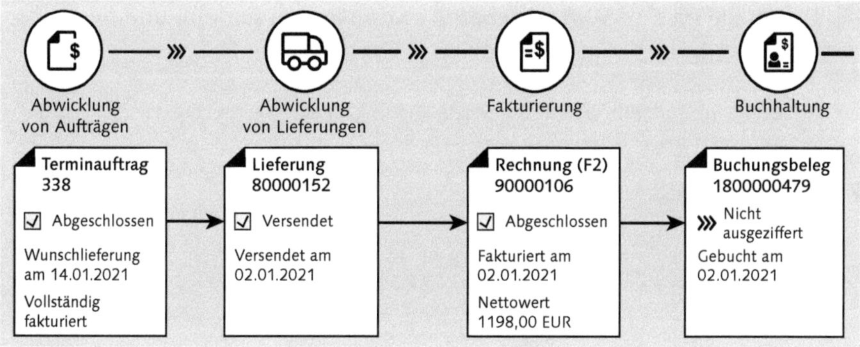

Prozessdiagramm nach der Faktura mit der Anzeige des Rechnungsbelegs aus dem Vertrieb und des Buchhaltungsbelegs für das Finanzwesen

INFO

Wie fakturiert man eine Dienstleistung?

Das ist eine berechtigte Frage! Bei Dienstleistungen gibt es keine Auslieferungen. Deshalb wird hier mit Bezug auf den entsprechenden Auftrag fakturiert.

13.11 Die Rechnung anzeigen und als PDF ausgeben

Sie wollen die Rechnung als PDF per E-Mail zum Kunden schicken? Dieses PDF wird im Trainingssystem Live Access auf der Basis einer entsprechenden Voreinstellung automatisch erstellt.

Wir zeigen Ihnen in der folgenden Anleitung den Weg zu dieser Rechnung. Mit der »echten« Fiori-App **Fakturen verwalten** sehen Sie erfasste Fakturen zuerst in der Liste und nach einem Klick auf die entsprechende Rechnungsnummer auch im Detail. Und genau dort wartet das PDF, um von Ihnen angezeigt und heruntergeladen zu werden. Im SAP GUI verwenden Sie zur Anzeige einer einzelnen Rechnung die Transaktion VF03 (Faktura anzeigen).

VIDEO

Die Ausgangsrechnung anzeigen und als PDF ausgeben

In diesem Video sehen Sie, wie Sie eine Ausgangsrechnung anzeigen und als PDF ausgeben lassen können.

http://s-prs.de/v7389cs

1. Starten Sie die App **Fakturen verwalten**.
2. Geben Sie im Feld **Auftraggeber** die Kundennummer ein, und bestätigen Sie dies mit der [↵]-Taste.

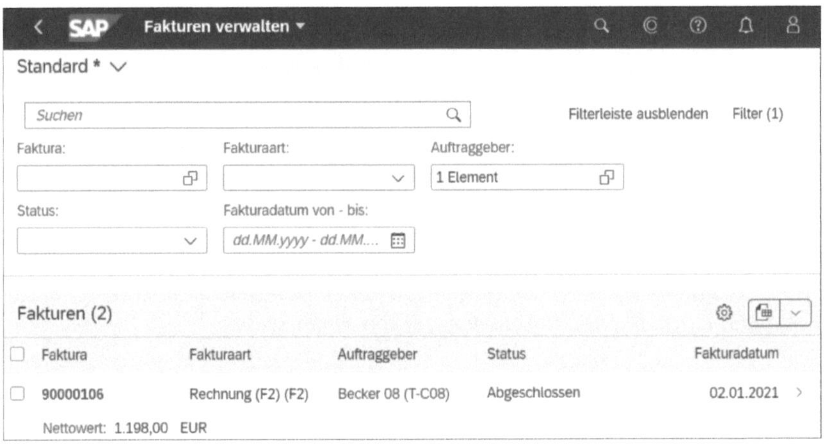

3. Mit einem Klick links außen auf die Nummer der Faktura, die in unserem Fall mit »90« beginnt, zeigt SAP S/4HANA einige Links für weitere Aktionen an.
4. Klicken Sie auf den Link **Faktura anzeigen**. Dies entspricht einem Wechsel in die Legacy-App von Transaktion VF03 (Faktura anzeigen).
5. Klicken Sie rechts außen auf das Icon [🖨] (**Drucken**).

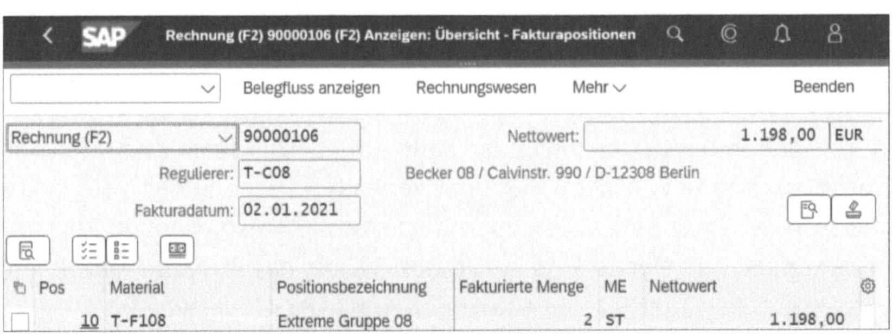

6 Im Ausgabefenster klicken Sie in der Header-Zeile auf die Schaltfläche **PDF-Dokument anzeigen** und öffnen so die Anzeige der Ausgangsrechnung.

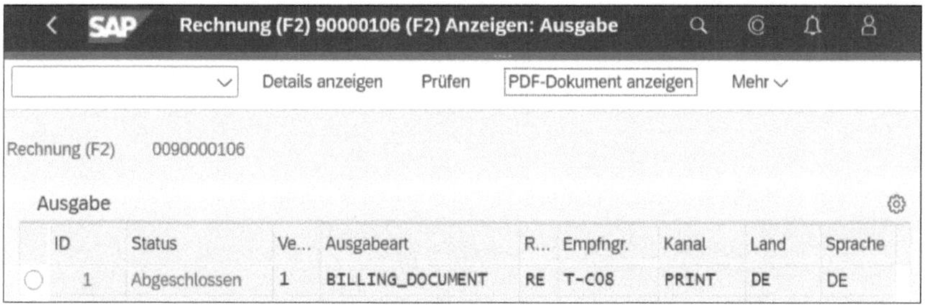

7 Aus der PDF-Anzeige heraus kann auch der Download erfolgen.

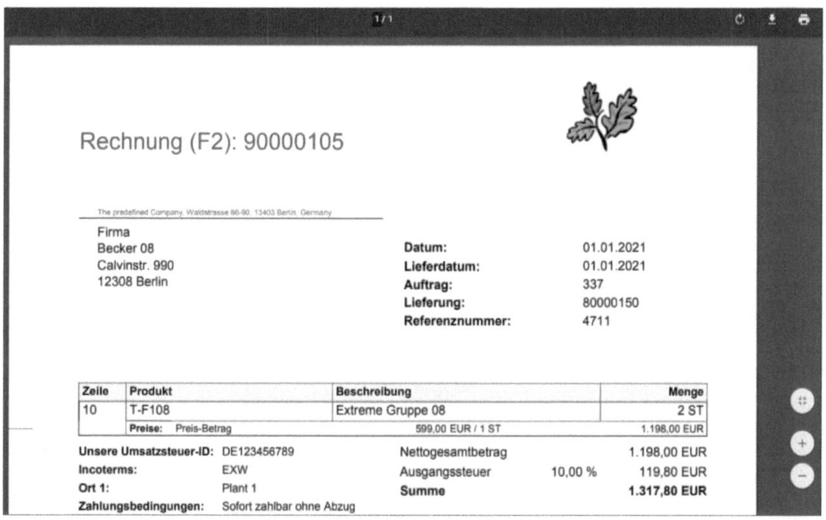

Klicken Sie auf das Icon SAP oben links, um zur Startseite des SAP Fiori Launchpads zurückzukehren.

Geschafft! Dies war der letzte Schritt in der Logistik, und im nächsten Kapitel geht es weiter mit dem Modul Finanzwesen (FI).

INFO

Mehr zum Thema Vertrieb ...

... erfahren Sie im Buch »Vertrieb mit SAP: Der Grundkurs für Anwender« von Tobias Then (SAP PRESS 2017).

14 Finanzwesen: Geschäftsvorfälle buchen und auswerten

1972 – das ist das Geburtsjahr von SAP. In diesem Jahr gründeten ehemalige Mitarbeiter von IBM ein Unternehmen, nicht wissend, dass aus dieser Gründung einmal der weltweit führende Anbieter von Standardsoftware für Unternehmen werden würde. Und damals begann alles mit einer Buchhaltungssoftware.

Buchhaltung mit T-Konten und Buchungssätzen mit Soll und Haben? Das brauchen Sie im SAP-System eher selten und in diesem Kapitel überhaupt nicht, denn in den meisten Fällen weiß das System automatisch, welcher Betrag auf die Soll- und welcher auf die Haben-Seite gehört. Soll heißen, Sie profitieren von diesem Kapitel auch ohne tiefere Buchhaltungsvorkenntnisse. Sie werden wahrscheinlich nicht jedes Detail verstehen, jedoch können Sie die Anleitungen mitklicken, denn wir haben wieder jeden Klick und jede Eingabe für Sie dokumentiert.

Nachdem Sie die grundlegenden Organisationseinheiten und das Hauptbuch kennengelernt haben, buchen Sie in der Debitorenbuchhaltung eine Ausgangsrechnung und den darauffolgenden Zahlungseingang. Danach werfen Sie noch einen Blick in die Kreditorenbuchhaltung.

In diesem Kapitel lernen Sie,

- welche Organisationseinheiten im Finanzwesen wichtig sind,
- wie Sie eine Bilanz mit GuV anzeigen,
- wie Sie Sachkonten im Kontenplan anzeigen,
- wie Sie Stammdaten von Debitoren und Kreditoren anzeigen,
- wie Sie in eine Ausgangsrechnung erfassen,
- wie Sie Forderungen anzeigen,
- wie Sie einen Zahlungseingang buchen,
- wie Sie in eine Eingangsrechnung erfassen.

14.1 Organisationseinheiten

Die wichtigste Organisationseinheit des Finanzwesens kennen Sie bereits aus Abschnitt 1.3, »Aufbau eines Unternehmens im SAP-System«, in der Einleitung: der *Buchungskreis*. Daneben stellen wir Ihnen in diesem Abschnitt Organisationseinheiten aus dem Controlling vor, die wir in Teil I, »SAP GUI und SAP Fiori – Grundlagen der Bedienung«, noch unterschlagen haben: *Kostenrechnungskreis*, *Ergebnisbereich* und *Profit-Center*.

Buchungskreis

Der Buchungskreis spielt im Finanzwesen eine wichtige Rolle: Ein Buchungskreis entspricht einer abgeschlossenen Buchhaltung, in der *Bilanz* und *Gewinn- und Verlustrechnung* (GuV) erstellt werden. Mit anderen Worten: Jedes Unternehmen, das eine Bilanz beim Finanzamt abgibt, muss in SAP S/4HANA als eigener Buchungskreis geführt werden. Deshalb sind Tochtergesellschaften innerhalb eines Konzerns in der Regel jeweils eigene Buchungskreise.

Kostenrechnungskreis

Oft gibt es Unternehmen mit mehreren Buchungskreisen. Im Controlling sollen Auswertungen durchgeführt werden, die mehrere Buchungskreise umfassen. Hierzu gibt es *Kostenrechnungskreise*, die mehrere Buchungskreise beinhalten können. Diese Buchungskreise müssen jedoch den gleichen Kontenplan und das gleiche Geschäftsjahr haben. Innerhalb eines Kostenrechnungskreises werden die Kosten auf *Kostenstellen* gesammelt. Kostenstellen sind jedoch keine Organisationseinheiten, sondern Stammdaten.

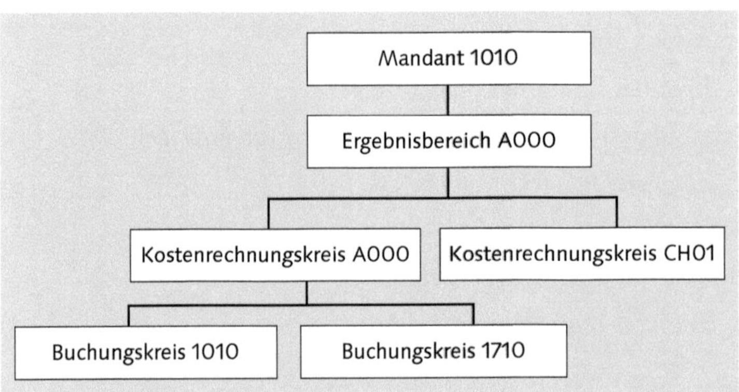

Organisationseinheiten des Rechnungswesens im Trainingssystem Live Access

Ergebnisbereich

Gibt es in einem Unternehmen mehrere Kostenrechnungskreise, können diese in einem *Ergebnisbereich* zusammengefasst werden. Dies ist die höchste Stufe für Auswertungen im Controlling.

Profit-Center

Profit-Center sind Organisationseinheiten, mit denen unterhalb eines Buchungskreises Teilergebnisse, beispielsweise für einzelne Filialen, berechnet werden können. Für diese Abschlüsse und Analysen unterhalb des Buchungskreises kann sowohl das Umsatzkosten- als auch das Gesamtkostenverfahren eingesetzt werden.

14.2 Komponenten des Finanzwesens

In diesem Abschnitt stellen wir Ihnen die wichtigsten Komponenten des Moduls Finanzwesen (FI) vor. In der Komponente *Hauptbuchhaltung* (englisch: *General Ledger*, Abkürzung: FI-GL) werden die Abschlüsse für die Buchungskreise erstellt. Dies sind insbesondere die Bilanz und die GuV.

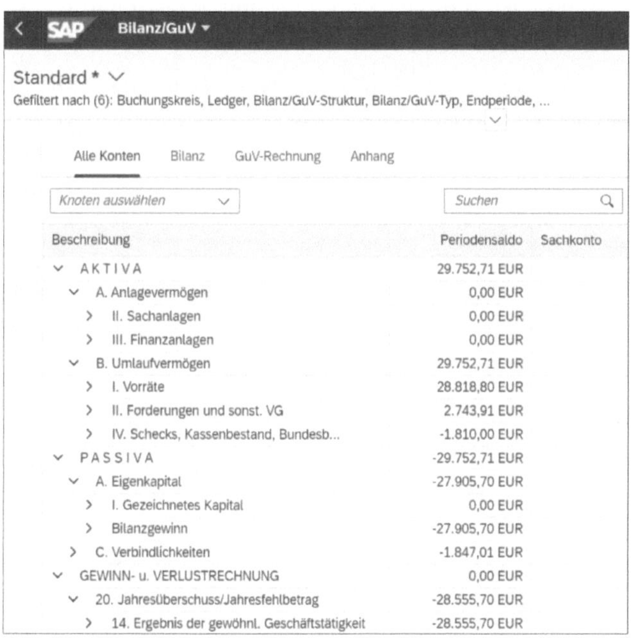

Ausschnitte einer Bilanz und GuV in der SAP-Fiori-App »Bilanz und Gewinn- und Verlustrechnung«

In Bilanz und GuV sehen Sie die Salden der *Sachkonten*. Ein Sachkonto ist beispielweise das Konto für Büromaterial, ein anderes Sachkonto ein Konto für die Umsatzerlöse.

Im Finanzwesen (FI) gibt es folgende *Nebenbuchhaltungen*, wobei jede Nebenbuchhaltung jeweils eine eigene Komponente ist: die Debitoren-, die Kreditoren- und die Anlagenbuchhaltung.

- Die FI-Komponente Debitorenbuchhaltung (andere Bezeichnung: Kundenbuchhaltung, englisch: *Accounts Receivable*, Abkürzung: FI-AR) erhält aus dem Modul Vertrieb (SD) die Ausgangsrechnungen (Fakturen, Debitorenrechnungen). Diese werden in der Debitorenbuchhaltung bei einem Zahlungseingang ausgeglichen oder bei Verzug angemahnt. Ausgangsrechnungen können auch ohne das Modul Vertrieb direkt im Finanzwesen gebucht werden.
- Nach dem gleichen Prinzip liefert das Modul Materialwirtschaft (MM) die Eingangsrechnungen (Kreditorenrechnungen) an die FI-Komponente Kreditorenbuchhaltung (andere Bezeichnung: Lieferantenbuchhaltung, englisch: *Accounts Payable*, Abkürzung: FI-AP). Bei der Rechnungsprüfung entstehen die Eingangsrechnungen, die in der Kreditorenbuchhaltung als offene Posten durch einen Zahlungsausgang ausgeglichen werden. Eingangsrechnungen können auch ohne das Modul Materialwirtschaft direkt im Finanzwesen erfasst werden.
- In der FI-Komponente Anlagenbuchhaltung werden die Anlagen erfasst und deren Wertverluste abgeschrieben. Anlagen sind beispielsweise Maschinen, Firmenfahrzeuge oder Gebäude. Hier berechnet SAP S/4HANA die Abschreibungen und überträgt diese als Aufwand in die Hauptbuchhaltung.

In der folgenden Tabelle finden Sie die wichtigsten Komponenten des Moduls Finanzwesen (FI).

Komponente (in Klammern die englische Bezeichnung)	Abkürzung	Funktionsbeispiele
Hauptbuchhaltung (General Ledger)	FI-GL	Sachkonten, Kontenplan, Bilanz und GuV
Debitorenbuchhaltung (Accounts Receivable)	FI-AR	Ausgangsrechnungen, Mahnungen, Zahlungseingänge

Komponenten des Moduls FI

Komponente (in Klammern die englische Bezeichnung)	Abkürzung	Funktionsbeispiele
Kreditorenbuchhaltung (Accounts Payable)	FI-AP	Eingangsrechnungen, Zahlungsausgänge
Anlagenbuchhaltung (Asset Accounting	FI-AA	Verwaltung der Anlagen, Abschreibungen

Komponenten des Moduls FI (Forts.)

14.3 Voreinstellungen für Finanzwesen und Controlling

Auch für die Module Finanzwesen (FI) und Controlling (CO) nehmen Sie zunächst einige Voreinstellungen vor, die Ihren Tippaufwand reduzieren. (Die Methode zum Setzen von Standardwerten für »echte« Fiori-Apps haben wir Ihnen bereits in Abschnitt 9.3 vorgestellt.)

VIDEO

Standardwerte für Finanzwesen und Controlling definieren

In diesem Video lernen Sie, wie Sie Standardwerte für Finanzwesen und Controlling definieren.

http://s-prs.de/v7389ct

1 Öffnen Sie das Benutzermenü () in SAP Fiori, und klicken Sie auf den Menüpunkt **(Einstellungen)**. Es öffnet sich das Fenster **Einstellungen**.

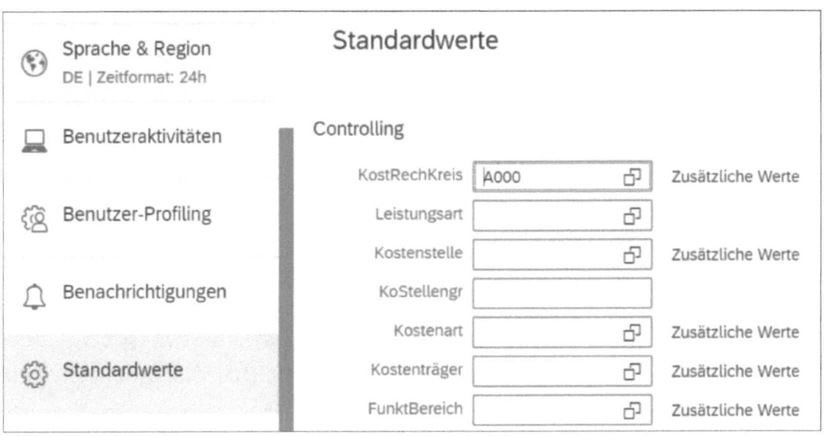

2 Klicken Sie links unten auf **Standardwerte**.

3 Sie sehen nun die Felder, für die Sie Standardwerte festlegen können. Wenn Sie das Trainingssystem Live Access nutzen, verwenden Sie folgende Werte:

- Feld **Kostenrechnungskreis**: A000
- Feld **Buchungskreis**: 1010
- Kennzeichen **Steuer rechnen**: Ja
- Feld **Kontenplan**: YCOA
- Feld **Anzeigewährung**: EUR

Mit dem Icon ⧉ können Sie Werte über die Eingabehilfe suchen.

4 Speichern Sie Ihre Vorgaben mit einem Klick auf die Schaltfläche **Sichern**.

Wie in der Logistik gilt auch im Finanzwesen: Legacy-Apps ignorieren die in SAP Fiori definierten Standardwerte. Stattdessen können Sie Ihre Vorschlagswerte mit der SAP-GUI-Transaktion SU3 (Benutzer eigene Daten pflegen) definieren.

Beachten Sie auch für dieses Kapitel unsere Hinweise zu den Trainingsdaten in Abschnitt 12.3, »Voreinstellungen und Trainingsdaten«.

TIPP

Es gibt noch viel zu entdecken ...

Beachten Sie für die Praxis, dass wir Ihnen in diesem Buch nur »die Spitze des Eisbergs« der möglichen Voreinstellungen zeigen. Es gibt viele weitere Voreinstellungen, die entweder innerhalb von Transaktionen bzw. Apps oder mithilfe modulspezifischer Transaktionen vorgenommen werden können.

Als Mitarbeiter*in im Finanzwesen sollten Sie sich unbedingt einmal die mächtige Transaktion FB00 (Bearbeitungsoptionen Buchhaltung) ansehen, wenn Sie das SAP GUI oder Legacy-Apps nutzen.

14.4 Hauptbuchhaltung

In der Komponente *Hauptbuchhaltung* zeigen Sie zuerst eine Bilanz und danach im Kontenplan die Sachkonten an. Darüber hinaus erfahren Sie, wie die Nebenbücher für Debitoren- und Kreditorenbuchhaltung mit dem Hauptbuch verbunden sind.

Bilanz und GuV anzeigen

In der Bilanz zeigen Sie mithilfe der folgenden Anleitung die Summe der Forderungen und Verbindlichkeiten an. Dies sind jeweils die Summen aus den Aus- bzw. Eingangsrechnungen, die noch nicht bezahlt wurden. Darüber hinaus informieren Sie sich in der GuV über die Erlöskonten.

VIDEO

Bilanz und GuV anzeigen

In diesem Video lernen Sie, wie Sie sich eine Bilanz mit GuV anzeigen lassen.

http://s-prs.de/v7389cu

1. Starten Sie die »echte« Fiori-App **Bilanz und Gewinn- und Verlustrechnung.**
2. Sind Sie im Trainingssystem Live Access unterwegs? Dann geben Sie die Werte aus der Abbildung ein, soweit sie nicht schon vorbelegt sind. In anderen Systemen nutzen Sie die Eingabehilfe (⧉). Verwenden Sie im Feld **Endperiode** das aktuelle Jahr und den aktuellen Monat.

3. Nach einem Klick auf die Schaltfläche **Start** sehen Sie die Hauptordner **AKTIVA** und **PASSIVA**, die zur Bilanz gehören.
4. Öffnen Sie in der Baumstruktur folgende Ordner: **AKTIVA ▸ B. Umlaufvermögen ▸ II. Forderungen und sonst. VG ▸ 1. Debitorenbuchhaltung ▸ mit einer RLZ bis zu einem Jahr.**

   Die Zeile mit dem Abstimmkonto **Forderungen Inland** zeigt den Hauptbuchsaldo für den Forderungsbestand, der der Summe der offenen Posten aus der Debitorenbuchhaltung entspricht.

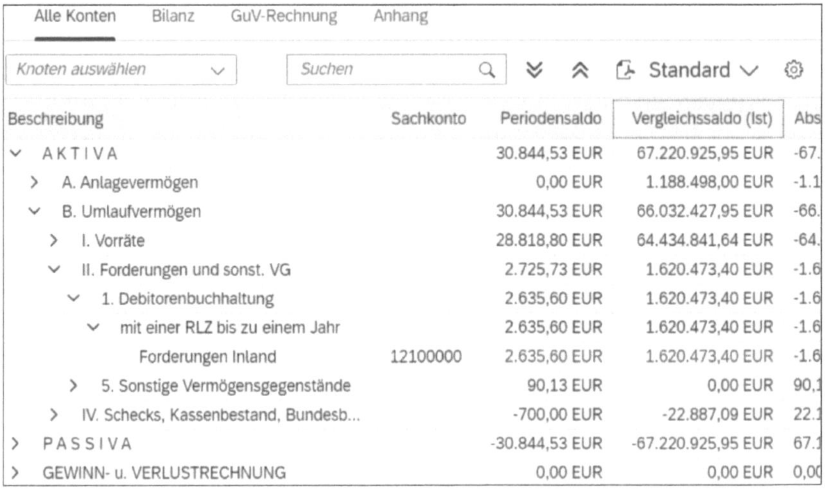

5 Nun wollen Sie die Verbindlichkeiten sehen. Sie könnten sich dazu über den Ordner **PASSIVA** wieder durch die Baumstruktur klicken. Aber es geht auch schneller! Tippen Sie in das Feld **Suchen** oberhalb der Tabelle »Verbind« ein, und bestätigen Sie mit [↵].

6 Sofort zeigt SAP S/4HANA die beiden Abstimmkonten **Verbindlichkeiten Inland** und **Verbindlichkeiten Ausland** mit ihren Salden an.

7 In der GuV versteckt sich das *Erlöskonto*, das Sie später bei der Erfassung einer Ausgangsrechnung bebuchen. Um die Erlöskonten zu sehen, tippen Sie »Erlöse« in das Suchfeld ein und bestätigen mit **Enter**. Nun sehen Sie die Hauptbuchsalden der Erlöskonten.

8 Klicken Sie auf das Icon SAP in der Shell Bar. Danach befinden Sie sich wieder auf der Startseite.

TIPP

Weitere Möglichkeiten in der SAP-Fiori-App »Bilanz und Gewinn- und Verlustrechnung«

Mit einem Klick auf den Saldo eines Kontos öffnet sich ein Fenster mit der Bezeichnung **Verwandte Apps**, aus dem Sie zu den Einzelposten des Hauptbuchs verzweigen. Mit dem Icon (**PDF erstellen**) lässt sich eine PDF-Datei erstellen.

Abstimmkonten

In den Nebenbüchern der Debitoren- und Kreditorenbuchhaltung buchen Sie Ein- und Ausgangsrechnungen, Gutschriften oder Ein- und Ausgangszahlungen. Die Beträge aus diesen Buchungen müssen auch in der Hauptbuchhaltung in Bilanz und GuV berücksichtigt werden. Doch wie gelangen diese Beträge aus den Nebenbüchern in das Hauptbuch und damit in Bilanz und GuV?

Die Beträge werden zusätzlich automatisch auf Abstimmkonten in der Hauptbuchhaltung gebucht. Dies gilt für grundsätzlich alle Buchungen, die in der Debitoren-, Kreditoren- und Anlagenbuchhaltung gebucht werden. Wie das funktioniert, erklären wir Ihnen im Kasten am Beispiel einer Ausgangsrechnung aus der Debitorenbuchhaltung.

BEISPIEL

Buchung einer Ausgangsrechnung

In der Debitorenbuchhaltung wird eine Ausgangsrechnung im Wert von 119 EUR inklusive Mehrwertsteuer erfasst.

Der Bruttobetrag in Höhe von 119 EUR verbleibt in der Debitorenbuchhaltung als Forderung auf dem entsprechenden Debitorenkonto. Dies ist der offene Posten, der später durch die Bezahlung der Rechnung ausgeglichen wird.

Zusätzlich wird der Nettobetrag von 100 EUR als Forderung automatisch auf das Abstimmkonto in das Hauptbuch übertragen, damit dieser Betrag in der Bilanz als Forderungsbestand berücksichtigt wird. Auf einem Erlöskonto des Hauptbuchs erscheinen ebenfalls 100 EUR, um diesen Betrag in der GuV darzustellen. Darüber hinaus landen 19 EUR auf dem Konto für die Umsatzsteuer.

Ein *Abstimmkonto* ist ein Konto der Hauptbuchhaltung, auf dem entweder die Forderungen an Debitoren oder die Verbindlichkeiten an Kreditoren gesammelt werden.

Im SAP-S/4HANA-Standardsystem gibt es z. B. ein Abstimmkonto namens »Forderungen Inland«, auf dem alle Buchungsbeträge der inländischen Debitoren gesammelt werden. Gibt es in unserem Unternehmen beispielsweise 3.000 inländische Kunden, wird jede Buchung für diese Kunden auf dem einen Abstimmkonto »Debitoren Inland« im Hauptbuch mitgebucht. Dort sehen Sie jederzeit den aktuellen Stand der Summe der Forderungen für alle inländischen Kunden. Gleichzeitig sehen Sie diesen Betrag in der Bilanz.

Hatte das Abstimmkonto beispielsweise vor der Buchung einer Ausgangsrechnung in Höhe von 1.000 EUR einen Saldo von 20.000 EUR, weist es nach der Buchung dieser Ausgangsrechnung einen Saldo von 21.000 EUR auf.

INFO

Abstimmkonten für Nebenbücher

Genauso wie die Debitorenbuchhaltung sind auch die Kreditorenbuchhaltung und die Anlagenbuchhaltung mit dem Hauptbuch über Abstimmkonten verbunden. Im Trainingssystem Live Access gibt es beispielsweise diese Abstimmkonten:

- 12100000 – »Forderungen Inland«: für inländische Forderungen aus der Debitorenbuchhaltung
- 21100000 – »Verbindlichkeiten Inland«: für inländische Verbindlichkeiten aus der Kreditorenbuchhaltung
- 21200000 – »Verbindlichkeiten Ausland«: für ausländische Verbindlichkeiten aus der Kreditorenbuchhaltung

Wenn Sie eine Rechnung erfassen, brauchen Sie kein Abstimmkonto anzugeben. Der Betrag wird automatisch auf das richtige Abstimmkonto im Hauptbuch gebucht.

Jetzt gibt es nur noch ein Rätsel zu klären: Woher »weiß« das System, auf welches Abstimmkonto gebucht wird? Die Lösung für dieses Rätsel finden Sie in Abschnitt 14.5, »Geschäftspartner im Finanzwesen«, denn dafür ist ein Eintrag im Geschäftspartnerstammsatz verantwortlich.

Sachkonten im Kontenplan anzeigen

In Bilanz und in GuV haben Sie Sachkonten wie beispielsweise das Konto **Forderungen Inland** gesehen. Sachkonten werden mithilfe von Kontenplänen strukturiert. Ein *Kontenplan* enthält alle Sachkonten, die von einem oder mehreren Buchungskreisen verwendet werden. Er wird deshalb auch als *Sachkontenverzeichnis* bezeichnet.

INFO

Hat jeder Buchungskreis seinen eigenen Kontenplan?

Das muss nicht sein. Ein Kontenplan kann auch mehreren Buchungskreisen zugeordnet werden. Wenn es in einem Mandanten mehrere Tochterfirmen gibt, können diese grundsätzlich den gleichen Kontenplan nutzen.

Jedem Buchungskreis ist aber immer genau ein operativer Kontenplan zugeordnet. Umgekehrt kann ein Kontenplan in mehreren Buchungskreisen verwendet werden.

Der einem Buchungskreis zugeordnete Kontenplan wird auch als *operativer Kontenplan* bezeichnet. Im Trainingssystem Live Access wird für den Buchungskreis 1010 der operativen Kontenplan YCOA genutzt.

VIDEO

Sachkonten im Kontenplan anzeigen

Mithilfe der Anleitung in diesem Video lernen Sie, sich im Kontenplan einige Sachkonten anzeigen zu lassen.

http://s-prs.de/v7389cv

1 Um sich Sachkonten in einem Kontenplan anzeigen zu lassen, starten Sie die »echte« Fiori-App **Sachkontenstammdaten verwalten.**

2 Tragen Sie oben im Feld **Kontenplan** »YCOA« ein. In das Feld **Kurztext** geben Sie »Forder« ein (das System wandelt diese Eingabe in *Forder* um), und für das Feld **Anzeigen** wählen Sie den Eintrag **Kontenplansicht** aus dem Dropdown-Menü.

INFO

Welche anderen Ansichten gibt es für Sachkonten?

Mit der *Buchungskreissicht* zeigen Sie nur die Konten an, die in einem vorgegebenen Buchungskreis genutzt werden. Ein Kontenplan ist ein Verzeichnis aller Sachkonten, das durch mehrere Buchungskreise gemeinsam verwendet werden kann, und nicht jeder Buchungskreis muss alle Konten nutzen.

In der *Kostenrechnungskreissicht* sehen Sie nur die Konten für einen vorgegebenen Kostenrechnungskreis, die für das Controlling relevant sind. Nicht angezeigt werden Sachkonten für neutrale Aufwände oder Erträge, denn diese werden nur in der Finanzbuchhaltung bebucht.

3 Nach einem Klick auf die Schaltfläche **Start** sehen Sie alle ausgewählten Konten in Form einer Liste auf dem Bildschirm.

Hier finden Sie auch das Konto »Forderung Inland« mit der Nummer 12100000, das Sie im vorletzten Unterabschnitt »Bilanz und GuV anzeigen« in der Bilanz gesehen haben.

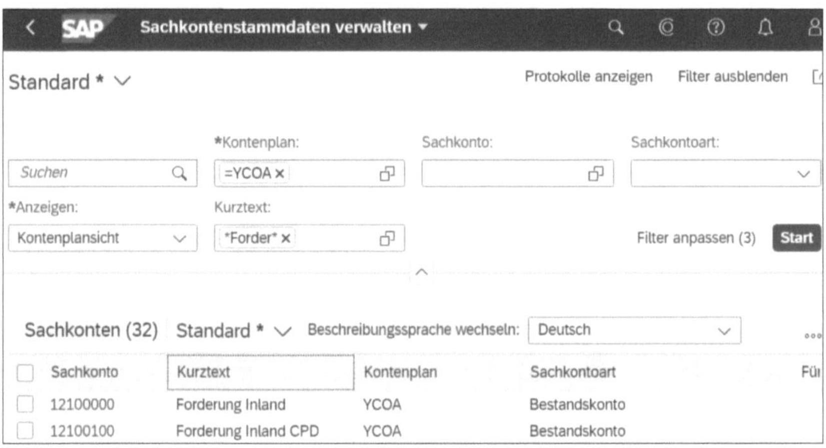

4 Klicken Sie auf eine Kontonummer, um weitere Detailinformationen zu sehen. In unserem Beispiel klicken Sie auf die Nummer des Kontos »Forderung Inland«.

Nun sind Sie zu den »heiligen Daten« der Sachkonten gelangt, die nur von Finanzspezialist*innen verändert werden dürfen. Bei **Kontoart** sehen Sie, dass dieses Konto ein Bestandskonto ist und somit in der Bilanz erscheint. Per Klick auf den Reiter **Verwendungsnachweis** sehen Expert*innen, in welchen Bilanz- und GuV-Strukturen das Konto verwendet wird.

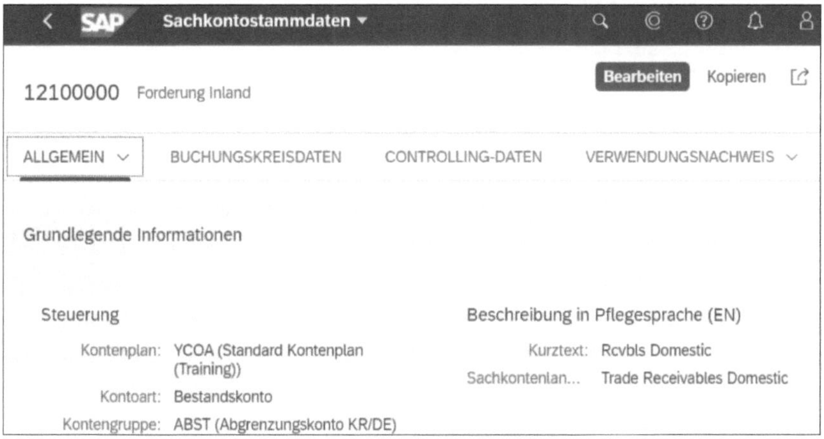

5 Klicken Sie auf das Icon SAP in der Shell Bar. Damit befinden Sie sich wieder auf der Launchpad-Startseite.

Das war ein Ausflug in den Dschungel der Buchhaltung. Wir versprechen den buchhalterisch nicht vorbelasteten Leser*innen, dass die folgenden Abschnitte auch ohne vertiefte kaufmännische Kenntnisse zu bewältigen sind.

14.5 Geschäftspartner im Finanzwesen

Wir setzen in diesem Kapitel voraus, dass Sie den Aufbau des grundsätzlichen Geschäftspartnerstammsatzes aus Abschnitt 13.4, »Der Kunde als Geschäftspartner«, kennen, und verzweigen direkt in die Daten, die für die Debitoren- und Kreditorenbuchhaltung wichtig sind. Debitoren- und Kreditorenstammsätze sind gleichzeitig Konten und damit Teil der Buchführung und werden beim Buchen von Rechnungen oder Zahlungen verwendet.

> INFO
>
> **Weitere Verwendung von Debitorenkonten**
>
> Werden die FI-Komponenten Cash Management oder Credit Management genutzt, benutzen sie auch die Debitorenkonten.
>
> Cash Management ermöglicht eine Liquiditätsvorschau unter Berücksichtigung zu erwartender Geldein- und -ausgänge. Mit Credit Management sollen Forderungsausfälle vermieden werden. Hierzu wird beispielsweise beim Erstellen eines Vorgangsbelegs das Kreditlimit geprüft.

In der folgenden Anleitung werden wir nun die Debitorenstammdaten des Finanzwesens anzeigen. Dabei klären wir auch das Rätsel, wie SAP S/4HANA Rechnungen aus den Nebenbüchern automatisch auf das richtige Abstimmkonto bucht. Wir verwenden die Legacy-App **Geschäftspartner pflegen**, die im SAP GUI der Transaktion BP (Geschäftspartner) entspricht.

VIDEO

Die Debitorenstammdaten des Finanzwesens anzeigen

Dieses Video zeigt Ihnen, wie Sie mit der Fiori-App **Geschäftspartner pflegen** Debitorenstammdaten anzeigen.

http://s-prs.de/v7389cw

1. Starten Sie die App **Geschäftspartner pflegen**.
2. Wenn Sie links die Register **Arbeitsvorrat** und **Suche** sehen, klicken Sie links oben auf die Schaltfläche **Locator ein/aus**. Ab dann sehen Sie die gleiche Darstellung wie im Buch.

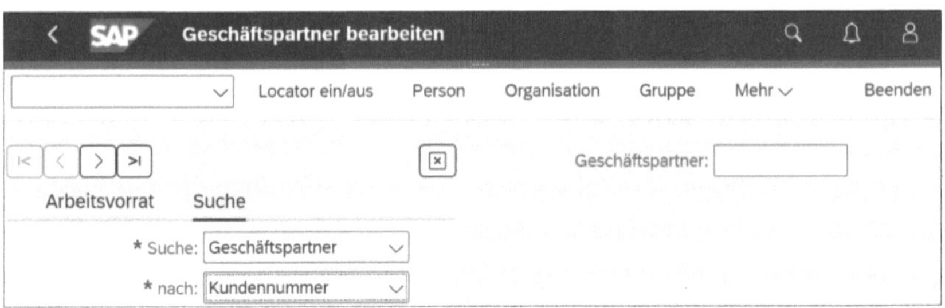

3. Geben Sie im Feld **Geschäftspartner** eine Kundennummer ein, oder suchen Sie sich mithilfe des Icons [⧉] eine Nummer heraus.

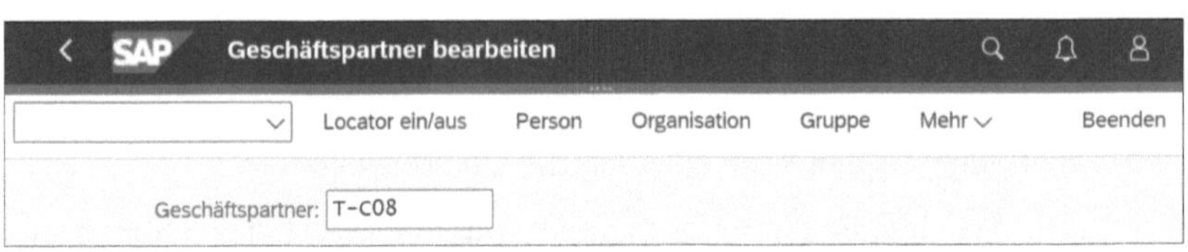

4. Bestätigen Sie die Nummer mit der [↵]-Taste. Damit befinden Sie sich in der Maske mit den Detaildaten.

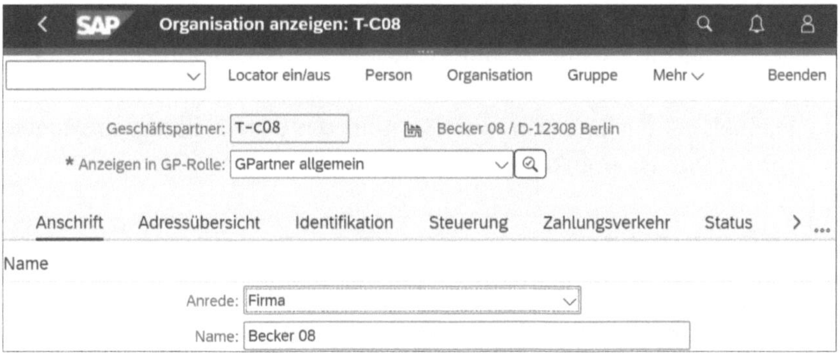

5 Zuerst sehen Sie hier die *allgemeinen Daten* wie z. B. die Anschrift. Um stattdessen die Daten des Finanzwesens zu sehen, klicken Sie auf das Icon ☐ rechts neben dem Feld **Anzeigen in GP-Rolle** und wählen aus der Liste den Eintrag **FI Debitor**.

6 Klicken Sie im Header auf die Schaltfläche **Buchungskreis**. (Wird diese Schaltfläche wie in unserer Abbildung nicht angezeigt, ist das Fenster zu schmal. In diesem Fall öffnen Sie das Menü **Mehr** und wählen dort den Befehl **Buchungskreis**.)

In beiden Fällen sehen Sie nun mehrere buchungskreisspezifische Register wie **Debitor: Kontoführung** oder **Debitor: Zahlungsverkehr**.

Damit sind wir am Ziel: Auf der Registerkarte **Debitor: Kontoführung** wurde für diesen Debitor im Feld **Abstimmkonto** das Konto 12100000 mit der Bezeichnung »Forderungen Inland« eingetragen. Genau dieses

Konto aus dem Hauptbuch wird automatisch bebucht, sobald Sie eine Rechnung oder einen Zahlungseingang sichern, damit dieser Betrag in die Bilanz einfließt. Ihr Vorteil: Sie brauchen diese Kontonummer nie manuell bei der Erfassung von Rechnungen oder Zahlungseingängen angeben. Dies ist eine Regel ohne Ausnahmen.

INFO

Kann ein Debitor unterschiedliche Daten in verschiedenen Buchungskreisen haben?

Ja, das ist möglich. Für die Kunden der Tochterfirmen Ihres Konzerns aus anderen Ländern gelten beispielsweise andere Zahlungsbedingungen. Die Daten der Rolle **FI Debitor** können je Tochterfirma separat gepflegt werden. Mit einem Klick auf die Schaltfläche Buchungskreise sehen Sie die Buchungskreise, die für diesen Kunden bereits angelegt wurden.

7 Klicken Sie auf das Register **Debitor: Zahlungsverkehr**. Dieses Register zeigt das Feld **Zahlungsbedingung**. Die Zahlungsbedingung 0001 bedeutet »Sofort zahlbar ohne Abzug«, und diese Angabe wird in die Ausgangsrechnungen übernommen, die in der Debitorenbuchhaltung gebucht werden.

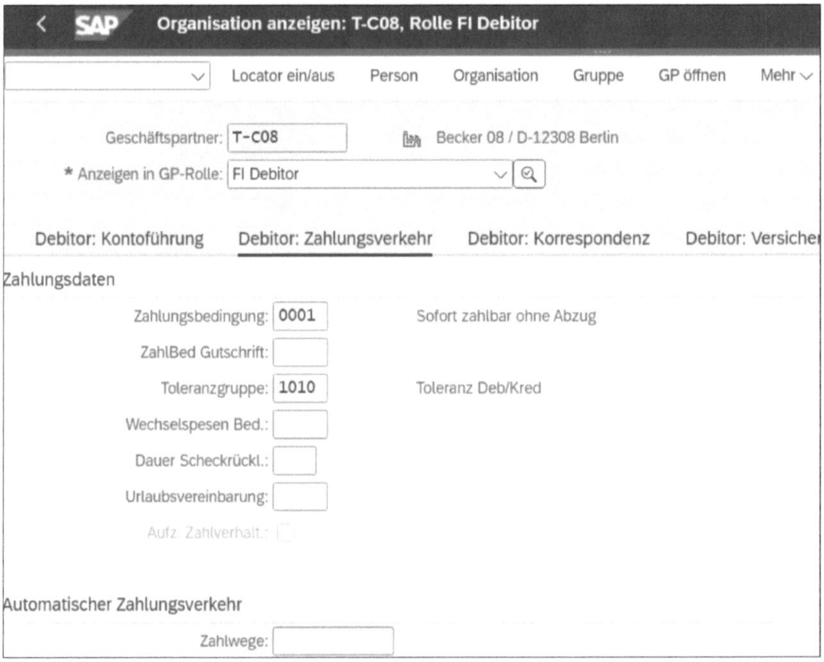

8 Klicken Sie auf das Icon SAP in der Shell Bar. Danach befinden Sie sich wieder auf der Launchpad-Startseite.

INFO

Kreditorenstammdaten des Finanzwesens anzeigen

Für die Anzeige von Kreditorenstammdaten gilt der gleiche Ablauf wie für die Anzeige von Debitorenstammdaten. Der einzige Unterschied ist, dass Sie im Feld **Anzeigen in GP-Rolle** die Rolle **FI Kreditor** auswählen.

14.6 Debitorenbuchhaltung

In Kapitel 13, »Vertrieb: Vom Auftrag bis zur Faktura«, haben Sie bereits in das Finanzwesen gebucht. Beim Buchen der Ausgangsrechnung im Vertrieb hat SAP S/4HANA zusätzlich zum Logistikbeleg einen Beleg für das Finanzwesen erstellt (siehe Abschnitt 13.10, »Faktura: Die Ausgangsrechnung erstellen«).

14

Haben Sie diese Anleitung im letzten Kapitel durchgeklickt? Wenn ja, begegnen Sie in diesem Kapitel der dort gebuchten Rechnung. Wenn nicht, ist es auch ok. Denn eine Rechnung kann auch direkt im Finanzwesen gebucht werden. Und genau das werden Sie in diesem Kapitel tun.

Eine Postenliste anzeigen

Eine *Postenliste* zeigt bereits gebuchte Rechnungen oder Zahlungen. Die »echte« Fiori-App **Debitorenposten bearbeiten** entspricht im SAP GUI in etwa der Transaktion FBL5N (Einzelposten anzeigen/ändern (Debitoren)).

VIDEO

Eine Postenliste anzeigen

In diesem Video lernen Sie, wie Sie Posten in einer Postenliste anzeigen lassen.

http://s-prs.de/v7389cx

1 Starten Sie die »echte« Fiori-App **Debitorenposten bearbeiten**.

2 Geben Sie den Buchungskreis ein, und wählen Sie im Feld **Status** den Eintrag **Offene Posten**. Klicken Sie auf die Schaltfläche **Start**. Damit sehen Sie die unbezahlten Rechnungspositionen.

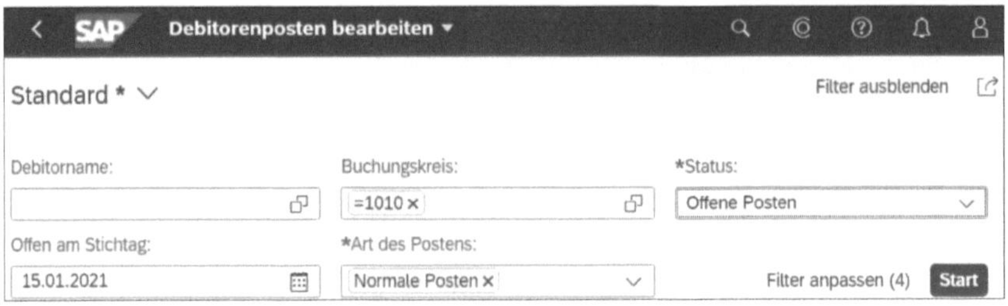

> **INFO**
>
> **Wie selektiere ich Posten?**
>
> In der Praxis werden Sie natürlich im Feld **Debitorname** eine Kundennummer vorgeben, wenn sich ein Kunde zu einem Zahlungsverzug oder einer Mahnung meldet. Haben Sie beispielsweise jemanden am Telefon, der behauptet, dass er die Rechnung bezahlt hat, wählen Sie im Feld **Status** einen der Einträge **Ausgeglichene Posten** oder **Alle Posten**, um auch die bezahlten Rechnungen anzuzeigen.
>
> Wenn Sie nur und ausschließlich die offenen Posten bearbeiten möchten, empfehlen wir Ihnen die »echte« Fiori-App **Forderungen bearbeiten**, die wir Ihnen im weiteren Verlauf dieses Abschnitts natürlich noch genauer vorstellen.

Haben Sie im Prozess *Order-to-Cash* (O2C) eine Ausgangsrechnung gebucht, sehen Sie auch diese in der Liste. Sie erkennen im Modul Vertrieb (SD) gebuchte Rechnungen in der Spalte **Buchungsbelegart** am Kürzel RV (Rechnung Vertrieb). Rechnungen, die im Finanzwesen erfasst werden, haben die Abkürzung DR (Debitorenrechnung).

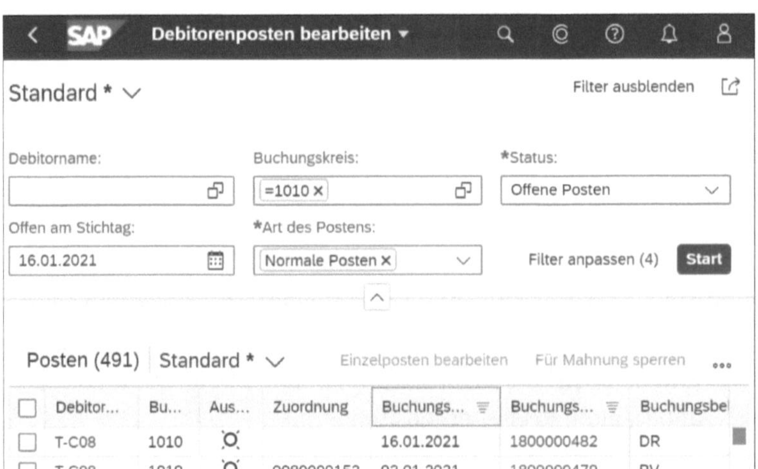

3 Klicken Sie in der Spalte **Buchungsbeleg** auf eine Belegnummer, und in einem kleinen Zusatzfenster nochmals auf die Belegnummer, um Details zu dieser Buchung zu sehen.

Damit sind Sie in die App **Buchungsbelege verwalten** gewechselt. Hier sehen Sie erst einmal nicht den ganzen Beleg, sondern nur einen Posten, der gleich das Sachkonto im Hauptbuch zeigt, nämlich »Forderung Inland«.

4 Zumindest Leser*innen aus der Buchhaltung möchten nun sicher den kompletten Beleg sehen. Gerne! Klicken Sie rechts unten auf die Schaltfläche **Zurück zum Buchungsbeleg**, wobei Sie **Zurück** nicht wörtlich nehmen dürfen, da Sie noch nie im Buchungsbeleg waren. Jetzt sehen Sie den Buchungsbeleg und darin alle Einzelposten.

5 Klicken Sie auf das Icon SAP in der Shell Bar. Damit befinden Sie sich wieder auf der Startseite.

TIPP

Wenn Sie kein Live Access haben ...

... notieren Sie sich hier das entsprechende Erlöskonto aus der zweiten Buchungsposition für den übernächsten Unterabschnitt »Eine Ausgangsrechnung buchen«.

Belege und Belegarten

Im Gegensatz zum Vorgängersystem SAP ERP gibt es im Rechnungswesen von SAP S/4HANA nur noch einen Beleg je Geschäftsvorfall, denn es wird hier kein zusätzlicher Beleg für das Modul Controlling (CO) erzeugt. Der Finanzwesen-Beleg wird deshalb häufig auch als *umfassender Buchungsbeleg* bezeichnet.

Um Belege später finden und auswerten zu können, wird jedem gebuchten Beleg eine *Belegart* zugewiesen. Die Belegart dient dazu, die Vielzahl der Belege, die in der Buchhaltung anfallen, besser unterscheiden und sortieren zu können, beispielsweise nach Rechnungen und Gutschriften.

In der folgenden Tabelle sehen Sie die wichtigsten Standardbelegarten der Debitorenbuchhaltung jeweils mit ihrer Abkürzung, die immer aus zwei Buchstaben besteht.

Belegart	Bedeutung
DG	Debitorengutschrift
DR	Debitorenrechnung, die im Modul Finanzwesen (FI) gebucht wurde
DZ	Debitorenzahlung
RV	Debitorenrechnung, die im Modul Vertrieb (SD) bei einer Faktura erstellt wurde

Belegarten im Finanzwesen

Eine Ausgangsrechnung buchen

Bald buchen Sie einen Zahlungseingang für eine Rechnung. Für diesen Zahlungseingang benötigen Sie jedoch eine Ausgangsrechnung. Sie könnten dazu die Rechnung aus Kapitel 13, »Vertrieb: Vom Auftrag bis zur Faktura«, aus dem Prozess *Order-to-Cash* verwenden. Aber wir sind ja nette Autoren und zwingen Sie deshalb nicht, für die Erstellung der Rechnung den kompletten Vertriebsprozess durchzuklicken. Deshalb zeigen wir Ihnen nun, wie Sie direkt im Finanzwesen eine Rechnung anlegen.

Doch halt! Werden Ausgangsrechnungen nicht im Modul Vertrieb (SD) im Rahmen der Fakturierung erstellt, und die Buchhaltung bekommt automatisch eine Kopie des Vertriebsbelegs? Üblicherweise ja, wenn ein Unternehmen das Modul Vertrieb auch benutzt. Manchmal gibt es jedoch auch Ausgangsrechnungen, die nur im Finanzwesen und nicht im Vertrieb angelegt werden. Dies sehen Sie auch in unserer Abbildung zum Prozessablauf.

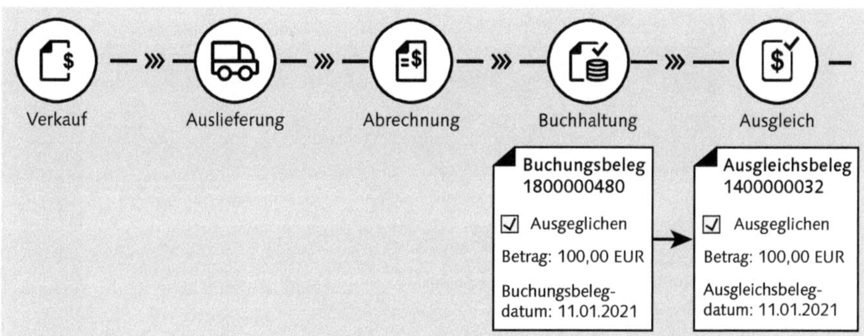

Prozessablauf für eine Ausgangsrechnung, die in der Debitorenbuchhaltung erfasst wird

Um also direkt im Finanzwesen eine Rechnung zu erstellen, verwenden Sie die Legacy-App **Ausgangsrechnungen anlegen**, die der Transaktion FB70 (Debitorenrechnung erfassen) entspricht. Wie versprochen, brauchen Sie für diese Buchung nichts über Soll und Haben oder T-Konten zu wissen.

VIDEO

Eine Ausgangsrechnung buchen

In diesem Video zeigen wir Ihnen, wie Sie eine Ausgangsrechnung buchen.

http://s-prs.de/v7389cy

1. Starten Sie die App **Ausgangsrechnungen anlegen**.
2. Machen Sie im oberen Fensterteil im ersten Register **Grunddaten** folgende Eingaben:

- Feld **Vorgang**: Hier wählen Sie den Eintrag **Rechnung** aus, wenn er nicht bereits voreingestellt ist.
- Feld **Debitor**: Geben Sie die Debitorennummer ein; wenn Sie keine Debitorennummer haben, schnappen Sie sich eine aus der Postenliste des vorletzten Unterabschnitts »Eine Postenliste anzeigen«.
- Feld **Rechnungsdatum**: Geben Sie mit der Tastenfolge F4 und F2 das aktuelle Datum ein.
- Feld **Referenz**: Hier können Sie eine beliebige Nummer angeben.
- Feld **Betrag**: Tragen Sie in dieses Feld den Rechnungsbetrag ein.
- Kennzeichen **Steuer rechnen**: Setzen Sie hier ein Häkchen.
- Feld **Steuerkennzeichen**: Geben Sie »1O« für die Ausgangssteuer an.

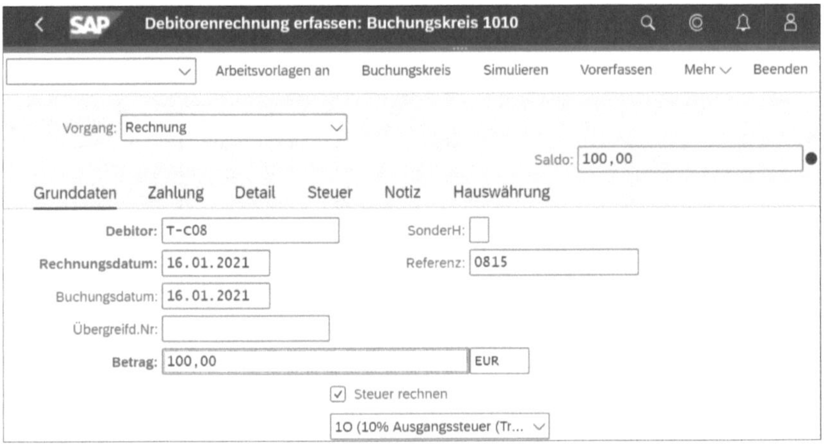

> **INFO**
>
> **Für Buchhalter*innen: Wo ist Soll und wo ist Haben?**
>
> Die Soll-Seite der Buchung haben Sie gerade eingegeben. Die Haben-Seite kommt jetzt, indem Sie nun in der unteren Positionstabelle das Sachkonto eintragen. Die Umsatzsteuer wird automatisch gebucht. Der offizielle Buchungssatz lautet »Debitor an Erlöse und Steuer«. Das Abstimmkonto aus dem Hauptbuch wird nicht angezeigt, da es gemäß den Angaben im Debitorenstammsatz im Hintergrund mitbebucht wird.

3 Bestätigen Sie Ihre Eingaben mit der ↵-Taste. Nun prüft SAP S/4HANA Ihre bisher eingegebenen Daten und vervollständigt sie. Im rechten Bildteil sehen Sie daraufhin Angaben zum Lieferanten.

4 Weiter geht's im unteren Fensterteil in der Positionstabelle. Hier sind folgende Angaben wichtig:

- Im Feld **Sachkonto** benötigen Sie eine Kontonummer für ein Erlöskonto aus dem Hauptbuch. Wenn Sie das Trainingssystem Live Access verwenden, geben Sie hier die Kontonummer »41000500« für das Konto »Umsatzerlöse ohne CO-PA« ein. Wenn nicht, finden Sie gemäß der Vorgehensweise aus dem Unterabschnitt »Eine Postenliste anzeigen« ein Erlöskonto in einem Buchungsbeleg.
- Wenn es – wie in unserem Fall – in der Positionstabelle nur eine Position gibt, kann SAP S/4HANA selbstständig den Betrag aus dem eingegebenen Betrag ermitteln. Hierzu geben Sie nur »*« in das Feld **Betrag Belegwährung** ein.
- SAP S/4HANA übernimmt das Steuerkennzeichen aus dem oberen Fensterteil.
- Scrollen Sie weiter nach rechts, sehen Sie *Kontierungsobjekte* wie **Geschäftsbereich**, **Kostenstelle**, **Auftrag** oder **Profit-Center**, die in unserem Beispiel im Trainingssystem Live Access optional sind.

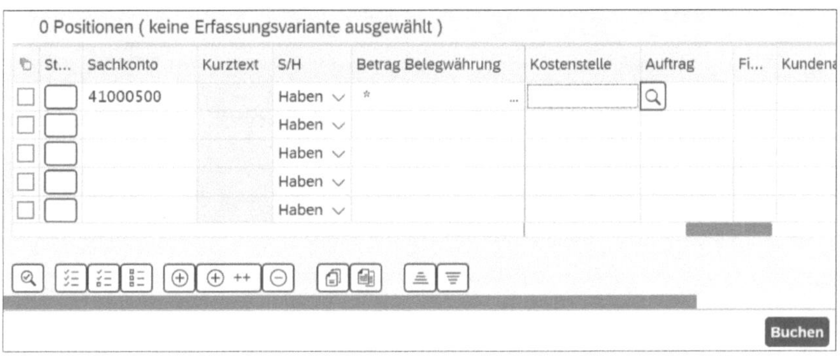

5 Bestätigen Sie Ihre Angaben mit der [↵]-Taste. Was passiert? Rechts oben beim Anzeigefeld **Saldo** springt das Ampelsymbol auf die Farbe Grün. Achten Sie auf die Änderungen in der Positionstabelle:

- Ganz links erscheint ein grünes Häkchen.
- In der Spalte **Kurztext** wird die Kontenbezeichnung angezeigt.
- In der Spalte **Betrag Belegwährung** wird das Sternchen (*) durch den echten Betrag ersetzt.

6 Sie könnten jetzt gleich auf die Schaltfläche **Buchen** klicken. Wenn Sie allerdings vorher die Buchung sehen möchten, klicken Sie im Header auf die Schaltfläche **Simulieren**. Es erscheint die sogenannte *Belegübersicht*:

- Oben links finden Sie die Belegart **DR (Debitoren-Rechnung)**.

- In den Positionsdaten zeigt SAP S/4HANA die zusätzliche Buchungszeile für die Umsatzsteuer.

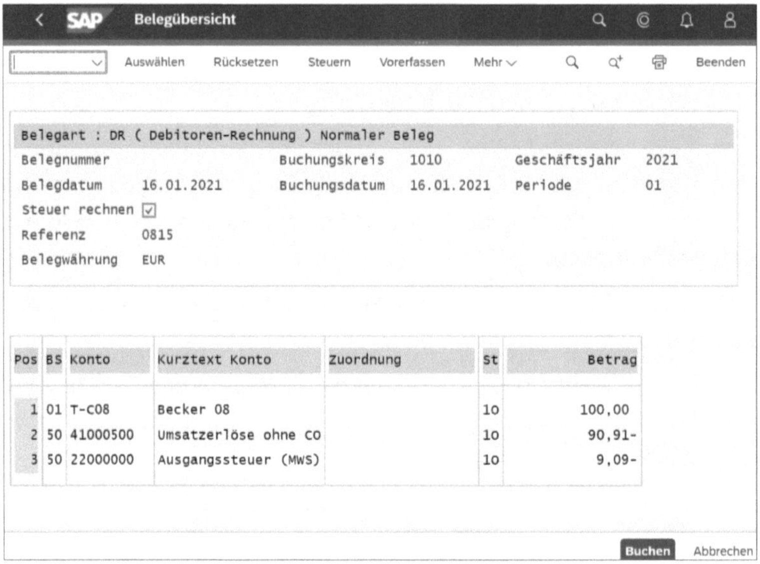

7 Alles in Ordnung? Dann buchen Sie die Rechnung mit einem Klick auf die Schaltfläche **Buchen** in der Footer-Zeile.

8 Klicken Sie auf das Icon SAP in der Shell Bar, um zur Startseite des SAP Fiori Launchpads zurückzukehren.

> TIPP
>
> **Buchung überprüfen**
>
> Verwenden Sie die folgenden SAP-Fiori-Apps, die Sie in diesem Kapitel bereits kennengelernt haben, um die Buchung des Ausgangsrechnung zu überprüfen:
>
> - In der App **Debitorenposten bearbeiten** finden Sie den zusätzlichen Beleg für die Debitorenrechnung.
> - In der App **Bilanz und Gewinn- und Verlustrechnung** sehen Sie, dass sich der Forderungsbestand auf dem Abstimmkonto und der Saldo auf dem Erlöskonto erhöht haben.

Forderungen anzeigen

Obwohl Sie sich eigentlich sicher sind, wollen Sie kontrollieren, ob die Rechnung gebucht wurde. Hierzu könnten Sie in der App **Debitorenposten bearbeiten** die bereits besprochene Postenliste anzeigen.

Es gibt aber auch noch eine elegantere Methode: die »echte« Fiori-App **Forderungen bearbeiten**. Darin sehen Sie nicht nur eine Übersicht aller offenen Rechnungen; hier werden zusätzlich auch einige Stammdaten zum Debitor sowie ein Fälligkeitsdiagramm angezeigt.

VIDEO

Forderungen anzeigen

In diesem Video lernen Sie, wie Sie Forderungen in einer Liste anzeigen.

http://s-prs.de/v7389cz

1. Starten Sie die App **Forderungen bearbeiten**.
2. Tragen Sie links oben im Feld **Debitor** die Kundennummer ein.

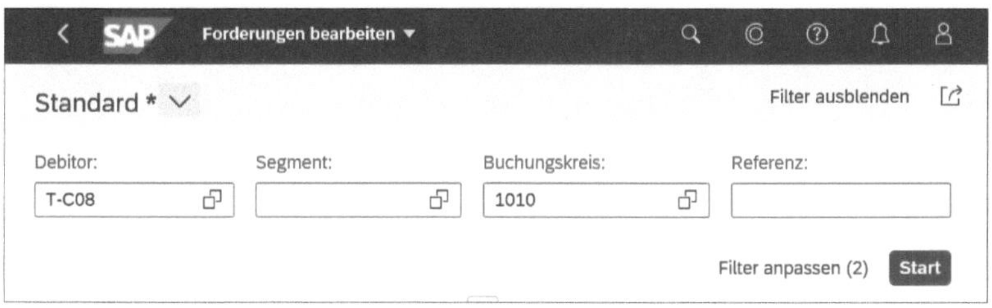

3. Nach einem Klick auf die Schaltfläche **Start** sehen Sie alle ausgewählten offenen Posten auf dem Bildschirm.

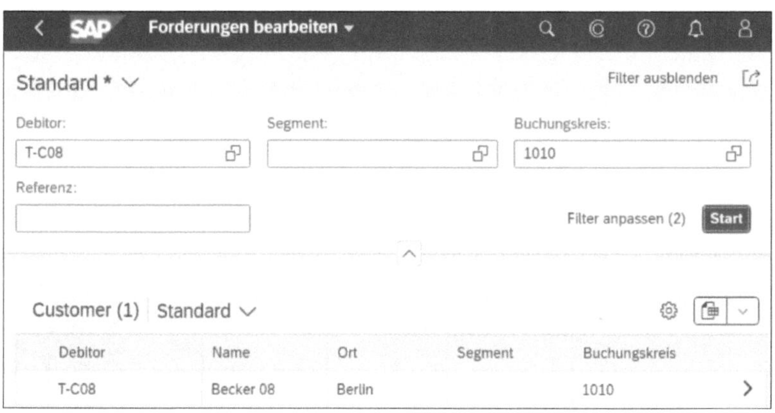

4. Sie wollen Detailinformationen? Dann klicken Sie einfach rechts außen in der jeweiligen Tabellenzeile auf das Icon [>].

   Daraufhin sehen Sie rechts oben das *Fälligkeitsdiagramm*, das Sie mit einem Klick vergrößern können.

Oberhalb der der Tabelle finden Sie die Schaltflächen **Klärungsfall anlegen** und **Versprechen anlegen**, mit denen Sie die Rechnungen bearbeiten können.

5 Klicken Sie auf das Icon SAP in der Shell Bar. Damit befinden Sie sich wieder auf der Launchpad-Startseite.

Einen Zahlungseingang erfassen

Haben Sie im vorletzten Unterabschnitt die Ausgangsrechnung gebucht? Dann haben Sie jetzt einen offenen Posten und somit einen unvollständigen Vorgang: eine unbezahlte Rechnung. Damit ein Vorgang vollständig ist, muss er ausgeglichen sein. Dazu machen Sie jetzt eine *Ausgleichsbuchung*, durch die der offene Posten zum ausgeglichenen Posten wird.

In unserem Beispiel erfassen Sie einen Zahlungseingang in der »echten« Fiori-App **Eingangszahlungen buchen**, die der SAP-GUI-Transaktion F-28 (Zahlungseingang buchen) entspricht.

> VIDEO
>
> **Einen Zahlungseingang erfassen**
>
> In diesem Video lernen Sie, wie Sie mit der Erfassung eines Zahlungseingangs einen offenen Posten ausgleichen.
>
> *http://s-prs.de/v7389da*

1. Starten Sie die App **Eingangszahlungen buchen**.
2. Im oberen Fensterteil sollte das Feld **Buchungskreis** dank Ihrer Voreinstellungen bereits ausgefüllt sein. Machen Sie folgende weitere Angaben:
   - Füllen Sie die Felder **Buchungsbelegdatum** und **Valutadatum** jeweils mit dem aktuellen Datum.
   - Wählen Sie für das Feld **Buchungsbelegart** den Eintrag **Debitorenzahlung** aus.
   - Geben Sie im Feld **Sachkonto** ein Bankkonto an, im Trainingssystem Live Access das Konto mit der Nummer »11100125«.
   - In das Feld **Betrag** tragen Sie »100,00« und rechts daneben die Währung »EUR« ein, das ist der Bruttobetrag der Ausgangsrechnung aus dem vorletzten Unterabschnitt »Eine Ausgangsrechnung buchen«.

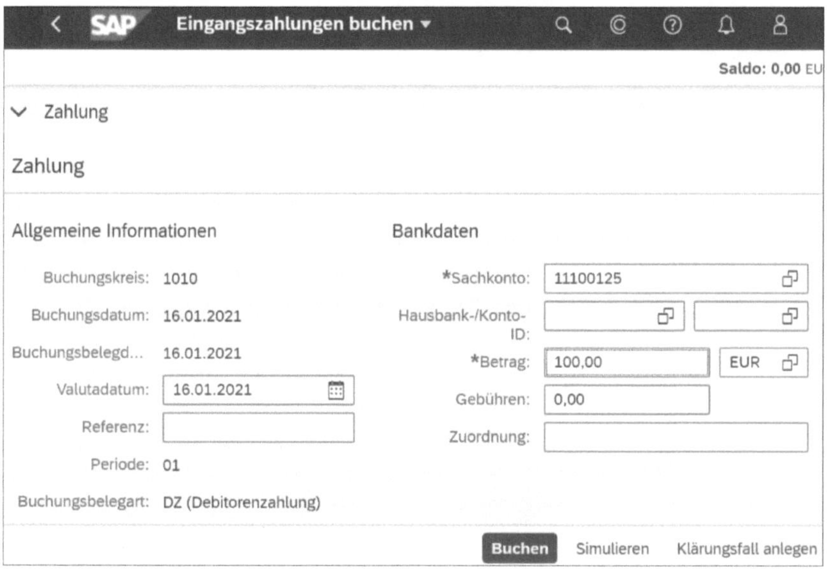

3. Weiter rechts, oder bei größerer Bildauflösung weiter unten (hier nicht zu sehen), wählen Sie für das Feld **Kontoart** den Eintrag **Debitor**, und in das Feld **Konto-ID** geben Sie die Nummer des Debitors ein. Klicken Sie anschließend darunter auf die Schaltfläche **Posten vorschlagen**.
4. Im unteren Fensterteil sehen Sie nun links unter der Überschrift **Offene Posten** die noch nicht bezahlten Rechnungen. Klicken Sie in der Zeile des Postens, der ausgeglichen werden soll, auf die Schaltfläche **Ausgleichen**.

5 Den ausgewählten Posten sehen Sie nun im rechten Fensterteil unter der Überschrift **Auszugleichende Posten**. Im Feld **Zugeordneter Betrag** wird der Rechnungsbetrag angezeigt. Rechts oben im Feld **Saldo** – in der Abbildung nicht sichtbar – sollte nun **0,00 Euro** stehen.

6 Nach einem Klick auf die Schaltfläche **Buchen** in der Footer-Zeile erscheint ein Meldungsfenster. Damit wäre der Ausgleich geschafft! SAP S/4HANA informiert Sie darüber, dass es einen weiteren neuen Beleg erstellt hat, und zeigt Ihnen die entsprechende Belegnummer.

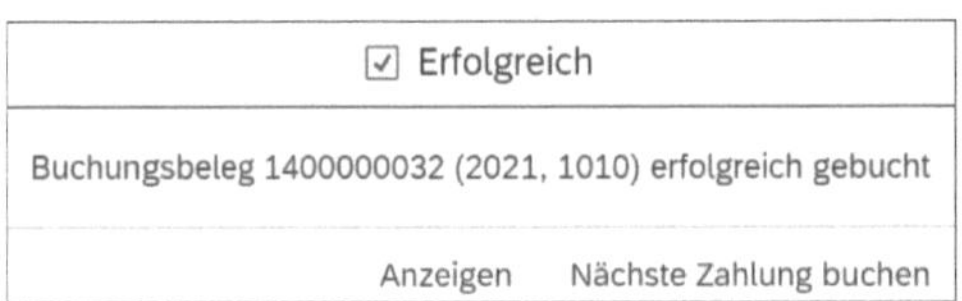

7 Klicken Sie in dieser Meldung auf die Schaltfläche **Anzeigen**, um den Buchungsbeleg zu sehen.

8 Im Buchungsbeleg sehen Sie weiter unten in einer Tabelle die Posten. Wer die T-Konten der Buchhaltung so liebt wie wir, darf oberhalb der Tabelle nun einmal auf die Schaltfläche **T-Konto-Sicht** klicken (in der Abbildung nicht sichtbar).

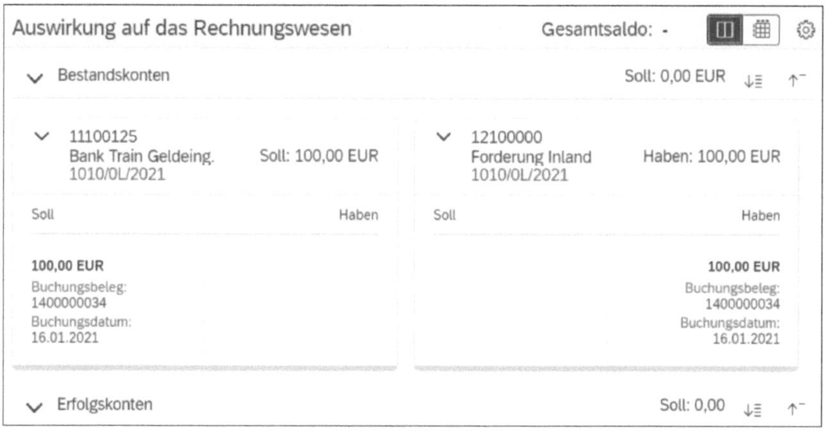

9 Daraufhin sehen Sie in der Abbildung oben die beiden T-Konten jeweils mit dem richtigen »Soll« und »Haben«. Ob diese Funktion wohl extra für den kaufmännischen Berufsschulunterricht gemacht wurde?

Wie auch immer – zu guter Letzt klicken Sie auf das Icon SAP in der Shell Bar. Damit gelangen Sie zurück zur Startseite des Launchpads.

SAP S/4HANA hat für die Ausgleichsbuchung einen eigenen Ausgleichsbeleg erstellt. In der folgenden Abbildung sehen Sie beide Belege (Rechnung und Ausgleichsbeleg) in der Prozessübersicht.

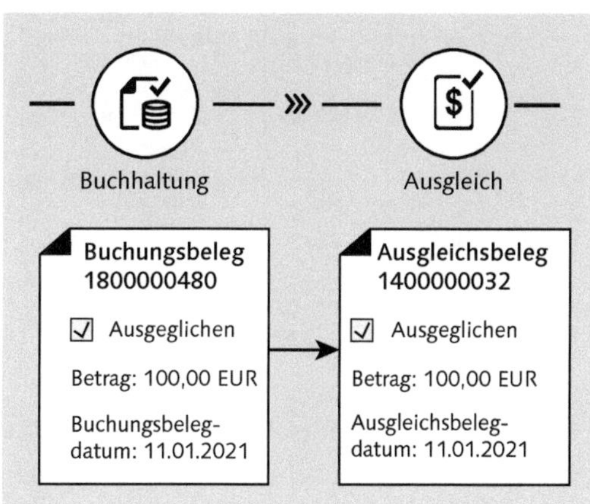

Rechnung und Ausgleichsbeleg in der Prozessübersicht

TIPP

Buchung überprüfen

Nutzen Sie die folgenden SAP-Fiori-Apps, die Sie in diesem Kapitel bereits kennengelernt haben, um die Buchung des Zahlungseingangs zu überprüfen:

- In der App **Debitorenposten bearbeiten** finden Sie den zusätzlichen Beleg für die Debitorenzahlung.
- In der App **Bilanz und Gewinn- und Verlustrechnung** sehen Sie, dass sich der Forderungsbestand auf dem Abstimmkonto reduziert und der Geldbestand auf dem bebuchten Bankkonto erhöht hat.
- In der App **Forderungen bearbeiten** fehlt nach diesem Vorgang nun die ausgeglichene Rechnung.

14.7 Kreditorenbuchhaltung

Die Kreditorenbuchhaltung funktioniert fast genauso wie die Debitorenbuchhaltung – Apps und Transaktionen laufen nach dem gleichen Muster ab. Statt einer Ausgangsrechnung buchen Sie eine Eingangsrechnung, und statt einer Eingangszahlung eine Ausgangszahlung. Deshalb zeigen wir Ihnen hier nicht das komplette Programm, sondern nur die Erstellung einer Eingangsrechnung.

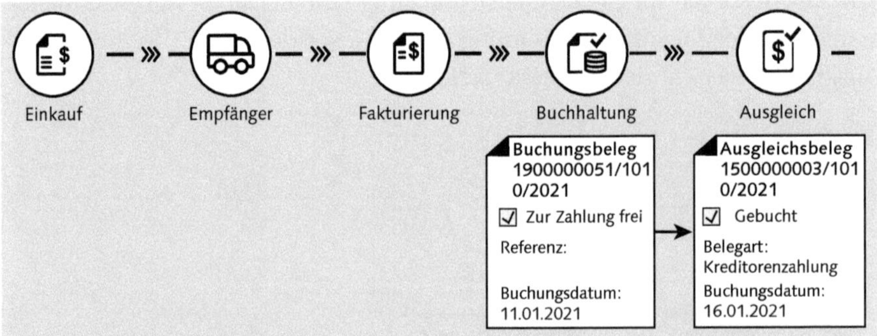

Prozessablauf mit einer Eingangsrechnung, die in der Kreditorenbuchhaltung erfasst wird, und mit dem nachfolgenden Zahlungsausgang als Ausgleich

Eingangsrechnungen werden üblicherweise im Modul Materialwirtschaft (MM) im Rahmen der Rechnungsprüfung erstellt, und die Buchhaltung bekommt dabei automatisch eine Kopie des dortigen Belegs. Manchmal gibt es jedoch auch Eingangsrechnungen, die nur im Finanzwesen und nicht in der Materialwirtschaft zu einer Bestellung angelegt werden. Dies sehen Sie auch in unserer Abbildung zum Prozessablauf.

Um wieder eine kleine Geschichte zu unserem Beispiel zu erzählen: Ein*e Auszubildende*r hat in Ihrem Unternehmen einen Fensterbruch verursacht, deshalb wird dringend eine*n Glaser*in benötigt und auf telefonischem Wege bestellt. Im Gegensatz zum Prozess *Purchase-to-Pay* (P2P) gibt es in diesem Fall keine eigentliche Bestellung und keine Rechnungsprüfung in SAP S/4HANA.

Eine Eingangsrechnung buchen

In der folgenden Anleitung werden Sie einen kleinen, aber feinen Unterschied zur Erfassung der Ausgangsrechnung erkennen: Sie nehmen eine Kontierung des Betrags auf eine Kostenstelle vor. Dazu verwenden Sie die Legacy-App **Eingangsrechnungen anlegen**, die der Transaktion FB60 (Kreditorenrechnung erfassen) entspricht.

VIDEO

Eine Eingangsrechnung buchen

In diesem Video lernen Sie, wie Sie eine Eingangsrechnung buchen.

http://s-prs.de/v7389db

1. Starten Sie die App **Eingangsrechnungen anlegen**.
2. Machen Sie im oberen Fensterteil auf der ersten Registerkarte **Grunddaten** folgende Eingaben:
   - Im Feld **Vorgang** wählen Sie den Eintrag **Rechnung** aus, wenn er nicht bereits voreingestellt ist.
   - In das Feld **Kreditor** tragen Sie die Kreditorennummer ein.
   - In das Feld **Rechnungsdatum** fügen Sie mit der Tastenfolge [F4] und [F2] das aktuelle Datum ein.
   - In das Feld **Referenz** tragen Sie eine beliebige Nummer als Belegnummer der Lieferantenrechnung ein.
   - Im Feld **Betrag** ergänzen Sie den Rechnungsbetrag.
   - Beim Kennzeichen **Steuer rechnen** setzen Sie ein Häkchen.
   - In das Feld **Steuerkennzeichen** geben Sie »1I« für die Vorsteuer ein.

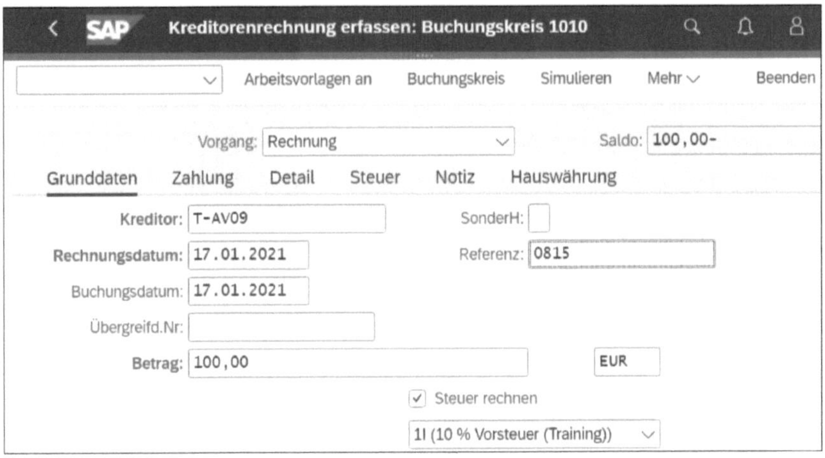

3 Bestätigen Sie Ihre Eingaben mit der [↵]-Taste. Nun prüft SAP S/4HANA Ihre bisher eingegebenen Daten und vervollständigt sie. Im rechten Bildteil sehen Sie dann Angaben zum Lieferanten.

4 Weiter geht's in der Positionstabelle, und jetzt wird's spannend:

- Im Feld **Sachkonto** benötigen Sie eine Kontonummer für ein Aufwandskonto aus dem Hauptbuch. Wenn Sie das Trainingssystem Live Access verwenden, geben Sie hier die Kontonummer 63003000 für das Konto »Sonst. Instandhaltung« ein. Anderenfalls suchen Sie sich ein passendes Aufwandskonto über die Eingabehilfe (⧉).
- Geben Sie »*« in das Feld **Betrag Belegwährung** ein, um den bereits eingegebenen Betrag zu übernehmen.

Bestätigen Sie Ihre Eingaben schließlich mit der [↵]-Taste. Aber was ist das? Sie erhalten eine Fehlermeldung!

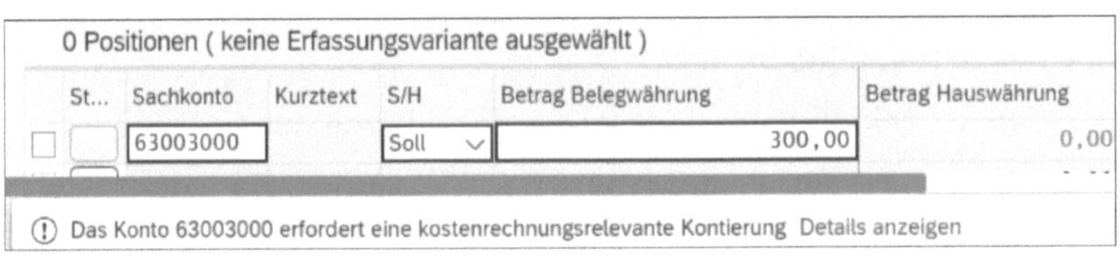

Diesmal buchen Sie einen Aufwand, und ein Aufwand muss im Gegensatz zu einem Erlös grundsätzlich einem kostenrechnungsrelevanten Kontierungsobjekt zugeordnet werden. Als Kontierungsobjekt verwenden Sie einfach eine Kostenstelle (weitere Infos erhalten Sie im nächsten Unterabschnitt »Kontierungsobjekte«).

5 Scrollen Sie nach rechts, bis das Feld **Kostenstelle** erscheint. Suchen Sie sich hier eine Kostenstelle mit der Eingabehilfe (⧉), und bestätigen Sie die Eingabe mit der [↵]-Taste. Jetzt hat es ohne Fehlermeldung geklappt.

1 Positionen (keine Erfassungsvariante ausgewählt)

	St...	Sachkonto	Kurztext	S/H	Betrag Belegwährung	Kostenstelle	Auftrag
☐	✓	63003000	Sonst Instandha	Soll	300,00	10101301	
☐				Soll			

6 Buchen Sie die Rechnung mit einem Klick auf die Schaltfläche **Buchen** in der Footer-Zeile. Nach der Buchung sehen Sie in der Footer-Zeile die Belegnummer.

7 Klicken Sie auf das Icon SAP in der Shell Bar, um zur Startseite zurückzukehren.

TIPP

Buchung überprüfen

Sie können die folgenden SAP-Fiori-Apps verwenden, um die Buchung der Eingangsrechnung zu überprüfen:

- In der App **Kreditorenposten bearbeiten** finden Sie den Beleg für die Kreditorenrechnung.
- In der App **Bilanz und Gewinn- und Verlustrechnung** sehen Sie, dass sich der Bestand der Verbindlichkeiten auf dem Abstimmkonto und der Saldo auf dem Aufwandskonto erhöht haben.

Kontierungsobjekte

In der Positionstabelle haben Sie die Rechnung auf eine Kostenstelle kontiert. Damit können das Controlling und die kostenverantwortlichen Personen die Budgets im Blick behalten. Neben den Kostenstellen gibt es weitere mögliche *Kontierungsobjekte*, z. B. Profit-Center, Geschäftsbereiche oder Innenaufträge.

Profit-Center sind Organisationseinheiten, mit denen unterhalb eines Buchungskreises Teilergebnisse, beispielsweise für einzelne Filialen, berechnet werden können.

Ein *Geschäftsbereich* dient der Erstellung interner Bilanzen und Teilbilanzen oder GuVs. Für diese Auswertungen müssen somit nicht die Regeln für extern veröffentlichte Bilanzen oder GuVs berücksichtigt werden.

Ein *Innenauftrag* wird im Controlling angelegt und kann als Kostensammler genutzt werden. Er kann für spezielle Aktionen verwendet werden, beispielsweise für eine Messe. In diesem Fall würden Sie bei der Erfassung der Eingangsrechnungen für die Messekosten jeweils den Innenauftrag als Kontierungsobjekt angeben. Im Controlling können dadurch die entsprechenden Kostenberichte auf Knopfdruck erstellt werden.

Die entsprechenden Kosten eines Innenauftrags können gemäß einer zuvor definierten *Abrechnungsvorschrift* an eine oder mehrere Kostenstellen weiterbelastet werden. Dies bezeichnet man auch als *echte Buchung*. Das Gegenteil davon sind *statistische Buchungen*, bei denen keine Abrechnung erfolgt. Statistische Buchungen können nicht nur für Innenaufträge, sondern auch für Kostenstellen durchgeführt werden. Letztlich bestimmt das Kontierungsobjekt, ob eine echte oder statistische Buchung durchgeführt werden soll.

Belegarten und Belegnummern

Wenn Sie mit der App **Kreditorenposten bearbeiten** Ihre Buchungen überprüfen, sehen Sie hier die Belegarten. Wie bereits in der Debitorenbuchhaltung erwähnt, dient die Belegart dazu, die Vielzahl der Belege, die in der Buchhaltung anfallen, besser unterscheiden und sortieren zu können, z. B. nach Rechnungen und Gutschriften.

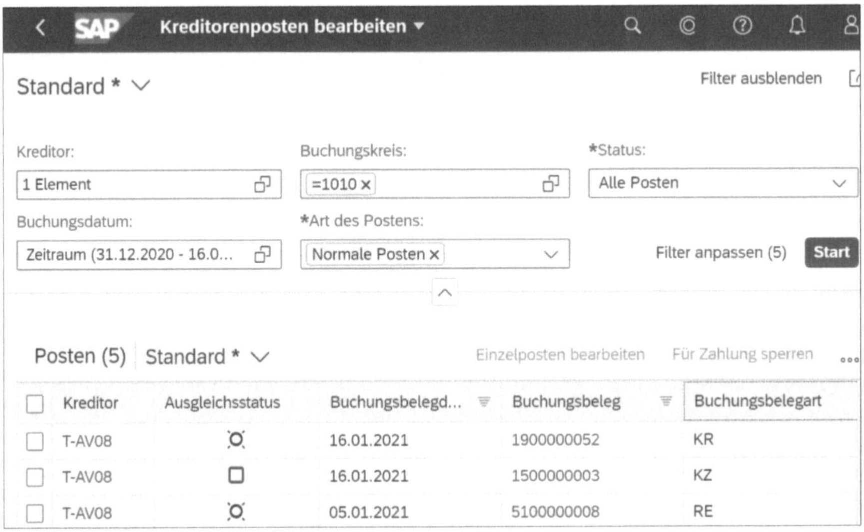

Belegarten in der App »Kreditorenposten bearbeiten«

In der folgenden Tabelle finden Sie die wichtigsten Standardbelegarten für die Kreditorenbuchhaltung jeweils mit ihrer Abkürzung, die immer aus zwei Buchstaben besteht.

Belegart	Bedeutung
KG	Kreditorengutschrift
KR	Kreditorenrechnung, die im Modul Finanzwesen (FI) gebucht wurde
KZ	Kreditorenzahlung
RE	Kreditorenrechnung, die im Modul Materialwirtschaft (MM) bei der Rechnungsprüfung erstellt wurde

Belegarten im Finanzwesen

Jeder Belegart ist ein *Nummernkreis* zugeordnet. Belegarten steuern damit die *Belegnummernvergabe*. Die Kreditorenrechnungen (Belegart KR) beginnen im Trainingssystem Live Access mit »19« und die Zahlungsausgänge (Belegart KZ) mit »15«.

In SAP S/4HANA wird jedem Beleg bei der Buchung eine Nummer zugewiesen. Jede Nummer wird pro Buchungskreis und Geschäftsjahr nur ein einziges Mal vergeben. Diese *Belegnummer* können Sie also als Suchkriterium nutzen, wenn Sie einen bestimmten Beleg zu einem späteren Zeitpunkt wiederfinden wollen.

Und wie werden Belegnummern genau vergeben? Üblich ist die *interne Nummernvergabe*. Dabei vergibt SAP S/4HANA automatisch eine fortlaufende, lückenlos aufsteigende Nummer.

Sehr selten wird im System eingestellt, dass Sie die Nummer selbst eintippen müssen. Man spricht in diesem Fall von der *externen Nummernvergabe*, die sozusagen außerhalb von SAP S/4HANA erfolgt. Um zu verhindern, dass eine Nummer irrtümlich zweimal vergeben wird, prüft S/4HANA aber zumindest, ob die von Ihnen eingegebene Nummer bereits vorhanden ist, und lehnt gegebenenfalls eine doppelte Vergabe ab. Die externe Nummernvergabe ist bei Belegen eher selten anzutreffen.

Wir sind nun am Ende dieses Buches angelangt. Gerne hätten wir noch weitergemacht, aber nachdem wir die Abgabefrist schon ins maximal Mögliche ausgedehnt haben, machen wir hier mal einen Punkt.

Für ihre – manchmal schier grenzenlose und manchmal begrenzte – Geduld bedanken wir uns bei unserer Lektorin Maike Lübbers! :-) Darüber hinaus möchten wir an dieser Stelle auch all den vielen kreativen SAP-Entwickler*innen ein großes Dankeschön für die tollen Funktionen aussprechen, die SAP S/4HANA zu bieten hat.

Es hat uns viel Spaß gemacht, dieses Buch zu schreiben, genauso wie uns SAP S/4HANA viel Spaß macht. Und wenn wir einen Beitrag dazu leisten konnten, dass auch Sie sich jeden Tag auf den Start Ihres SAP-Systems freuen, haben wir unser Ziel erreicht. Bleiben Sie neugierig; es gibt noch viel zu entdecken!

Wenn Sie eine Anmerkung zu diesem Buch oder einen spannenden Trick in SAP Fiori gefunden haben, den Sie uns verraten möchten, freuen wir uns auch über eine direkte Kontaktaufnahme via *fitznar@gmx.net*. Wir wünschen Ihnen viel Erfolg und noch mehr Spaß beim Einsatz von SAP S/4HANA!

Die Autoren

Wolfgang Fitznar beschäftigt sich seit 1992 mit SAP-Software, zuerst als Produktmanager für SAP-Qualifizierungen und später als Projektleiter für SAP-Trainingsprojekte. Heute ist er als freiberuflicher Trainer und Anwendungsberater in SAP-Trainingsprojekten in den Bereichen Logistik und Rechnungswesen tätig. Er ist sowohl als SAP Solution Consultant als auch als SAP-Trainer zertifiziert.

Seine Trainings zeichnen sich durch fachliche Kompetenz und Praxisnähe aus. Darüber hinaus vermittelt er nicht nur fachliche Inhalte, sondern auch Freude im Umgang mit SAP. In speziellen *Effizienz-Workshops* gibt er sein umfangreiches Know-how zielgenau an fortgeschrittene Anwender*innen und Key-User*innen weiter, damit Fachabteilungen schneller und bessere Ergebnisse mithilfe der SAP-Software erreichen.

Sein *Konzept zur Effizienzsteigerung* basiert auf Techniken, die direkt in der Fachabteilung bzw. durch Key-User*innen schnell und einfach realisiert werden: ohne Customizing, ohne Programmierung und folglich ohne Change Requests. Der zielorientierte und anwenderbezogene Know-how-Transfer führt in der Fachabteilung zu verbesserter Produktivität, mehr Akzeptanz, höherer Datenqualität sowie schnelleren Prozessen und Durchlaufzeiten.

Dennis Fitznar hat seinen Abschluss als Bachelor of Arts der Betriebswirtschaft gemacht und arbeitet seitdem als freiberuflicher SAP-Berater und Autor. Daneben ist er Lehrbeauftragter für die SAP-Übungen der Vorlesung »Produktionsmanagement« des Studiums Betriebswirtschaft (B. A.). Praktische Erfahrungen im Betrieb von SAP-Anwendungen konnte er bei einem großen Automobilhersteller sammeln.

Er zeichnet sich durch eine starke Anwenderorientiertheit, kreative Lösungsansätze und großes Interesse an neuen Technologien aus. Als Autor hat er u. a. multimediale SAP-Trainingsmedien zu den Themen Reporting mit SAP Query, Customizing, LSMW, Scripting und Administration erstellt.

Gerne sind Wolfgang und Dennis Fitznar auch vor Ort dabei behilflich, die jeweils optimalen Vorgehensweisen für die unterschiedlichen Rollen und Arbeitsplätze zu identifizieren und umzusetzen. Wenn Sie von diesem Konzept profitieren möchten, nutzen Sie die E-Mail-Adresse *fitznar@gmx.net* zur Kontaktaufnahme. Wir präferieren Einsätze im Pendelbereich München, auf den Kanarischen Inseln und in der Karibik. :-)

Und noch ein herzliches Dankeschön

Nachfolgend finden Sie zwei liebenswürdige Menschen, bei denen wir uns besonders für ihre Unterstützung bedanken möchten.

Georg G. Hauck ist SAP-Trainer und -Berater. Seit 1999 arbeitet er im Bereich Logistik als freiberuflicher Trainer, Mastertrainer, Berater, Tester und Vor-Ort-Betreuer. In erster Linie war er für Automobilhersteller tätig, er arbeitete aber auch in folgenden Branchen: Anlagenbau, Automatisierungstechnik, Maschinenbau, Telekommunikation, Recycling, Banken und Versicherungen, Bau- und Baunebengewerbe.

Romuald Peters ist seit 1995 als SAP Consultant und SAP-Trainer in internationalen Trainingsprojekten tätig. Er deckt die Logistik-Module PM, MM, SD, PP, QM, WM und CS ab und verfügt über Branchenerfahrung im Öffentlichen Dienst, im Handel sowie in der chemischen Industrie und der Automobilindustrie. Ein besonderer Dank geht an ihn für seine humorigen Beiträge, die ihn auch in der Praxis zu einem der besten SAP-Trainer machen!

SAP SE hat uns Live Access als vollständig konfiguriertes SAP-S/4HANA-Trainingssystem zur Verfügung gestellt. Vielen herzlichen Dank hierfür nach Walldorf und an Uwe Hafner von SAP SE für den prima Support!

Der SAP Learning Hub bietet als digitale Lernplattform Zugang zu einer Vielzahl an Lernressourcen wie Leitfäden zu sogenannten Learning Journeys, selbstbestimmte Online-Kurse, SAP Learning Rooms und die Option, das Gelernte in der SAP-Live-Access-Umgebung in Echtzeit in die Praxis umzusetzen und zu trainieren. Mehr Informationen hierzu finden Sie unter der URL *https://training.sap.com/learninghub*.

Index

A

B

C

D

E

F

G

H

I

J

K

N

O

P

Q

R

S

T

U

V